葡萄种植与葡萄酒酿造

[英] 萨莉 · 伊斯顿◎著
钱东晓◎译

Vines and Vinification

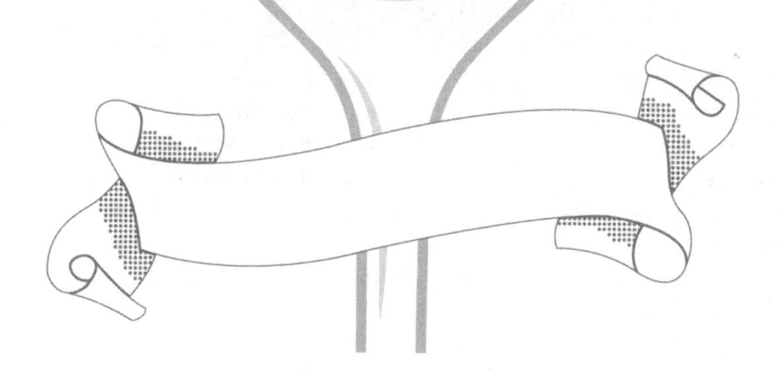

内容简介

本书翻译自英国著名葡萄酒作家和评论家萨莉·伊斯顿的经典著作，主要内容包括葡萄的种植与葡萄酒的酿造，全面介绍了葡萄种植以及影响葡萄成熟的气候、天气、土壤、微环境、人的行为等各种因素，包括葡萄园的选址和设计、葡萄植株的修剪、病虫害防治、各国的葡萄栽培管理体系、国际管理体系和葡萄酒酿造等，采用章节式的行文结构，对葡萄酒的前世今生进行了全面的介绍，本书适合葡萄酒资深爱好者和专业人士阅读使用，也可供对葡萄酒感兴趣的普通读者学习使用。

图书在版编目(CIP)数据

葡萄种植与葡萄酒酿造／（英）萨莉·伊斯顿(Sally Easton)著；钱东晓译．—上海：上海交通大学出版社，2023.10
ISBN 978-7-313-29589-7

Ⅰ．①葡… Ⅱ．①萨… ②钱… Ⅲ．①葡萄栽培②葡萄酒—酿造 Ⅳ．①S663.1②TS262.61

中国国家版本馆 CIP 数据核字(2023)第 188032 号

葡萄种植与葡萄酒酿造
PUTAO ZHONGZHI YU PUTAOJIU NIANGZAO

著　者：[英] 萨莉·伊斯顿
译　者：钱东晓
出版发行：上海交通大学出版社
地　址：上海市番禺路 951 号
邮政编码：200030
电　话：021-64071208
印　制：苏州市越洋印刷有限公司
经　销：全国新华书店
开　本：710 mm×1000 mm 1/16
印　张：26.25
字　数：442 千字
版　次：2023 年 10 月第 1 版
印　次：2023 年 10 月第 1 次印刷
书　号：ISBN 978-7-313-29589-7
定　价：98.00 元

致谢

ACKNOWLEDGEMENTS

我有如此多的人需要多多感谢，他们在本书的撰写和出版过程中给了我直接或间接的帮助。我无法一一列举他们的名字，但如果不是他们，这个出版计划就不可能实现。谢谢你们每一位。

我还要特别致谢葡萄酒与烈酒教育基金会(WSET)的葡萄酒大师安东尼·莫斯(Antony Moss)，感谢他信任我，将编撰这本书的工作交付于我，另外还要多谢尼克·金(Nick King)与杰里米·威尔金森(Jeremy Wilkinson)在编撰此书的过程中对我持之以恒的支持与指导。我也要感谢我的编辑简·卡尔(Jane Carr)在项目的最后阶段对我的宽容与耐心，以及对细节的关注。

为了编撰这本书，我需要许多信息与专业知识才能提炼出兼具广度与深度并符合课程大纲的内容。我要特别感谢普兰普顿学院(Plumpton College)的克里斯·福斯(Chris Foss)为我们提供出入学院图书馆的便利；还有坎普登食品研究院(Campden BRI)的杰奥夫·泰勒(Geoff Taylor)，帮助我确保所总结的科学数据足够精确；以及葡萄酒与烈酒贸易协会(WSTA)为我们查阅各种名录清单提供便利。

我还要感谢提供相关信息的诸多人士，以下只是致谢名单的一部分，包括鲁西荣葡萄酒跨行业协会(Conseil Interprofessionnel des Vins du Roussillon, CIVR)的埃里克·艾莱西(Eric Aracil)，普罗赛克保证法定产区协会(Prosecco DOCG Consorzio)的西尔维亚·巴拉塔(Silvia Baratta)，侍酒师大师兼葡萄酒大师杰拉德·巴塞(Gerard Basset)，普罗赛克法定产区协会(Prosecco DOC Consorzio)的安德列雅·巴蒂斯黛拉(Andrea Battistella)，阿斯蒂协会(Asti Consorzio)的古伊铎·贝索(Guido Bezzo)，路斯格兰

(Rutherglen)产区坎贝尔酒庄(Campbell)的科林·坎贝尔(Colin Campbell),德蒂克莱蕾(Clairette de Die)产区雅酿丝(Jaillance)酒庄的奥利弗·冈波斯(Oliver Campos),卡瓦研究所(Cava Institute)的玛丽亚·德·马尔·桃乐丝(Maria del Mar Torres),葡萄酒大师萨拉-简·埃文斯(Sarah-Jane Evans),尼克·菲斯(Nick Faith),葡萄酒大师阿里·弗莱明(Ali Flemming),西班牙葡萄和葡萄酒科学研究所(Instituto de Ciencias de la Vid y el Vino, ICVV)的戴维·格拉马亥(David Gramaje)博士,南俄勒冈大学(Southern Oregon University)的格莱格·琼斯(Greg Jones)教授,香槟酒行业委员会(Comité Champagne)的蒂伯·勒·梅约(Thibaut le Mailloux),安德鲁·比里(Andrew Pirie)博士,卢瓦尔河谷葡萄酒行业协会(Bureau Interprofessionnel des Vins du Centre, BIVC)的伯努阿·胡米(Benoît Roumet),德国葡萄酒协会(Deutsches Weininstitut)的弗兰克·舒尔茨(Frank Schulz),意大利米盖尔·夏(Michèle Shah)顾问公司,法国食品协会(Sopexa)的克里斯·斯凯莫(Chris Skyrme),葡萄种植顾问理查德·斯玛特(Richard Smart)博士,作家汤姆·斯蒂文森(Tom Stevenson),盖森海姆大学(Hochschule Geisenheim University)的曼弗雷德·斯托尔(Manfred Stoll)教授,新西兰葡萄种植与葡萄酒酿造协会(New Zealand Winegrowers)的克里斯·斯特劳德(Chris Stroud)以及康奈尔大学(Cornell University)的韦恩·F. 维尔考克斯(Wayne F. Wilcox)教授。

虽然最后才提及他们,但他们于我也是极其重要的,那就是我的家人。他们不懈的帮助使我能够保持状态稳定、头脑清醒并且始终按计划行事。我要感谢阿里(Ali)、伯恩德(Bernd)、克里斯(Chris)、鲁思(Ruth)、克林(Colin)、简(Jane)、乔安娜(Joanna)、约翰(John)、莉兹(Liz)、雷(Ray)、林恩(Lynne)、玛丽(Marie)和詹姆斯(James)。

尽管我获得了如此多的帮助,我还是要说明,所有的错误(和任何写作风格)都由我本人承担全部责任。

萨莉·伊斯顿(Sally Easton)
2017年4月

目　录
CONTENTS

第一篇　种　植

第二篇 酿 造

第三篇 熟化、罐装、包装、物流以及包装后问题

谨以此书纪念葡萄酒大师朱利安·布林德(Julian Brind)

第一篇 种 植

第 1—2 章 生长环境

这两章探讨了葡萄种植立地条件的选择以及葡萄生长的要求。

第 3—6 章 葡萄

这四章研究了葡萄的生物学特性、砧木的使用以及典型葡萄栽培品种的主要特征。

第 7—12 章 葡萄园管理

这六章运用前述章节的信息，研究了人类驯化、培育葡萄的方法。

第 13 章 法律

本章介绍了适用于葡萄栽培和酿酒的一些主要法律规定。

第 1 章
气候与天气

气候是决定哪里可以种植葡萄的重要因素之一。葡萄树的生长和繁殖需要合适的温度、阳光、水分和营养。

气候被定义为一个地区长时间的天气情况，一般需要涵盖至少 30 年以上的时间。而天气是指每一天的温度、降雨(雪)和刮风的变化情况。

1.1 地区气候分类

基于弗拉基米尔・柯本(Wladimir Köppen)在 1900 年提出的理论，全球可分为五大气候带：热带、干旱带、温带、寒带、极地带，每一个气候带可以进一步划分为多至 30 个复杂的子区域。

1.1.1 温带——葡萄树的家园

在这些气候带中，葡萄属(Vitis)(见第 3 章)在温带找到了属于自己的家园，欧亚种(Vitis vinifera)就是其中的一员。

尽管温带气候带基本上与 10—20℃的年度等温线(地球上同一时期内平均温度一致的区域)重合，纬度在 30°—50°之间，但事实上葡萄的原生地仅在北半球。出于商业目的，南半球也开始种植葡萄。

从柯本气候理论演变而来，对于现代欧亚种葡萄的种植非常重要的三个主要气候区域分别是：海洋性气候、地中海气候和温带大陆性气候。这意味着葡萄树只适合在地球上的一小部分区域种植，就算包括南半球，总和也仅约为地球表面积的 13%。

1.1.1.1　海洋性气候

因为受到邻近海洋的影响，海洋性气候温度适中，冬季潮湿。有时候夏季的气温会过低，而潮湿的生长季可能会带来病虫害的困扰（见第 11 章）。

天气系统在大范围内通常由西向东移动，南北半球都如此，所以朝西的近海区域会更多地受到海洋性气候的影响。比如葡萄牙马德拉（Madeira）、法国波尔多（Bordeaux）、西班牙西北部以及澳大利亚、南非、美国加利福尼亚州（California）和智利的部分葡萄园。

在较冷的海洋性气候条件下可能会有春霜的风险，并且葡萄树开花的季节可能会比较湿冷，从而直接影响葡萄的坐果和产量。春季气温过低会减少接下来开花季结果的芽头数量（见第 3.2 节）。

1.1.1.2　地中海气候

地中海气候的特点是夏季炎热干燥而冬季温和多雨，包括欧洲的地中海区域、南澳大利亚、南非南部、加利福尼亚州和智利。这些区域是世界上主要的葡萄产区。

1.1.1.3　大陆性气候

大陆性气候的特点是冬季寒冷，夏季炎热，年降水量较低，冬季的降水形式可能是雪或冰雹。这些区域一般在内陆，很少受到温和的沿海气候影响。由于冬季太冷，大陆性气候区的葡萄树可能会面临冻死的风险，比如欧洲的中部、东部以及加拿大。

由于春季的温度会明显升高，大陆性气候显著的季节温差使葡萄的休眠与发芽之间有了明显的界定（见第 3.2 节）。因此，与温和的海洋性气候条件相比，葡萄树（在大陆性气候区）生长的季节性通常更强。

大陆性气候与海洋性气候相比会有更明显的日夜温差，但并非所有的地区都有很大的日夜温差。比如欧洲中部和东部，虽属大陆性气候，但是日夜温差并不大，因为这些地区的夏季总是以阴雨天为主。此外，高纬度也会降低阳光照射的热量。

1.1.1.4　大陆度

大陆度指数是衡量温度变化程度的有效指标。它是最热的夏季与最冷的冬季之间的温度差异，大陆性气候的年变化范围很广。因此，一个地区的指数越高表明该地区的大陆性气候越明显，如果指数低则表明该地区更加接近海洋性气候。

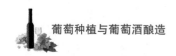

大陆度是基于这样一个前提，即海洋的冷热变化比陆地要慢。因此大体量的水域在秋季会比陆地更缓慢地降温，能继续释放储存的热量，直到深秋。这对具有凉爽海洋性气候的地区非常重要，比如波尔多吉伦特(Gironde)河边的葡萄园，因为生长季末尾的少量热量十分有利于葡萄的成熟。

北半球有大量的陆地，意味着这里以大陆性气候为主。表 1.1 是一些葡萄种植区的大陆度指数。

表 1.1 相应葡萄酒产地的大陆度指数

气候类型	葡萄酒产区(大陆度)
海洋性气候	丰沙尔，马德拉(Funchal, Madeira)(6.1) 霍巴特，澳大利亚(Hobart, Australia)(8.7) 莫宁顿半岛，澳大利亚(Mornington Peninsula, Australia)(9.8) 马尔堡，新西兰(Marlborough, New Zealand)(10.4) 波尔多，法国(Bordeaux, France)(15.3)
对葡萄种植而言有一定大陆性的气候	香槟，法国(Champagne, France)(17.2) 勃艮第，法国(Burgundy, France)(18.1) 维罗纳，意大利(Verona, Italy)(18.1) 莱茵高，德国(Rheingau, Germany)(18.1)
大陆性气候	伊戈尔，匈牙利(Eger, Hungary)(22.8) 沃拉沃拉，华盛顿州，美国(Walla Walla, Washington, USA)(23.6) 普罗迪沃，保加利亚(Plovdiv, Bulgaria)(23.9) 伦敦，安大略省，加拿大(London, Ontario, Canada)(26.4)

[来源：Gladstones (1992：16)]

在大陆度非常高的区域，冬季极端寒冷，不适合种植葡萄。一旦气温低于−15℃，欧亚种葡萄就会开始死亡(见第 1.2.1 节)。

1.1.2 非温带气候

亚热带甚至热带地区也种植部分葡萄，这些地区整年都非常温暖，降雨量也大。在热带，欧亚种葡萄不会落叶，很难结出高质量的葡萄。

1.1.3　温度作为驱动力

在这些对气候的宽泛描述之外，讨论葡萄栽培气候的其他方法也在发展，这些方法可以决定葡萄生长的理想位置、品种，以及从这些位置可以预测葡萄的成分（基于葡萄园的管理实践）。温度是这些研究的核心。事实上，温度也是控制葡萄树生长的首要气候因素（见第 1.2.1 节）。

1.1.3.1　有效积温（热量总和）

在 20 世纪 40 年代，阿梅林（Amerine）和温科勒（Winkler）就将温度作为参数用于加利福尼亚州的（葡萄）品种匹配模型中，这一模型如今仍被广泛采用。他们的模型衡量了热量总和，即有效积温（HDDs），用于计算 7 个月生长季（北半球为 4—10 月份，南半球为 10—4 月份）每月的积温日数[即每月平均温度减 10（低于该温度葡萄树停止生长）再乘以每月的天数]。

因此，如果 7 月份的月平均温度为 16℃（北半球），那么该月的 HDDs＝（16－10）＊31＝186，整个生长季 7 个月都如此计算，进而得出总和，由此确定 5 个区域（见表 1.2）。

表 1.2　阿梅林和温科勒（1944）有效积温划分

气 候 区	有效积温	有效积温
一	＜2 500°F	＜1 390℃（凉爽）
二	2 500—3 000°F	1 391—1 670℃
三	3 000—3 500°F	1 671—1 940℃
四	3 500—4 000°F	1 941—2 220℃
五	＞4 000°F	＞2 220℃（非常炎热）

[来源：Jackson（2008：251）]

虽然这个温度总和很简单，但对于分析气候仍然有基础作用，比如用来寻找潜在的葡萄园。然而，HDDs 在温度、阳光和湿度都不太稳定的地区不是很管用，例如夏季降雨和云量会影响温度的地区。

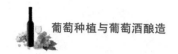

1.1.3.2 生物有效积温

格莱德斯通(Gladstones)(1992)修正了澳大利亚的阿梅林和温科勒的分类模型,通过计算生物有效积温(BEDDs)预测葡萄成熟日期。成熟日期相近的葡萄品种被分在同一组别,比如长相思(sauvignon blanc)与黑皮诺(pinot noir)因为早熟而在同一组,而慕和怀特(mourvèdre)和佳丽酿(carignan)就在晚熟的一组。这一方法可以用来开发潜在的葡萄园和确定相应的种植品种。

每一年的葡萄树生长周期主要受温度控制。当达到最理想温度时,葡萄树生长会加快,当超过理想温度时,生长又会放缓。格莱德斯通发现,月平均温度在19℃时最适合预测葡萄的成熟期。

1.1.3.3 最热月份的平均温度

斯玛特(Smart)和德莱(Dry)(1980)根据五个维度将全澳大利亚的葡萄园进行了分类。这五个维度是:最热月份的平均温度(Mean January/July Temperature,MJT)、大陆度、生长季总的光照时间、酸度和湿度。其中,MJT成了非常通用的种植术语。通过这个系统,澳大利亚产区被分为了下列温度带(见表1.3)。

表1.3 根据MJT划分的澳大利亚葡萄酒产区对照法国产区

描述	MJT范围	澳大利亚产区	法国产区
寒冷	<16.9℃	霍巴特(塔斯马尼亚)(Hobart, Tasmania)	
凉爽	17—18.9℃	阿德莱德山(Adelaide Hills)(部分)、兰斯顿(塔斯马尼亚)(Launceston, Tasmania)、马斯顿山区(Macedon Ranges)	兰斯(香槟)(Reims, Champagne)
温暖	19—20.9℃	阿德莱德山(部分)、比奇沃斯(Beechworth)、库纳瓦拉(Coonawarra)、伊顿谷(Eden Valley)、吉隆(Geelong)、大南部(Great Southern)、国王谷(King Valley)、兰好乐溪(Langhorne Creek)、玛格丽特河(Margaret River)、帕史维(Padthaway)、雅拉谷(Yarra Valley)	波尔多(Bordeaux)、第戎(勃艮第)(Dijon, Burgundy)、斯特拉斯堡(阿尔萨斯)(Strasbourg, Alsace)
炎热	21—22.9℃	巴罗萨谷(Barossa Valley)、克莱尔谷(Clare Valley)、西斯科特(Heathcote)、麦克拉伦谷(McLaren Vale)	蒙彼利埃(Montpellier)

续　表

描述	MJT 范围	澳大利亚产区	法国产区
非常炎热	23—24.9℃	猎人谷(Hunter Valley)、满吉(Mudgee)、墨累-达令(Murray-Darling)、滨海沿岸(Riverina)、河地(Riverland)、路斯格兰(Rutherglen)、天鹅谷(Swan Valley)	
非常炎热	>25℃	昆士兰(Queensland)	

[来源：Smart and Dry(1980)；Dry et al.(2004)]

1994 年，澳大利亚仅有 5.2 万公顷葡萄园，绝大部分都种植在十几个产区中，而现在有 15 万公顷分布在 80 余个产区中。格莱德斯通、斯玛特和德莱无疑为这个发展做出了贡献。

1.1.3.4　生长季温度(GST)

与 MJT 只关注最热月份的平均温度不同，琼斯(Jones)等人(2005)使用了整个生长季 7 个月份的平均温度，对产区气候和葡萄成熟期进行划分，使产区、葡萄酒风格和质量之间的比较成为可能(见表 1.4)。

表 1.4　使用 GST 划分的葡萄酒产区

描述	温度范围	产　区
凉爽	13—15℃	摩泽尔(Mosel)、阿尔萨斯(Alsace)、香槟(Champagne)、莱茵(Rhine)
适中	15—17℃	俄勒冈北部(Northern Oregon)、卢瓦尔河谷(Loire Valley)、勃艮第(Burgundy)、金丘(Côte d'Or)、薄若来(Beaujolais)、智利(Chile)、华盛顿(州)东部(Eastern Washington)、波尔多(Bordeaux)、里奥哈(Rioja)、俄勒冈南部(Southern Oregon)
温暖	17—19℃	加利福尼亚州海岸(Coastal California)、南非(South Africa)、加利福尼亚州北部(Northern California)、隆河谷北部(Northern Rhône Valley)、葡萄牙北部(Northern Portugal)、巴罗洛(Barolo)、隆河谷南部(Southern Rhône Valley)、玛格丽特河(Margaret River)、基安蒂(Chianti)
炎热	19—24℃	猎人谷(Hunter Valley)、巴罗萨谷(Barossa Valley)、葡萄牙南部(Southern Portugal)、加利福尼亚州南部(Southern California)

[来源：Jones et al.(2005)；Jones(2006)]

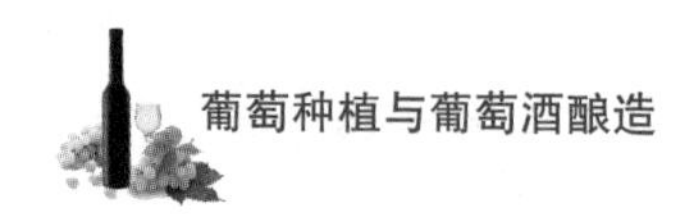

根据表 1.4 和另外一部分数据，琼斯还制作了每个葡萄品种最理想的生长季平均温度(见表 1.5)。

表 1.5　各葡萄品种的适应气候与成熟期分类表

凉爽	适中	温暖	炎热
13–15℃	15–17℃	17–19℃	19–24℃

生长季平均温度（北半球4月—10月，南半球10月—4月）

米勒图高(Müller-Thurgau)
灰皮诺(pinot gris)
琼瑶浆(gewürztraminer)
雷司令(riesling)
黑皮诺(pinot noir)
霞多丽(chardonnay)
长相思(sauvignon blanc)
赛美容(semillon)
品丽珠(cabernet franc)
丹魄(tempranillo)
多姿桃(dolcetto)
梅洛(merlot)
马尔贝克(malbec)
维欧尼(viognier)
西拉(syrah)
餐食葡萄(table grapes)
赤霞珠(cabernet sauvignon)
桑娇维塞(sangiovese)
歌海娜(grenache)
佳丽酿(carignan)
仙粉黛(zinfandel)
内比奥罗(nebbiolo)
葡萄干(raisins)

矩形长度表示该品种的预计成熟期的温度范围

[来源：Jones(2006)；Jones et al. (2012)]

这些不同的模型可以让气候、品种和产区关联起来(见表 1.6)。在区域气候(见第 1.3 节)的大范围内，借助模型可以建立一幅何种作物在何处可以成功生长以及为什么的图画。

除此之外，较小规模的地块的情况受到气候、地形和大面积水域的影响(见第 1.4 节)。

表1.6　葡萄品种、产区与气候关联表

温科勒分区	HDD（有效积温）	GST（生长季温度）	品　种	产　　区
一区	<1 390℃	<16.8℃	黑皮诺(pinot noir)，雷司令(riesling)，霞多丽(chardonnay)，琼瑶浆(gewurztraminer)，灰皮诺(pinot gris)，长相思(sauvignon blanc)	阿尔萨斯(Alsace)，夏布利(Chablis)，弗留利(Friuli)，塔斯马尼亚(Tasmania)，香槟(Champagne)，马尔堡(Marlborough)
二区	1 391—1 670℃	16.9—18.1℃	赤霞珠(cabernet sauvignon)，霞多丽(chardonnay)，梅洛(merlot)，赛美容(semillon)，西拉(syrah)	波尔多(Bordeaux)，雅拉谷(Yarra Valley)，福临河(Frankland River)
三区	1 671—1 940℃	18.2—19.5℃	歌海娜(grenache)，巴贝拉(barbera)，丹魄(tempranillo)，西拉	克莱尔谷(Clare Valley)，下猎人谷(Lower Hunter)，里奥哈(Rioja)，皮埃蒙特(Piemonte)
四区	1 940—2 220℃	19.6—20.8℃	佳丽酿(carignan)，神索(cinsault)，慕和怀特(mourvedre)，丹魄	麦克拉伦谷(McLaren Vale)，上猎人谷(Upper Hunter)，兰好乐溪(Langhorne Creek)
五区	>2 220℃	>20.8℃	普米蒂沃(primitivo)，黑珍珠(nero d'avola)，帕洛米诺(palomilo)，菲亚诺(fiano)	希腊群岛(Creek Islands)，赫雷斯(Jerez)，西西里岛(Sicily)，撒丁岛(Sardinia)

（来源：Pirie，International Cool Climates Symposium 2012，and pers comm 2015）

1.1.3.5　欧盟葡萄酒分区

此外，欧盟根据气候数据对成员国的葡萄酒产区进行了明确的规定和划分。欧盟内的葡萄酒酿造会根据每一个组别(A到C)及其分支而受到法规限制。比如，欧盟的A组(较凉爽区域)可以去酸，而C组(较温暖区域)可以加酸，所有的规则总结可参见表1.7。

表 1.7　欧盟葡萄酒分区

欧盟分区	分区内葡萄酒产区（并非完整）	自然酒精度	最高加强度	加强后最高酒精度	酸度调整（比如酒石酸）
A	德国[不包括巴登（Barden）]、英国	8%	+3%	11.5%（红 12%）	−1 到 0 克/升
B	巴登、卢瓦尔（Loire）、香槟（Champagne）、阿尔萨斯（Alsace）、奥地利、罗马尼亚部分、捷克大部分	8%	+2%	12%（红 12.5%）	−1 到 0 克/升
C1	波尔多（Bordeaux）、法国西南、罗纳河谷（Rhone）、葡萄牙部分、北大西洋沿岸、西班牙、匈牙利、特伦蒂诺-上阿迪杰（Tretino-Alto Adige）、斯洛伐克和罗马尼亚部分	9%	+1.5%	12.5%	−1 到 2.5 克/升
C2	朗格多克-鲁西荣（Languedoc-Roussillon）、普罗旺斯（Provence）、西班牙北部（除大西洋沿岸）、意大利大部、保加利亚、斯洛文尼亚、罗马尼亚部分	9%	+1.5%	13%	−1 到 2.5 克/升
C3a	保加利亚和希腊的部分	9%	+1.5%	13.5%	−1 到 2.5 克/升
C3b	葡萄牙[除绿酒产区（Vinho Verde）]、西班牙南部、卡拉布里亚（Calabria）、普利亚（Puglia）、撒丁岛、西西里、希腊部分	9%	+1.5%	13.5%	0 到 2.5 克/升

（来源：EU Regulation 479/2008，Annexes Ⅰ，Ⅳ，Ⅴ and Ⅸ）

备注：欧盟关于实际酒精度、潜在酒精度、总酒精度和自然酒精度的定义如下：

* 实际酒精度：在 20℃的温度下 100 个单位容量里包含的实际纯酒精体积。
* 潜在酒精度：在 20℃的温度下 100 个单位容量里所包含的所有糖分（发酵和未发酵）能转换成的纯酒精体积。
* 总酒精度：实际酒精度和潜在酒精度的总和。
* 自然酒精度：在加强前的总酒精度。

在一些气候极端的年份，可以申请超过这些限制，比如在 2003 年的热浪袭击中，有许多产区被额外允许加酸。

1.2　关键气候参数

影响葡萄树生长和果实质量的前三个关键性气候参数是温度、阳光和降水。

第四个重要的参数是营养供给，第 2 章“土壤”将对此进行讨论，第 9.1 节将讨论营养的问题。

1.2.1 温度

温度是影响葡萄树每年生长周期的首要气候参数。没有足够的温度，葡萄树就无法在生长季结出成熟的葡萄。尽管如此，从那些刚好有足够热量的地区（寒冷和凉爽，如德国北部、法国北部、英国，以及寒冷边缘地带，如丹麦和瑞典）到那些有太多热量的地区[炎热地区，如加利福尼亚州的圣华金山谷（San Joaquin Valley）]，还是有一些适合栽种葡萄树的地点。而后者可能更适合种植餐食葡萄。

单独品种可以优先选择合适的地点，比如芳香型的白葡萄品种，如巴克斯（bacchus）和雷司令（riesling）在凉爽的环境中比较容易成熟，而生长活力旺盛的歌海娜（grenache）、仙粉黛（zinfandel）和黑曼罗（negroamaro）则需要炎热气候下大量的热量才能成熟（见表 1.5）。

当气温低于 10℃时，几乎所有品种的葡萄树都会停止生长。当气温高于 10℃时，每升高 10℃，生化反应速率约增加一倍，直至 30—35℃，酶催化反应到达极限。超过这一温度，酶会停止工作。然而，并不是所有事情都遵循线性模式，光合作用同时受到温度、日照强度和日照时间的影响，还要考虑供水能力。理想的光合作用率会导致最快的同化速度。理想温度是指 25—30℃之间，超过这个温度，生长就会放缓。因为随着温度升高，呼吸作用会继续增强，而光合作用则会趋于稳定，但超过 35℃光合作用就会开始减弱。

因此，暖和的白天有助于植物光合作用制造能量，而在 15—20℃凉爽的夜晚植物会通过呼吸作用来减少能量损失。所以在这个范围内，如果有一定的日夜温差，对优化植物生长来说很重要。

温度还会影响植物的营养生长（根、枝、叶）和生殖生长（花果）。温暖的温度，约 25—35℃，会在冠层中促进花序的产生（见第 3.1.8 节），而相对凉爽一点的温度则会促进根枝叶的生长。

温度对于开花和坐果（见第 3.2 节）来说也至关重要。开花阶段，通常要求平均温度达到 20℃来进行授粉和受精，如果温度低于 15℃，花粉萌发率就会很低，甚至不会萌发。

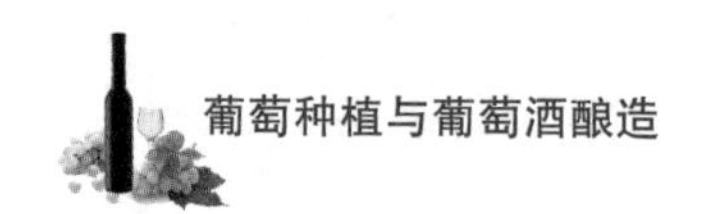

在结果阶段，结果模式是在前一个季节确定的，而可能结果的芽在晚春时节需要较高的温度来满足它们的早期生长。春季过后，开花结果依然需要足够的温度（和光照）。不同的品种之间也存在差别，比如雷司令就非常适合凉爽的气候条件并且能在低温下发芽。

温度对于果实的成熟和葡萄树的生长都很重要。若白天温度保持在 20—25℃，而夜晚温度介于 10—15℃，就会非常有利于花青素的合成（见第 3.4.2.3 节）。当温度高于 35℃就会抑制花青素的合成，而花青素对红葡萄的成熟来说至关重要。

此外，高温会使呼吸作用增强，甚至会让葡萄树消耗的糖分多于光合作用所产生的。如果持续这种状态，就会阻止树根和枝叶生长、碳水化合物的储备和果实成熟所需糖分的积累（见第 3.1.1 节和第 3.1.2 节）。在温暖或者炎热气候条件下的葡萄树需要云雾的遮挡来调节温度（见第 1.2.2 节），或者需要更多的阳光，或者通过叶幕管理使更多叶片暴露于阳光之下，从而让光合作用超过呼吸作用。而在低温情况下，当气温低于－15℃时，葡萄树即便处于休眠状态，也会严重冻伤甚至冻死。绝大部分欧亚种葡萄树没办法在－25℃以下存活。

与温度相关的灾害会在第 11.4 节中讨论。

很明显，葡萄树在理想的温度范围内生长最为良好。然而，由于纬度对温度、日照时间以及日照强度的影响，葡萄树还是能在温带区域有足够的生长空间。

1.2.2 阳光

阳光也可以被描述为太阳辐射或日晒，阳光并不会被云遮盖。阳光是植物赖以进行光合作用的能量来源，使其产生糖分以供生长、储备碳水化合物，供繁殖所需。很难将阳光的影响从温度中剥离出来，因为光照的强度经常会跟温度的升高联系在一起。

光照和温度无关的要素主要是光合作用。在光照强度达到 1/3 明亮程度时，葡萄叶的光合作用就会达到饱和状态，如果阳光强度进一步提升，光合作用反而会被抑制。

这意味着万里晴空的无云天气并非是光合作用的理想条件，尤其当这种条件促使温度升高时。另外一种情况是，温度很高但经常多云，比如澳大利亚的猎人谷。此地的优势是云层的遮盖，尤其是厚云层可以将阳光反射回空气中，使得葡萄园温度更低且阳光较少。因此葡萄果实可以成熟而不至于有太高的酒精度。

阳光对花序生长和坐果也很关键(见第 3.2.2 节)。暴露在阳光下的花序嫩芽会比在阴影下的开更多的花。

虽然暴露在阳光下会增加果实晒伤的风险,但也会使果实有更深的颜色和更好的成熟度。不过,将果实暴露在阳光下并不具有普适性。在藤蔓上结果的区域进行“去叶”以促进果实成熟,一般是凉爽产区采用的方法,但在炎热产区并不可行,因为高温会降低果实的 pH 值和内含的苹果酸。

阳光照射还有其他重要的优点,如改善藤条特有的褐变成熟。足量的阳光还可以建立起碳水化合物储备(见第 3.1.2 节)。

还有一个因素是每天的光照时间。不过白昼时长对葡萄树的年生长周期影响并不大(见第 3.2 节),温度才是决定葡萄树生长的首要因素(见图 1.2)。一般来说,由于气候变化而导致的气温升高会加速葡萄树的生长周期。

在高纬度地区,日照长度变得很重要。相比于低纬度地区,高纬度地区的太阳辐射强度会因为阳光覆盖的地域更广阔而减弱,阳光照射角度较小使气温较凉爽。但在德国、英国等高纬度产区,尽管光照强度不大,但更长的白昼时间可以让光合作用时间更久,这也能促使某些葡萄品种达到成熟的状态。

1.2.3　降水(露、雾、雨、冰雹、雨夹雪、雪)

葡萄树需要水分才能生存和生长。没有足够的水分,葡萄树的生长、潜在产量、果实质量都会受到严重的影响。

据估算,在凉爽气候下,一块未经过灌溉的葡萄园大约需要 500 毫米的降水量,而温暖气候下的葡萄园则需要 750 毫米。全球葡萄种植区域的年降雨量基本都低于 700—800 毫米,但也有例外,比如葡萄牙境内具有海洋性气候特点的绿酒产区(Vinho Verde)(约 1 500 毫米)和阿根廷的大陆性气候产区门多萨(Mendoza)(约 200 毫米)。

供水量不仅仅指每年的总降水量,还包括降水季节,以及雨水从地上蒸发的速度。土壤的持水能力也是关键(见第 2.1.3 节),细腻壤土的持水能力是粗糙沙土的 6 倍。

潮湿的海洋性气候区域常年降雨,土壤的排水能力就非常关键,如果排水不及时会导致水涝。

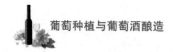

一旦新的葡萄根系和嫩枝开始生长，夏天和成熟季持续的湿润气候是导致粉霉和灰腐菌等真菌病害的重要因素。事实上，任何一种情况导致的水分过量都会引起病害风险(见第 11.2 节)。

在季节性降雨的区域，供水能力对于非灌溉的葡萄园来说就成了重要因素。在植物生长的关键节点，比如开花或者坐果期，合适的时间、足够的雨水可以促进生长，否则就会影响最终产量。地中海气候的降雨集中在冬季，这意味着若不考虑灌溉因素，土壤就需要在非雨季储藏足够的水分来供给葡萄树。例如，赫雷斯(Jerez)的特殊石灰岩土壤的持水能力就令人赞叹，白垩土也能吸收大量的水。可以通过毛细作用缓慢把这些水释放并输送给土壤和葡萄树。

低密度种植是应对地中海气候下葡萄生长季干燥缺水的策略之一，原理是让葡萄树的根系有更广阔的空间去寻找水源。在不使用灌溉系统的西班牙拉曼查(La Mancha)产区，有着全欧洲最低的种植密度，每公顷仅 1 000 棵葡萄树。1 毫米降雨量相当于每平方米一升，因此，拉曼查每年 300 毫米降雨量相当于每棵树获得 3 000 升水[300 升×(100 米×100 米)/1 000/公顷]。与之相比，波尔多的种植密度大约为每公顷 9 000 棵树，年降雨量为 850 毫米，相当于每棵树约 945 升水。拉曼查的葡萄树比波尔多更需要水，因为拉曼查的水分蒸发速度快得多。而在波尔多，虽然每棵树所获得的降水量少，但蒸发量少，因此水分反而有些过量。所以，在波尔多，土壤的排水能力相当重要，尤其在关键的时间节点，比如开花、结果和采收期。

实行灌溉作业的葡萄园通常在年降水量满足不了葡萄树需求的产区。作为一种简单的供水方式，灌溉的优势在于可以及时而集中性地为葡萄树补充适量水分(见第 9.4 节)。

有关降水的风险将在第 11.4 节中讨论。

1.3 区域气候(宏气候)

区域气候是指直径 10—100 千米范围内的区域性气候，应概括至少 30 年内的普遍性气候模式。区域气候不受局部地形、土壤类型和植被等小范围因素的影响。然而，在温带气候区，大范围的地形特征会影响区域气候，是选择葡萄树种植区域所必须考虑的要素，而小范围的地形特征则可以影响产量与质量(见第

1.4 节)。

对于宏气候来说,有四个方面的影响因素。

1.3.1　纬度

葡萄属的原生地在北纬约 30°—50°之间的温带气候区,虽然北半球是葡萄属的发源地,但事实证明在南半球相同纬度也能找到合适的种植区域。

在这个区域中,纬度较高的地方阳光的照射角度会更倾斜,照射范围更广,能量也就更分散,因此光照强度就比较弱,不过还不至于弱到不能进行光合作用。

另外,高纬度地区的白昼时间也更长,在夏季可以让葡萄树叶进行更久的光合作用。葡萄树也不用面对过热或缺水的压力。

1.3.2　海拔

世界上大多数优质的葡萄酒产区都比较接近海平面,比如波尔多的海拔仅为 100 米,勃艮第的金丘区为 200—350 米,香槟区为 100—200 米,巴罗洛的海拔略高,为 250—400 米。所有这些产区都处于高纬度地区。在高纬度地区中,低海拔葡萄园相对比较理想。

另一方面,高海拔在低纬度地区比较受欢迎,因为高海拔有降温的优势:每升高 100 米,温度降低 0.6℃,这就是所谓的温度递减现象。因此,澳大利亚伊顿谷(Eden Valley)在生长季的温度会比毗邻的巴罗萨谷(Barossa Valley)山脚的温度低 1.5℃,因为巴罗萨谷的海拔比伊顿谷低了 200 多米。这导致伊顿谷的葡萄会晚熟 3 周左右。

1.3.3　山脉

山脉对气候的主要影响就是海拔与降雨,或者更准确地说,是雨影效应。在雨影区,降雨会发生在山脉迎风的一侧(面向盛行风),当空气沿着背风坡流下来时已经没有了湿度,会变暖。

盛行风一般从山的西侧吹来,所以东侧的山坡会受到保护。例如法国孚日山脉(Vosges mountains)的阿尔萨斯(Alsace)、德国莱茵河谷(Rhine Valley)、美国俄勒冈州威拉米特(Willamette)还有新西兰南岛大部分产区,都处于当地阳光最充沛、最温暖的区域。

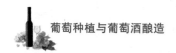

此外，南美的安第斯山脉和澳大利亚的南阿尔卑斯山脉，还能提供山上融化的雪水作为灌溉资源。山上的冰雪相当于冰冻的蓄水池，冬季降雪就好比补充了储水，夏季就可以将融雪有效疏导。

由于欧洲缺乏崇山峻岭的阻挡，加上地中海的影响，海风在南欧能深入内地，让大陆性气候的影响变得较为平缓。

1.3.4 洋流

洋流会影响葡萄树的种植，有些洋流会使原本凉爽的产区变得温暖，另一些则相反。

源于墨西哥湾流的温暖海流，对于西欧的凉爽天气来说十分重要。当它汇入北大西洋洋流之后，将欧洲西北部这一纬度的平均温度拉高了近 11℃。其中部分原因是因为盛行西南风吹来的暖湿气流。这使得西欧的葡萄种植大大延伸至北部地区，比如纬度高达 50°—51°的德国，甚至是北纬 52°的英格兰和威尔士。

南半球的葡萄酒产区有不少得益于寒流的帮助。南非有句古老的谚语："葡萄园必须看得见海"，从某些角度而言也不无道理：本格拉寒流自南极向北流经南非西海岸，给那些"看得见海"的葡萄园带来了习习凉风。

在南美，另一个源于南极的洋流洪堡寒流，自南向北流经智利的沿海地区，同样也带来大量的凉爽海风，在海岸山脉有豁口的位置，甚至可以影响到不少内陆的葡萄园。

在美洲的另一端，凉爽的加利福尼亚寒流一路向南流经北美的西部沿海，经过华盛顿州、俄勒冈州以及加利福尼亚州。加利福尼亚州沿海的层层晨雾会为葡萄园带来湿度并起到调节温度的作用。

1.4 地块气候(中气候)

地块气候描述的是直径数十米到数千米范围内的气候，地形特点带来的气候影响会比较大。

1.4.1 地形(朝向和坡度)

朝向与山坡的倾斜度会影响每天日照的时长、时间点和强度。

朝向指斜坡坡面所对的方向，分为向阳和背阴两种。在高纬度地区，朝向与坡度尤其重要。这是因为纬度越高，太阳照射角度越小，因此合适的温度对于葡萄树的生长和成熟就尤其重要(见图 1.2)。

在高纬度地区，比如北纬 47°或以上，斜坡上的葡萄园会接收到更强的阳光，比那些在平地上的葡萄园要温暖许多。在比较凉爽的地区，斜坡是最利于葡萄成熟的地方。另外，面朝太阳的斜坡(北半球朝南或西南，南半球朝北)会比其他地块接收更多的光热。因此，在凉爽的德国产区，朝南或朝西南的山坡会有更多的日照和热量，莱茵河畔和摩泽尔(Mosel)的葡萄园就是最好的例子，靠近河边还能降低春霜和秋霜的风险(见第 1.4.2 节)。而朝东的葡萄园在旧世界也非常受欢迎，可以在一天中最冷的时间接收旭日的第一缕阳光，并且光合作用可以尽早启动。而当太阳开始西斜，且气温可能已经超过有限范围时，日照就达到了最大值。

斜坡在夜间也有利于冷空气向下流动，以减少春霜和秋霜的风险。孤山的中间斜坡和那些凸出的山谷会形成一个热区，一个稳定的暖空气层，因为不会有来自高处的冷空气。比如勃艮第阿罗克斯-科通村(Aloxe-Corton)的科通山(Corton)，德国的凯泽斯图尔(Kaiserstuhl)，澳大利亚的史庄伯吉山区(Strathbogie Ranges)以及香槟的兰斯山(Montagne de Reims)都得益于这种现象。在兰斯山，热区可以让葡萄树在朝北的山坡上达到成熟，其他地块则不行(见图 1.1)。

斜坡的排水原理与空气一样，对多雨的产区比较有利，而在干旱的地方则相反。但不管哪种情况，水土流失都是一个问题，会造成土壤深度和养分含量的不足，但这些往往发生在斜坡顶部，所以反而对斜坡中部的葡萄树种植有利。

1.4.2　大面积水域

大面积的水域可以调节每日或者季节性的温差(见第 1.1.1.1 节)。在凉爽产区种植葡萄，比如美国纽约州的五指湖(Finger Lakes)、加拿大不列颠哥伦比亚(British Columbia)的欧肯那根湖(Okanagan Lake)、德国的莫泽尔河产区都因靠近水域而获得热量。另一方面，在干燥温暖的产区，临近水域的葡萄园则会因水域带来的湿度和午后的凉风而获益。比如在澳大利亚维多利亚州东北部的路斯格兰，墨累河(Murray)午后的凉风就会使葡萄园的温度降低。

1.4.3　植被(森林)

树林可以用作防风带(见第 11.4.7 节)。比如法国西南部梅多克(Médoc)西海岸的松树林在很大程度上起到了阻挡盛行西风的主要作用。

海拔（见第1.3.2节）
随着海拔的升高，温度会降低，这对赤道附近的葡萄园而言是个优势，否则会太过炎热。

霜冻（见第1.3.3节）
可以利用葡萄园的地理位置来降低霜冻危害。冷空气下降，热空气上升。因而位置①周边山丘的冷空气会汇集于此，增加了霜冻的风险。位置②的冷空气会散开而不会聚集于葡萄园中，从而降低了霜冻的风险。

孤山（见第1.3.3节）
如位置③所示的孤山，没有从上方降下的冷空气，山腰处会出现一个稳定的“高温区域”，这对葡萄的成熟至关重要。

图 1.1　影响葡萄园地块气候的因素
这是一张虚构的北半球葡萄园地形图，展现了地形如何影响葡萄园气候。

纬度（见第1.3.1节）

右边的插图展现了为何赤道的温度高于南北极。在赤道地带，太阳的光照集中在很小的区域内，而在南北极，同样的光照辐射的区域更广，因此更为寒冷。

朝向（见第1.3.3节和1.4.1节）

朝阳的山坡可以得到大部分的热量和光照。如图所示，在北半球这些山坡的朝南。而在南半球则朝北。

海洋的降温作用（见第1.3.4节）

海洋中的寒流对沿海的葡萄酒产区能起到降温作用。如位置③所示，如果冷空气和雾气可以吹到岸上，则会强化降温效果。要注意的是，尽管本插图没有说明，但海洋的暖流会起到相反的作用。

1.5 树冠气候(微气候)

微气候仅研究葡萄树周围的小环境,包括土壤,也包括树冠内外,研究范围从数毫米到数米的直径范围不等。

可以通过整形系统和每年的葡萄园管理操作来改变和影响葡萄树树冠(见第10章)。树冠要考虑的因素包括光照的质量和数量、温度、湿度、风以及蒸发量,这些都和葡萄树的生长和果实相关联。

树冠的浓密程度影响树冠内外参数的水平。对葡萄树冠的一个核心要求是让树叶能很好地受到阳光的照射,并且将光合作用发挥到最大。树冠内部的树叶受到的光照仅是外部的6%;而其中三分之一的树叶仅受到1%的光照,这些地方被称为深度遮盖(见第10.5节)。如果树冠太密,树叶的遮盖会直接降低果实的质量,进而影响最后酿成的葡萄酒。树藤的发育、花序的形成以及坐果也都会被遮阴所影响(见第3.2节)。

如果葡萄树种在肥沃的土壤上,浓密的树冠会是一个风险,因为土壤的肥沃会促进枝叶的生长(见第10.5节)。所以,肥沃的土壤并不适合葡萄树的种植。然而,葡萄园管理技术能够帮助解决一些问题,比如可以将葡萄嫁接在低生长活力的砧木上(见第4.2.7节)。

1.6 气候变化

有很多的自然事件会导致气候变化,包括板块运动、地球公转以及火山爆发等。然而,由人类活动引起的气候变化越来越值得关注,比如污染加剧而导致的气候变化,包括氟氯烃排放引起的温度升高,大量森林砍伐和石油使用带来的碳排放。

导致温度升高的主要气体是二氧化碳、甲烷和一氧化二氮,其中二氧化碳最为关键。

上一个冰河世纪末至今已有1.1万年,其间全球的平均气温一直稳定在14℃左右。然而,过去一个世纪全球的平均气温已经升高了0.75℃,海洋也在变暖。政府间气候变化专门委员会(IPCC)在 2007 年指出,这种温度的升高会让许多葡萄园在 50 年内进入另一个更热的温科勒区。

季节温度的变化和降雨的预测对于葡萄种植来说十分重要。越来越多的严峻气候出现和全球气候变暖,意味着葡萄将遭受更多热浪损害。

第 2 章
土　壤

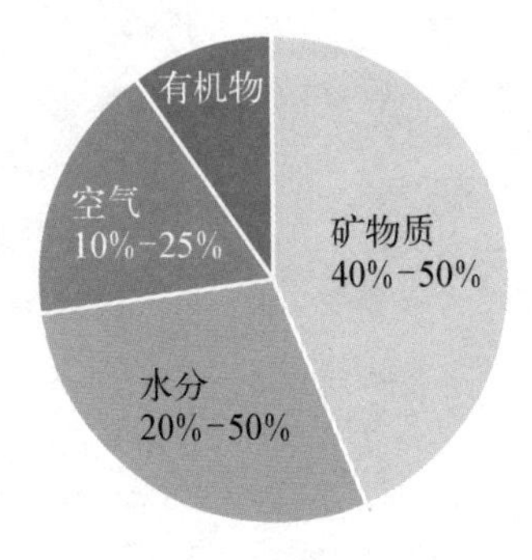

图 2.1　土壤主要成分图

［来源：White (1997：9)］

简单来说，土壤就是葡萄赖以固定藤蔓、获取营养的媒介。土壤也是地球表面的有机物质和无机风化岩石经物理、化学和生物作用的产物，是一种含水和空气的多孔物质。土壤中基础成分的比例可以参考图 2.1。这些比例宽泛的区间保证了土壤种类的多样性。

土壤是一种动态而且比较脆弱的资源。这也是为何它会被有机和生物动力法种植者以及追求可持续发展的葡萄园所关注(见第 12 章)。

葡萄酒领域公认葡萄在贫瘠或肥力低的土壤中具有良好的生长活力。这源于旧世界对经验的学习。其中包括坚硬和低肥力的土壤，也就是缺乏营养供给的土壤，会限制植物的生长，而这也关系到酒的质量。低肥力土壤的排水性一般很好，所以能快速积累并辐射热量。在较冷、较湿的环境里这一特点尤其重要(见第 10.5 节)。

事实上，葡萄完全能够在各种各样的土壤中成功生长，人们付出了很多努力来改良土壤，为葡萄提供所需的各种营养(见第 7.4、8.2、8.9、12.3.1 节)。

土壤的物理属性(质地、结构、颜色、持水性和排水能力、空气)、化学属性(土壤酸度、pH 值、营养状态)、生物属性(有机物、腐殖质、微生物、有机体)紧密交织，相互呼应，从而影响葡萄的生长环境。

2.1　土壤的物理属性

土壤的物理属性，比如质地和结构，会影响土壤的其他属性，包括持水能力、排水能力、营养供给、通风、根部生长以及水土流失和可耕种性。这些都是种植者重点关心的问题。

土壤的质地颗粒(砂粒、粉粒、黏粒)被比作建筑用的砖块和灰泥(Davies et al., 2001),而土壤的结构(砂粒、粉粒和黏粒的集和)则形成建筑的房间和走廊。

2.1.1　质地

土壤质地是对土壤中无机砂粒、粉粒和黏粒比例的测量。这些颗粒按尺寸来分类(见表2.1)。

表2.1　不同质地土壤颗粒的尺寸

颗　粒	尺　寸	颗　粒	尺　寸
黏粒	<0.002 mm	砾石	>2 mm
粉粒	0.002—0.02 mm	块石	>600 mm
砂粒	0.02—2 mm		

[来源:Combined from Maschmedt (2004); White (1997)]

备注:这种由黏粒、粉粒和砂粒等小颗粒组成的土壤被称为细土,这些小颗粒用于土壤质地的评估。较大的颗粒(砾石、块石)并不用于质地评估,但很重要。

根据土壤中砂粒、粉粒和黏粒的相对比例可以将土壤进行分类,并用来描述土壤的质地。在砂质土中黏粒的比例不超过5%,壤质土包含了约25%左右的黏粒,而黏质土则至少要包括50%的黏粒。黏质土通常被称为"重土",而砂质土被称为"轻土",壤质土比较适合农业耕作。

土壤质地决定土壤的排水和持水能力,也极大地影响土壤结构(见第2.1.2节)。细腻、中等质地的土壤,比如黏质土、黏壤土、粉砂质黏壤土能很好地保持水分和营养。粗糙一些的土壤,比如含高比例砂粒的土,有很好的排水性,但水和养分的保持能力较弱。这种土壤比较适合那些便于灌溉(施肥)的地方,因为水分和养分可以根据葡萄的需要进行控制(见第9.4节)。

黏粒的比例也很关键。黏粒具有最小的颗粒直径,表面积与体积比非常大。这意味着黏粒有保有养分和水分的强大能力。黏质土受潮的时候很湿滑,会像海绵一样吸收大量的水分。不过,这些水分大部分会被黏质土吸附住而不能供给葡萄树。

此外,潮湿的黏质土也不利于人工劳作和机械的使用。水涝也是一个风险。

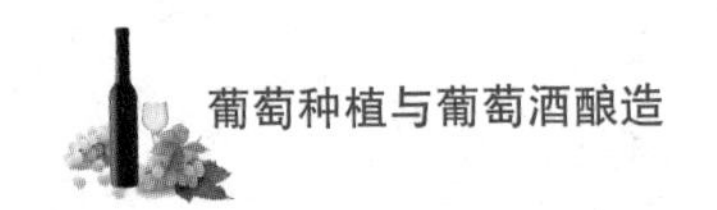

而干燥的黏质土会很坚硬，使树根很难穿透。为了充分利用黏质土的优势（保持水分和养分的能力），需要将它们与颗粒更大的土壤进行混合以弥补缺点。这种混合多数是指与壤质土（最适合农业耕种）的混合。

相反，质地比较粗糙的土壤，比如砂质土，排水性会很好，而保留的水分则比较容易被植物所吸收。

因此，土壤质地没有线性关系。黏粒比例良好的土壤会比砂质土更稳定，砂质土会因为有过多的水分而导致结构垮塌。质地粗糙的砂质土或者砂壤土可以让树根很容易穿透和生长，相反，孔径细小和质地细腻的黏质土和黏壤土会阻碍根系发展。

壤质土是黏粒、粉粒和砂粒以均衡比例混合的土壤，备受青睐且富有营养，既有砂质土的排水性，也有黏质土的持水和保肥能力。

直径大于 2 毫米的颗粒比较特殊，属于砾石和块石，对土壤也有重要的作用。在土壤内，降低了持水性而增强了排水性，在土壤表面，降低了水土流失的风险，帮助调节土壤湿度。这种砾石表层土也是树冠微气候的一个重要方面，在白天吸收并储存热量，在夜间将热量反哺给树冠，教皇新堡（Châteauneuf-du-Pape）部分地区以及摩泽尔的板岩土壤是很好的例子。

土壤质地还能影响土壤的温度。黏粒含量高的重土会比黏质土持水性更好，因此变热的速度会更慢，在春季，这会延缓发芽。

2.1.2 结构

土壤的结构反映了土壤的松散程度，也就是说，由黏粒、粉粒和砂粒等质地的不同颗粒聚合在一起形成了一个整体，从这个整体溃散成各种颗粒的松散程度。这反过来又影响了土壤的孔隙大小，孔隙大小可以影响土壤的排水性，因此还间接影响树根区域可接触到水和空气的程度。

决定土壤结构的关键就是不同颗粒的聚合以及颗粒间缝隙的大小。在理想结构的土壤里，根系可以轻松穿透到空隙处，水分和空气也可以很好地流通，土壤不会出现水饱和或缺乏空气的情况。这对葡萄根系和其他有机物的活动来说至关重要。另外，拥有理想结构的土壤可以更好地抵御水和风的侵蚀。

有机物（见第 2.2.1 节）是土壤聚合的基础。当胶体（极小的悬浮颗粒）黏土形式的矿物与有机物结合时，就开始形成聚合体。聚合的媒介包括水、微生物纤维以及有机分泌物。反过来，它们又与砂粒、粉粒以及其他有机颗粒结合形成聚合体。

有机物会使土壤更松散。当聚合体的直径不超过2厘米时，土壤会比较松散，这会提高水和空气在表层土壤和深层土壤之间的流动速度，也让根系更容易向四处延伸，从而促进植物生长。不松散的土壤如黏质土，聚合体更大，松散程度更低，这会阻碍水、空气的流动和根系的延伸。

稳定性也是土壤结构一个重要的因素。土壤结构在干湿循环以及栽种时要保持稳定(见第9.3节)。这种稳定性可以通过加入更多的有机物和促进土壤有机质活动来改善。比如蚯蚓可以帮助土壤形成稳定的聚合体。

2.1.3 水和空气

土壤的质地与结构会影响它的排水性和持水能力。

根系要在地下舒适并深入地生长离不开空气和水，葡萄根系和土壤中的微生物都需要氧气。因此好的排水系统就很重要。如果根部有过多水分，会切断空气流通，但还是要有足够的水分来供树根吸收。

如果排水不充分，就可能引起水涝。这会降低土壤的透气性，从而限制根系延伸的广度和深度。长时间的水涝会造成烂根，原因就在于没有足够的空气。

葡萄在夏季有一定的耐旱性。比如在干燥的非灌溉区，葡萄根系在季末会深入地下寻找可用水源。这种能力是对干燥环境的一种缓冲。

最肥沃的土壤就是那种具有均衡的排水与持水结构的土壤，比如壤质土。

2.2 生物方面

表层土壤一般有许多有机生物，包括微生物与肉眼可见的生物。土壤的生物方面主要表现在这些生物体上，生物体基本活跃在土壤表层10厘米的范围内，分解动植物的尸体，并将它们转化成可供植物吸收的营养。

保持土壤生物循环的能力是我们这个时代面临的问题，因为耕作会破坏土壤中的动植物活动。管理土壤(见第9章)就是为了在保持土壤健康与活力的前提下平衡生物、化学和物理肥力。

2.2.1 有机质和腐殖质

有机质对于土壤结构的形成和稳定非常重要。它帮助土壤提升持水性、渗透性和肥力，还能让重土更为松散。在松散的、排水性强的砂质土中，有机质是唯一能持有水和营养的物质。

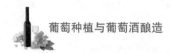

有机质在土壤的表层，包含腐坏的动植物尸体以及动物的分泌物和排泄物，也是能量和营养的充足来源。腐坏形成有机质的过程主要通过微生物进行，微生物将动植物中的有机物分解成腐殖质。

腐殖质是残留的有机质，它是黑色或深棕色的表层土物质，是动植物中较不易被分解的部分。但它又接近分解的临界点，是土壤聚合体结构中有机物的重要组成部分。

2.2.2 土壤有机物

土壤有机物承担了分解过程，包含：

- 大型动物：穴居脊椎动物，包括鼹鼠、兔子。
- 中型动物：无脊椎动物，如鼻涕虫、蛇、线虫、蠕虫、蚯蚓、木虱、昆虫、蜈蚣、千足虫。
- 微生物：藻类、细菌、真菌。

微生物通过分解死去生物中的有机物获得自身所需的能量，这个将有机物中的基本要素转化为简单的无机形态的过程被称为矿化作用。这个过程对于下一代的植物生长非常必要，比如，有机氮被矿化为铵和硝酸盐才能被植物吸收。

2.3 土壤的化学成分

土壤的化学活动发生在胶体内部，即细小黏粒与有机质的聚合体内部。土壤的化学特性包含了肥力和土壤 pH 值，两者都会影响葡萄的生长。

2.3.1 营养状态

葡萄的生长和繁殖需要许多不同的无机矿物营养，这些营养绝大部分来源于土壤。这些基本营养素可以分为大量元素和微量元素。第 9.1 节详细讨论了基本营养素之间的相关性。

2.3.1.1 大量元素

大量元素之所以称为大量元素是因为植物对这些营养元素的需求量很大。

除了占大气近 80%的氮元素外，其他基本营养素的来源是土壤和母质的风化,以及化肥(见第 9.1 节)和覆盖物(见第 9.2.2 节)。

- 氮,可以从有机物的分解、空气中氮的固定(固定或同化的过程)来获取。
- 磷,很难获得的营养元素,因为不可溶解。微生物活动可帮助磷被葡萄吸收。
- 钾,是黏土矿物的组成部分,酸性土壤中可能含量不够,因此需要施肥。
- 钙,钙质土的钙含量高,但不利于铁元素的吸收,缺铁(见第 8.2 节和第 9.1.2.1 节)会造成萎黄病。
- 镁,是叶绿素的一个成分,所以也是糖的必要原料之一,砂土比较缺镁。
- 硫,蛋白质的构成元素,使用硫黄通常可以消除缺硫的风险,石膏也是硫的来源之一(见第 8.2.1.4 节)。

2.3.1.2 微量营养

微量元素之所以称为微量元素是因为植物对这些营养元素的需求量很小,但它们并不比大量元素次要,如果缺乏的话后果一样很严重。

- 铁,光合作用和呼吸作用所需,大部分土壤很少缺铁,但钙质土往往会缺铁。
- 锰,氮的新陈代谢所需,黏质土和壤质土富含锰元素,但是土壤中石灰含量高、pH 值上升会导致锰下降(见第 8.2.1 节)。石灰土往往缺锰。
- 钼,氮的新陈代谢所需,酸性土壤中含量较少。
- 铜,由于常使用富含铜离子的灭菌喷雾(如波尔多液),土壤很少缺铜。低 pH 值的土壤铜含量较高。
- 锌,细胞新陈代谢所需,在钙质土中有可能会缺失。
- 硼,细胞和叶子生长所需,干燥土壤中含量较少。

监测和管理土壤中的矿物质资源很重要,葡萄的生长会消耗这些资源。尽管可以通过岩石风化、降雨和空气沉淀、有机物质矿化、施用有机肥和无机肥来形成这些矿物质,但任何一种矿物质的供给都可能会有问题。具体会在第 9.1 节中讨论。

其他还有一些基本营养素是葡萄生长和繁殖所需的,包括碳、氢、氧,这里不做考虑是因为它们由大气提供,而不是由土壤提供,如二氧化碳和水。还有个相似的元素是氯,也是来源充足。

2.3.2 土壤酸度和 pH 值

pH 值是一种数字化衡量酸性或碱性溶液水平的方式,数值范围介于 0—14 之间。

虽然葡萄可以适应不同 pH 值的土壤,但会比较偏爱 pH 值在 7 左右的土壤,从营养吸收的角度来看,理想的范围是 5.5—8 之间。

pH 值会在中性的两侧发生变化,大多数营养物的可获性会受 pH 值的影响。土壤的 pH 值会影响溶解度,进而影响营养的供给(见图 2.2)。

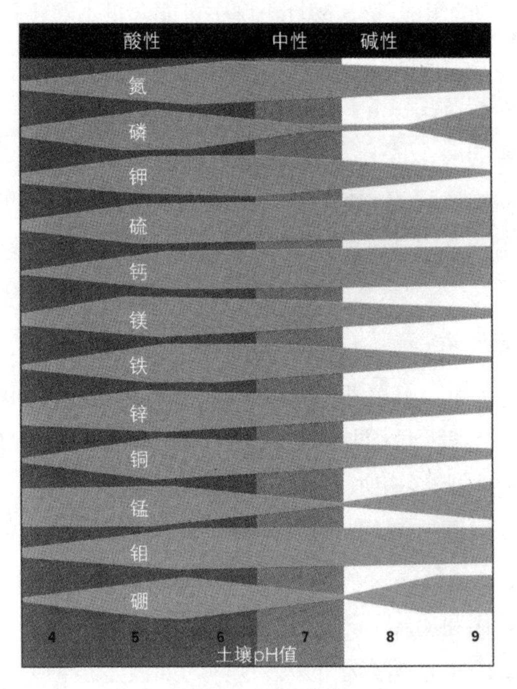

图 2.2　土壤 pH 值直接影响土壤中营养元素的含量

[来源:Keller M.(2010:24)]

酸性土壤不适于葡萄的成长,因为它会导致氮、磷等营养物质的缺乏。pH 值低于 5 的酸性土壤会引起植物铝和锰中毒。如果 pH 值达到 4.5,土壤会具有强酸性而使葡萄不能充分生长。

不过,酸性土壤可以用石灰和白云石来改善(见第 8.2.1.4 节)。但这种处理最好在葡萄园还没有耕种之前进行,因为石灰和白云石需要到达树根区域才能起作用。年降雨量超过 500 毫米的产区(比如法国波尔多),通常为酸性土壤,需要对土壤进行一些处理。

pH 值处于值域另一端的表示碱性,比如碳酸钙(石灰岩)土壤。碱性土壤虽然不一定会对葡萄的生长造成问题,但高碱性的钙质土会限制锌、铁、锰等微量元素的获取。特别高碱性的土壤,比如 pH 值达到 9 左右的,含有大量的钠,会减缓甚至阻碍树根生长。而且，高碱性土壤很难改善。

碱性土壤一般出现在年降雨量低于 500 毫米的地区。

葡萄一般需要至少 500 毫米的年降水量(见第 1.2.3 节)。

2.4　土壤类型——母质层/基岩

在温带，基岩对土壤的作用主要集中在新生成的土壤中，也就是葡萄种植集中的区域。

虽然有机质含量、水含量、透气性、微生物活动和真菌附着于树根形成的菌根组合等因素影响养分的可用性，但土壤矿物组成的主要决定因素是母质岩石。不过，母质岩石并不决定果实的质量，高质量的葡萄一般产自三种岩石类型：火成岩、沉积岩、变质岩(加热和/或加压沉积)。

2.4.1　葡萄种植——重要的基岩

石灰岩，是一种碳酸钙形成的沉积岩，分布于西班牙赫雷斯(Jerez)、澳大利亚石灰岩海岸(Limestone Coast)、法国勃艮第、波尔多圣爱美隆(St. Émilion)。

图 2.3　赫雷斯地区的沉积石灰岩使土壤呈灰白色

图 2.4　摩泽尔的葡萄园中清晰可见的板岩碎片

白垩土，是一种柔软细腻的石灰岩（沉积岩），分布于法国香槟区、夏布利（Chablis），还有波特兰石灰岩（Portlandian），主要分布在卢瓦尔河谷中央产区、都兰产区、英国南部等。

板岩土，一种变质岩，源于页岩（黏土、淤泥、沙土挤压后形成的沉积岩），演变成平板状，主要分布于德国摩泽尔。

片岩土，一种变质岩，主要由片状的平行岩土组成，分布于葡萄牙杜罗河（Douro）、法国罗纳河谷罗蒂丘（Côte-Rôtie）。

花岗岩，一种火成岩，在地表下形成，有着中等到粗糙纹理的结构，分布于法国薄若来、阿尔萨斯。

火山岩，一种火成岩，在地表形成，有着细腻的纹理结构，分布于意大利西西里岛埃特纳（Etna）、葡萄牙马德拉岛、德国南部凯泽斯图尔（Kaiserstuhl）。

2.4.2 土壤剖面

土壤的剖面包含了土壤内的层次，可以在挖掘的时候观察到，通常在 1 米左右。

土壤的剖面一般会展示好几层，从表层土开始，随后是深层土，再然后是未风化的基岩。挖掘土壤的剖面可以看出土壤是否有好的排水性，或者是否有太过于紧密的土层阻碍树根的渗透和水分的流通。也可以展示树根可以达到的深度，看是否可以获得足够的水源。

地面以下 1 米内的土壤剖面非常重要，包含大部分树根和大部分的土壤成分。有些树根会渗透更深的区域，特别是在干燥的时期寻找水源。

第3章
葡萄树

葡萄作为一种木质的爬藤类植物，原生地在北半球北纬 35°—50°之间，属于温带气候区。

葡萄是一种多年生植物，因此它的生长模式，包括发芽和结果，都会受上一个生长季的经历的影响。因为第一年形成的芽会产出第二年结果的嫩枝，第一年的气候和天气会影响第二年的结果。

葡萄属植物的完整分类参见下表：

表 3.1　葡萄的植物学分类

界	植　　物
门	开花植物
纲	双子叶植物纲（两片胚种叶。许多乔木、灌木和草本植物）
目	鼠李目（有花序的灌木和乔木）
科	葡萄科（爬藤植物——葡萄科）
属	葡萄属（多年生藤蔓和灌木，有卷须）
种	欧亚葡萄种（单一的用于葡萄和葡萄酒工业的种）
品类	比如黑皮诺（pinot noir）、霞多丽（chardonnay）
克隆种	比如黑皮诺的 667、777、115、MV6 克隆种

葡萄属包含约有 70 个葡萄种，如北美洲原生的美洲葡萄、河岸葡萄和沙地

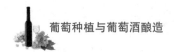

葡萄，以及欧亚葡萄种，原生于欧亚大陆。发生在第四季的美洲与欧亚大陆板块分裂导致了不同的葡萄种进化。第 6.4 和 6.11 节讨论了这与病虫害管理相关联的重要性。

一个种是指在同一个生物属中一群有共同可辨识特点并且与其他群种明显区分开来的有机物。其中的欧亚葡萄种成了主导全球葡萄、葡萄干、葡萄酒生产的种。

品类是在一个相同的种里不同的成员，欧亚葡萄种总共约有一万个不同的品类，其中超过 800 个品类用来酿酒。第 6 章列举了一些主要的酿酒葡萄品类。

克隆种是单亲的后代通过植物繁殖，与上一代有着完全一致的基因组成。5.2 列举了克隆种选择。

3.1 葡萄树的组成部分

一棵葡萄树的形态被分为不同的植物部分：根、树干、嫩枝、叶子、卷须以及可再生部分(能发展成葡萄串的花序)。根系是唯一在地下的部分，而树冠指的是葡萄树整个地上的部分。

3.1.1 根系

根系可以固定住葡萄树。在土壤剖面允许的情况下，根的直径为 6—10 毫米，可往下渗透 30—35 厘米，但深度甚至有超过 6 米的记录。主根会分成窄小一点的根，进而分成更小的根须，一般都在土壤表层 20—50 厘米区间。最好的根会被不断地取代，大多数根的范围在树干直径的 4 到 8 倍之内。

根系的第二个作用是吸收水分和矿物质营养。吸收主要发生在根部末梢后面的区域。吸收区域大约有 100 毫米长，上面覆盖的根须大大增加了表面积，因而提升了吸收能力。吸收最有活力的根部大约在土壤顶端的 10—60 厘米处。

根系还会储存碳水化合物，以备根系在冬季生长和第二年春季新生枝叶所需，也就是说，前期是为光合作用产出生长所需糖分，后期则是繁殖。

3.1.2 树干与树枝

树干与树枝组成了葡萄树在地面上的永久结构部分，树干是垂直于地面的永久生木，树干上生发的永久性树枝可能会很长并且与地面水平，这种情况下会被称为主蔓(Cordon)。永久性树枝也可以很短,也可以与地面呈水平和垂直之间的角度,这种情况一般是采用了灌木丛式整形(见第 10.1 节)。

连同根部一起,永久性生木结构占整个葡萄树干物质结构的 50%—75%,这个比例非常重要,因为大量的永久生木在不理想的气候条件下会用所储存的化合物以及矿物质营养起到缓冲作用。在葡萄树面临压力或每年生长季开始时,就能派上用场。

葡萄树是一种攀缘植物,在它们的自然状态下会利用外部坚硬的框架,比如树,来伸展树冠。因此,当栽种时,它们通常需要进行整形来管理和支撑更长的树枝和每年新长成的嫩枝,除非它们十分接近地面。

3.1.3　芽和节点

春季的发芽标志着一个新的生长季的开始,新的嫩枝会从芽上长出。新芽长在节点上,就是那些在嫩枝上有规则间隔的凸点。两个节点之间的空间就是所谓的节间,一般是 5—15 厘米,根据品种和生长活力而定。

节点也是其他葡萄树结构的基点,比如树叶、侧枝、卷须和花序(开花后成为果串)。

有些节点会成为休眠节点,这些节点在生长季不会继续生长,而是休眠到第二个春季,然后长出嫩枝,因此第一年的气候会影响第二年的生长和繁殖。

3.1.4　嫩枝

春季从新芽长出的嫩枝会继续生长,节点和节间也是如此。新芽、树叶、卷须和花序也会在不同的时间从节点开始生长。这里包括了第二年需要生长和繁殖的新芽,第一年进行光合作用的树叶和第一年需要寻找坚硬物质作为支撑的卷须。

3.1.5　藤条

在生长季结束的时候,树叶会从一年生的嫩枝上掉落,然后嫩枝会变成棕色的木质茎。这种情况下,它们就变成了藤条,并在冬季进入休眠。

冬季修剪(见第 10.2 节)会将这些藤条剪成单根或双根,或者直接剪成短枝以待来年生长。芽头会长在修剪过后留下的节点上,一般短枝会保留 1—3 个节点,而藤条上会保留 8—15 个节点。

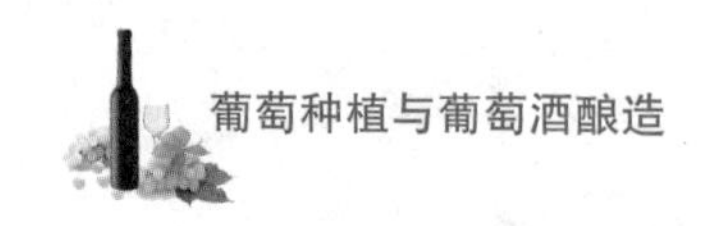

3.1.6 树叶和叶柄

一片葡萄叶包含了经典的五裂片叶和一个连接嫩枝的叶柄(梗)。叶柄可以定位并且帮助叶子面向太阳以获取最好的阳光。

叶子是光合作用的主要部分,光合作用在光照的作用下,用二氧化碳和水来制造能量(碳水化合物),氧气则是一个副产品,会被呼出。下面是化学方程式:

$$6CO_2 + 6H_2O + 光照 \longrightarrow 6O_2 + C_6H_{12}O_6$$

$$二氧化碳 + 水 + 光照 \longrightarrow 氧气 + 碳水化合物$$

这个碳水化合物就是糖,主要是蔗糖,由光合作用制造并用于葡萄的生长和繁殖。

气体会在叶子表面下方的气孔发生交换,当二氧化碳从空气中进入叶子的时候,副产品氧气就会通过呼吸作用从叶子中排出。而水蒸气也会通过蒸腾作用排出,这个作用还可以使叶子冷却。冷却可以避免因过热而导致的光合作用受限(见第 11.4.3 节)。

通过对叶子和叶柄的分析可以得出葡萄树的营养状态,在此基础上可以得出营养利用方案(见第 9.1 节)。

3.1.7 卷须

卷须也会从一些节点上长出,它们的作用是卷绕在树上以支撑葡萄树的生长。通过这种方式,可以确保嫩枝定位并且将叶子的曝光达到最优化,从而进行充分的光合作用。卷须生长是带有旋转和弧度的,不断探寻可以支撑的坚硬物体,一旦找到便进行缠绕。

3.1.8 花序、开花、果实和果串

花序是葡萄树上结果的部分,先开花,受精后结果。受精及坐果之后,花序就会变成果串。通常情况下,欧亚葡萄种在一个嫩枝上会长出 1—3 串葡萄。

大部分欧亚葡萄的品种是雌雄同体的,可以自我受精,在同一朵花上既有雄性也有雌性繁殖功能。

葡萄是葡萄树为了繁殖和生存而进行传播的一种自然方式。一般是鸟类会吃葡萄,然后将葡萄籽带到别处,完成传播。葡萄园管理则是避免了这种自然繁

殖链带来的损害，鸟类被视为一种害虫(见第11.1节)。

一颗葡萄就是一朵受精的花，一串果串就是一条受精的花序。同一个花序上的不规则受精(尤其是在湿冷的季节中开花，见第3.2.4节)解释了为何同一串葡萄串上的果实成熟期会略有不同。这会在采收季节带来商业上的挑战。

3.2　葡萄树每年的生长循环

葡萄树每年的生长从发芽前的树液升高开始，然后在落叶和休眠中结束。其中包含了一个植物循环和繁殖的循环，在北半球的温带，生长循环一般是从3/4月到10/11月，在南半球则是9/10月到4/5月，这些信息总结如表3.2所示。

表3.2　葡萄生长的重要时间节点

	春　季		夏　季			秋　季		冬　季			
	发芽及长枝生长		开花、坐果		果实生长以及变色、果实成熟、采收		采收、葡萄树木质结构成熟、落叶		休　眠		
北半球	3月	4月	5月	6月	7月	8月	9月	10月	11月	12月	1月	2月
南半球	9月	10月	11月	12月	1月	2月	3月	4月	5月	6月	7月	8月

所有品种每年的生长模式都比较类似，但每一个品种的特殊性和时间性会有所不同，从而导致一些风险，比如那些早发芽品种在凉爽环境会面临春霜。

还有一些会影响生长循环时间和过程的因素：产区、当下季节、栽种操作等等。

每年生长循环的主要阶段如下：

3.2.1　发芽和嫩枝生长(植物循环)春季(北半球3/4月，南半球9/10月)

日平均温度超过10℃时就会开始发芽，所以这也是这个数字用来做地区气候模型的原因(见第1.1节)。

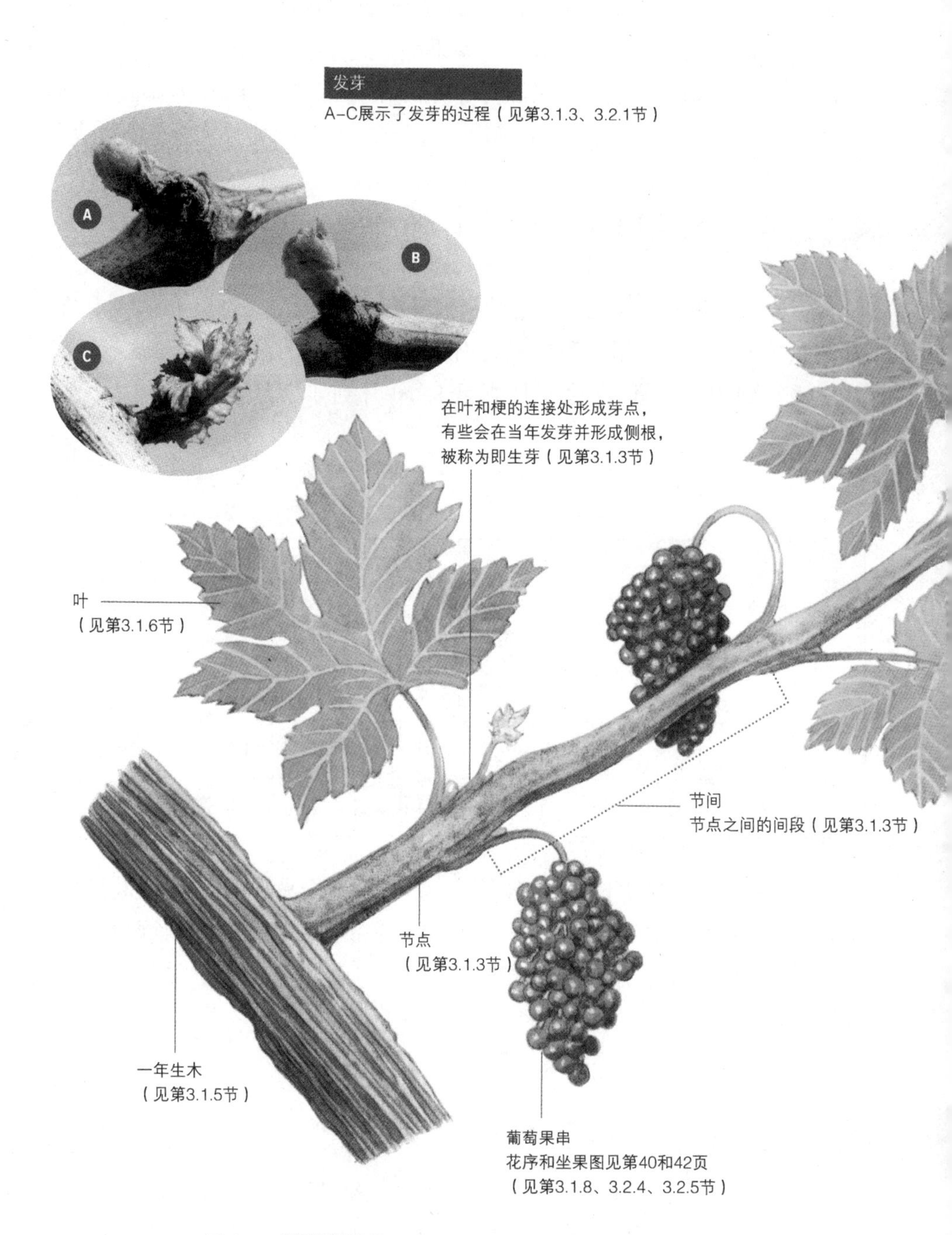
发芽
A–C展示了发芽的过程（见第3.1.3、3.2.1节）
A
B
C
在叶和梗的连接处形成芽点，
有些会在当年发芽并形成侧根，
被称为即生芽（见第3.1.3节）
叶
（见第3.1.6节）
节间
节点之间的间段（见第3.1.3节）
节点
（见第3.1.3节）
一年生木
（见第3.1.5节）
葡萄果串
花序和坐果图见第40和42页
（见第3.1.8、3.2.4、3.2.5节）

图 3.1　葡萄藤结构

藤的早期生长

的主要结构在生长早期就会出现。
芽点、叶片、卷须及花序都清晰可见。

葡萄树的主要结构

一年生的葡萄藤在秋季落叶后变为常年生木（见第3.2.7节）

库纳瓦拉产区的土壤截面图，石灰岩基岩上方的红色土壤清晰可见。

储存在树干、树根和枝干里的碳水化合物会用来长出新的树枝,直到光合作用能制造继续生长所需的碳水化合物。嫩枝和叶子的生长在开花前非常迅速。

不同的品种有着固定的发芽期。比如霞多丽和黑皮诺,属于早发芽品种,其他如赤霞珠和慕合怀特属于晚发芽品种。这种现象与温度有关,晚发芽品种需要更高的温度。

葡萄树的生长通常也持续与温度相关,随着温度升高会越来越迅速,直到25—30℃开始放缓,超过35℃则会停止生长。

3.2.2 花序形成(繁殖循环)春/夏(北半球5/6月,南半球11/12月)

花序形成一般在发芽后的8周,一般会在第一年藏在芽中,第二年才长成花序。温度很关键,花序的生长最好在25—35℃。

花序的形成(第二年才能成为果实)一般发生在同一年的开花期(这一年

图3.2 一串未开花的花序

图3.3 一串盛开的花序

图3.4　花序特写

的果实)。这两者都是每年生长循环中的一部分,而且都对天气十分敏感。从开花到采收约为4个月,因此从第一年的花序形成到第二年的采收,实际上要花上16个月的时间,所以在这段时间内不利的气候条件造成的负面影响长达两年。

跟葡萄树生长的其他方面一样,花序的形成根据品种不同也有区别。比如雷司令,可以在花序形成经历低温时还能长出结果的芽头。

3.2.3　开花(繁殖循环)春/夏(北半球5/6月,南半球11/12月)

葡萄树的花比较小而且肉眼并不明显,但花香比较浓郁。

开花会在发芽后8周开始,一般历时7—10天。这是一个对天气极其敏感的过程,可能会跨越几天温暖的阳光,然后数周寒冷或下雨的天气。风、雨都会阻碍花粉到达柱头,所以会造成不规则的坐果和成熟度。

干燥的环境对于花粉的释放和抵达柱头(授粉)是最理想的,花粉粒在柱头上会萌发,产生一个花粉管,然后抵达胚珠内的卵子,随后受精卵结果。

除了干燥的天气,萌发与受精的理想温度为26—32℃。温度低至15℃,萌发就会推迟,低于这个温度,甚至可能不会发生受精。

3.2.4　坐果(结果)(繁殖循环)初夏(北半球6月,南半球12月)

坐果标志着花期的结束,授过粉的花卵巢开始形成一颗葡萄。并不是所有的花序上的花都会成功地形成葡萄果实。这是年生长循环内非常重要的一个节点，因为直接影响产量。

图 3.5　坐果。隆起的柱头上可见雄蕊遗留

图 3.6　落果。一串稀疏的果串

图 3.7　部分果实僵化造成果串中的果实大小不均

考虑到花序形成（为第二年）和开花（为第一年）的时间同步性，不出意料的是他们都需要阳光和温暖的温度来保证理想的坐果。但就算温度合适，有时候遮阴也会降低坐果率。

从花期到坐果这段关键时间内，多云、潮湿、寒冷的天气会引起两种值得注意并且相互关联的危害：

- 落花（坐果少）。缺乏光照，会导致许多没有受精的卵巢以及小而年轻的果实掉落，葡萄串就会比较松散而稀疏。
- 坐果不均匀（大大小小）。低温会导致一些小而无籽但仍能成熟的果粒与大的有籽的正常葡萄混杂在一起，出现在同一串果串上。

与其他方面一样，开花与坐果会因为气候条件、营养供给以及品种的不同而有差异。比如赤霞珠、霞多丽、歌海娜和雷司令的坐果率天生就低。

开花坐果之后，花序就成一串果串。

3.2.5　葡萄发展（形成与成熟，包括转色）（繁殖循环）

葡萄生长——夏季（北半球 6/7 月，南半球 12/1 月）

葡萄转色——深夏(北半球 7/8 月,南半球 1/2 月)

葡萄成熟——夏/秋(北半球 8/9 月,南半球 2/3/4 月)

葡萄的发展发生在夏、秋两季,被分为三个阶段,有时会有四个。

• 第一阶段,葡萄形成。这包括葡萄籽的生长和细胞分裂,以及绿色坚硬的葡萄粒,会在接下来的 6—8 周不断长大。

• 第二阶段,过渡阶段。放缓了第一阶段的生长速度,但处于第三阶段开始之前。一般会持续 1—6 周,根据品种而定。

图 3.8　进入转色期之前,所有的葡萄都呈绿色

图 3.9　在转色期,不同的葡萄颗粒转色进度不同

• 第三阶段,葡萄成熟。这个阶段是从转色开始的,葡萄籽成熟,葡萄细胞继续变大、成熟随后柔化。糖分、花青素(红葡萄品种),以及风味和芳香物质开始积累,酸度开始降低。这个阶段持续 5—8 周。

• 第四阶段,葡萄过度成熟。这会发生在采摘延后时,意外或者故意都有可能。葡萄开始皱缩,在这种皱缩葡萄以及那些被贵腐菌感染的葡萄里,糖分含量是普通成熟葡萄的两倍。

鉴于葡萄果实是葡萄酒的原料,它的结构、成分和更多成熟的细节会在第 3.4 节进行讨论。

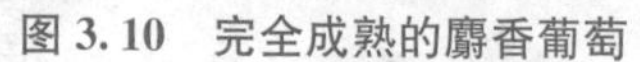
图 3.10　完全成熟的麝香葡萄

图 3.11　过熟的梅洛葡萄果粒明显开始干瘪

3.2.6　采收　秋季(北半球 8/9 月,南半球 3/4 月)

采收的时间节点根据所酿酒的风格、品种、生长环境的不同会有很大的区别(第 14 章)。

3.2.7　木质成熟,落叶和休眠(生长循环)深秋(北半球 10/11 月,南半球 4/5 月)

在秋季,当季的长嫩枝成熟、变硬、变成棕色,随即会被称为藤条。由于冬季来临,树叶开始凋落,来年春天发芽的芽头开始进入休眠状态,而碳水化合物储备也开始在永久生木中储存。

需要一段时间的低温,最好是在深冬时节,来重新激活休眠的芽头,为春天的到来做好准备。如果某一产区没有足够的低温,则会出现不规则的发芽,进而带来管理上的问题。

生长在热带或亚热带的葡萄树由于没有低温,所以不会出现休眠,在这些地方葡萄树为常绿植物。

在温带,当春季气温升到 10℃以上时,葡萄树重新开始每年的生长循环。

3.3　葡萄树的生命周期

葡萄酒的学问告诉我们,葡萄树龄越老,葡萄酒的质量就越好,但这个很难定义和计算。不过,有些东西我们还是有所了解。

新种的葡萄树两三年之后才会首次开花并结果,才能开始酿酒。

新扦插的幼树开始只会先发展根部系统。树干和根部需要靠自身慢慢稳固起来,这些永久的木质部分会成为成年葡萄树的主体并占其干物质总量的50%—75%。

图3.12　新栽种的葡萄园

图3.13　三四年后,经过修剪和整枝的幼枝基本成型

这种永久生木逐渐成熟并扩展周长,并成为碳水化合物和营养的储存空间,以便在遭遇不良生长季环境时提供支持。一个广泛而稳固的根系会成为葡萄树在成熟时期应对过干或过湿环境的缓冲,这样一个坚固的永久生木系统会延长葡萄树寿命并提高产能。

随着葡萄树长高,嫩枝的生长活力开始下降,因此大的老藤葡萄树的嫩枝生长活力会比年轻的葡萄树小,因为葡萄树需要更多的能量和保障来维持更大的永久生木结构。除非高昂的葡萄酒价格能支撑老藤葡萄树的低产量,葡萄树会迎来一个产量的临界点,许多树会被拔除或者重新栽种。超高的葡萄酒价格让波尔多一些顶级酒庄可以从15—20年树龄的葡萄树中选择葡萄来酿制它们的高端酒款。

葡萄树有能力活上数百年,但在欧洲很少见。一是因为根瘤蚜虫的侵袭,二是因为大多葡萄树会在25—30年树龄时进行更换。不过,还有一些硕果仅存的,比如在法国勃艮第、鲁西荣(Roussillon),西班牙普里奥拉托(Priorat),葡萄牙杜罗河谷。在新世界,加利福尼亚州的一些地区、澳大利亚巴罗萨谷(Barossa Valley)和智利的玛乌莱山谷(Maule Valley)等地分别还留有一些珍贵的仙粉黛(zinfandel)、西拉(syrah/shiraz)和佳丽酿。

图 3.14　一棵较老的葡萄树。随着年份的增长，主干和藤枝逐渐变粗

图 3.15　葡萄老树的树干粗壮多瘤

老藤葡萄树早已成为葡萄酒市场化的一种手段，比如标有“old vines”“vielles vignes”“alte reben”“viñas viejas”等在进入新千年之后获得了很好的传播声望，事实上对老藤葡萄并没有一个明确的定义和描述，包括最低要求的年限。

3.4　葡萄

葡萄是花成功受精后的结果，与其他葡萄一起出现在果串上。本来作为生存和传播功能的葡萄，在至少公元前 6000—公元前 5000 年的新石器时代就被人类转变成酿酒功能。

潜在的葡萄酒质量和风格决定于采摘时一个简单而关键的因素——葡萄的构成。

3.4.1　解剖学

一粒葡萄果实包含了果籽、果肉和果皮，比例分别大约为 5%、80%和 15%。此外，果皮外还会覆盖一层蜡质的粉衣(见图 3.16)。

果皮外有一层透水性不强的蜡质。在这下面是果皮，单宁和色素，尤其对于红葡萄来说，颜色主要来自果皮，而果皮也是香气和风味的主要来源。

葡萄的主要部分，大约 80%为果肉，包含了水分、糖分、果酸和其他物质。

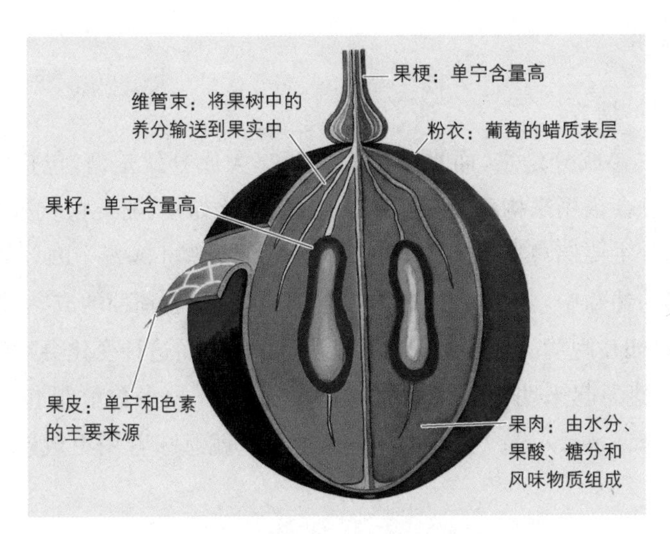

图 3.16　葡萄果实的剖面

表 3.3　果实的主要成分及其含量

	含　　量
水分	700—800 克/升
碳水化合物(糖分)	150—250 克/升
酸	6—32 克/升
氮	0.2—2 克/升
酚类物质	0.1—1 克/升
矿物质	4—11 克/升
挥发性芳香化合物	0.1—0.5 克/升

[来源：Iland et al.，and Coombe and Dry (vol. 1)]

富含单宁的果籽位于葡萄的最中心，鸟类和其他动物吃完葡萄后会把果籽带到其他地方，在合适的环境中进而长成新的葡萄树。在葡萄成熟的过程中，果籽会变色为棕色，这也在采收前被用来评估葡萄的成熟度。

葡萄与葡萄树靠梗来连接。

3.4.2 成分

3.4.2.1 糖分

葡萄的主要成分是水，而水中溶解的第二大成分就是糖，包括葡萄糖和果糖。这些糖分会被用来构建许多特殊的化合物，比如酸、酚类物质和挥发性芳香化合物。糖分主要储藏在果肉中，约占果汁中可溶解物90%—94%的比例。

在成熟的葡萄中，葡萄糖和果糖的量差不多。随着葡萄的成熟，两者的比例会有调整，比如在晚摘的葡萄中，果糖比例会升高。而这种变化会对味觉带来影响：首先，果糖尝起来明显会比葡萄糖更甜；其次，大多数酵母包括酿酒酵母(saccharomyces cerevisiae)会先发酵葡萄糖。这就意味着用更成熟的葡萄酿成的酒会更甜。

3.4.2.2 酸

葡萄中的酸主要是酒石酸和苹果酸，加起来超过葡萄中酸总和的90%。酸的含量通常为5—8克/升，其中75%广泛地分布在果肉中，其余25%在果皮中。不过，这种比例会因为品种的不同而差异较大。葡萄中还有其他的酸，包括柠檬酸、琥珀酸、酚类物质等。

苹果酸对温度十分敏感，在葡萄成熟的过程中部分会被呼出。温度越高，呼出的苹果酸就越多，从而导致酸总量的下降。据测算，比较炎热地区葡萄中的苹果酸只有2克/升，而凉爽地区可以达到15克/升，有时甚至更高。

苹果酸可以在苹果酸乳酸发酵中被转化为乳酸(见第21章)。

相对地，酒石酸比苹果酸更为稳定和强大，变色期之后就变化不大了。

3.4.2.3 酚类物质

酚类物质，比如花青素(呈现红色、蓝色甚至紫色)，还有在口感上提供收敛感的单宁，是红葡萄中非常重要的化合物。葡萄籽和白葡萄皮里也会有单宁。

葡萄皮与葡萄籽中的单宁通常形容为较大的颗粒、可以与蛋白质结合的分子。随着陈年，单宁会逐渐聚合并形成沉淀，这种沉淀与酒石酸一起，成了红葡萄酒瓶中沉淀物的主要部分。葡萄皮里的单宁比籽里的要更柔软、细腻。

花青素一般在葡萄皮中，但泰图里葡萄(紫叶葡萄)，比如紫北塞(alicante bouschet)，会很不寻常地在红色果肉中含有花青素。花青素含量的水平会因为品种而差异巨大。比如黑皮诺的花青素含量就比西拉和赤霞珠低。

花青素的生成跟温度也相关，17—26℃是比较理想的范围。如果葡萄的温度超过30℃，就会阻止花青素的生成，这意味着微凉到微热气候最适合花青素的生长。可以参考第2.4.2节。

葡萄梗中的单宁与果籽里的单宁比较相似，在整串压榨、萃取时需要格外小心以避免带来苦味。

3.4.2.4 其他风味和香气化合物

葡萄还有许多另外的风味和香气成分，主要在果皮当中。不过含量都很少，有些挥发性的香气物质含量在每一颗葡萄中的量仅为0.000 000 000 001克，完全属于微量。

这些其他的化合物包括单松烯类，会有一些芳香的花香气息，在阿尔巴利诺(albariño)、琼瑶浆(gewürztraminer)、麝香(muscat)、雷司令(riesling)、灰皮诺(pinot gris)、维欧尼(viognier)等品种中很常见。

甲氧基吡嗪是另一类物质，会给予像长相思(sauvignon blanc)、赛美容(semillon)、赤霞珠(cabernet sauvignon)等品种标志性的草本和青椒香气。这些香气在适量的时候会被认为是一种标志性气味，但如果过量则被视为缺陷，这种香气在梅洛(merlot)、品丽珠(cabernet franc)、佳美娜(carmenère)等品种中也会有。实际上，这些品种在DNA上都有关联。

3.4.3 成熟

葡萄的发展一般会经历3—4个阶段，只有后两个阶段与成熟有关。葡萄的成熟始于第三阶段，也就是变色期开始时，也会包括第四阶段——过熟阶段。详见第3.2.5节。

3.4.4 定义成熟

成熟度完全决定于要酿造什么样的酒。在欧盟，甚至会有法律规定：香槟区的霞多丽采摘时要求至少9%的潜在酒精度，但在科通-查理曼(Corton-Charlemagne)，要求至少达到12%。

在文献中，有一些词汇虽然没有清晰明确的定义，但还是会被使用。下列不同词汇的总结和综合对于成熟的定义还是广泛而抽象的。所有有关成熟的定义必须与所要酿造酒的风格联系起来，并考虑所在葡萄园的位置、气候以及葡萄园的管理目标。

3.4.4.1　糖分成熟

德国的法律根据单一的糖分参数来定义成熟。这种情况下，不同的糖分水平会被允许酿成法律规定的不同风格。

3.4.4.2　技术成熟

技术上，成熟还需要考虑一些除糖分外的其他参数，通常有 pH 值和酸总和。采摘是基于酸度降低与糖分升高之间的一种平衡。

3.4.4.3　生理学成熟

从生理学或酚类的角度，成熟的定义不仅仅是酸度与糖分之间的平衡，还指风味和香气，包括花青素、单宁的总量和质量，这些都是在成熟过程中在果皮中的累积。葡萄籽是否变为棕色有时也会成为采摘前成熟的定义之一。风味和芳香化合物的积累与其他成熟过程不同，既不同时也不同步。

有时候会被称为风味物质成熟，虽然风味的定义有些个性化，因为不同的葡萄酒风格会有不同的标准。

第4章 葡萄种与砧木(根系)

一个物种是指在同一个生物属里一群有着相同、明显特性并区别于其他种群的组合。

在葡萄属里大约有70个葡萄种。欧亚葡萄种的发源地在欧洲,而冬葡萄、美洲葡萄、河岸葡萄、沙地葡萄的发源地则是北美洲。亚洲也是另一个重要的葡萄属树种发源地,比如山葡萄就发源于中国,其抗寒性非常著名。

4.1 葡萄种

4.1.1 欧亚葡萄种

在葡萄属中大约有40个欧亚种群,绝大部分在东亚地区,而只有欧亚葡萄种发源于西亚和欧洲交界处,在北纬30°—50°范围内(温带地区,见第1.1节)。也正是这个葡萄种传播至全球,并主导了葡萄的品种种植和酿造。

早期的品种量增加主要通过偶然的杂交和自然的基因突变。直到进入19世纪,欧洲才开始有了认真的欧亚葡萄种繁殖计划。由于19世纪末美洲的一些病虫害被带进欧洲,并开始严重损害葡萄酒的生产,促进了这些计划的快速发展。根瘤蚜虫是其中的主要危害,但霜霉病、粉霉病也同样严重,证明了欧亚葡萄种对这些新世界的病虫害非常易感。

在寻找对抗这些输入型病虫害方法的过程中,美洲原生的葡萄属葡萄种成为欧洲葡萄产业存续的关键。冬葡萄、河岸葡萄和沙地葡萄是对抗根瘤蚜虫病最有效的三个美洲树种。繁殖计划的最初关注于将这些美洲树种和欧亚葡萄种进行直接杂交,但是最终研究表明,将欧亚葡萄种嫁接在美洲树种的根上是最有效抵御根瘤蚜虫病的方式，并且还不影响欧亚葡萄种的风味特点。

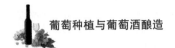

此外，在抵御根瘤蚜虫病的基础上，美洲葡萄种的根还有其他好处(见第4.2节)。

4.1.2 冬葡萄(Vitis berlandieri)

这个树种发源于得克萨斯-墨西哥交界处西南部的石灰岩土壤上，因此发展出了很好的石灰土壤耐受性(见第4.2.3节)。这使其与沙地葡萄和河岸葡萄完全不同，后两者缺乏这种特性。

除了能对根瘤蚜虫病免疫，该树种还能应对真菌病害、皮尔斯(Pierce)病毒(见第11.1节)，此外还由于其有着较深的根系，所以比较耐旱。这些优点让冬葡萄成为非常实用的砧木。

不过，用它来扦插生根是出了名的难，而且它对水涝也非常易感。因此，作为砧木会通常与另一个比较容易生根的葡萄树种比如沙地葡萄进行杂交生根得到110里奇特(110 Richter)，或者与河岸葡萄杂交得到SO4。

4.1.3 美洲葡萄(Vitis labrusca)

这是在美国东部发现的一个树种。其中的一些品种比如康科德(concord)，可以用来生产果酱、果冻、果汁和葡萄酒。该树种的果实会有一种特殊的狐狸味，主要是其含有的邻氨基苯甲酸甲酯所造成的，但这种味道并不适合酿酒。欧洲根瘤蚜虫病的起源正是19世纪末由美洲葡萄树根携带进入的。

美洲葡萄比较耐寒而且对粉霉病免疫。但是，它既不耐受石灰土壤，也对根瘤蚜虫不是特别免疫，在阿巴拉契亚山脉的沙土中进化过的才会对根瘤蚜虫起到排斥作用。此外，这个树种对霜霉病、黑霉病、皮尔斯病毒都比较易感(见第11.2节)。

4.1.4 河岸葡萄(Vitis riparia)

这个树种发现于落基山脉东部的美加广阔地带。大概它在欧洲最著名的栽培就是作为里帕里亚·格鲁瓦·德·蒙彼利埃(Riparia Gloire de Montpellier)砧木。

河岸葡萄对根瘤蚜虫病、真菌病免疫力极高，还能抵御－30℃的严寒。然而，它对石灰土壤和皮尔斯病毒极不耐受，而且根系比较浅。

4.1.5　沙地葡萄(Vitis rupestris)

这个树种发现于美国西南部,对根瘤蚜虫、霜霉、粉霉病免疫。这种树种的优点是根部插条和嫁接都很容易,但对石灰土壤不耐受,它在欧洲最为人所知的大概就是作为沙地葡萄圣乔治(Rupestris St. George)砧木了。

与河岸葡萄相反,沙地葡萄有很深的根系。

 4.2　砧木

砧木在葡萄种植中的运用主要是那些与源于北美的根瘤蚜虫、霜霉、粉霉菌病原体一起进化的美洲葡萄树。这种革命性的进化带来的就是这些树种对病原体的耐受与免疫。在欧洲,欧亚葡萄种并没有与这些病原体或病毒接触过而发生进化,因而比较易感。

将美洲树种与欧洲树种的欧亚葡萄种直接进行杂交(见第5.2.1节)的一个主要缺点是美洲树种带来的酸味不符合欧洲人的口味。

不过,将芳香的欧亚葡萄种嫁接到对病虫害免疫的美洲葡萄树根上,可以将两者的优点结合。地面以上欧亚葡萄种部分所结出果实的风味和颜色并没有被嫁接过程所影响,因为这两者是在葡萄果实内形成的。

嫁接最初的目的是为了抵御侵袭欧洲的根瘤蚜虫病,但其他好处也逐渐显现。主要的益处列在下方,不过有利必有弊。这让砧木的选择变得非常复杂,其他影响选择的因素还包括葡萄园地址和品种。

砧木选择帮助处理不同的葡萄园问题。根瘤蚜虫和线虫都被定义为葡萄种植的害虫,同样,石灰土引发的萎黄病、盐分、干旱和生长活力问题都是种植灾害(见第11.4节),在砧木的选择上都会有影响。

4.2.1　根瘤蚜虫

根瘤蚜虫在世界上绝大多数葡萄园都存在,沙土是其最不喜欢的土壤。

这种像蚜虫一样的昆虫自19世纪60年代从美洲来到欧洲之后,带来了毁灭性的灾难。到19世纪末,欧洲的葡萄园几乎都被消灭。

最初的选择是纯粹的河岸葡萄(如里帕里亚·格鲁瓦·德·蒙彼利埃)和沙地葡萄(如沙地葡萄圣乔治)作为砧木,它们有着理想的根瘤蚜虫免疫能力,但因

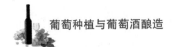

其对石灰土不耐受，因此在欧洲众多的钙性石灰土壤葡萄中遇到了问题，这会导致不少石灰土引起的萎黄病。

为了构建对石灰土更好的耐受性，如对根瘤蚜虫一样，美洲的葡萄树种进行了异种交配，得到了冬葡萄、河岸葡萄和沙地葡萄跨种杂交的品种。比如砧木5BB科波尔(5BB Kober)和161－49C(都是冬葡萄和河岸葡萄的种间杂交)，加上140鲁杰利(140 Ruggeri)(冬葡萄和沙地葡萄的种间杂交)。到19世纪80年代，美洲砧木与欧亚葡萄种的嫁接已经成为对抗根瘤蚜虫病的首要方式。

AxR1砧木(也称为ARG1)(由欧亚葡萄种和沙地葡萄杂交)值得作为历史注脚被提及，它说明了低估根瘤蚜虫的影响有多危险。这个砧木在20世纪80年代美国加利福尼亚州的大范围种植运动中被广泛采用，但由于杂交双亲中的欧亚葡萄种对根瘤蚜虫并不免疫，因此导致这个砧木对根瘤蚜虫并不具备充分的抵抗能力。到1989年，AxR1砧木终于被宣布放弃，加利福尼亚州许多新葡萄园要求重新种植。

4.2.2 线虫

线虫是一种细小的蛔虫，是一群既有益又有害的物种。有一些线虫，包括根结线虫，会导致根部的损坏并阻碍葡萄树对水分和营养的吸收，从而限制葡萄树的生长、活力和产量。

线虫的感染比较慢，但线虫的卵可以存活很长时间。如果把葡萄园空置几年来灭除线虫，这种方法既昂贵又会损失产量，并且不一定有效。对土壤进行熏蒸消毒，经常与葡萄园空置结合使用，这种方式只能在较浅的土壤上运用，消毒才可以穿透。

化学杀虫剂可以控制线虫，但会有副作用，而且还不能根除。

通常，采用特殊的砧木可以有效地限制线虫危害。比如champinii葡萄种中的兰姆希(Ramsey)和犬脊(Dog Ridge)都可以应对根结线虫。不过，这些也属于生长活力太过旺盛的砧木，所以可能并不是所有情况下的最佳选择。

4.2.3 耐高石灰性

欧亚葡萄种非常适合欧洲多地的石灰土壤，但是美洲葡萄种河岸葡萄和沙地葡萄的砧木都没有耐受石灰土的能力，会遭受石灰引起的萎黄病(因为缺铁)(见第2.3.1节)。

河岸葡萄和沙地葡萄的杂交砧木都是对根瘤蚜虫有抗性,但缺乏耐石灰性,如果与第三种具有耐高石灰性的美洲葡萄冬葡萄进行杂交,就能得到既能抗根瘤蚜虫又能耐高石灰的砧木。比如99里奇特(冬葡萄与沙地葡萄杂交)和5BB科波尔(冬葡萄与河岸葡萄杂交)。

最具有耐高石灰性的砧木有41B、161-49C、5BB科波尔、420A、140鲁杰利。弗卡尔(Fercal)也不错。

4.2.4 酸度

当土壤酸性较高,葡萄树就会比较容易遭受铝、锰中毒。由美洲葡萄和河岸葡萄杂交的砧木因为在酸性土壤上进化,所以具有很好的耐酸性。此外,酸性土壤可以通过石灰来改善。

4.2.5 盐度

土壤中过高的盐度会降低葡萄树的生长能力和产量,在所有砧木中,抗盐性最强的有1616C、1202C、1103P、3309C,但41B却对盐比较敏感。澳大利亚的一些葡萄园就有盐度过高的问题。

4.2.6 干旱

抗旱性(见第11.4.4节)在全球气候变化中显得越来越重要,尤其是在不允许灌溉或者灌溉被严格限制的产区。河岸葡萄和沙地葡萄的杂交砧木,比如3309C和101-14对干旱的条件十分敏感,同时冬葡萄和河岸葡萄的杂交砧木,比如SO4和5BB特雷奇(5BB Teleki)很容易受到干旱的影响。

另一方面,沙地葡萄树种的根系很深,可以吸收到深层地下水。如果与冬葡萄杂交后得到的砧木就会非常适合干燥的土壤。比如140鲁杰利和110里奇特具有最好的抗旱性,紧接着是99里奇特和1103鲍尔森(1103 Paulsen)。在澳大利亚,兰姆希砧木(V. champinii与河岸葡萄杂交)也能有很好的抗旱性。

现代的灌溉技术比如RDI(调亏灌溉技术,见第9.4.3.1节),以及具体地点的情况也能影响抗旱性。

4.2.7 生长活力影响

砧木的选择与生长活力有关,虽然因地点和不同的欧亚葡萄品种而有差异。

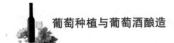

总的来说，从河岸葡萄选择的砧木比沙地葡萄的生长活力要小一些。比如圣乔治砧木就非常具有生长活力。

总体来看，植物生长的水平受到很多因素的影响，包括生长周期中每个节点的天气情况，以及前一个冬季所储藏的碳水化合物的量。生长活力也可以通过葡萄园管理进行调整。所以，所有的这些因素会让砧木的选择直接改变生长活力的说法遭受质疑。

尽管如此，可以降低生长活力的砧木包括 3309 Couderc（河岸葡萄与沙地葡萄杂交），420A（冬葡萄和河岸葡萄杂交），101-14（河岸葡萄和沙地葡萄杂交），以及格鲁瓦·德·蒙彼利埃（河岸葡萄砧木）。

增加生长活力的砧木包括 99 里奇特和 140 鲁杰利（冬葡萄与沙地葡萄杂交）。

第 5 章

繁殖和选择

繁殖与选择的管理目的在于降低葡萄树被病原体袭击的风险，并培养出人们所追求的特征。对于一个自然的产品来说，这样的控制就是需要达到结果的一致性、可靠性和可预测性，即葡萄的风格、质量和产量。

5.1 繁殖

葡萄树可以通过籽来繁殖，通过一粒葡萄籽长出一棵新树。但是葡萄籽在基因上会不同于母藤。所以这对商业种植来说是不合适的，更需要的是整个葡萄园内果实的相似性，而非差异性。

要从母藤得到相同的基因复制可以通过压条的方式来获取。冬季的时候将树上的嫩枝直接压入地下，把中心部位用土壤盖起来，把尖端留在地面上。地下被埋的部分会发展出根系，由此得到一棵新的葡萄树。这种方法对于替换葡萄园中缺失的葡萄树是很有用的，虽然新的葡萄藤没有被嫁接，会带来自身的风险(见下文)。

5.1.1 扦插

扦插是一种更有效也是更大量的葡萄树繁殖方法。重要的是，扦插繁殖法能确保与母藤一致的基因复制。

通常会从休眠状态的一年生嫩枝上剪下长度为 30—40 厘米的插条，也即上一年的长枝。在初冬时剪下插条能保证嫩枝中碳水化合物的储备量是最大的，这就能确保插条有足够的自带营养来生长出新的树根和树枝，直到新的葡萄树能通过光合作用自给营养。

需要严格控制病虫害，以免对插条造成不可挽回的损害。用 50℃的热水处理30分钟，或者54℃的热水处理5分钟，是两种公认的处理根瘤蚜虫、线虫、黄化病、皮尔斯病毒的方法(见第11章)。

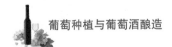

大部分品种的插条比较容易长出新根系，在有充足水分的苗圃中经过根瘤蚜虫、线虫及其他病毒处理后，来年的春季进行新树苗的种植。用来促进根系生长的理想土壤是肥沃、松软、排水性好的。

在室外的苗圃中培养一棵插条苗需要12个月，一旦完成，新的插条苗可以直接用自己的根系进行种植(无根瘤蚜虫免疫力)，而更普遍的是与特定的砧木进行嫁接。

5.1.2 嫁接

嫁接是将品种的插条，也称为接穗，也就是葡萄树可以结果的地上部分与其他葡萄种(通常是美国种)的根部进行结合。这样可以抵御一些病虫害。

台接法是嫁接的基准方法，适合大产量作业。正常情况下是将单芽接穗插条嫁接到砧木上。

大部分嫁接会使用欧米伽切割机，嫁接的结合部看起来像两块拼图的连接处。一般接穗的尾部会浸泡在石蜡中使连接处不至于干燥。

图5.1 一根用欧米伽切割机制备的新嫁接枝条。上面的芽点清晰可见

图5.2 一棵新栽的嫁接葡萄。葡萄藤包裹在红色石蜡中，以保护嫁接部位

要保证嫁接成功，需要2—3周时间内保持26—28℃的温度和75%—80%的湿度。嫩枝开始生长后，插条要移至温暖的玻璃房中，在苗圃种植前保证光合作用能快速启动。在第一个生长季结束时，这些葡萄藤要被举起进行质量控制来确保嫁接已经愈合。

嫁接也可以在葡萄园中进行，比如替换一个不流行的品种。这种方式也被称为田地嫁接、顶部嫁接或者芽接。原先的品种从树干处剪掉，芽接的最佳时机是春暖花开的生长时节，可以避免重新种植的高成本，同时另一个优点是原先的根系早已构建好，能保证新的接穗在下一生长季顺利结果。

嵌合芽接是芽接的一种普遍方式，这种方法包括将含有花蕾的接穗木片插入断头树干一侧的切口中。

图5.3　一棵新的田地嫁接葡萄树。使用黑色修枝涂料帮助保护切口免受感染

图5.4　一棵成熟的田地嫁接葡萄树

5.1.3　葡萄树苗圃

考虑到繁殖过程的复杂性，需要用到专用设备，也涉及严格的卫生和感染控制要求，往往是由专业的苗圃来进行繁殖和嫁接过程。苗圃会正确区分它们的插条和克隆（见下文），而且会有培育和免疫处理的全过程记录。

对于果农来说，另一个限制条件是，昂贵的克隆选择会历时长达20年，从葡萄园开始观察到第一次采收。

5.2 选择

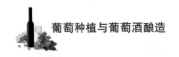

选择包括选择一个期望的特征和育种(种内杂交或种间杂交)或从被鉴定过的葡萄树繁殖(群体选择或克隆选择)而来,以加强期望的特征。这使得情况变得更加复杂,因为酿酒葡萄越来越多地被用于品质属性的选择,而这些品质属性并不太好定义。

选择的标准是多种多样的,要根据目标而定,可能包括以下内容:

- 气候适应性。抗寒能力,耐旱、耐热性,短生长季问题,临近采收期降雨时果实不易破裂。
- 耐病虫害性。根瘤蚜虫、线虫、霜霉病、粉霉病、灰腐菌、盐度、石灰。
- 年生长特性。芽育性、坐果率、果串尺寸、果串数量、产量、机械操作合适度。
- 果粒特性。持酸度,在低糖度成熟的能力,香气持有度,丰富的酚类物质。
- 商业特性。高产量、高质量、适宜机械操作。

5.2.1 种间杂交

种间杂交(见第 6.4 节)是指两个不同种的动物或植物的后代,例如,骡子就是公驴与母马的种间杂交结果,结合了驴子的耐力和马的力量。葡萄树与之相似,巴克 22A(baco 22A)是白福儿(folle blanche)(欧亚葡萄种)和 noah(河岸葡萄与美洲葡萄杂交)的种间杂交结果,目的是为了抵抗黑霉菌。这是唯一一个被认可的雅文邑(AOC)[①]品种。

虽然种间杂交会在自然界偶发,但在 19 世纪的欧洲,人为地发起了为了获得特定特征的杂交项目,目的是为了抵御几乎摧毁欧洲葡萄酒产业的霜霉、粉霉病以及根瘤蚜虫病。不同种的欧亚属葡萄可以相互杂交并创造可育的杂交后代,对于当时的欧洲葡萄酒产业来说简直是救命稻草。

最初种间杂交的关注点都在美洲葡萄种之间,因为它能抵抗这三种疾病,而与欧亚葡萄种杂交却没这种能力。种间杂交的结果被称为“直接生产者”,因为没有使用嫁接(见第 4.1.1 节)。

---

① 现为 AOP,即原产地质量控制标准。——译者注

不过，虽然抗病性被提升，但这些种间杂交品种依然继承了美洲葡萄缺乏风味的特点。尽管如此，这些杂交品种在20世纪初的欧洲很流行，还有个因素是因为它们产量巨大。事实上，它们在20世纪中叶的法国受欢迎的程度甚至达到全国三分之一的葡萄园都曾被覆盖。但由于质量原因，“直接生产者”在20世纪后半程逐渐被淘汰，现在已被原产地质量控制(AOP)禁止使用。巴克22A(baco 22A)是个例外。

21世纪开始，种间杂交主要被用于欧亚葡萄种的砧木(见第4.2节)，虽然还有一些会被用于葡萄的商业生产，比如在北美。在冬季的抗寒性也是选择种间杂交品种的一个主要原因，比如威代尔(vidal)以及晚红蜜塞佛尼(saperavi severny)可以抵抗俄罗斯冬季的严寒。此外，早熟的杂交品种比如白谢瓦尔(seyval blanc)可以适应寒冷而短暂的生长季，还有那些在英国和加拿大的品种。

5.2.2 种内杂交

种内杂交(见第6.3节)是同一生物种的动物或植物之间的杂交。就葡萄来说，主要指两个欧亚葡萄种之间的杂交。需要注意的是，如果杂交的双方是同一个品种，得到的也会是一个新的品种。比如雷司令与雷司令交配，得到的却不是雷司令。这种故意的杂交培育始于19世纪早期。

更著名的一个种内杂交的例子是1882年由瑞士人赫曼·米勒(Hermann Müller)在图高(Thurgau)省培育的(见第6.3.1节)。较近的例子是澳大利亚在1975年培育的塔兰歌(tarrango)(杜丽加 touriga 和苏丹娜 sultana 杂交)，以及2000年培育的森娜(cienna)(素墨 sumoll 和赤霞珠的杂交)。

5.2.3 群体选择

这个过程是在同一片葡萄园中选择表现最好的那些插条。这需要详细了解和掌握单个葡萄树在几个生长季的情况，这些葡萄树可能会被做上标记，将其作为插条的母树，然后做进一步的观察。

5.2.4 克隆选择

克隆是现代葡萄种植业的基础。克隆是单亲葡萄树的后代通过压条或扦插的方式进行繁殖生长。与母系葡萄树的基因保持一致。与群体选择一样，需要进行几个生长季的仔细观察，来辨别持续性的表现和抗病害能力的参数。

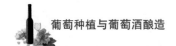

每一株特定品种繁殖的葡萄树（非培育）基因上都保持相同。这些葡萄树的血统，原则上可以通过压条和扦插的方式往上追溯到单亲的母系葡萄树。不过，假以时日，自然的基因变异也会作为生长循环中的一部分不可避免地出现。这种变异会导致葡萄树不同的特性，虽然品种的名字依旧没变。所以通过这种方式的生长繁殖，一个单一品种也会慢慢出现不同的特征。

单一品种的葡萄树因为展现出不同的特性因而其后代会被选择进行不同的繁殖，这些后代就被称为克隆，它们实际上是该品种的一个子集。这样的一个过程主要为了选择某种特性，抑或为了避免某种特性，这种操作始于 19 世纪晚期的德国和 20 世纪 50 年代的法国。

这些被选择的插条会进行病毒和其他疾病的筛选。比如在克隆进入试验之前通过热疗分生组织顶端培养，可以去除扇叶病与卷叶病。

不过，关于克隆的一切都还不明确。有些克隆的特性展现需要特殊或不同的葡萄园管理技术。克隆的表达会因为土壤和气候而改变，也会因为砧木和培植系统而变化。

有人认为使用同一个克隆种会让整片葡萄园易受病菌感染，因为所有的葡萄树基因都相同。而在同一片葡萄园种植多个克隆种可以帮助解决这个问题，而且也可以解决克隆的单一性带来的葡萄酒风味的单一性。

5.2.5 基因工程

基因工程是通过实验室的技术改变有机物的基因组，通常是插入、改变或者移除一个基因。插入的基因可以是源自植物或动物的完全不同的、无关联的有机物。

被选来插入的基因会带来理想的特性，比如抗病性。可以被直接插入现有品种的基因组。这会是一个比传统培育技术快得多的过程，后者动辄要耗时数十年。葡萄树种植的研究还在继续，比如对抵御霜霉、粉霉病、扇叶病毒，还有葡萄颜色发展等课题进行深入。

相比之下，基因工程酵母在一些司法管辖区内是商业化的存在。ML01 酵母可以同时启动苹果酸乳酸发酵和酒精发酵。这会避免在酒精发酵与苹果酸乳酸发酵之间的一些风险（见第 21 章）。

但在一些地区，存在着消费者抵制基因工程技术的情况。

第6章
葡萄品种

这一章介绍了酿酒产业中一些主要品种的种植与观感属性。就风味特征而言，有些葡萄品种展现了与新橡木桶发酵和(或)熟化的密切关系。如果存在这种密切关系，新橡木桶发酵和陈年会添加不同的香气和结构，包括但不止于：坚果、烘烤、咖啡、香草、烟草、焦油和雪松味。

6.1 主要的葡萄品种

6.1.1 霞多丽(chardonnay)

同义词：莫瑞兰(morillon)(奥地利)、黄白皮诺(gelber weissburgunder)(意大利东北部)、伯努瓦(beaunois)(夏布利)。

霞多丽是白古埃(gouais blanc)和皮诺葡萄的后代，虽然它的发源地是法国勃艮第，但有人认为这是世界上最著名的品种，几乎在世界上所有地区都有种植，无论什么样的土壤和气候。它能全球流行的部分原因是因为易种且高产，虽然需要进行产量控制来获取高质量。此外，即使应用了太多会因此或可能改变风味的酿酒技术，它仍然会保持清晰的一致性。

这是一个早发芽的品种，因此会在凉爽产区如夏布利和香槟面临春霜的风险。不过，它也比较早熟，所以适合生长季较短的产区。

就算有很强的适应能力，霞多丽还是非常容易感染粉霉病和葡萄树黄化。还有，较薄的果皮还会让它比较容易感染因其小而紧凑的果串引起的灰腐菌。

最顶级的静止霞多丽葡萄酒都用单一品种酿造，而起泡酒会采用与黑皮诺和穆尼耶(pinot meunier)进行混酿。也会与赛美容和长相思进行混酿，主要是在澳大利亚。

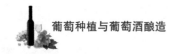

从结构上看，它有很高的提取能力，所以除了最冷的地区基本都能达到高酒精。总体来说酸度适中，虽然在凉爽气候下也能保持很好的清爽度。

从风格上来看，霞多丽有着最温和的品种特点，甜瓜、桃子和无花果的香气，而这种特点能反映出其生长的区域。在凉爽的气候中，香气属于坚硬、多石、柑橘味。如果是温暖的气候，酸度会降低而香气会从杏桃类转向成熟的热带水果如凤梨和香蕉。

它也能清晰地反映酿造技术，并且和新橡木桶有着极其密切的关联。霞多丽很容易从酿造工艺中吸收香气：比如苹果酸乳酸发酵带来的白色坚果、黄油和奶油糖果味，酒泥陈年带来的奶油感，起泡酒的酵母自溶带来的面包屑、饼干和烘烤的味道。陈年之后，高质量酒还能表现出复杂、层次感、蜂蜜以及烘烤坚果的味道。

6.1.2　白诗南(chenin blanc)

同义词：诗特恩(steen)(南非)。

基因研究表明，白诗南和长相思属于姐妹品种，都是萨维宁(savagnin)和一个不知名品种的后代。

白诗南的发源地在法国的卢瓦尔河谷，这里同时生产起泡酒和从极干到极甜风格的静止酒，还包括贵腐酒。在南非，用该品种酿造的葡萄酒的质量和兴趣在逐渐提高，而之前一直被用作大量廉价葡萄酒的混合原料。

由于是早发芽品种，白诗南也容易遭受春霜的侵袭。白诗南可以很高产，但果皮很厚。需要时间来成熟，所以是一个中期成熟品种。不过，留在葡萄树上会吸引贵腐菌。同时它也容易感染霜霉、粉霉病以及灰腐菌，后者是因为雨水过多而某些克隆种的葡萄串比较紧致。

结构上，白诗南有着高酸度。厚厚的果皮需要较多的时间来成熟，意味着潜在的酒精度较高。但如果果皮没有完全成熟的话，在酒中可能会有轻微苦味。

风格上，风味皆有，从凉爽气候的青苹果、柑橘到蜂蜜、桃杏等核果，到晚摘和贵腐浓郁的热带水果。就算葡萄成熟度很高，高酸度仍然会被保留，而且经常会带来坚硬感。

在卢瓦尔河谷，有一部分干性的静止酒开始尝试使用新橡木桶并获得大量好评，比如在萨维涅尔(Savennières)和萨穆尔(Sammur)这两个产区。

白诗南在慢慢开始恢复流行，不过，在法国和南非之外，种植量很少。

6.1.3　麝香(muscat)

麝香是一个品种家族的集合，主要以香气而闻名。

结构上，麝香总体来说有中等的酸度。

风格上，麝香总体是芳香的，有葡萄味，有时候会有香料味。香气上的主要表现是芳香醇(山谷百合)和香叶醇(玫瑰)。它通常是在年轻的时候酿造的，除非刻意采用氧化的风格，比如在路斯格兰(Rutherglen)(见第27.4.3.5节)。

麝香也通常和甜酒风格联系在一起，比如起泡酒、晚摘或者加强酒。干性风格也很普遍。但无论何种风格，它都很少混酿。

麝香家族主要有三个：

- 小粒麝香(muscat bland à petits grains)

同义词有芳蒂娜麝香(muscat de Frontignan)(法国、南非)、阿尔萨斯麝香(muscat d'Alsace)(法国、阿尔萨斯)、密斯卡岱(muskatelle)(奥地利、德国)、白麝香(moscato bianco)(意大利)、褐麝香(brown muscat)(澳大利亚)。

① 风格有起泡、微起泡和加强。风味有优雅的橙子花香以及馥郁的蜂蜜和甜香料。

② 属于顶级质量，经常被酿成加强酒和起泡酒。加强酒有法国的里维萨特(Rivesaltes)、弗龙蒂尼昂(Frontignan)、圣-让-德-米内尔瓦(Saint-Jean-de-Minervois)、班努斯[①](Banyuls)和博姆-德-沃尼斯(Beaumes de Venise)，澳大利亚的路斯格兰。起泡酒有法国的迪镇克莱雷(Clairette de Die)和意大利的莫斯卡托阿斯蒂(Moscato d'Asti)。

③ 比其他麝香品种的颗粒要小。

④ 容易感染粉霉病。也比较容易氧化，如果有太多果皮接触会导致苦味。

- 亚历山大麝香(muscat of Alexandria)

同义词有白莫斯卡黛尔(mucatel bianco)(西班牙)、白戈尔多(gordo blanco)(澳大利亚)、塞杜巴莫斯卡黛尔(moscatel du Setúbal)(葡萄牙)、奇比伯(zibibbo)(意大利西西里岛)、哈尼普特(hanepoot)(南非)。

① 风味包括苦橙和杏子。

---

① 又译巴尔纽斯。——译者注

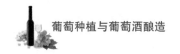

② 比小粒麝香质量低，常用来酿造甜酒。

③ 晚熟品种，并需要足够的热量开花并实现成熟。

④ 容易感染粉霉病和霉菌。

• 奥托奈麝香(muscat Ottonel)

同义词：穆斯克塔伊(muskotály)(匈牙利)。

① 比前两者的质量低。

② 中等的长势，且容易感染粉霉病和霉菌。

6.1.4 白皮诺(pinot blanc)

同义词：白皮诺(weissburgunder)(德国，奥地利)、克莱维内(clevner/klevner)(阿尔萨斯)、白皮诺(pinot bianco)(意大利)。

这是一个常常被低估的品种，高质量，基因突变成白颜色的黑皮诺。早发芽早熟的品种，有着小粒的葡萄果粒，比较容易感染疾病。

结构上，高酸度、高酒精、干性，潜在为饱满酒体。通常展现中等花香、青苹果和榛子香气，有时会有一些香料味。

跟霞多丽一样，白皮诺与新橡木桶能很好地结合，通常也会经历苹果酸乳酸发酵，风味不多。

6.1.5 雷司令(riesling)

同义词：白雷司令、约翰山(Johannisberg riesling)。

雷司令是一个极受行家推崇的品种，现在也越来越受大众的喜爱。雷司令几乎一直是个单酿品种，风格突出，经常能够清晰地表达产区特点。

这是个晚发芽晚熟的品种，抗寒性使它可以很好地适应其凉爽的发源地德国。

这是一个高质量的品种，如果葡萄园地不错的话，在产量高达70百升/公顷的情况下依然能够保持高质量标准。

虽然雷司令有很好的抗霜霉性，但却很易感染粉霉病，由于其紧凑的果串，还比较容易感染灰腐菌。

结构上，雷司令总是有着天然的高酸度。酒体轻到中，视风格而定。根据其生长区域、气候和风格，酒精度从7%—13.5%不等。

风格上，雷司令可以被酿造成极干到极甜，以及贵腐酒。冷凉产区的风味偏花香、芬芳、多石以及柠檬柑橘类，而温暖产区的更多是石灰岩风格如热带水果。

贵腐酒则会有蜂蜜、橘子果酱香味。最顶级的雷司令酒有着惊人的陈年能力，会出现汽油、煤油味，闻起来还会有烘烤、杏仁、蜂蜜的味道。雷司令基本不过橡木桶。

值得注意的是，如果酒标上标注“Hunter riesling”（猎人谷雷司令）实际上指的是赛美容（semillon），如果标注的是“Cape riesling”和“Clare riesling”，实际上是克罗青（crouchen）。

6.1.6　长相思(sauvignon blanc)

同义词：白芙美（blanc fumé）（法国卢瓦尔）、白芙美（fumé blanc）（美国加利福尼亚州）。

由于其潜在的产量、成本和上市速度，长相思被认为是一个能带来现金流的品种，因为绝大多数长相思都是“尽早饮用”风格，即当季饮用。不过，更严肃的、使用橡木桶发酵和熟化的风格已经开始出现（见下文）。

法国的卢瓦尔河谷和新西兰的马尔堡生产着世界上标杆性的长相思。

长相思发芽很早，所以容易受春霜危害，也相对早熟。长相思的长势很旺盛，所以可能会导致葡萄果实被树叶遮盖的情况，除非有细心的葡萄园管理。长相思的产能也很高，如果不加以产量控制，容易酿出稀释、无趣的葡萄酒。选用低长势的砧木和贫瘠的土壤可以帮助控制叶幕管理。

长相思比较容易感染粉霉病和黑霉菌。

结构上，长相思高酸，中等酒精度，通常酿成干性酒。

风格上，清新、辛辣、高酸，不过橡木桶，长相思是最容易辨认出的品种，风味因气候从冷到热而展现出绿豌豆、豆子、番茄叶、青椒、荨麻、接骨木花、草本、黄杨树、金雀花、柚子、草味、香瓜、柑橘、芦笋、醋栗、油桃、猕猴桃、百香果、芒果、菠萝以及其他热带水果等香气。但这些香气不可能同时出现。

在特定情况下，长相思与新橡木桶也可以结合得很密切，比如卢瓦尔的一些顶级佳酿，波尔多格拉夫（Graves）与赛美容的混酿，还有一些加利福尼亚州的白芙美风格（虽然不是必须）。越来越多的优质“非橡木桶”风格开始融入一小部分橡木桶（常是旧桶）来圆润结构和酒体。

6.1.7　赛美容(semillon)

赛美容是苏玳（sauternas）（波尔多）的试金石，基本都是甜型，酒精度一般为13.5%—14%，通常用橡木桶发酵。格拉夫，经常与长相思进行混酿酿造成干性的、橡木桶影响的葡萄酒。在澳大利亚的猎人谷赛美容还有一个比较特殊的风格，干瘦、轻盈、不过桶、极干，酒精度为10%—11%，有着令人惊讶的陈年能力。

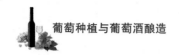

赛美容长势也很旺盛，产量巨大，果实中熟，小而紧凑的果串在临近采收时比较容易感染灰腐菌。这个品种由于果皮较薄，因而容易感染贵腐。

结构上，比较中性的赛美容通常是中酸、中到高的酒精度，酒体从轻盈到饱满，视情况而定。

风格上，果香有青草、芦笋、柑橘、苹果、无花果、香瓜、柠檬酱、桃子、羊毛脂，尤其是陈年或使用橡木桶后，会出现蜂蜡和烘烤味。事实上，不怎么熟的赛美容和来自冷凉产区的长相思在香气上很容易让人混淆。

其他一些特殊的风格，包括来自澳大利亚巴罗萨谷长期以来酿造酒体饱满、过橡木桶的单一品种赛美容。近来，一种与长相思的干性混酿，常被标为"SSB"的风格逐渐成为西澳大利亚，尤其是玛格丽特河产区的标志性产品之一。

6.1.8 白玉霓(ugni blanc)

同义词：托斯卡纳特雷比亚诺(trebbiano di Toscano)(意大利)、巴朗戈阿弗莱格(alfrocheiro baranco)(葡萄牙)。

自14世纪从意大利出口到法国，白玉霓随之成为酿造白兰地，尤其是干邑(cognac)和雅文邑(armagnac)的流行品种。它是一个长势旺盛、晚发芽、晚成熟、高产的品种。

白玉霓容易感染霜霉病、顶枯病，对粉霉病有抵抗力，因为其较厚的果皮，所以也能抗灰腐菌。

结构上，白玉霓酸度高，酒精度中等。

风格上，有着相当中性的风味，轻酒体，口感比较新鲜清爽。青苹果、梨风味会出现在一些质量不错的酒中。

意大利不同的特雷比亚诺(trebbiano)有着相当大的基因差异，托斯卡纳特雷比亚诺是种植最广但风味最为中性的。值得注意的是，索阿维特雷比亚诺(trebbiano di Soave)和卢迦纳特雷比亚诺(trebbiano di Lugana)则是维蒂奇奥(verdicchio)的同义词。

6.1.9 维欧尼(viognier)

据分析显示，维欧尼与西拉(shiraz/syrah)有直接的关联。

维欧尼的栽培表现或许能解释其为何不能被广泛种植。它的长势并不旺盛,但是发芽很早会导致遭受春霜的风险,会在生长季中期成熟。其繁殖能力并不突出,因此产量也不大。葡萄果实皮厚、粒小,它需要完全成熟并适当修剪才能最好地表达品种芳香的特点。所有这些,都不利于简单种植或轻松盈利。

维欧尼比较容易遭受风的影响,但对灰腐菌比较有抵抗力。

结构上,维欧尼有着中到低酸、高酒精度、高萃取能力,随着气温升高酒体会逐渐饱满。最好的酒款能体现出令人羡慕的光滑质地。

风格上,果香风味会带有金银花、香橙花、桃子、杏子、荔枝和生姜的芬芳。

在罗纳河谷的罗蒂丘,维欧尼很久以来一直与西拉进行混种和混酿。与西拉进行混合发酵,或往西拉的发酵罐中加入维欧尼果实与果汁,或加入维欧尼酒,在新世界国家越来越流行。这种操作的目的是为了稳定西拉的颜色,当然也会为葡萄酒增加花香,尽管比例很小的维欧尼会喧宾夺主。

维欧尼与新橡木桶可以很好地结合,但不能使用过多。它的陈年能力也较弱。

澳大利亚的御兰堡酒庄(Yalumba)尝试了一些比较别致的维欧尼风格,1980年,它们在伊顿谷种下了1.2公顷维欧尼,也是法国之外最重要的生产者。

琼瑶浆(gewürztraminer)和灰皮诺(pinot gris)

下列两个是白葡萄品种,但由于其果皮的原因,完全成熟时会带有一丝粉红色。因此虽然最终属于白葡萄酒,但酒里偶尔会带有些许粉红色。

6.1.10　琼瑶浆

琼瑶浆发源于意大利上阿迪杰(Alto Adige)的特拉芒(Tramin)镇,粉红颜色的果串是萨维宁的芳香克隆种。

这个芳香的品种早熟,长势也并不旺盛,会结出较小的果串,但比较容易遭遇成熟不均的情况(见第3.2.4节)。成熟的果实会有粉红色的色调,这种颜色也会在酿造中获得。在酿造中,该品种的酸度比较容易丢失,这就意味着要尽量避免苹果酸乳酸发酵。琼瑶浆也比较容易被氧化。

结构上,酒会显示突出的黄铜色至深金黄色,低酸度、高酒精、饱满酒体,但在太过温暖的气候条件下,会有太过油质感甚至会有点苦味。在凉爽且阳光充足的地方,会为这个充满异国情调的品种增添新鲜的酸度。

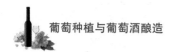

风格上，琼瑶浆展现出姜汁辣味(gewürz)，还会有一些令人愉悦的玫瑰花瓣和薰衣草香味，以及一些其他的异域水果味。

琼瑶浆极少混酿。

6.1.11 灰皮诺

同义词：灰皮诺(pinot grigio)(意大利)、灰皮诺(grauburgunder)(德国)、鲁兰德(ruländer)(德国，奥地利)、灰衣修士(szûrkebarát)(匈牙利、罗马尼亚)。

与白皮诺一样，灰皮诺也是黑皮诺的一种颜色变异，它的果皮会有一些紫粉红色调。

这个长势旺盛但产量适中的品种有早发芽、早熟的特性，会对灰腐菌和霜霉病比较易感。

结构上，灰皮诺有着中到低酸，但随着成熟度提高，酸度会降得很快，这会让它不适合生长在炎热的产区。在酸度较高时采摘就会面临香气不足的风险。高萃取、高酒精度在比较成熟的、肥美、有黏性的风格中出现。

风格上，它的香气跨度很大，从缺乏典型的品种香气到完美的带有茉莉花、金银花香的芬芳，外加苹果、甜瓜、油桃、蜜汁桃子香气。

pinot grigio 和 pinot gris 两种灰皮诺之间有着明显的风格差异，但目前还没有足够的一致性来帮助消费者分辨。

pinot grigio：酒体轻盈、干净、爽脆、柑橘风味，自然的意大利风格。

pinot gris：酒体饱满、肥美、桃子奶油风味，酒精度更高，圆润、干型，油脂的阿尔萨斯风格。

这个品种还会酿成晚摘风格，有时也会有贵腐感染，会发展出果干、杏子和蜂蜜的香气。

灰皮诺一般很少混酿，也很少与新橡木桶融合。

6.2 主要的红葡萄品种

6.2.1 品丽珠(cabernet franc)

同义词：法国北塞(bouchet franc)(圣爱美隆，波美侯)、布莱顿(breton)(卢瓦尔)、博尔铎(bordo)(威尼托)。

品丽珠长势旺盛,发芽较早,很容易受春霜威胁,易感染落花病。会在生长季中期成熟,这意味着它比其后代同时也是常常混酿的伙伴赤霞珠更适合凉爽的气候,后者会晚成熟一周左右。

结构上,单宁、酒精和酸度水平都比较适中,酒体也是如此。

风格上,风味有红醋栗、覆盆子,可能还有一些青椒的气息,以及樱桃和黑加仑,甚至芳香的紫罗兰、石墨、铅笔芯和烟草味都有可能出现。

在卢瓦尔,新橡木桶并不常见,虽然有些酒庄会在它们的高级别酒上使用。新橡木桶在波尔多右岸的混酿中会更加普遍。

除了卢瓦尔和波尔多右岸,在美国加利福尼亚州和华盛顿州、加拿大和澳大利亚也有零星的种植。

6.2.2　赤霞珠(cabernet sauvignon)

同义词:维杜尔(vidure)(格拉夫)、北塞(bouchet)(波美侯,圣爱美隆)。

赤霞珠是品丽珠与长相思的杂交后代。承袭波尔多的血统意味着这也是个全球性的品种。

赤霞珠在各种土壤和气候条件下长势都很旺盛,虽然产量相对较低。较为抗寒,甚至可以抵御−15℃的低温,晚发芽晚熟。葡萄果实皮厚,果核也较大,酚类物质含量较高。赤霞珠对粉霉病、埃斯卡病和顶枯病比较易感。

结构上,高酸、高单宁、中等酒精度和深色,在冷凉地区酒体为中等。

赤霞珠稳定的结构可以由梅洛来增加饱满度,尤其是在不怎么温暖的产区。事实上,在其发源地,梅洛是和赤霞珠混酿的经典品种之一,与品丽珠一样。波尔多属于这些品种在北半球能成熟的极限地区,混酿可以作为一种应对气候的保障,因为在采收季节当地的气候具有不可预测性。由于波尔多的权威地位,“波尔多混酿”已经作为一个专有名词在全球使用。

尽管如此,澳大利亚却另辟蹊径创造了赤霞珠/西拉这一混酿标准。赤霞珠也经常会作为一些混酿的主要部分,比如奇安蒂(Chianti),以增加酸度结构和单宁,也有可能提供颜色。在西班牙的杜罗河畔赤霞珠可以与丹魄(tempranillo)混酿。就算赤霞珠只占很小的比例,仍然能够体现出其明显的品种特性。

风格上,经典香气包括黑加仑味,冷凉气候条件下会有一些草本植物或青椒味,在澳大利亚常常会出现薄荷味。在温暖气候下,会出现桑葚、黑巧克力、黑橄榄和皮革味，同时伴随高酒精。在炎热气候下能出现果酱及煮熟的味道。

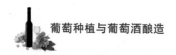

用赤霞珠酿成的酒可以有年轻的、不过橡木桶风格，到厚重的、可以长久陈年的风格，考虑到其血统特点和陈年潜力，往往会使用新橡木桶进行熟化。

6.2.3 歌海娜(garnacha)

同义词：黑歌海娜(grenache noir)(法国)、卡诺娜(cannonau)(意大利，撒丁岛)、亚多纳(lladoner)(西班牙，加泰罗尼亚)。

歌海娜曾经是世界上种植最多的红葡萄品种，主要在西班牙和法国南部。不过，自从进入千禧年，其地位已经被赤霞珠、梅洛、丹魄和西拉所取代。

歌海娜长势和产量均高，很容易获得高糖含量，潜在酒精度可以达到15%—16%。相对早发芽，但很晚熟，所以需要很长的生长季来获取热量才能达到完全成熟。耐旱、耐热、耐风(有坚硬的茎)。

歌海娜比较容易遭受坐果问题、霜霉、灰腐菌，以及果蛾等病虫害问题。

结构上，颜色、单宁和酸度传统上都比较轻，除非葡萄树很老且低产。此外，酿成的葡萄酒比较容易氧化，所以需要比较细心的管理。这通常也不利于长时间的瓶中陈年。

风格上，酒精度通常很高，酒体饱满。在比较温暖的气候条件下，风味从熟透的红色干果比如草莓、樱桃和覆盆子，到果酱，是南法自然甜酒(VDN，vin doux naturels)的重要原料。

虽然现在越来越多地开始流行单一品种酿造，但其主要角色还是作为混酿的搭档，比如在西班牙与丹魄混酿，尤其是在里奥哈。在法国南罗纳河谷葡萄与西拉混酿，在朗格多克(Languedoc)与佳丽酿、慕和怀特混酿，在澳大利亚与西拉和慕和怀特混酿(GSM)——源自教皇新堡的一种经典混酿方式。

葡萄酒的风格从早饮、轻酒体、新鲜红色水果、轻单宁风格，到厚重、高酒精度、饱满酒体、香料味、肉味，同时有浓缩的甜或半干的水果，尽管会从新橡木桶获取一些单宁，但总量依然适中。

6.2.4 梅洛(merlot)

梅洛是品丽珠的后代，这意味着它与赤霞珠属于堂亲。梅洛是一个早发芽品种，因此容易受春霜以及落花的威胁。它在生长季中期成熟，比赤霞珠早。它没有赤霞珠的长势旺盛，虽然产量还不错，就算在比较冷凉的年份里，成熟也相对容易。

梅洛对霜霉病、盐度比较敏感。由于果皮较薄，所以对灰腐菌也较易感。

结构上，梅洛一般是高酒精，中到低酸，单宁也为中等。这些表现，加上其新鲜的水果特性，让梅洛有了中到饱满的酒体。与新橡木的亲和力有助于建立结构的葡萄单宁。

风格上，果味从冷凉的薄荷、青椒、草莓和覆盆子到温暖气候下的黑樱桃、黑莓以及李子，甚至熟透的浆果味。

梅洛的水果风味拥有容易接受的甜美感，加上该品种特有的柔软结构（尤其是与赤霞珠相比），使其在20世纪90年代出现了一次爆发式的扩种，尤其是在美国的加利福尼亚州。

由于缺乏鲜明的品种特点，所以梅洛很少用来单一酿造。通常，梅洛可以在混酿中超越自我，甚至可以达到极致，比如在波尔多的波美侯与品丽珠或赤霞珠进行混酿时。而波美侯的柏图斯酒庄（Château Pétrus）是个例外，几乎完全是梅洛的单一酿造。

6.2.5　内比奥洛(nebbiolo)

内比奥洛是对位置最为挑剔的品种之一，它对风土的完美诠释甚至可以与黑皮诺相媲美。所以它在意大利西北部的家园巴罗洛和巴巴瑞斯克之外，几乎很难再找到有如此的表现力（在这方面，黑皮诺表现更佳）。原因之一是内比奥洛早发芽但却晚熟，因此需要非常长的生长季，这样的条件在皮埃蒙特之外很难找到。

几个世纪以来已经出来了好几个克隆，其中两个最主要的是种植最广泛的朗彼亚内比奥罗（nebbiolo lampia）和因扇叶病毒攻击朗彼亚（lampia）而形成的米切内比奥罗（nebbiolo michet）。

内比奥洛对灰腐菌免疫但对粉霉病易感。

结构上，内比奥洛有着高单宁和高酸度，中到高的酒精度，中等色泽，饱满酒体（虽然看起来并不如此）。可以经过许多年的瓶中陈年来达到最佳饮用状态，这对酿酒师来说是个挑战，因为该酒的颜色比较容易被氧化。

风格上，经典的描述有焦油、紫罗兰、松露、干樱桃、甘草和玫瑰花瓣香气。

最好的内比奥洛总是能在长久的陈年之后，在结构上和香气上达到它们飘逸芬芳的极致水准。

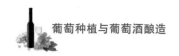

6.2.6 黑皮诺(pinot noir)

同义词：黑皮诺(spätburgunder)(德国、奥地利)、黑皮诺(pinot nero)(意大利)、蓝皮诺(blauburgunder)(瑞士)。

黑皮诺是一个古老的品种，拥有大量的克隆种。它被认为是最反复无常的品种，对于种植位置近乎显微镜般地挑剔，需要凉爽的边缘气候才能表现出最好的状态，并能表达出风土。而且它很难酿造，太多的酿造干预都会使其改变风格。

黑皮诺属于早发芽早熟品种，因此会遭受春霜和落花的风险。需要通过严格的产量控制来获取更好的质量，比如，勃艮第产区级控制标准的产量严格要求为 40 百升/公顷，而勃艮第特级园的产量标准则在 35 百升/公顷。

黑皮诺对粉霉病、霜霉病、卷叶病和扇叶病都很易感，而且葡萄果串也比较容易感染灰腐菌，且容易遭受热损伤。

结构上，它的薄皮只能提供少量的颜色和单宁，这减少了酿酒的选择，但和谐的处理可以使葡萄反应它的位置。高酸度为这种风土的反应增加了专注度和框架结构。

风格上，如果气候过冷，会出现番茄、白胡椒和草本植物味。大多数情况下，黑皮诺会表现出紫罗兰和玫瑰的花香，以及草莓、红樱桃和覆盆子的水果味，如果气候热一点则会出现红李子味，如果太热就会出现果酱的感觉。瓶中陈年过后，野味、皮革、泥土和松露会增加复杂度。最好的黑皮诺可以体现令人陶醉的甜美、丝滑感以及超凡的优雅感。

黑皮诺最基本的品种特性很容易被过度的新橡木桶味掩盖。

作为静止酒，黑皮诺极少与其他品种进行混酿，但在香槟和其他一些传统法起泡酒中，则经常会与霞多丽和穆尼耶进行混酿。

尽管有着高昂的种植和酿造成本，黑皮诺依然是生产者的“圣杯”，因此在法国、美国、德国、新西兰、澳大利亚和智利都有广泛的种植。

6.2.7 桑娇维塞(sangiovese)

同义词：布鲁内罗(brunello)(蒙塔齐诺)、莫雷利诺(morellino)(斯堪萨诺)、普鲁诺阳提(prugnolo gentile)(高贵蒙特布查诺)、聂露秋(nielluccio)(科西嘉)、桑娇维托(sangioveto)(托斯卡纳)。

桑娇维塞是一个彻彻底底的意大利品种，尤其集中在意大利的中部地区。是绮丽叶骄罗（ciliegiolo）和蒙特纳沃卡拉贝斯（calabrese montenuovo）的后代。如同黑皮诺和内比奥洛，桑娇维塞也有许多克隆种。

这个长势很旺盛且高产的品种，生长缓慢并且晚熟。不过，该品种虽然比较耐旱，但对粉霉病和灰腐菌比较易感。

结构上，桑娇维塞有着高酸和高单宁，中等酒体，中等酒精度，和因为皮薄而导致的中等色泽。所酿成的葡萄酒也较容易过早氧化。

风格上，玫瑰花香和草本味夹杂着新鲜的酸樱桃或干樱桃，以及树莓、皮革和红茶味。

经典基安蒂（chianti classico）可以完全使用桑娇维塞，但更常见的是与其他本地品种进行混酿，比如卡内奥罗（canaiolo）、玛墨兰（mammolo）和之前提到的绮丽叶骄罗。国际品种包括赤霞珠、梅洛和西拉也可以被选用，但桑娇维塞的品种特性很容易被这些国际品种掩盖掉。

6.2.8　西拉（syrah/shiraz）

西拉，或称设拉子，是杜瑞莎（dureza）和白梦杜斯（mondeuse blanche）的后代，分别源于法国阿尔代什省的红葡萄品种和萨瓦省的白葡萄品种。

西拉的长势很旺盛，产能也相当高，所以需要对其进行产量的控制以便获取高质量。它是个晚发芽品种，生长季中期成熟，需要温暖到炎热的气候才能完全成熟。果粒很小，但比较容易在达到成熟后发生干缩，出现掉酸和失香的情况。

该品种比较容易感染萎黄病，但通过谨慎选择砧木可以得到改善。此外，它也不太耐旱，易感灰腐菌以及果蛾。

结构上，西拉有着深色、高单宁和高酸。在温暖产区可达到高酒精度。其在凉爽产区也能很好地生长，因此根据生长点的不同，使这个品种有了结构上的变化多端。

风格上，凉爽产区的风味包括薄荷、黑加仑、树莓、紫罗兰、青橄榄和白胡椒，而温暖产区会出现偏甜的黑胡椒、黑莓、李子、巧克力、草本、甘草，如果在炎热气候下就会出现果酱味。成熟时，会出现水果蛋糕、野味、皮革以及咖啡的气息。

西拉经常被用来单一酿造，比如在艾米塔日、科纳斯以及巴罗萨谷。但也会被用来进行混酿，尤其在南罗纳河谷和朗格多克地区，与歌海娜、慕和怀特、神索（Cinsault）及佳丽酿一起，在澳大利亚则与歌海娜和慕和怀特进行混酿。维欧尼有时也会与其混酿(见上文)。

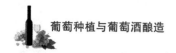

西拉在20世纪90年代在美国的加利福尼亚州和华盛顿州十分流行,近来智利、南非也分别开始流行并且效果甚佳。

西拉不可与小西拉(petite sirah)混淆,后者是杜瑞夫(durif)的同义词。而杜瑞夫是西拉的后代。

6.2.9 丹魄(tempranillo)

同义词:乌尔德耶布雷(ull de llebre)(西班牙,加泰罗尼亚)、森希贝尔(cencibel)(西班牙,卡斯蒂亚-拉曼查,埃斯特雷马杜拉)、国之红(tinto del pais)(西班牙,杜罗河畔)、红多罗(tinto de toro)(西班牙,托罗)、菲诺(tinto fino)(西班牙,卡斯蒂亚-莱昂)、阿拉贡内斯(aragonêz)(葡萄牙,阿连特茹)、罗丽红(tinta roriz)(葡萄牙,杜罗河谷)。

从众多的同义词就可以看出,丹魄在整个西班牙和葡萄牙的大部分地区都有种植。它是西班牙种植最广泛的红葡萄品种。

这个长势旺盛的品种发芽在中期,但成熟很早,比歌海娜早两周,所以生长周期较短。因此在很多凉爽地区也能成功地栽培。果皮较厚会带来较深的色泽。

丹魄对粉霉病、霜霉病易感,而且对风也较为敏感,但比较耐旱。

结构上,酸度中到低,而单宁中到高,酒精度往往中等。

风格上,风味会从红色水果如草莓、树莓、李子转向炎热气候的果酱味。皮革和香料味会在橡木桶陈年中出现。

丹魄用来进行混酿非常常见,在里奥哈会与歌海娜、玛祖爱罗(mazuelo)以及格拉西亚诺(graciano)进行混酿。在阿根廷也有大量种植,在葡萄牙主要用于波特酒(Port)的生产。在澳大利亚则被应用在耐旱型葡萄的实验种植中。

6.2.10 仙粉黛(zinfandel)

同义词:卡斯特拉瑟丽(crljenak kaštelanski)(克罗地亚)、普里米蒂沃(primitivo)(意大利)。

仙粉黛起源于地中海的亚得里亚海边,高产能,但会在生长季中晚期成熟,且不均匀,使得采摘统一成熟的果实有很大难度。很容易感染灰腐菌。

结构上,通常会有高酒精度、高萃取,但酸度一般都是中等。

风格上，有着高酒精的红葡萄酒展现了胡椒、香料、树莓、甜酱果、干果，比如李子干和葡萄干等风味。最好的酒会体现厚重感、饱满酒体、甜感单宁和高酒精以及中等酸度。

在加利福尼亚，仙粉黛可以酿成多种风格，从平淡无奇但极受欢迎的桃红酒到轻酒体易饮风格，再到厚重酒体可以长久陈年的类型，甚至加强酒风格。

6.3　主要的种内杂交品种

6.3.1　米勒-图高(müller-thurgau)

同义词：雷万尼(rivaner)(德国、奥地利、卢森堡)。

这个品种由瑞士人赫尔曼·米勒于1882年在盖森海姆大学栽培成功，但直到2000年才从基因上被追溯出该品种是雷司令与皇家玛德琳(madeleine royale)的杂交品种。最初它一直被认为是雷司令与西万尼(silvaner)的杂交品种。转而，米勒-图高还衍生出了其他种内杂交品种，比如巴克斯(bacchus)即西万尼与雷司令的杂交品种再与米勒-图高杂交而成，欧特佳(ortega)即米勒-图高与斯格瑞博(siegerrebe)的杂交品种，海申施坦纳(reichensteiner)即米勒-图高与玛德琳安吉维(madeleine angevine)和白卡拉布莱瑟(weisser calabreser)的杂交后代继续杂交。

米勒-图高非常高产，而且早熟，但对粉霉病、霜霉病比较易感，还因为果皮较薄因而容易感染灰腐菌。

该品种酸度中等，拥有淡雅的花香和干净的柑橘类水果香气，有时会有一些桃子味道。

米勒-图高是德国圣母之乳葡萄酒法定的必须占到70%以上的四个品种之一，此外还有西万尼、科纳(kerner)和雷司令。

6.3.2　宝石红解百纳(ruby cabernet)

这个由佳丽酿和赤霞珠进行杂交得到的品种在1948年于美国加利福尼亚州被培育成功，目的是能在炎热的圣华金谷中央山谷进行红葡萄酒的生产。该品种成功继承了赤霞珠的风味特点和佳丽酿的耐热特性。

该品种很高产，但对粉霉病很易感。

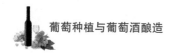

宝石红解百纳有着深邃的颜色和一些赤霞珠的品种香气，因此经常被用于混酿。

6.3.3 皮诺塔基(pinotage)

这个品种由黑皮诺和神索杂交得来，1925年在南非培育成功。神索(cinsaut)在当地的拼写上少了个“l”，而且之前还被称为艾米塔日(hermitoage)，因此才有了pinotage这个名称。皮诺塔基长势很旺盛，而且相当高产，且属于早-中发芽和成熟的品种。它继承了黑皮诺对粉霉病、霜霉病和灰腐菌都易感的特性，但它的气候适应能力更强。

果皮较厚的特点让它有着较深的颜色，并且能在糖分成熟度较高的情况下仍能保持酸度。风味上有着黑樱桃、李子和树莓香气。

由于皮诺塔基是南非的土生品种，但一直在为了国际地位而努力。某些酒中会含有指甲油和乙酸异戊酯气味，究其原因为过度缺水，或采摘前的高温，而且还会因为过高的发酵温度而加重。

6.4 主要的种间杂交品种

6.4.1 白谢瓦尔(seyval blanc)

白谢瓦尔是一个复杂的种间杂交品种，包括欧亚葡萄种和沙地葡萄等祖先。具体来说，是西贝尔5656(seibel 5656)与金拉咏(rayon d'or)的种间杂交品种。

这是个高产品种，比较早熟，所以比较适合凉爽的气候，酸度较高而糖分含量中等。酿成的酒颜色较淡，柑橘类水果味为主。

该品种具有极好的耐寒性和抗病性，但对灰腐菌易感。

6.4.2 隆多(rondo)

隆多也有比较复杂的祖先品种，是由泽雅瑟维拉(zarya severa)即瑟亚马伦(seyanets malengra)与山葡萄种间杂交，再与圣罗兰(sankt Laurent)种间杂交得来，1964年在盖森海姆大学培育成功。该品种的抗寒性主要继承了山葡萄的特点。

该品种非常早熟，因而在冷凉地区十分受欢迎，比如英国、比利时、荷兰、丹麦和瑞典等地。

高酸,果肉为红色。酿成的酒颜色较深,但酒体依然很轻。

6.4.3　威代尔(vidal)

这是一个20世纪30年代由白玉霓(trebbiano di Toscano)和金拉咏种间杂交得到的品种。

该品种非常抗寒,且对霜霉病有免疫能力,但对粉霉病和灰腐菌比较易感。

威代尔的厚果皮和晚熟特点使之在加拿大酿造冰酒中广受欢迎,它的某些特征可以让人联想到雷司令。

第7章
位置选择

商业葡萄园需要人为的决定及管理，以得到想要的葡萄酒风格。商业的现实意味着在绝大多数情况下都是利润导向，管理的目的就是为了达到优化产量并将成本最低化。

所有葡萄园管理的决定都要基于葡萄成长并在预设的葡萄酒风格上将产量最大化。这可能是勃艮第特级园30—35百升/公顷的黑皮诺，现在也已成为法律规定，或者是澳大利亚河地适合日常饮用大产量品牌的150多百升/公顷的西拉。

因此，葡萄园位置的选择要根据目标来确定。比如，葡萄园种植葡萄是为了生产长久陈年、传统法酿造的起泡酒，会不可避免选在比酿造长久陈年且酒体饱满的红葡萄酒更为凉爽的地方，因为成熟的参数和品种的类别都有巨大的差异。

葡萄园位置选择的传统方法，尤其在旧世界，会基于一次次的实践中得来的经验教训。几个世纪以来慢慢形成了目前欧洲的葡萄园分布，并且逐渐建立了原产地保护制度，如AOC/DO/DOCG等(见第13章)，都是经过了数代人的积累才有了当前的声誉。

气候参数也影响了这种经验学习。温度、阳光、降雨，加上地区性的一些调节因素，比如纬度、海拔、山脉、海洋洋流(见第1章)，都在确定潜在的葡萄种植区域上面起到主导性作用。

土壤也会成为一个决定性因素。在特定的参数条件下，土壤的物理、化学和生物机理会直接影响到葡萄树的生长(见第2章)。

在20和21世纪，人们研究出了许多新技术来帮助确定潜在的葡萄园位置，包括土壤测绘图、GPS全球定位系统、GIS地理信息系统等。这些技术都被冠以精确葡萄栽培的名义(见第7.4.2节)。

在这些自然条件之外，人为和商业因素也开始发挥作用。最重要的是获取接近理想位置的能力、可用的人力资源水平以及接近目标市场，无论是本地还是全球。许多新世界的葡萄园都很接近城市，比如阿德莱德和墨尔本城市周边，美国的旧金山，南非的康斯坦蒂亚和斯泰伦博世等等。不过也有例外，比如就算是阿根廷门多萨的葡萄酒生产者，世界上最远离港口的葡萄园之一，距离布宜诺斯艾利斯有 1 000 千米的路程，依然能成功地将葡萄酒出口到全球各地。

7.1　环境

葡萄树比较适合的生长地是温带。在这个气候带之外，需要采取适应或干预措施来帮助葡萄顺利生长，比如在俄罗斯大陆深处需要进行冬季埋土以保护葡萄树，否则葡萄树很容易死亡，或者在赤道进行两季的生长，因为这里的葡萄树不会进入休眠状态。

其中最重要的一些环境参数会在下列各章节进行详细讨论：

- 温度，见第 1.1 节地区气候分类和第 1.2.1 节。
- 阳光，见第 1.2.2 节。
- 水分，见第 1.2.3 节，以及第 9.4 节水资源管理。
- 土壤结构与可供营养，见第 2 章 土壤，以及第 9.1 节营养部分。

在满足这些环境参数的情况下，其他的考虑因素可能就有意义了。

7.2　实际操作和商业因素考虑

种植一棵葡萄树并生长出果实与其他大多数农作物不同，后者允许每年的生长循环来满足短期市场需求。而葡萄园是一代人的投资，产生回报至少需要25—30 年，成本非常高。考虑到葡萄园的建设成本以及葡萄树常年生的自然属性，是绝无可能在三年之内产生任何投资回报的，在规则约束较多的旧世界产区，这个时间会更长。

经济绩效可以通过不同的方式衡量。一个正常的现成的经济型高产葡萄注定会被酿造成为大产量品牌，就像昂贵的低产模式，高质量的葡萄会被酿造成手工制作并且手工编号装瓶，两者带来的利润是一样的。而葡萄园的位置会决定这种不同的结果。

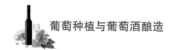

标准操作的考虑包括理想的产量，或者理想的最低产量，或者理想的单位产量成本。在香槟地区买一块葡萄园会比在朗格多克买葡萄园昂贵很多。投资回报的潜力或者时间都会有很大差异。所有这些都需要被写进商业计划中。也许在新兴的产区买 一片葡萄园的成本很低，但是其他相关的葡萄生长和酿酒都会面临巨大的风险。因为没有现成的名声，也没有相关的葡萄成长成熟的经验可以借鉴，更没有相关的产业和消费者知晓这个产区。

基础设施也需要认真考虑。在一个新的产区，这种基础设施可能包括道路建设、供水、电力等，如法律允许并有需求的话，还包括灌溉设施建设。比如在澳大利亚，由于大部分产区降雨都很少，并且土壤没有足够的生长季持水能力，因此葡萄园是否有近水设施是一个关键的考虑因素。

此外，对于新葡萄园来说，还有一个更加密切相关的问题，即是否有足够的熟练劳动力。一个小型的葡萄园，如果所有的操作都依靠手工，也许一个家庭可能就足够了。但是一个大型的葡萄园，可能会更多依赖机械化操作，比如整形、去叶、采摘、喷洒、修剪等等。

如果葡萄园太过偏远，葡萄酒与果汁分析的实验室服务就会很困难。因此葡萄园现场需要一整套实验室设备并且具备熟练操作这些设备的人员。

评估交通成本也会成为商业计划的重要部分。销售上经常会报出离岸价(FOB)，所以如果这个葡萄园远离港口的话，那么从葡萄园到港口的运输成本必须考虑进去。

7.3　葡萄园与品种的匹配

一旦合适的葡萄种植区域被确定，包括相关的一些基础设施，那么接下来就是要确定种植什么品种了。

在一定的环境参数下，不同的葡萄品种会适合在不同的地点成熟。众所周知，不同品种的成熟期不同，比如早熟的夏丝拉、霞多丽、黑皮诺和米勒-图高以及晚熟品种如亚历山大麝香、白玉霓、歌海娜和慕和怀特。

选择正确的品种是商业成功的基础，因为更换品种非常消耗成本和时间。不过，为一个既定的葡萄园选择品种是一件非常复杂的事。《葡萄品种》(*Wine Grapes*)(Robinson et al.，2012)一书中总共列举了 1 400 个葡萄品种，包括种间杂交品种。但其中 20 个最受欢迎的品种占到了全球种植面积的 55%，这会让选择略微简单一些。

如果考虑气候因素，做决定还可以再简单些。比如歌海娜和慕和怀特这样的品种需要大量的热量才能成熟，而挑剔的黑皮诺则喜欢较为凉爽的气候条件。其他品种如西拉和霞多丽则能适应不同的气候条件，从而得到不同的葡萄酒风格。

一般认为，葡萄品种在临界气候条件下成熟表现最为出色。比如，赤霞珠之于波尔多。在更温暖些的地方也可以表现良好，但会有不同的风味。

在较为凉爽的地区很适合种植高质量的黑皮诺、长相思和雷司令，因为没有过多的热量会有利于保存优雅的芳香。就算在更凉爽的地方很少达到成熟，也可以用来酿造传统法的起泡酒。

不过，在极端凉爽的地方，要找到一个合适的种植地点是一件很难的事，就算有也是极少的情况，这也是微气候和微地形调节的结果。如果目标是高产量或者是正常产量，那么有规律的季节变化和正常的温暖气候是必要条件。

有时候，在新开发的葡萄园，果农们会种下一系列品种并通过几个生长季来评估哪个品种最为适合。比如凉爽的塔斯马尼亚，已经开始缩减至少数几个适合的品种，主要是用来酿造起泡酒的，包括黑皮诺和霞多丽，以及雷司令、灰皮诺和长相思。

选择的过程并非是简单的品种与种植位置的匹配，克隆和砧木的选择会增加选择过程中决定的复杂度(见第 4 章)。

考虑到葡萄树常年生的自然属性，在种植一开始所犯下的失误很有可能会在后来带来巨大的损失。芽接这种方式提供了一个快捷、方便的更换品种方式(见第 5.1.2 节)，否则重新种植并且等待 25—30 年来培育出高质量的果实，这个代价过于昂贵。

葡萄的质量、产量、风格、目标市场等因素也会影响品种的选择。在欧盟，法律法规也会决定产区的品种选择。

7.4　位置管理

有时候在一个很小的区域内，葡萄园都会有很大的差异性。通过长达几代人的改善和试验，已逐步形成了风土主导的品种-位置匹配模式。对于葡萄园各个小地块的深入了解，可以根据不同因素，比如葡萄树的长势、产能以及排水性等，从而运用不同的管理方式。

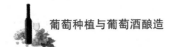

精确葡萄栽培下的一整套工具可以帮助规避一些实践中潜在的错误，可以消除时间在这个匹配过程中的影响。事实上是将科学的地位优先于个人的经验和知识。考虑到葡萄园地建设的巨大投资，这是一个非常值得的前期投资。

7.4.1 风土

风土，本质上是一个地方的感觉和味道，也是多年实验的最终结果形成了品种与位置之间的这一种关系，有时甚至会经历几个世纪。几百年来，由于历史的原因，许多修道院拥有葡萄园的所有权，因此僧侣们成功地分辨出了不同的微小地块与葡萄酒风味之间的关联，尤其在法国勃艮第和德国莱茵高地区。留下了表现最好的品种，比如金丘的黑皮诺和莱茵高的雷司令。

风土影响或者风土表达实际上包含了许多的因素，比如所有维度上的气候、地理、土壤、地形、葡萄树生物学以及人为的影响，都能决定葡萄园的管理操作和酿造工艺选择。这些因素的综合会直接影响来自特定一个地块的葡萄酒的口感和风味。

在凉爽的环境条件下，风土影响被认为在生长季即将结束时表现得最为明显。在高质量葡萄酒中，将品种推向可以完全成熟的凉爽气候的极限边界也被认为加强了风土的表达。比如，雷司令在其成熟的临界点——德国莱茵地区的摩泽尔和萨尔河谷，会保留更高的酸度、果味和芳香。在略微温暖气候的地方也表现很好，但会有不同的风味：更温暖的水果味、更适中的酸度、少了一些优雅的香气。

一段时间以来，有不同的定义试图概括风土。国际葡萄与葡萄酒组织(International Organisation of Vine and Wine，OIV)在2010年采用了这个定义："风土"是指有着明确的物理以及生物环境之间相互反应的一个区域，并且加上随之所应用的酿造工艺，最终在葡萄酒上体现出了这个区域非常鲜明的特征。"风土"包括了特定的土壤、地形、气候、地貌特点以及生物多样性的特征。

7.4.2 精确葡萄栽培

精确栽培是在不同的地块之间致力于辨识、绘图、总结相似性和差异性的一系列技术手段的总称。通过这些信息，葡萄园的实际管理可以分割为更小的地块或园中园。

精确栽培可以说是21世纪对风土管理的一个代名词，前提是葡萄园的土地有差异性。事实上研究表明，同一片葡萄园里产量可以有十倍之差，比如2—20吨/公顷。随着时间的推移，这种空间上的差异性会变得相对稳定。辨识空间的差异性可以让果农们采用一些手段将这些差异性变得最小化，从而得到一个更为平均的产出。精确栽培或许不能建议栽培某种品种，但能帮助果农们辨识不同地块的相似性和差异性，并且采用合适的管理技术来得到最好的结果（比如产量、质量、潜在的葡萄酒风格等）。

精确栽培利用GPS和GIS系统区别管理葡萄园中不同的地块。这两种技术的结合加上遥感技术、土壤感应技术和产量管控在具体地块上的运用，可以给出一个葡萄园位置的深度空间知识。如果土地还未进行种植，那么这些精确栽培的信息可以帮助决定葡萄园的基础建设，比如所选品种的栽种密度、栽培架势，以及法律允许条件下的灌溉方式，以确保不同的地块都能得到充足的水分。

在这些信息缺失的情况下，葡萄园中最好的地块有可能就会采用与其他地块相同的管理技术，从而掩盖了整片葡萄园在果实质量、成熟度和风格上的差异性。

精确栽培提供的辨识相似地块的具体信息可以根据实际的物理条件的改变而对葡萄园的管理技术进行相应的修改和完善。这就让诸如灌溉、施肥的量和频率、精确的喷洒、覆盖要求、为空气流通而进行的摘叶、采摘等操作在同一个葡萄园里根据相似的地块进行统一。

目标是获取一片葡萄园内相同水平的成熟度、稳定的产量（或质量）。对于酿酒师来说，将相同成熟水平的葡萄酿成预定风格的葡萄酒会容易得多。不同的葡萄会分开酿造，会因葡萄的质量而被分为不同质量的产品线。

精确栽培是种植学家的又一个工具。管理决策可以就一个既定的葡萄园根据目标随时进行调整，比如提高产量、效率和利润，或者提高可持续性。

7.4.2.1　全球定位系统（GPS）和亚米级精度的差分全球定位系统（dGPS）

GPS可以勘测、收集地面上一个特定点的相关信息，而差分GPS提高了一米之内数据的空间分辨率。这个水平上的空间细节是GPS遥感的显著特点，考虑到葡萄园内的差异性，因此对于葡萄栽培来说十分重要。

7.4.2.2　地理信息系统（GIS）

GIS是一个储存和分析GPS勘测数据的计算机软件系统，并利用3D技术将这些信息以不同的层级呈现在整个葡萄园的地图上。GIS集合了各种测量数据，比如葡萄产量、葡萄质量、长势、地形和土壤属性，对这些数据进行小范围空间细节的分析。这可以给葡萄园管理者提供详细、精确的管理决策信息依据。

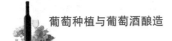

7.4.2.3 遥感

遥感描述了从远距离（例如从飞机或者卫星）测量某一目标的特征（如葡萄园）属性的过程。这跟在地面上近距离用传感器进行测量有很大的不同。

遥感装置可以测量葡萄树的生物质，来确定树冠的尺寸、健康状况和长势。传感检测最好在转色期（véraison）完成，要求是晴空无云的天气。利用这些数据，可以用来确定修剪和采摘等操作。

遥感最初使用的是植被指数（NDVI），是基于光线的不同波长进行的测量。最近植物细胞密度（PCD）也被广泛采用来区别葡萄树长势的差异性。这种差异性的产生是气候、土壤、病虫害等因素导致的。

遥感需要进行非远程感测收集。这是一个通过测量或观察葡萄园中植物各方面信息，比如树冠和植物大小尺寸等来证实遥感数据有效性的过程。

7.4.2.4 土壤检测

特殊的土壤检测装置并不需要将土壤进行物理移动去进行实验室分析。可以进行非常小量的测量。不过，因为土壤不进行移动，所以细节资料不如直接分析土壤样品来得详尽。

土壤在空间上的差异性，比如一片葡萄园或者一个地块，是影响葡萄树生长和果实成熟的关键因素之一。结合土壤和葡萄园其他的因素，可以对葡萄树的生长表现进行更深入的观察，紧接着的葡萄园管理措施可以尽量减少这种差异。

7.4.2.5 产量管理

产量可以在采摘时即时测量，可以通过在采摘机器上安装设备来实现。这些数据会使用差分GPS进行地理坐标，也可以跟其他数据进行整合。

第8章
葡萄园的建设

建设一个葡萄园是一项耗资巨大的工程,在一开始就做好位置布局,品种、克隆和砧木的选择,土壤的准备,葡萄园设计,种植密度,以及葡萄树的整形和栽培框架系统等,这些非常重要。要对一些永久性的设施和葡萄树结构进行大量改变是相当困难的,而且也会导致额外的成本支出。种植前的准备很可能包括深度树根的移除、犁地、排水系统或者灌溉系统的建立等等。

8.1 葡萄园设计

有效的葡萄园设计对于成功的葡萄园管理来说是非常必要的。除非是在平地上,否则葡萄园的设计会受到坡度和排水性的影响。在旧世界国家,法律法规也是一个影响因素。葡萄园设计还得满足特殊的商业和质量要求,这里面的关键点是能够为目标的葡萄酒风格获取符合要求的、成熟的果实。合理的设计还可以促进葡萄园操作,将葡萄园管理操作尽量机械化可以很好地控制成本,尤其是在大型的葡萄园,和(或)没有充足劳动力的情况下。

环境保护越来越受重视,葡萄种植也不例外。以土壤侵蚀为例,葡萄园可以通过设计来尽可能减少对环境的破坏。在这种情况下,等高种植和梯田种植都是合理的选择。将部分土地用作生物多样性避难所也很重要,否则土壤中就会只存在单一的作物。这些避难所将有益于葡萄种植,因为它会为昆虫和其他有机物提供栖息地,从而起到防止葡萄园病虫害的作用(见第11章)。灌木篱墙等提高生物多样性的手段在法国部分产区越来越常见,比如卢瓦尔河谷的索米尔-尚皮尼(Saumur-Champigny)和朗格多克的通格丘(Côtes de Thongue)。

葡萄树种植密度和间距必须在设计时考虑结合棚架系统和树冠管理,这些会在第10章进行讨论。

8.1.1 间距和种植密度

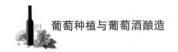

种植密度是指在既定的面积内种植葡萄树的数量，通常按1公顷(即100米×100米)来进行计算。可以通过每一行的葡萄树数量，和每公顷有多少行来进行测量。当葡萄树的间距为1米，行距为1.25米时，种植密度计算方式为：(100/1)×(100/1.25)=8 000株/公顷。如果葡萄树的间距为2米而行距为3米，则种植密度为(100/2)×(100/3)=1 667株/公顷，加利福尼亚州和澳大利亚的种植密度都是如此。

种植密度在世界上差异非常大，主要是行距的差别，比如欧洲一般为1米，而在澳大利亚可以达到3米。

欧洲冷凉产区的传统表明，更高的种植密度会带来更好的葡萄质量，当然这并不普遍适用。紧密的空间会导致较小的葡萄树型，每一棵树的长势和产出都会被限制。此外，欧洲这种更为凉爽并且密闭种植的葡萄园传统上都种在相对贫瘠的土壤上，因此也无法支撑葡萄树的长势，通常这些土壤都不适合种植别的农作物。这种紧密的空间会引起葡萄树对于营养和水分的竞争，以保持树冠的开放性以及合适的密度，使果实有更好的风味和颜色。简单而小型的整形系统在这些情况下就显得游刃有余，也可以相当密集。

土壤的肥力越高，水分充足，葡萄树的长势就越好。葡萄树长势越好，就需要更多的空间来平衡长势和结果，并保持树冠为开放状态。而大型的整形系统可以用来支撑这种长势，这就要求更大的行间距，可能分别为2米和3.5米左右。

在每一行内，如果葡萄树过于密集，可能会导致拥挤和树叶遮阴，这会造成延迟甚至是阻止葡萄的成熟，甚至会引起某些疾病。所以每一行内的葡萄树空间管理目的是让整形系统里的嫩枝有一个正常空间来避免这些问题。

不同的品种也会影响种植密度，因为长势旺盛的品种比如西拉有着更长的茎节，比那些长势较弱或者有较短茎节的品种需要更多的空间。

商业上的考虑会更直接地影响行间距，如果密集度高，种植成本就更高。土地成本和水资源也会影响最终决策。此外，狭窄的行间距不能使用正常的农业设备而需使用特殊器械，比如横排拖拉机。

有一些特殊的整形模式，包括日内瓦双帘式(Geneva double curtain)和竖琴式(Lyre),是不能使用狭窄行间距的。整形模式会直接影响种植密度,反之亦然。

8.1.2　行的走向

在凉爽气候条件下,低温会限制葡萄的成熟,因此行应该设计为南北走向。这样可以使阳光照射尽可能最大化,早上在葡萄树的一侧,下午在另一侧,一个垂直的树冠系统可以在两侧都吸收最多的光照和热量。

随着温度的升高,西朝向的树叶修剪相对要比东朝向少,这是因为午后的温度会比早上的温度高。

在更炎热的气候条件下,西朝向的葡萄有可能面临过熟的风险,一个遮阴树冠并不足以抵消这种风险,而将行的走向改为东西朝向可能更有效果。比如在南半球,朝北的果实可以被树叶遮阴,而朝南的果实则部分暴露,依据温度情况而定。

走向也会受到地形的影响,比如,如果坡度为10%(5.7度),那么沿着等高线种植就比较适宜,或沿着上下某个特定方向的斜坡,或根据特殊土壤的形状。甚至有时候盛行风都会影响这种走向。

8.2　位置的准备和种植

葡萄树是一种具备常年生能力的植物。优化葡萄园地下土壤环境的主要机会来自种植前。葡萄树的营养需求(见第9.1节)可以根据季节进行修正,但是如果土壤没有准备充分,葡萄树的生长会受到极大影响。

如果是一片未开垦的、带有其他植物的处女地,或者是需要清理的多石土壤,需要更多的时间来进行土壤的准备,有时会耗时几个月,使土壤沉淀并使土壤成分得到调整。在地表种植一些覆盖性植被,随后将这些植被埋入土壤,会给土壤增加有机物。

葡萄树的树根主要集中在离地面1米的范围之内,所以也就是这部分土壤需要进行准备、调整和改善,可以让强壮而深入的根部系统自由生长,使葡萄树能健康顺利地成长。

根部的生长会因为土壤的紧密度、坚硬度(坚硬,水平走向,表土层有较多的黏土或碳水化合物)并由此引起的水涝而受到限制。理想的葡萄树根在灌溉的条件下至少为70厘米,而非灌溉的情况下为100厘米。目标是为了拥有一个多孔的土壤结构，以便排水方便并且可以让空气流通，树根也有足够的氧气可以供树根呼吸。

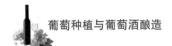

合适的地面准备可以优化土壤的排水性和营养的供给，此外也能减少水涝和土壤通风不足给树根带来的威胁。如果要安装滴灌系统，水管和其他线条需要在种植前安装。

水土流失风险也有必要在种植前解决，因为氮、磷和有机物质一般都存在于地表土壤的几厘米处。等高线种植或者梯田种植以及覆盖性植被或者塑料薄膜的使用都能减少水土流失的风险(见第 9.2 节)。

这些工作必须先于种植完成，以满足最佳管理操作和商业经济的要求。否则，葡萄园建完后在行间的操作会不够彻底并且比较昂贵。

8.2.1 土壤的准备

要改变土壤的物理属性是比较困难的，葡萄种植对于优质土壤的要求包括充足的持水能力，相反地，也需要足够的排水能力，以及满足树根和微生物生长所需的空气流通性，还有一个良性、松软但相对稳定的土壤结构，并且不会轻易紧压和分解。这通常是壤土(见第 2 章)。

土壤的化学属性可以通过增加营养物质(见第 9 章)来调整。但如果土壤含盐量、含钠量过高，或者过于碱性，也有较大难度。

如果是一片新的土地，应该将之前的所有农作物进行清除，包括树根，以及任何像栅栏和围栏等会阻碍器械的基础设施。

8.2.1.1 土壤消毒

一片未开垦的荒地，或者已经被拔除作物并打算重新种植的土地，应该具备无病毒条件，这通常意味着需要进行熏蒸杀毒，或者进行 6 年或以上的休耕以消除病毒隐患。如果不进行这样的处理，线虫传播的病毒会很快感染新种植的脆弱树苗(见第 4.2.2 和第 11.2.8 节)。就算选用对线虫有抗性的砧木，土壤消毒依然是一个不错的操作。

8.2.1.2 下层土壤栽培

地表下的黏土层会限制树根的渗透，也可能在大雨过后导致水涝。由于这种情况通常在地表下 1 米发生，因此必须要避免。松土是一个常见的应对坚硬土壤、岩石土层的技术，一般在1米的深度，以便排水和树根的自由生长。如同增加根部的空间一样，深度的松土有助于棚架和管道的建立。

松土可以伴随深耕的方式，尤其是下层土壤需要进行调整的情况下。

8.2.1.3　土壤分析

在挑选出下层土壤的物理组成后，不同的化学和生物物质可以与表层土壤进行混合，以确保葡萄树和它们的根能够有一个良好的生长环境。土壤的分析可以给出是否要在种植前进行结构成分的调整、增加、改进。

通常对土壤测试是从pH值开始的。这会展示一种潜在的隐患，而且最好在种植前完成整个葡萄园pH值的改善工作。通过这样的测量，可以采用添加石膏、石灰的方式来使pH值增加到合理的5.5—8之间。在种植前最好补充一些土壤中会相对稳定的物质比如钾和锌。土壤也可以进行别的营养层面的分析，比如一些会被pH值所影响的物质，从而决定是否增加所要求的肥料或土壤有机物，某些物质可以每年进行添加。但土壤的pH值会根据葡萄树根扎根渗透的情况而有变化，所以测评的结果不一定完全可靠。因此很难对施肥做精确的要求。

葡萄树所选择的砧木和pH值一样可以影响营养物质的量，所以，在一个已建成的葡萄园内，土壤分析并不是首选的年度葡萄树营养要求测量方式。反而，通过树叶和(或)叶柄来分析测评葡萄树的营养成分情况并明确补充何种物质，会更好一些。事实上，在已建成的葡萄园，树叶和叶柄的分析方式更为普遍。

8.2.1.4　土壤调整/增加/改善(土壤肥力)

作为土壤分析的结果，可以对土壤进行不同方式的调整，有些最好在种植前进行，需要深埋入土。

钙

钙是土壤结构重要的组成部分，帮助稳定土壤的聚合。一般存在于石灰中，主要在富含碳化钙的钙质土壤中，比如石灰土壤。

土壤中的钙含量会决定pH值，太少含量的钙会使土壤呈酸性。如果太多钙，则会呈现碱性。碱性土，也就是高钙含量的土壤会限制铁、镁和锌元素。石灰岩引发的萎黄病就是肉眼可见的缺铁症状。

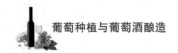

钙质土壤还会限制钾元素以成熟果实,帮助保持果汁的低 pH 值。钾元素的吸收会降低果汁的总酸度,这并不是果实的理想期望。

有两种方式可以给土壤加钙,这要看土壤的 pH 值结构是否需要调整。在某些产区,有机种植可以允许两种方式进行土壤调整。

石膏(硫酸钙),硫酸钙可以加到酸性土壤中来升高 pH 值。这并不会改变土壤酸度,但土壤混合硫酸钙可以改善土壤结构和松软性,使土壤保持聚合状态,以防止分解成黏土、沙土、淤泥等各个分散的部分。好的土壤结构和松软性可以提高排水性和空气流通性。硫酸钙同时也降低土壤的水涝风险,并可以在雨后尽快地使用机械设备。这种土壤比较适合与深度耕种技术结合起来。

碳酸钙/石灰岩可以加到酸性土壤中来提高 pH 值,这就是所谓的石灰法。此外,其他的石灰质比如方解石(化学成分也是碳酸钙)和白云石(碳酸镁和碳酸钙的混合物),或者菱镁矿(碳酸镁)都可以加入酸性土壤来提高 pH 值。

泥灰岩和牡蛎壳也可以使用。泥灰岩是黏土和石灰岩的天然混合物,可以在黏土中添加石灰石来实现。

石灰化应该在土壤 pH 值低于 5.5 时进行操作,而且应该在地表下 30—40 厘米或者更深处进行混合,因为如果在表面进行混合的话会耗时太久而无法发挥作用。由于石灰不溶于水,所以如果只是在表面混合的话,很难对酸性的表层土壤有立竿见影的效果。因此,最好是在种植前进行操作。

如果添加了太多的石灰岩,尤其是长期潮湿的土壤中,会由此而引发萎黄病。

化肥

在种植葡萄园之前,最好先施用营养矿物质,因为葡萄藤对这些矿物质的吸收很慢。磷肥也需要包含在其中,因为可以优先被吸收。钙和镁也是类似的情况,可以通过石灰和白云石进行深耕。镁也可以通过泻盐(硫酸盐)的形式进行深耕。

其他的一些营养物质比较容易被吸收,可以在平时季节性或者年度的施肥过程中添加。

土壤有机物

土壤的测试也能提供一些土壤有机物的信息。高水平的土壤有机物可以改善土壤结构(松软度/聚合度)和质感。改善过的土壤结构可以加强肥力、微生物活力、空气流通性和根部的拓展性。新葡萄园有机物添加的量一般掌握在每公顷 10 吨或更多。

大部分的生物活动发生在表层土壤 10 厘米处,所以表面的耕种,包括犁地等行为会破坏这种生物活动。

8.2.2　排水

葡萄树比较容易遭受根部水涝。水涝的形成决定于有多少水量进入土壤,和排出的速度有多快——通过渗透、挥发和传输——以便空气进入。水涝的产生加大了根部疾病的感染风险。

因此排水性是土壤管理的一个基础方面。水分通过土壤的剖面进行渗透,并根据其持水能力而被短暂保留,使之提供给植物的根部,随而被排至地下水位。如果天然的条件不能符合这样的要求,则必须进行人工辅助。

改进土壤是一种方法。加入一些有机物质、石灰质以及(或)石膏来调整土壤结构。此外,下层土壤的深度挖掘和犁耕会翻开土壤,使土壤剖面空气流通,可以使水排出并且使树根长得更深入。这些技术也可以使安装人工的排水管道变得更方便些。摩尔式耕犁,就好比一颗子弹穿过土壤,形成一个通道,这在重黏土土壤中非常有效。不然的话,就可能需要安装昂贵的黏土或多孔塑料管道排水系统。如果葡萄园的斜坡允许,可以挖掘使用简单的排水沟渠。

图 8.1　一段排水渠

白色塑料管有助于排水,应该是在葡萄园建成时安装的。

8.2.3　梯田

在较缓坡度上种植会采用直接自上而下的方式,这样会方便使用机器设备。但当坡度超过 10 度时,沿着等高线种植会是个合理的选择。

梯田在陡峭的山坡上可能是一个非常不错的选择,但它很昂贵,而且机械化

图 8.2　杜罗河谷新建的梯田

操作更棘手。在葡萄牙的杜罗河谷，梯田在坡度超过 35%的地块上是一种典型的种植方式。

8.2.4　机器和手工种植

每一排的葡萄树应该种植在一条直线上，或者在等高线上略微弯曲，以便于机器操作。春季一般是初种的季节，这是为了在冬季降温带来休眠之前有足够多的时间尽可能地生长植物和根部体系。

机器种植经常会使用激光制导来达到精密种植的目的，同时也节约了时间和成本。

手工种植可以使用在正确间隔点有标志的引导线，这个引导线会在每一行的末端间延伸。

8.2.5　苗木护理

既然经历了艰辛的设计，并且致力于建立最佳的葡萄园，就应该使用最好的种植材料，比如要预防疾病，并且是正宗的克隆种，还能符合酿酒师和庄主的各种要求。

脆弱的幼苗需要大量的护理才能顺利生长。在已经使用石灰来提升 pH 值的土壤中，如果短期内碱性太强，树苗则有可能在生长的早期容易缺镁和微量元素。

图 8.3　葡萄幼苗在塑料套的保护下等待长成

注意图片中的滴灌管。

幼苗可能会被食草动物比如兔子和鹿误食，因此需要用防护罩加以保护。杂草和幼苗也不能共存，在每一行葡萄树间采用覆盖（通常用黑色的塑料膜）的方式可以帮助幼苗成长，虽然后续的塑料处理会是一个问题。这样的覆盖可以减少不少人工消耗和除草剂的使用。

有时候风也会成为幼苗潜在危险之一。

就算是在最传统的旧世界葡萄酒产区，也允许对幼苗进行灌溉，直至长成葡萄树。与成熟葡萄藤相比，通过杂草控制来避免幼苗面临的水分和养分竞争也是一个更为敏感的问题。

在早期的生长季节，首先会促使强有力的根部系统发展，随后是枝干的成熟。这些都能有效帮助幼苗成功度过秋季的霜冻和冬季的严寒。适当补充氮肥也会有所帮助。

第9章
土壤和水分管理

对于土壤特性和其内部相关联各个方面的了解，是选择高质量土壤管理方案来优化葡萄树生长的关键。主要是，优质土壤的主要表现是具备壤土的质地和良好的聚合结构：

- 足够的可用水分——自由流动的水。
- 供树根和微生物足够的通风——自由流动的空气。
- 容易渗透的树根——有空间可以让树根自由渗透。
- 可防止水土流失。

所有这些都可以尽量实现葡萄树营养供给的规律性和持续性，就算是一个临时的短缺都有可能造成害虫与疾病的侵扰。许多土壤的有机物是无害或者有益的，但病虫害的控制，如根瘤蚜虫和线虫(见第 4.2.1 和第 4.2.2 节)是土壤管理的关键点。土壤和水分管理的目标是提供尽可能的理想环境，即葡萄树根健康生长的理想的土壤肥力——生物、化学和物理等方面，葡萄树的长势才能良好。另外，防止由过量的化学和营养物质引起的更大范围内的水污染也相当重要。

9.1 营养

葡萄树对于营养的需求比一般农作物要低，根据品种、产量、树龄和砧木的不同而有区别。

由于土壤的深度、结构、质地、肥力和 pH 值的不同，营养的供给能力也有很大差异。矿物质营养主要来自土壤，根据植物所需的不同数量，具体可以分为大量营养素和微量营养素(见第 2.3 节)。一棵葡萄树对于营养的需求在每个季节都不相同，但如果营养物质充足的话，对于营养的吸收就会超过正常生长所需。

所以,葡萄树会面临时而营养过剩时而营养缺乏的情况,而且如果是缺乏其中一种营养物质,就会影响到对别的营养物质的吸收。

虽然营养过剩也是一个棘手问题,但营养缺乏通常会比营养过剩更麻烦,这是由于土壤中某一种可被葡萄树吸收的营养物质不够充足而导致的。一种或者多种营养物质缺乏通常会致使包括长势、发育不良、低产或者成熟不均、成熟延后等诸如此类的问题。在树叶、茎节以及葡萄串上能明显看到症状,比如说树叶变黄(黄叶病,见第8.2.1.4节),是因为缺乏氮、镁、硫或者铁导致的。

不过,营养缺乏也不需要过度担心,通常可以通过对土壤和树叶进行施肥来进行补救。其他一些人工管理的养分来源包括覆盖作物、堆肥、覆盖物和肥料等等(见第9.2节)。

营养物质供应的不一致也为病虫害提供了可乘之机。

9.1.1　大量元素

9.1.1.1　氮(N)

氮对许多农作物来说是最重要的养分,直接关系到生长速度。氮是蛋白质、酶以及叶绿素的首要成分,主要储存在木质组织中,在第二个生长季早期绿色茎叶部分开始提供足够的能量前能够促使生长。葡萄园的去枝、修剪以及土壤侵蚀、水土流失等情况都有可能造成氮养分的缺失。

在自然的环境中,有机物会给土壤提供绝大部分的氮(见第9.2节),但在葡萄园中,尤其是在那些"裸露土壤"的葡萄园中,氮可以通过施化肥、种植豆科植物(大豆、苜蓿、豌豆、紫花苜蓿等)来替代,这种形式的氮可以通过一些微量养分来调整。

缺氮会直接减弱植物的长势和果实的饱满度,如果任其发展,会直接影响产量,导致树叶更小、嫩枝更短。如果叶绿素含量由于光合作用被限制而降低,那么黄叶病就会随之而来。氮缺失导致的另一个后果就是低坐果率。

葡萄果实需要一定量的氮来促使发酵酵母菌的作用,如果在葡萄汁中没有足够的氮,会导致发酵缓慢。如果不添加含氮的酵母菌养分(见第20.5节),发酵过程会困难重重。在较热的产区比较容易出现葡萄果实缺氮的情况。

太多的氮也会有负面影响。过量的氮会导致低坐果率,这是因为上一生长季过盛的长势会带来繁茂的枝叶,从而使芽头受到过度遮阴的影响。这种繁茂的枝叶不会带来什么高质量葡萄,反而会减少结果,还会带来太多的遮阴,甚至影响葡萄的成熟(见第10.5节)。

9.1.1.2 钾(K)

钾会占到葡萄树干物质重量的3%,在葡萄树的内部结构、葡萄树的快速生长过程以及果实的发展成熟和产出的过程中,对水分流动的规范起到了十分重要的作用。也会影响葡萄果实中酸性成分的生成,并激活各种酶物质。

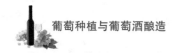

钾的缺失首先体现在树叶的衰老,叶子的边缘部分会发黄(白葡萄品种),或者变红(红葡萄品种),进而影响嫩枝和果实的生长。葡萄串也会比正常的小,并会出现成熟不均匀和产量、质量降低的情况,更甚者,会增加葡萄树干旱的压力和粉霉病感染,以及冬天冻伤的风险。

钾是葡萄果实中最为丰富的矿物质,大量吸收会导致总酸度的下降。这种情况会影响葡萄酒中微生物的稳定性,相对于冷凉潮湿的气候,在炎热的气候条件下风险性更大。

9.1.1.3 磷(P)

磷是比较常见的原材料物质,是细胞膜的组成部分,与光合作用、呼吸作用以及酶的调节密切相关,而且也是树根分支和结果的重要因素。真菌和葡萄树根的菌根组合已经进化成一种重要的策略方式,使树根能吸收那些非常不容易溶解的磷元素。土壤里的细菌也会帮助葡萄树来吸收磷。

磷的缺乏会减弱长势,也会影响嫩枝和树根的生长,并降低产量,而且果实的萌芽和坐果也都会受到影响。光合作用也会被减弱,基生叶的叶脉中间区域会变为黄色。

从表象来看,缺磷的症状跟卷叶病(见第11.2.8节)十分相似,但时间点不一样:严重的缺磷一般在开花期前,而卷叶病一般出现在生长季后期。

9.1.1.4 钙(Ca)

土壤中的钙含量会影响pH值,可以用添加碳酸钙的方式来改善土壤结构(见第8.2.1.4节),这也是一种基础的矿物质元素。钙还是葡萄树的重要结构材料,组成细胞壁并且保持细胞膜的完整性,因此可以延长细胞生命,在光合作用中起到了至关重要的作用。

在葡萄园中,缺钙是很少见的一件事,除非是在pH值非常低的土壤中才会出现。但缺钙会严重影响花粉受精和坐果，更为严重的是，会导致细胞分解、细胞膜的撕裂，从而导致细胞死亡。

9.1.1.5　镁(Mg)

镁是叶绿素的成分之一，因此会影响糖分的生产，也与酶的活性息息相关。

缺镁体现在老树叶的叶脉中间部分变黄，以及红葡萄品种的叶子变红。如果在生长季早期缺镁的话，产量会严重受损，葡萄的成熟也会随之受影响。在砂土等轻土中缺镁会比较常见。

9.1.1.6　硫(S)

硫是蛋白质和叶绿素的基本元素，对于酶的活性和能量的生成来说也十分重要。

缺硫的典型特征与缺氮的情形比较相似，比如树叶变黄、嫩枝变短等。不过，由于在葡萄园中常常使用硫来处理粉霉病，因此缺硫的情况比较少见。

9.1.2　微量元素

9.1.2.1　铁(Fe)

铁元素一般存在于蛋白质和活性酶中。它与叶绿素的生成、光合作用以及呼吸作用密切关联。

缺铁会体现在新叶的叶脉中间区域变黄(黄叶病)，原因是缺乏叶绿素。此外光合作用、糖分的生成也会显著下降。结果与产量也会明显受到限制。上述这些可以通过仔细的叶面喷洒来改善，抗石灰岩的砧木也是一种选择(见第4.2节)。

缺铁性黄叶病(石灰岩诱发的黄叶病)大部分出现在钙质土壤的葡萄园中，因为这种土壤在树根的区域铁含量极少。这包括勃艮第、香槟和匈牙利的一些葡萄园。

9.1.2.2　锰(Mn)

锰元素与叶绿素的生成相关，也是一些活性酶的组成部分。

缺锰的表象会与缺铁、缺锌比较相似，比如叶子的叶脉中间部分会变黄。葡萄树的生长和果粒的成熟会延后。一般缺锰的情况出现在钙质土壤和沙土葡萄园，可以通过喷洒硫化锰来改善这种情况。

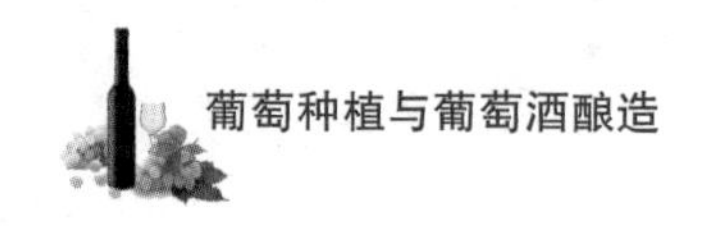

9.1.2.3 钼(Mo)

钼与氮的新陈代谢有关。缺钼的情况比较少见,会导致生长缓慢并且减产,坐果也会有影响。可以通过喷洒含钼喷剂来改善。

9.1.2.4 铜(Cu)

铜元素与叶绿素的生成、细胞壁的新陈代谢、光合作用和呼吸作用有关。缺铜的表现包括树根与嫩枝的发育不良、树叶萎缩、坐果数量下降等等。不过,缺铜情况很少出现。

有些喷剂会含铜元素,比如波尔多液(铜、硫和石灰岩的混合剂),但在那些长久以来使用含铜试剂处理霜霉病的葡萄园中,铜中毒反而是一个问题,比如在波尔多。铜元素的长期积累会影响磷、铁元素的吸收。太多的铜元素还会影响土壤中微量有机物的活力。

9.1.2.5 锌(Zn)

锌与细胞新陈代谢、蛋白质、激素生成以及坐果相关。

缺锌会导致树叶颜色斑驳、变小,葡萄树发育不良、降低坐果率,并会导致成熟不均匀(见第3.2.4节)。花期前的叶面喷洒会有效解决这个问题。

9.1.2.6 硼(B)

硼与生长调节、坐果相关联。缺硼的情况极少发生,会表现为叶子的叶脉中间变黄、发育不良和坐果率降低,会形成“母鸡与小鸡”状树枝。

9.1.3 测量养分缺失(土壤、叶柄和树叶分析)

土壤分析(见第8.2.1.3节)通常是在葡萄园建立之前就会完成的,当然也可以在葡萄园建成之后来实施。事实上,根据葡萄园的实际情况,土壤分析需要隔每2—4年做一次。

做土壤分析的同时,叶柄(树叶系统)和树叶分析在确定一些营养元素的缺失上也可以起到互相补充的作用。所有的养分缺失基本都可以通过施肥来进行调整,可以施肥进土壤,也可以进行试剂喷洒。葡萄树叶尤其是其颜色、形状和大小是某些营养元素缺失的肉眼可见症状。树叶和叶柄的分析被用来进行一些相似症状的区分,确切地说,来确定一些无明显可见症状的叶面变化。采用叶柄的分析技术已经成为更靠谱的模式，因为叶柄对营养元素比树叶更为敏感，而且测试材料很容易得到。根据测试结果，可以启动施肥计划，以实现葡萄园在质量和产量方面的预定目标。

9.1.4　改善养分缺失(合成肥和有机肥)

在葡萄采收季节，所有储存在葡萄串中的养分会从葡萄园中移除。因此这些养分需要被尽快替代，不然土壤就会变得贫瘠。季节性或者中期养分缺失可以通过施肥来进行改善调整。大量养分通常会直接施肥于土壤表面、表层土，或者如果条件具备的话，可以通过灌溉的管道进行施肥，一般来说是滴灌设备，当然其他的灌溉设备也行(见第 9.4 节)。微量养分一般通过喷洒的方式来解决。

9.1.4.1　无机肥/合成肥

无机肥或者合成肥是指那些通过人工方式生产制造的肥料。通常呈粉末、颗粒或者晶体状。这种肥料一般是某种单一营养元素，因为这是一种非常经济合理的生产方式。不仅如此，这种方式更为有利的地方在于葡萄树通常只会需要补充某一种营养元素。

此外，包含了氮、磷和钾的复合肥同样也存在，这种肥料一般会预先确定不同的元素比例。这种方式可以降低一些成本，但需要确定的是这种比例符合特殊地块的要求。

施肥可以根据葡萄树不同的生长阶段来制定时间表，以满足其实际需求。

微量养分一般会通过喷洒的方式进行，但这样的方式会有残留物的风险，尤其是接近采收季节时。

9.1.4.2　有机肥

有机肥通常指那些来自植物和动物的粪便或残留物，这种肥料的获取成本高于无机肥，而且需要与土壤进行混合，以便于微生物分解和释放养分。

此外，有机肥还会额外地通过增加有机物质来改善土壤的结构和生物性，增加土壤松脆度。

有机肥的原料包括农场里的各种肥料，比如谷物堆肥、覆盖作物等。有机肥很难根据葡萄树的需求来制定时间表，因为施完有机肥后并不是马上可以被吸收的，它需要一个矿化的过程(见第 2.2.2 节)。

9.2 地面覆盖

根据不同的目的，有着不同的地面覆盖方式。其中包括一些活的植物，比如以解决氮养分的豆类植物，加上一些堆肥、肥料和覆盖物以帮助控制杂草并增加土壤的肥力。

9.2.1 覆盖作物

种植一些经过慎重选择的植被作物，通常是草类或者是豆类，有着不同的目的，包括抑制杂草等。这种植被会按照每一行或者隔一行的方式来种植，这要根据葡萄园的实际情况而定。这种植被可以是暂时性的，也可以是长久性的。

覆盖作物是一种重要的水土管理工具。在斜坡上，可以用以稳固土壤，以防止水土流失，尤其在严重的降雨情况下，可以将水土流失率从85%降低为15%。也可以提高有机质的水平，有效降低粉尘率。此外，覆盖植被也可以阻止杂草生长。有覆盖植被也有利于机械的操作，减少泥泞凝结(见第9.3节)，使拖拉机等机械在雨后能迅速进入葡萄园进行耕作。

豆类或麦类植物经常被单独种植或混合种植作为覆盖作物。豆类植物效果更为明显，原因是它们能通过共生的根瘤菌固定大气中的氮。因此，对人工氮肥的需求就会减少。豆类植物包括苜蓿类(比如带毛刺的地三叶草)、豌豆、大豆、野豌豆等，但它们对水分的要求高于麦类植物，比如黑麦、燕麦和大麦等。所以从这个角度说，麦类植被对水分的少量需求可以让它们适应干旱地区。总的来说，长势低矮且不干扰藤本植物光合作用的这类植被是首选。

图9.1 在智利，草被用作覆盖作物

一些本土植物也可以用作覆盖作物，并且十分适合当地的气候条件。比如常青草，虽然在本土的地中海气候条件下，可能需要花费较长的时间来种植，但由于其主要生长在冬季，因此在干旱的夏季给予葡萄树生长竞争压力非常之小。但一旦建立了这个植被体系，它们自身就能自足地持续发展。

覆盖作物的一个缺点是它们可能给葡萄树带来太多生长竞争的压力，比如水资源、养分，尤其是在夏季非灌溉的地区。一个解决办法是在一年中部分使用这种常青草或豆类植被。这种暂时性的植被也被称为绿色肥料。它们通常在初秋时节种下，但会在葡萄树发芽前被犁入地下，但这些植被的根部仍在，依旧会生长。在那些非灌溉或夏季无降雨的产区，植被与葡萄树之间对于水分和营养物质的竞争因此可以避免。一行隔一行或者全部的植被被犁入地下，抑或被覆盖，以提升土壤结构和营养水平，同时能降低水分的竞争。

如果水分很充足，那么永久的植被可以增加一些竞争压力并抑制过度的葡萄树长势。

如果种植有多种植被，则会给生态环境增加生物多样性，可以给微生物或者无脊椎动物提供栖息地和食物资源，而这些微生物和无脊椎动物大多数是葡萄树生长所必需甚至是有益的。无脊椎动物如瓢虫、蜘蛛、寄生黄蜂会先于葡萄园害虫出现。此外，对葡萄树极其重要的蚯蚓会十分喜欢这种生物多样性环境。

9.2.2　覆盖物

通常，覆盖物为部分腐烂的蔬菜瓜果等，包括烂树叶、切碎的扦插条和树皮，会撒在葡萄园的地面上，或者堆放在葡萄树下，以阻止水土流失、杂草生长，储存水分，给土壤增肥并且通过增强微生物和蚯蚓的活力来改善土壤结构。

深色的塑料纸，或者塑料编织布也可以被用作覆盖物，尤其是使用在新种植的葡萄树幼苗上，可以加速葡萄园的建设。这也是一个有效的杂草控制方式，可以保持土壤中的水分，并且提高土壤温度使微生物增加活力。但这种塑料薄膜的主要缺点是高昂的采购、安装及移除清理的成本。

9.2.2.1　堆肥

堆肥通常是混合的有机物，比如已经在微生物作用下腐烂成熟的蔬菜。堆肥原料在物理和化学结构上会变得比较稳定，尤其是来自完全不同的原料，比如葡萄残渣混合了动物、家禽粪便。熟化了的堆肥基本上是深色、易碎和松软的，并含有有益的微生物，是有机质的现成来源。

肥料堆通常可以高达 2 米左右，这样的体量足以让微生物充满活力并使内部的温度高达 55—70℃，以分解各种有机物。这样的温度也足以杀死各种病原体以及杂草种子。

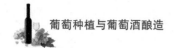

为了补充熟化所需的氧气，肥料堆需要进行翻转，并确保所有的有机物都能在堆肥的内部被分解。一般需要 3—6 个月的时间来进行熟化，以便可以作为肥料或覆盖物。

9.2.2.2 动物粪便

使用动物粪便作为覆盖肥料是一个传统的方法，而且日益严重的环境问题也迫使种植者重新评估人工化肥的使用。动物粪便释放营养物质比较缓慢，它的内部结构的合并也提高了空气流通性。

粪便化合物可因动物的不同、垫层量的多少(通常是稻草)、粪便熟化的方式而有很大区别。因而也很难确定最佳的使用量，一般来说每公顷 10 吨比较常见。冬季葡萄树休眠时施肥比较理想。

9.3 压土

由于葡萄树是常年生植物，大多数使用永久性的枝干结构，土壤的凝结是一个可预见的葡萄园操作风险，尤其是机械经常在垄间来回操作，会压实土壤。种植前土壤的压实可以通过翻土来解决，就算这种方式并不能解决后续带来的压实风险。

压实会损坏土壤结构，阻碍排水性，以至于引起水涝风险(见第 2 章)。树根的渗透性也会被阻碍。在压实的土壤中，空气流通会被限制也会影响树根的生长。而当土壤潮湿时压实会有更大的风险，因为机械进入葡萄园会变得十分困难。

土壤压实在可能的情况下可以通过犁地进行缓解，还能改善土壤结构。改善土壤结构的方式包括加入石膏(见第 8.2.1.4 节)、种植覆盖作物(见第 9.2.1 节)，或者使用覆盖物(见第 9.2.2 节)，通过这些方式来增加有机质。

9.4 水分管理(排水和灌溉)

在降水过量时所要做的水分管理就是排去多余的水分，比如种植在斜坡上、排水性较好的平地上，或者通过构建地表下的排水管道来进行辅助，抑或通过综合上述几种方式。在种植前建设排水系统会简单一些(见第8.2.2节)。

而在降水缺乏(不足以支撑植物正常的生长需要)时所做的水分管理包括控制增加的水分以满足葡萄树生长以及果实的成熟,比如灌溉。在某些国家的一些产区,比如欧盟中的某些成员国,灌溉是非法的(见第13章)。

灌溉的量和时间点选择是管理的关键所在。这种管理决定会取决于葡萄树生长的不同阶段、土壤类型、葡萄品种、气候以及天气,还包括预期的产量和质量。在生长早期有过多的水分会促使长势过盛,反而会影响果实质量。但在发芽与坐果之间如果缺乏水分,会直接影响坐果率、果实大小、次年的花序生长等等。在花期与坐果之间任何缺水的压力都对果实的质量与数量有负面作用。

在结果与转色期之间如果面临一点点缺水压力,葡萄树会将自身树枝生长转向果实,从而增加果实质量。不过,转色期之后到采收前的缺水压力很有可能减小果实的尺寸并降低产量,如果是严峻的缺水,甚至会影响果实中芳香物质的平衡。可以采用抗旱性较好的砧木或者品种来应对这种情况。

灌溉的方法有很多,但要根据土壤的类型、结构、深度和犁地的实际情况来确定,也会因为地形的不同而调整,此外还要考虑安装和维护的各项成本。

9.4.1　漫灌与沟灌

漫灌与沟灌系统需要大量的水,所以只适用于水资源充沛且廉价的地区。这两种方式主要的优势在于低廉的成本,但这两种方式逐渐不再受欢迎,因为全球水资源正在变得高昂,并且逐渐稀缺。而这两种方式对水的使用效率都不高。

葡萄园的地形也要相对平缓才能采用这两种灌溉方式,从而达到尽量获取水分的目的。溢流和土壤侵蚀是两个比较重要的问题,此外过多的水分也会促使杂草的生长。

漫灌的操作依托于堤岸设施,还有一些能够持水并且足以使降水渗进土壤的长条形土堰,多余的水会流入下一片葡萄园。

沟灌会结合每一行葡萄树之间的浅沟或者壕沟,这种方式往往在那些不适用漫灌的有坡度的葡萄园使用。

图9.2　阿根廷的沟灌

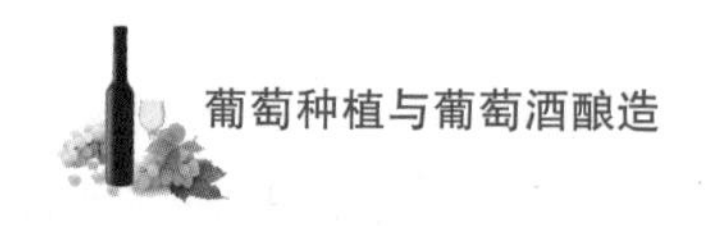

9.4.2 喷灌

相比于漫灌与沟灌，喷灌是一种高效利用水资源的灌溉方式，但安装设备的成本较高，每公顷需要安装 25—35 个喷洒头，每个离地大约 2.5 米高。不过喷灌的维护费用相对较少，也可以安装在梯田式葡萄园，在喷洒的水中可以比较方便地加入农药与肥料。

喷灌的一个特殊优势是可以防止霜冻危害（见第 11.4.2 节），但缺点是潮湿的树叶会流失刚刚洒上的农药，而且高湿度容易引发真菌病害。

也有树冠下的喷洒系统，这种系统中上述提到的湿树叶倒不是一个问题，但管道堵塞会是一个严重问题，还有杂草问题，特别是在喷淋头周围，至关重要的是保持喷淋覆盖率。机械采摘也有可能损坏系统。

但无论是高架还是树冠下的喷灌系统，都无法像滴灌一样实现高效的水资源利用、缺水压力管理、营养和农药的运用等。

图 9.3 喷灌

9.4.3 滴灌

滴灌属于最有效使用水资源的灌溉方式之一，可以细分为调亏灌溉（RDI）和交替根区灌溉（PRD），更近一步提高了水资源使用的效率。但水资源昂贵，可利用的水资源稀缺，以及安装设备成本高等因素抵消了滴灌所带来的各种效果。现代化的系统更多地实现了高度自动化。

这种方式需要在葡萄树下方安装管道，并通过内部规则的发射器提供有规律的灌溉。发射器的安装密度要根据土壤结构和随后对水流的影响以及土壤短期的持水性来决定。葡萄根会在比较潮湿的灌溉区域聚集，此外，还会大大促进肥料的吸收效率。这同时也意味着要经常性地提供，因为这些葡萄树根不会再往周边或者更深的区域发展。

这种灌溉方式对地形的要求不高，不过，这种方式的缺点在于容易管道堵塞，尽管提前充水会降低这种风险。

滴灌系统的精细化管理可以使种植者在不同的特殊阶段采用温和的缺水压力这一有效方式，来管理树木的生长以及调节产量和质量。但这是一项对技术要求很高的工作，因为这种缺水管理在不同的阶段会对葡萄树产生不同的作用。严重的缺水压力无论在葡萄树生长的任何阶段都是一种损害，会抑制树木或者果实的生长。

图 9.4　滴灌

9.4.3.1　调亏灌溉

调亏灌溉的前提是恰当的缺水压力管理——在葡萄树每年的生长循环中特定的阶段，来得到预期的理想结果。控制缺水的水平可以调节葡萄树枝与果实生长之间的平衡，甚至可以利用缺水来提高果实的质量，这种方式经常应用在黑色葡萄品种上。

缺水压力要在特定的时间并且调整到特定的水平，尤其是在坐果与采摘的时间段之内。此外，转色期前期和刚刚结束转色期时的调亏灌溉可以中止树枝的生长和成熟，可以获得葡萄果实更多的颜色与单宁，并且在香气上会有更好的集中度。但在转色期之后的缺水压力会导致减产并且延缓糖分的积累。

9.4.3.2　交替根区灌溉

交替根区灌溉是一种调亏灌溉的最新演变方式，20 世纪 90 年代在澳大利亚被发明使用。这种灌溉方式中，水在葡萄树根区的一侧进行灌溉，使另一个区域处于缺水的压力状态下。但这种方式的设备安装成本较高，因为需要两套管子，一侧一套，因而这种方式难以被广泛采纳。

虽然整个葡萄树的水分已经足够了，但有研究表明，在这种方式中可以节约多达 50%的水分，因此在以后会有巨大的潜力。这种方式与调亏灌溉一样可以达到控制长势并提高果实质量的效果。

第 10 章
葡萄树结构

在野生的状态下，葡萄树会利用攀爬的本能达到 30 米以上的高度，它们的树冠可以覆盖在其他树木的树冠上来获取阳光以便进行光合作用。为了便于获取葡萄果实来酿酒，葡萄树这种攀爬的本能需要被加以利用和培养，并尽可能地靠近地面。

葡萄树的栽培主要是指永久生木结构的形状，头状整形或是主蔓整形（见第 10.1 节）。

葡萄树的修剪主要是剪去每年生的部分，比如嫩枝、树叶、树干等。冬季修剪相当于是“重启”葡萄树，将其修剪回永久生木的框架结构，包括刚结束的生长季留下的足够的芽头和节点，以保证来年开春的顺利生长。有两种冬季修剪的技术：长枝修剪和短枝修剪（见第 10.3 节）。夏季修剪则主要是针对当年生长的嫩枝进行实时管理，包括树冠管理的一些具体方式，比如疏枝和去叶。

10.1 葡萄树整形

葡萄树的永久生木结构可以被整形成头状或者主蔓，这些部位主要储藏着碳水化合物以助于来年开春新嫩枝的生长，分别成为第二年春季生长的定型结构。

10.1.1 头状整形

头状整形的葡萄树通常在短而垂直、独立的树干上有一个膨胀的冠状物。负责来年生长的短枝或者长枝会被定在冠状物的周边，尽可能地平均分布。

这种一般被统称为灌木丛式，或者分别称为高杯式整形（gobelet）（法国）、

图 10.1 西班牙的头状整形灌木葡萄树

杯型剪枝(en vaso)(西班牙)、小树藤整形(alberello)(意大利)。

头状整形的葡萄树结构比较简单,不需要栽培架式。所以使之成为最经济的整形系统,在历史上非常常见。头状整形的葡萄树一般采用短枝修剪,当然也可以进行长枝修剪(见第10.3节)。

这种整形方式在南欧气候温暖的地区非常多见,因为无栽培架式的嫩枝可以为果实提供更多的遮阴。炎热干燥的气候通常要求种植密度较低,因为缺水是一个常见的威胁(非灌溉地区)。

如果嫩枝没有被很好地定位,或者葡萄树长势太过于旺盛,树枝茂密会成为一种风险。这会造成过多的树荫,也有可能造成过于潮湿,从而使果实不能成熟(见第10.5和11.2节),而在凉爽潮湿的气候中,哪怕不采用这种架式,这种风险也很大。

灌木丛式由于不太便于机械操作,因此一般都采用人工修剪和人工采摘。

10.1.2 主蔓整形

图 10.2 阿尔萨斯的头状双主蔓修剪葡萄树

主蔓整形的葡萄树通常有一个高度不等但形状垂直的树干,加上一个或多个水平形状且是永久生木并有着不同长度的“手臂”。这些长的臂状树干上有着许多一年生、平均分布且非常短的短枝,通常与葡萄树垄水平对齐。但在特殊情况下,这些树干也会与水平线呈一个角度分布。一般情况下,这种从主干上长出的主蔓会有1—2个,但有时也会增加到4个之多。双主蔓葡萄树示意图可以参见图10.2。

典型的例子有高登(cordon de Royat)主蔓型,是勃艮第与香槟地区采用的单主蔓整形架式，还有夏布利型，多主蔓整形，也会应用在香槟区霞多丽上。

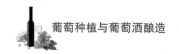

主蔓整形比头状整形要复杂一些，要求有一个坚固的架式系统，一般要有辅助的铁线来固定每年生的嫩枝和永久生木结构，这就需要花费不少时间与成本。主蔓整形可以将果实定位在每一行葡萄树中固定的结果区域，这使得所有的果串可以有相似的成熟条件，并且可以使葡萄尽可能都达到平均成熟状态。这种整形方式还可以使机械操作更加便利，但却会增加春季霜冻的风险。

主蔓整形一般采用短枝修剪，当然偶尔也可以采用长枝修剪(见第 10.3 节)。这种整形方式一般适合用垂直定位系统(见第 10.4.5 节)。

主蔓整形相对于头状整形来说有一些优点，比如更加适合机械操作，包括冬季修剪。主蔓整形可以适用于一些现代化的栽培架式，比如日内瓦双帘式、竖琴式和斯科特·亨利式(Scott Henry)。

如此多的栽培架式是因为每个臂状的树干上长出的嫩枝可以根据情况而进行上下不同的定位，这就可以形成上下分开的树冠，比如斯科特·亨利式。

10.1.3 整形的原因

对永久生木进行整形的目的是使葡萄树在其长达 25—30 年甚至多达 100 年的生命周期中可加以农业化的科学管理。整形可以提供一个固定的形状以便操作机械，同时也能控制质量和产量。

不同于传统上仅仅对头部进行整形的灌木丛式，这种整形往往和栽培架式结合起来(见第 10.4 节)，可以使葡萄树形成一种更有效率的葡萄树型，以便获取更多的阳光和热量来支持葡萄树主干和每年生嫩枝的生长。

 10.2 修剪

冬季修剪是选择性地剪掉一些葡萄树上不需要的部分，主要是嫩枝和树叶，那些在采收季节过后变为棕色的藤条。一般会在采收至发芽期间进行，通常是在深冬季节操作，这时葡萄树处于休眠状态，其他的葡萄园活动也是处于最少的情况下。冬季修剪重新设置了永久生木的结构部分，以便支持来年的每年生木生长。

目标是平衡植物长势与果实成熟的质量和产量之间的关系，并且同时能满足所需要酿造的葡萄酒风格。冬季修剪中无论是短枝修剪还是长枝修剪，都是葡萄园中仅次于采摘的昂贵劳动。

夏季修剪是树冠管理的一部分（见第 10.5 节）。

修剪葡萄树有以下原因：组织、平衡葡萄树与地块、管理产量和质量。

图 10.3　西班牙不用棚架支撑的灌木葡萄

10.2.1　树型设计

设计葡萄树每年的生长树型使葡萄园管理简单化是冬季修剪的主要作用之一。选择最好的长枝或者短枝，比如那些有着很好结果节点分布空间，为来年春季的生长做好准备的。这样可以使栽培架式的管理更加简单化，一旦投入使用，这种栽培架式可以使葡萄树拥有最好的状态来发展出可以接受热量和阳光的树冠，首先满足光合作用，其次是为了成熟果实。

好的设计可以避免因树枝和果串过于拥挤而导致的病虫害和果实成熟问题。好的设计可以定位果串，以便达到最好的平均成熟度，比如使这些果串都保持在一个通风、有理想的光照或者遮阴条件的良好空间之内。好的组织还便于人工和机械操作，比如喷洒、去叶、采摘等操作简便并对葡萄树的伤害减到最低。

10.2.2　平衡葡萄树和地块

每年的冬季修剪可以管理葡萄树的尺寸和形状，同时也是保持一种植株长势和果实生产的平衡。

过多的修剪，比如在永久生木的结构上留下的预备第二年生长的节点太少，会使留下不多的嫩枝过于旺盛地生长，其植物长势会导致过多的遮阴，当然结果量也会相对减少。

但是太少的修剪，比如留下太多第二年生长的节点，会减少单独的树枝长势，但会留下过多的树枝和果串，并且不易成熟。这当然是一种极端情况，以积极的方式来进行最少的修剪（见第 10.4.9 节）。

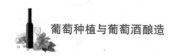

最理想的应当是上述两者之间的方式，即达到植物生长和结果量之间的平衡状态，果实还需要成熟（根据气候条件和所希望的葡萄酒风格）。

10.2.3 管理产量与质量

嫩枝生长的理想状态是不高不低的长势，从而能达到刚刚好的结果状态，比如每根嫩枝上果串的数量。但是实际上的结果状态要到第二年发芽之后才能清楚地知道，这就给冬季修剪增加了风险性和技术要求。

冬季修剪决定了来年产量的每棵树上的预留节点数量。所以这种修剪必须要达到一种平衡，因为留的节点数量多，产量不会必然增长。会有一些影响产量的因素出现；比如，过多预留节点则会减少发芽、坐果和影响果实的大小等等。

节点数量的增加会导致长出更多的树枝，并引起枝叶过于繁茂和遮阴等问题（见第 10.5 节）。

冬季修剪分成两个阶段（以增加安全性）也会影响产量，在凉爽的气候条件下，预留的节点有可能因为低温而死亡，所以会尽量多预留一些以备用。在来年的夏季，完整开花的情况下可以对产量有一个明确的预估，这个时候如果需要的话，可以修剪掉多余的果串和嫩枝，也称之为青摘。

10.3 修剪方法

冬季修剪一般分为长枝修剪和短枝修剪两种方式，两种方式都通过手工完成，这些都要求一定的技巧，以及掌握相应知识，如了解在特定气候条件下不同品种的生长状态。

10.3.1 短枝修剪

所谓短枝，是上一个生长季后留在葡萄树永久生木上的短小柱状木。一般来说，每个短枝上会有两个节点，每一个在来年开春都会发芽，树枝也随后会长出。无论是头状整形还是主蔓整形都可以进行短枝修剪。

理想的短枝一般会靠近葡萄树的永久框架结构，这样会使这种框架保持一个紧实的结构，可以使各种操作简单化。通常这种短枝会向上，因为目前最为流行的还是垂直定位系统（见第 10.4.5 节）。不过，日内瓦双帘式和斯科特·亨利式在采用短枝修剪时，一般会采用向下的短枝。

短枝修剪相对于长枝修剪来说要简易和快速一些，并且对于技术的要求也没那么高，所耗费人工的时间往往只是长枝修剪的一半。短枝修剪也比较适合进行机械采摘，尤其是运用在主蔓整形系统上，结果的区域往往会在一个固定的高度和单一平面之内。比如高登主蔓形是一种主蔓整形与短枝修剪结合的方式，通常会有一个简单的水平永久生木主蔓，在这种主蔓上嫩枝会垂直向上生长。关于短枝修剪的例子可以参见本书第 114—119 页。

10.3.2 长枝修剪

相比于短枝修剪，这是一个更为复杂的系统。会要求熟练的技术工人进行操作。长的嫩枝，一般都会预留 8—20 个节点。正常情况下会保留 1—2 根长枝，虽然在葡萄树的能力允许的情况下，也会出现多至 8 根的情况，但这就要求葡萄园空间和定位系统都能够符合。此外，一般情况下会有与长枝相同数量的有着两个节点的短枝同时被保留，一个短枝对应一根长枝。这些短枝就会提供在下一个季节成为被预留的长枝，头状整形和主蔓整形都可以适用于长枝修剪。

理想的长枝会靠近棕色的永久主干，这样可以使葡萄树结构更加紧致并且可以保持几十年葡萄树的定型系统。

与短枝修剪一样，要选择能够结果的长枝，通常情况下是成熟后出现棕色并且具备一个坚硬的质地。这些特征表明在上一个生长季这些长枝已经有了不错的光照状态，这有助于结果。长枝的选择尤其重要，因为一般只选择 1—2 根保留下来。如果其中一根因为冬季的低温而死亡，产量就会受到严重的影响。

长枝修剪的葡萄树趋于展现顶端优势，在长枝末梢的芽头一般会早于靠近冠状点的芽头发芽。这是因为顶端的芽头更容易结果。为了将这种不均衡的树冠和不平均的果实成熟情况降到最低，长枝会被略微弯曲成拱形，这会降低所谓的顶端优势。

如果在头状整形的葡萄树上进行长枝修剪，这一般被称为居由系统(Guyot system)。单居由系统在冬季修剪时会保留一根长枝和一个短枝，双居由系统则保留两根长枝和两个相应的短枝。双居由系统在波尔多比较常见，而单居由式则是勃艮第金丘的通用架式。

10.3.3 机械修剪

为了应对高昂的人工成本，澳大利亚发明了机械修剪。可以参见第 10.4.9

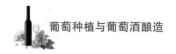

节具体讨论最低程度修剪的内容。

10.3.4 夏季修剪

在夏季可以修剪一些葡萄树每年生的部分，会在第 10.5 节进行讨论。

10.4 栽培架式设计

栽培架式是一种人工设计的结构，通常包含了一根标杆、一条或几条铁丝。使用这种结构的葡萄树可以保持一种稳定的树型并且能够最大限度地进行光照，以获取光照和热量。这种稳定的树型使葡萄园管理更为便利和简单，事实上也便于机械的操作。

栽培架式的目标是将树叶和嫩枝合理地安排在最优良的光照条件下，以提供最理想的果实成熟条件，当然前提是符合当地的气候条件。

这种栽培在旧世界产区往往以法律的形式进行明确，会根据不同的气候条件、地形、风向(需要更多的铁丝来支撑树冠)、湿度/土壤水分，以及相关的土壤肥力、葡萄品种，再加上希望的质量和产量来确定定型系统。

栽培架式的定义不那么清晰。可以根据铁丝数量的多少进行分类，如果是一个简单的单铁丝栽培架式，会进行最少的修剪，而多铁丝栽培架式就相对复杂得多，会包括许多复杂的设计，如垂直嫩枝定位系统整形、日内瓦双帘式、竖琴式，还有斯科特・亨利式等等。同样，栽培架式还可以根据定位和树冠的区分进行分类。垂直嫩枝定位系统是一种没有分区的，垂直向上的树冠形式；竖琴式有分区，是垂直向上的一种树冠；而斯科特・亨利式也进行分区，分别是向上和向下的垂直树冠；日内瓦双帘式则是一种水平分区的树冠。

栽培系统是进行短枝修剪还是长枝修剪则相对比较灵活。

10.4.1 非栽培葡萄树

非栽培架式葡萄树也就是灌木丛式，参见第 10.1.1 节。

这种非栽培的形式依然是一种成熟的葡萄树架构。灌木丛式在欧洲地中海区域或者一些较老的葡萄园中依然很常见，比如澳大利亚的巴罗萨山谷和智利的玛乌莱山谷。

10.4.2　单个木桩

早期的栽培架式设计包括每棵葡萄树有一个简单的、单个的木桩，这在德国的摩泽尔山谷、法国的北隆河谷很常见。这两个产区都属于低长势地块，葡萄树尺寸较小，所以比较容易用单个木桩进行固定。这种木桩可以让葡萄树比那些非栽培的灌木丛式长得高一些，可以在冬季修剪时节约不少劳动力。

图 10.4　单个木桩

图 10.5　单丝系统

10.4.3　单丝系统

单丝系统可以让树叶依靠铁丝沿着葡萄垄方向生长，为葡萄园管理提供一个简单便捷的可持续栽培系统。不过，葡萄嫩枝自然的下垂会让葡萄果串面临直接暴露在阳光下的风险。随之，如果在炎热气候下，果串有可能会被晒伤。主蔓整形、短枝修剪和头状整形、长枝修剪的葡萄树都可以运用这种系统。

在这种系统中，单根的铁丝会被固定在结果区域来支撑长枝或者主蔓的果实部分，因此也被称为结果丝线。

10.4.4　多丝系统

单丝系统的最简单的革新就是变成双丝系统，一根在结果区域而另一根通常高于结果区域，葡萄藤的卷须会攀附上去，进而可以进行树叶的管理和规划。所以也被称为树叶丝线。这种丝线的栽培设计保持了简单的特点，并且可以利用其特点进行机械采摘。

更为复杂的多丝系统包含了这些最初的简单设计。一些体型更为庞大的树

图 10.6　双丝系统

型需要增加一些杆子来作支撑，也需要增加一些丝线对树叶进行组织管理，以免随意、松散地垂挂。这些树叶丝线一般成双出现，而树叶就被收拢在两者之间的区域。此外，这些双丝线往往可以随着生长季的变化、植物生长过程而移动。

在某些长势旺盛的地形地块上，永久性的树冠会非常茂密，栽培系统也会因此而变得更为复杂。浓密的树冠可以在空间上重新设计，并依托在一个更大的栽培系统上。比如将树冠进行分区，使树冠表面面积得以有效加倍，两个区可以都在结果区域的上方，也可以一个在上一个在下。

在生长旺盛的地块中，植物长势通常需要更庞大的树型来进行平衡。因此，每一棵葡萄树所需要的空间也就更大，行间距也就更大，栽培系统也就更为复杂。种植密度则会降低(见第 8.1.1 节)。

有着更少遮阴的开放式树冠，树叶规划整齐，会带来更好的光合作用，葡萄果实的产量与质量也会得到提升。此外，这种树冠也会比较通风，可以阻止灰腐菌、粉霉病(见第 11.2 节)。就算这些病菌偶尔出现，这种通风环境也便于进行农药喷洒。

复杂的栽培系统在澳大利亚、新西兰等新世界国家很常见，用以应对当地高大的葡萄树型。法国也发明了竖琴式栽培系统(见第 10.4.6 节)来应对这种情况。

另外一个在进行栽培架式设计时必须考虑的因素是葡萄园是否适用于机械采摘。另外，这些复杂的栽培架式系统从设计到维护的花费会比较贵。

10.4.5　垂直嫩枝定位系统

垂直嫩枝定位系统是一个多丝线栽培系统，通常有两对铁丝，树冠不进行分区，嫩枝会垂直向上进行定位。树叶丝线可以进行调节和移动。这是一个相对并不复杂的系统，只是在潮湿的环境中保证树叶远离地面以防真菌感染，同时也便于喷洒和修剪操作。居由式是最早的垂直嫩枝定位系统之一，在 19 世纪中期由法国人茹勒·居由(Jules Guyot)(见第 10.3.2 节)发明。垂直嫩枝定位系统可以采用短枝修剪或者长枝修剪。

这种简单垂直的树冠，果实会集中在一个水平的区域，并且向上生长，便于机械采摘和夏季的一些机械操作，比如摘叶、嫩枝和树冠的整形修剪等等。

比较贫瘠的地块适合不分区的树冠，比如法国比较凉爽的产区、意大利以及澳大利亚等地。在这些地块上，嫩枝拥挤所造成的疾病，或者导致成熟问题的遮阴等问题相对会比较少。向上生长的嫩枝天生就比往下生长的嫩枝长势旺盛。

图 10.7　垂直嫩枝定位系统

如果葡萄树和嫩枝没那么旺盛，把树冠提升为一个垂直的“篱笆”会提高流通性，让更多的阳光照进树冠的内部和结果区域，使产量和质量都能有所提高。

如果长势比较弱，那么葡萄树的行间距可以设置得相对狭窄，比如 2 米以内。

10.4.6　竖琴式

如果这个地块或者这个品种的长势比较中等，一个有效办法就是进行树冠分区。竖琴式栽培系统，顾名思义是因为栽培形状比较像竖琴，有两个垂直的部分，都是向上的，或者接近垂直。这种设计可以让树冠的有效表面面积翻倍，有好几对树叶丝线来维持各自的树冠。

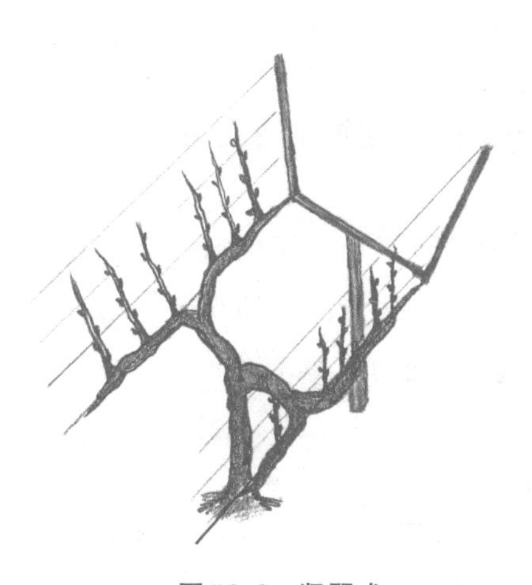

图 10.8　竖琴式

葡萄树的永久结构被水平地进行分区，与葡萄树的行向垂直，然后像在平行的火车轨道上一样，沿着一排排成两条平行线。这样就要求两个平行的树冠之间的间距要达到 1 米左右，这样的空间会降低总的树冠密度，增加阳光、热量的摄取以及空气流通性，以获得更高的果实质量和产量。如果长势过于旺盛，两个垂直树冠之间的空间就会显得过于拥挤，并可能导致减产。

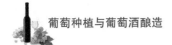

竖琴式栽培于20世纪80年代在波尔多被发明，随后普及到美国加利福尼亚州、澳大利亚、新西兰和智利等地。

这种树型可以进行短枝修剪也可以进行长枝修剪，可以采用机械采摘也可以采用机械进行提前修剪。这种水平的永久性木分区结构会要求较宽的行间距，有时会达到3米。

10.4.7 斯科特·亨利式

这种系统在20世纪70年代由美国俄勒冈州的酿酒师斯科特·亨利发明，主要针对肥沃土壤。为了降低这种生长的旺盛长势，会对树冠进行分区。两个树冠会在同一个水平面中，一个垂直朝上生长，而另一个则垂直朝下生长。垂直朝下的嫩枝会明显比朝上的长势弱。事实上，这也算是垂直嫩枝定位系统的演变。

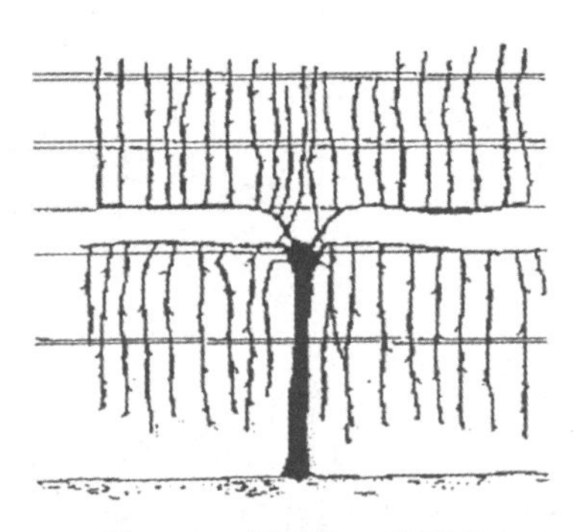

图10.9 斯科特·亨利式

通常，会保留4根长枝，每2根在一侧的结果区域，分别的高度为1米和1.15米。因此有两根结果丝线。上面一根丝线上的嫩枝会向上定位，并用数对可移动的树叶丝线进行固定；而下面一根结果丝线上的嫩枝则朝下定位，至少用一对树叶丝线进行定位。

这种系统可以进行主蔓整形，并进行短枝修剪。在这种情况下，一棵葡萄树的结果区域会定型在低一点的高度，而相邻的葡萄树则将结果区域定型在高一点的高度，而这些主蔓会在同一行中彼此重叠。因此一棵葡萄树会有朝下定位的嫩枝，而相邻的葡萄树则总是有朝上定位的嫩枝。

在这种树型里，嫩枝以及树冠的密度会较低，而且这些朝下的嫩枝长势并不茂密，会有更好的果实光照度。更好的树冠尺寸也会提升潜在的光合作用。上述两个优势可以提升产量。斯科特·亨利式也可以进行机械采摘。

10.4.8 日内瓦双帘式

日内瓦双帘式于20世纪60年代在美国较为冷凉的产区——纽约州被发明。它有点像倒过来的竖琴式（虽然前者发明早于后者），永久性的主体架构会进行水平的分区，首先是垂直于行的方向，两侧有两根平行线，并且两个树冠平面或称为“帘”之间有着 1 米的距离。不同之处是结果区域会明显地高，会在树冠的顶部，离地约为 1.5—1.8 米，并且两个帘状树冠都是朝下定位的嫩枝。这种树型设计的首要目的就是为了更好地提升树叶和果实的光照度。

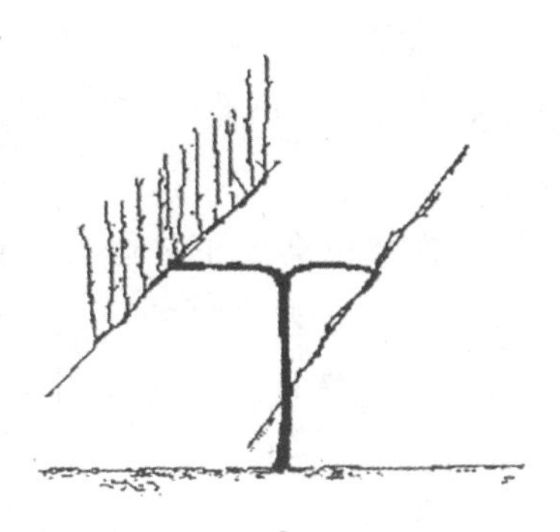

图 10.10　日内瓦双帘式

这种树型比较适合长势旺盛的地块，考虑到树冠分区，行间距最好达到 3 米。这种设计也考虑了机械操作的可行性。这种朝下的嫩枝定位也有效减少了植物的长势。跟斯科特・亨利式一样，双帘之间的间距很重要，以保证有足够的阳光能照射进去。

由于定位在树冠顶部，所以加强了结果区域的光照。这样的光照没有用树荫进行任何的故意遮挡，因此不大适合那种温暖或炎热的气候。

日内瓦双帘式通常进行主蔓整形和短枝修剪。这种设计里，一般会选择朝下的短枝使嫩枝往下生长。但这恰恰是这种系统的主要挑战，因为葡萄树天生是朝上生长的，所以控制向下的长势会要求更多的技术和精力。

采用日内瓦双帘式的葡萄园可以进行机械修剪和机械采摘。

10.4.9　最小化修剪(MPCT)

20 世纪 70 年代，澳大利亚为降低生产成本，发明了主蔓整形最小化修剪系统。在那个时候，机械修剪设备开始普及，因此最小化修剪可以大大降低葡萄园管理的昂贵经济成本。

葡萄树可以在单根结果丝线上进行主蔓整形，无论是一根还是两根主蔓。另外，也可以在两根结果丝线上进行主蔓整形，一根比另一根高出 40 厘米左右，每一根主蔓绑定在一根结果丝线上。树冠并不分区，嫩枝也不进行定位，因此生长会较为凌乱。

这些葡萄树很少或基本不进行修剪，这意味着每棵葡萄树上有大量的节点会被保留(极少数会被剪掉)。这会削弱嫩枝的长势，因为葡萄树开始进行自我调节，长出相对较短的嫩枝，并留有较少的节点。在这种栽培系统中没有结果区域，大量的多年生木结构也需要定期移除。

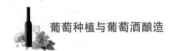

这是一个简单而且经济实用的结构，最适合于那些长势旺盛的地块，因此需要相当宽的行间距，比如 3 米左右。这种栽培架式非常适用也必然需要机械采摘。

产量也会比正常修剪的葡萄树要略高一点。这就意味着这种树型非常适合温暖或者炎热的产区，比如澳大利亚的河地，拥有足够的光照和热量来满足大产量。由于果串有可能会暴露在树冠外面，晒伤是一种潜在的风险。

10.5 树冠管理

树冠管理是指对葡萄树每年长出的树枝、叶、花进行管理的过程。通过不同的机械设备针对和管理嫩枝、果串的数量，以及它们在树冠环境内的空间分布状况。斯玛特和罗宾逊（Smart and Robinson，1991）对此做了开创性的工作。

树冠管理尤其关注树冠的微气候管理，衡量尺寸可以精确到毫米。目标是在空间上致力于组织和管理树冠，以求将气候因素的影响最优化，比如阳光照射的量和质量、温度、湿度、风以及蒸腾作用等等，所有这些都会影响葡萄树的生长和成熟果实的能力。

树冠管理的目标是提升葡萄树成熟果实的数量和质量。其中部分原因是通过光照（尽管在温暖炎热的产区，为避免阳光直晒，遮阴会是个更好的选择）、部分是通过规避一些负面因素的影响比如枝叶或果实上的病虫害等。不仅如此，树冠管理还会降低生产成本，好的树冠组织可以便于机械化操作，比如喷洒、摘叶、修剪和采摘。

在凉爽气候条件下的树冠管理同样密切相关，因为提升阳光的光照度都会提高果实质量，温暖气候条件下也是如此。这里的许多葡萄园有可能种植在比旧世界国家更为肥沃的土壤上，但更茂密的长势就成为一个问题。

10.5.1 遮阴与阳光

树叶的密度是一个首要关注的问题，并影响所有气候因素的有效性。日照是光合作用的必要条件，如果树冠过于茂密，会导致树叶的光合作用不充分。

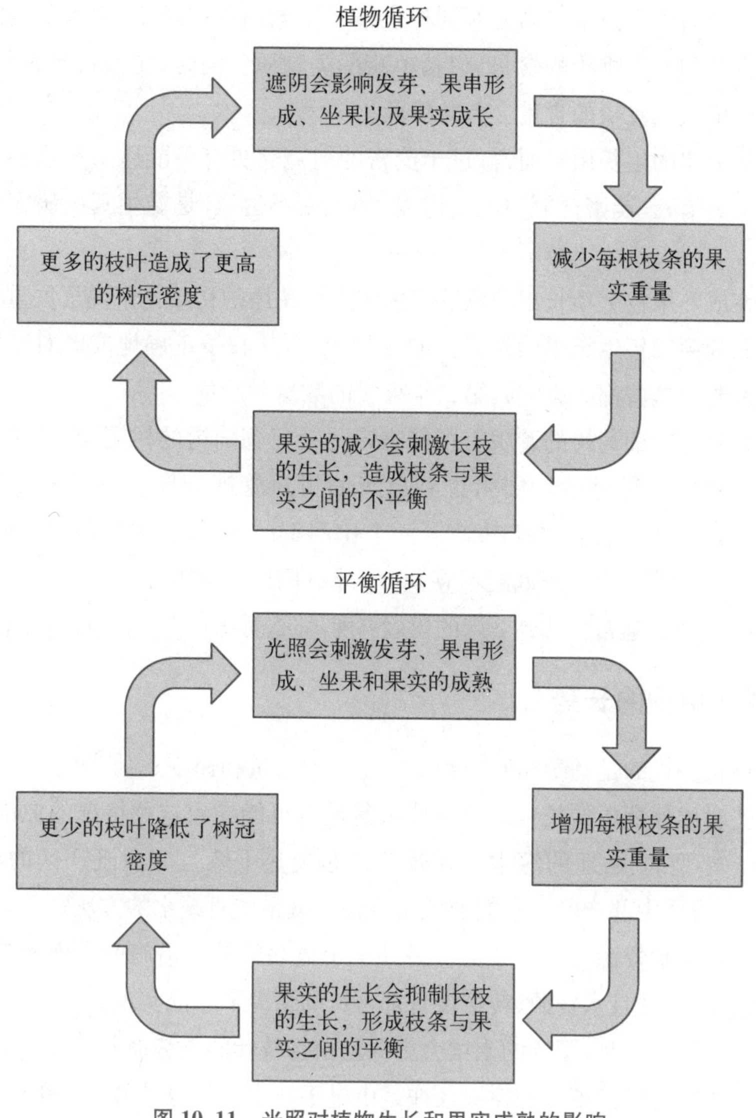
植物循环
遮阴会影响发芽、果串形成、坐果以及果实成长
减少每根枝条的果实重量
果实的减少会刺激长枝的生长，造成枝条与果实之间的不平衡
更多的枝叶造成了更高的树冠密度
平衡循环
光照会刺激发芽、果串形成、坐果和果实的成熟
增加每根枝条的果实重量
果实的生长会抑制长枝的生长，形成枝条与果实之间的平衡
更少的枝叶降低了树冠密度

图 10.11　光照对植物生长和果实成熟的影响

［来源：Smart and Robinson(1991)］

遮阴是个问题。树冠越茂密，就越会导致遮阴。在一个茂密的树荫下，能接受到的阳光仅为树冠外部的 1%。就葡萄果实的质量来说，过多的遮阴会降低糖分、酒石酸、单萜酚类物质的含量，还会降低红葡萄品种中的花青素和酚类物。此外，遮阴会导致钾含量、苹果酸含量和 pH 值的增加，同样还包括最后酒里面出现的草本特征。

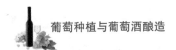

通过树冠管理技术提高光照同样也增强了葡萄酒的风味，原因是增加了果实中花青素和芳香物质的含量，包括单萜酚类物质。同时，比如长相思、赤霞珠等品种中甲氧基吡嗪的含量会有效降低。

就葡萄树的生长周期而言，过于茂密的树冠会更有可能感染粉霉和灰腐菌（见第 11.2 节）。茂密树冠中的高湿度，加上密不透风，是滋生真菌病害的理想环境。

给在成熟嫩枝上新长出的嫩芽照射阳光对花序的初始化来说至关重要。这直接影响到第二年生长季的结果。同样的原因，让藤条正确地成熟对来年来说也一样重要。这些都会影响到第二年果实的数量和质量。

有时候一行葡萄树的遮阴有可能来自另一行葡萄树的树冠，所以在进行葡萄园设计和提前种植阶段要考虑到后续的树冠管理问题。斯玛特和罗宾逊（Smart and Robinson，1991）发现了一个比例 1∶1 的规则来避免这个问题，即如果树冠是 1 米高，那么行间距不应少于 1 米。同样，斯科特·亨利栽培架式系统（见第 10.4.7 节）通常要达到 2 米的树冠高度，那么意味着行间距也得达到 2 米。

10.5.2 植物的长势

植物长势指的是葡萄树叶子和嫩枝生长的数量和速度。

有些时候葡萄树的长势过缓。缺水是最有可能导致这种情况的原因（见第 9.4 节）。小型的、贴地的灌木丛式葡萄树是炎热干燥且非灌溉产区的典型树型，比如西班牙中部产区。它们的低密度种植就是应对缺水的方法之一，以减少相互之间对于水资源的竞争压力。另外一个显著的补救措施就是灌溉，但要在合法的前提下，并且水资源、传送设备都可行的情况下才能实现。

更普遍的情况是，肥沃的土壤会更促进植物枝叶的长势而非果实的成熟。

一个遮阴过度且茂密的树冠往往是由过于旺盛的长势导致的。在这种情况下，通过将嫩枝铺开至更大的面积，可以避免遮阴的问题。一些比较复杂的栽培架式系统就是通过这种方式来铺开树冠面积，以解决遮阴问题。由于长得更为高大，但是通过将树冠铺开，葡萄树就能在长势和肥沃的土壤之间找到一种平衡。

种植在深而肥沃土壤上且有足够水分的葡萄树长势比较旺盛，如果没有足够的空间来施展自己的树冠，它们很有可能会在植物生长周期中出现中止的情况。这是因为过度长势带来的遮阴抑制了果实的发展和成熟。

所以打开树冠来减少遮阴并且增加光照的渗透性可以让葡萄树恢复到植物

性生长和果实生长之间一个更加平衡的生长模式。

栽培系统为解决葡萄树长势问题提供了一个永久的方案，如有需要，可以根据现有葡萄园进行改造，比如种植一些覆盖性植物（见第 9.2 节），可以额外提供一些对水和营养的外部竞争压力。在新建成的葡萄园里，经过精心设计的栽培架式可以结合一些降低长势的砧木。适用一些特殊的栽培系统可以使果实集中在一个区域，也增强了果实的平均成熟度。事实上，这也简化了采摘过程，尤其是一些可以使用机械的葡萄园。

10.5.3　夏季修剪

过度的葡萄树长势还可以通过每年临时性的一些操作来进行控制，比如夏季修剪等技术。

10.5.3.1　疏枝

疏枝或者叫去条，指从葡萄树上移去嫩枝，因此会直接影响剩下嫩枝的密度。被去除的嫩枝一般被称为水嫩枝。它们一般是从永久生木上或者短枝的头上直接长出。疏枝通常在春季操作，这种水嫩枝不会结果，只会增加遮阴的可能性。

10.5.3.2　嫩枝定位

栽培架式结构里的丝线可以帮助嫩枝定位，通常采用垂直嫩枝定位系统，有时候朝上，有时候朝下。保持嫩枝标准化的定位建立了树冠内的秩序，也可以帮助实现葡萄园的机械化操作，因为树叶、果实都在固定的位置。嫩枝会被绑在丝线上。这个过程一般在生长季开始时根据嫩枝的生长速度而定。把它们收拢住也可以阻止它们随意地蔓延到地面上，这可能会影响机械操作。

图 10.12　新西兰的枝条修剪

嫩枝定位以及常规的树冠修剪是在有可能发生真菌病害气候条件下的常用技术手段，比如欧洲的非地中海产区，还有新西兰等地。

10.5.3.3 修剪

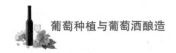

对嫩枝的修剪主要是剪短。这一般在初夏时操作，开花之后，有时会采用人工，但更普遍的是机械化操作。偶尔会重复操作，在那些长势特别旺盛又接近水源的葡萄园中甚至会多达 6 次。

如果嫩枝已经定位好的话，会让这个修剪变得十分简单。在夏季修剪葡萄树会有助于降低树冠内的相对湿度，也更便于喷雾渗透进树冠内部。一些产区很重视美学，这种修剪会使葡萄树看起来更加整洁和美观。

10.5.3.4 去叶

去叶主要是在结果区域进行操作，一般是在转色期之前的 2—4 周进行，以提高果串的光照度和透风度。时间节点的选择要避开盛夏时的阳光暴晒，否则可能会有果实晒伤的风险。去叶时也必须留下足够的树叶确保果串的成熟。这种技术也帮助果串在雨后快速干燥，以免在脆弱的气候条件下发生疾病，也可以使喷洒更加直接。光照可以帮助增加风味物质，此外还有红葡萄品种的颜色和单宁。每根嫩枝上去除 1—2 片树叶可以增加 60%的曝光度，可以很好地提高果实质量。

去叶也可以进行机械操作，但这要求树冠已经进行了嫩枝定位，而且果实也在理想的固定区域。这在欧洲的产区是一种普遍的操作。不过，在气候炎热的产区并不常见。

10.5.3.5 青摘(去果串)

青摘是为了降低过多的产量，使剩下的果串可以有更好成熟的机会。可以使葡萄树通过光合作用集中能量给剩下的那些果实。

青摘一般在转色期前后进行，在这个时期每一株葡萄树上有一定数量的果串，所以会根据年份情况和天气预报来评估可能的产量。一般来说，每一根嫩枝会去掉一串果串。

第 11 章
害虫、疾病、杂草和风险管理

绝大部分生物(除了人类)对葡萄树没有明显的干扰和影响,不过仍然有一些比如杂草,会带来对水分、营养资源的竞争压力,还有以葡萄树的不同部位为食的如害虫和病原体等,因此会损害果实的产量与质量。

管理病虫害的影响在控制战略上有许多选择。了解害虫和疾病的生命周期和管理数量水平,尤其是在关键的控制阶段,可以实施更有效的预防和控制措施。

当害虫或疾病开始造成经济、质量的损失时,就会出现一个临界点。在这个临界点之下,无须过多干预。这样的临界点对于不同的病虫害是不同的。因此控制手段里包括"静观其变"这一方式,然后再结合对这些病虫害生命周期和数量的了解以及树冠和葡萄园的管理技术。这可以成为部分甚至代替化学控制方法的一种基本模式。

直接攻击葡萄果实的生物会带来经济和质量损失。有三种主要的真菌疾病被归在这一类:霜霉病、灰腐菌、粉霉病。

11.1 害虫

许多葡萄园里的害虫是节肢动物,也就是节足门的无脊椎动物。这些动物有外骨骼、分段的躯体以及连接在一起的四肢。这个大类里面包括了昆虫和螨虫(对于葡萄栽培、甲壳类和蜘蛛来说也不那么重要)。它们通常可以用杀虫剂来杀灭。

11.1.1 根瘤蚜虫病

根瘤蚜虫病由一种昆虫引起,详见第 4.2.1 节。

11.1.2 线虫

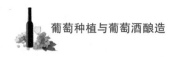

线虫是一种不分体节的蛔虫，详见第 4.2.2 节。

11.1.3 葡萄飞蛾

葡萄飞蛾是一种昆虫。有一系列不同的飞蛾品种会袭击葡萄树，比如澳大利亚、新西兰的浅棕色苹果蛾，欧洲的贝瑞蛾（也就是南欧所谓的葡萄卷叶蛾，北欧所谓的女贞细卷蛾），还有美洲中部和西部地区的葡萄贝瑞蛾。

总的来说，这些昆虫的卵会产在花、果串和树叶上。而幼虫会以花和成长中的果实为食，会导致直接的损害以及感染次生病毒、细菌和真菌的伤口。有报道记载过高达 10%产量的损失。而且幼虫还具备在葡萄园过冬的能力。

葡萄飞蛾可以通过使用苏云金芽孢杆菌进行控制，这是一种针对性的高效杀虫剂，但需要在虫卵孵化时使用。此外，在葡萄园定期的放置信息素胶囊也能有效阻止飞蛾的交配。此外，还有一些自然界的昆虫包括绿草蛉虫和某些蜘蛛在夏季尤其活跃，第 2—3 代幼虫的数量也最多，给葡萄树带来的灾难也就最严重。

11.1.4 蜘蛛螨

蜘蛛螨是蜘蛛的近亲，也是最容易对葡萄树产生危害的一种螨虫。这一类螨虫中包括在欧洲大部分都存在的红蜘蛛螨和黄蜘蛛螨，而太平洋蜘蛛螨和威拉米特蜘蛛螨一般出现在加利福尼亚州。

蜘蛛螨会在永久生木中过冬，并在来年的春天钻出来开始吞食树叶。通常，红白葡萄品种的树叶会变为黄色和铜色，如果情况严重的话，树叶会脱落。正因为如此，会直接影响光合作用，延缓果实的成熟，进而影响产量。

灰尘正是蜘蛛螨生长的温床，而绿草皮可以减少灰尘。喷灌的使用也可以进一步减少灰尘的产生，可以抑制蜘蛛螨的生长而不会影响蜘蛛螨的天敌。有一些类型的螨虫是蜘蛛螨的天敌，比如欧洲的捕食性螨。

11.1.5 鸟类

葡萄树的进化通过吸引鸟类啄食葡萄并传播葡萄籽来实现，但人类的商业化栽种会把鸟类的啄食视为一种“害虫”的“袭击”。

会啄食葡萄的鸟类有许多种，主要是麻雀和椋鸟。在澳大利亚，乌鸦和绣眼鸟也很常见。千万别低估了这些鸟类对葡萄园的危害，尤其是那些靠近森林的葡萄园，防鸟会是当地果农们的头等大事之一。在澳大利亚的一些产区，比如莫宁顿半岛和塔斯马尼亚，用防护网来遮住整个葡萄园防止鸟类的现象都很常见。

图 11.1　新西兰一个使用防护网的葡萄园

与其他对葡萄果实的危害一样，这种损害不仅仅局限于直接的啄食或者叼走果粒。由于开放式的伤口会暴露在外，真菌或细菌的感染会成为次生灾害。产量的损失是不可避免的，因此在高质量产区比如莫宁顿半岛，安装和维护防护网的高成本完全值得。防护网非常有效，可以防止高达 99%的鸟类损害。

其他的一些措施主要是采用惊吓鸟类远离葡萄园，包括稻草人、猛禽模型、在光线中闪烁的发光圆盘、遇风会鸣叫的哨子等等。还有一些仅仅是有规律的定期的声音，包括气枪、警报、猛禽的叫声等。这种方式的风险在于鸟类对这些机器会逐渐习惯，产生一种“抗药性”，因此需要结合其他方式来进行使用，或者循环使用。

 11.2　疾病

这里所谓的疾病是由那些真菌、细菌和病毒所引起的各种疾病。真菌疾病的生长一般只能在显微镜下才能观察到，而病毒带来的疾病往往是系统性的。它们会缓慢地降低产量和质量。两个最重要的流行病毒疾病分别是扇叶病和卷叶病，自从嫁接技术发明后广泛传播。

具体实施的时候要在按日历表进行例行喷洒农药和根据气象站信息、葡萄园检测数据评估感染风险之间做出选择，因为有时候实际数据得来的分析会认为循例喷洒没有必要。后者正获得越来越多的信任，因为减少环境化学污染的必要性已被提上商业议程。喷洒农药的成本会因此而降低，但对于知识、数据的投资会增加。

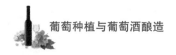

11.2.1 灰腐菌

灰腐菌，又称丛腐菌或灰霉丛腐菌，是一种由灰质葡萄孢属真菌引起的感染。灰腐菌在生长季不仅可以影响枝叶还可以影响果实的生长。它会造成大面积的果实歉收，多达30%。质量也会受到严重影响，因为带有灰腐菌的果实酿成的酒会有异味，容易被氧化，也没有陈年潜力。

这种真菌无处不在，而且会攻击很多种植物，不仅仅是葡萄树。灰腐菌经过了进化，可以在－80℃的恶劣环境中生存，可以被风远距离吹送，并且在1—30℃的温度区间内繁殖生长，虽然其更偏好20—30℃的温度。但如果温度超过35℃，灰腐菌就会停止生长。不过，这种真菌的"弱点"在于其生长必须满足相对湿度超过90%。如果葡萄园的湿度值低于这个水平，那么就算园中有灰腐菌孢子的存在，也相当于有了一定的防护功能。

灰腐菌会在藤条上过冬，等待春天潮湿的环境。一般感染会发生在24小时有足够湿度的情况下，随后年轻的嫩枝生长会展示批量的松软的棕色霉菌，树叶开始变为棕色，花序也会转为棕色并且开始分解。

葡萄果实会在成熟阶段变得十分脆弱易感。这种感染会因为昆虫在果实表面的啃咬，风、冰雹等破坏果皮而加剧，当然前提是高湿度的葡萄园环境。在最初的感染之后，第二次感染的传播在湿度下变得更为容易，尤其是在那些十分紧致的果串上，因为随着果串长大，果粒间比较容易交叉感染，而且密不透风。一开始从果皮裂开处可以看见少量灰色的孢子出现，随后开始扩散直到整个果串看起来都被灰色覆盖。一旦被损坏，果串会更易受到其他真菌、细菌和酵母菌的感染。薄皮品种或者紧致果串品种最容易感染，比如雷司令、霞多丽、赛美容、歌海娜和黑皮诺。

图11.2 棕色葡萄上斑驳的霉斑便是灰腐菌

在那些降雨充沛的产区，在成熟期提高树冠内的空气流通性会减少感染风险。可以通过去除果串四周的树叶来提高空气流动性，加速雨后水分的干燥。

结合通风的改善，可以定期针对真菌进行农药喷洒，包括在开花期，当花期基本快结束时，或者当果实形成的末期(见第 3.4.3 节)。喷洒农药时如果树冠是开放式的，渗透性会更好。含硫和铜的试剂对灰腐菌不起作用。

11.2.2　霜霉病

霜霉病是由葡萄霜霉病菌感染引起的，与引起粉霉病的真菌无关(见第 11.2.3 节)。

这个真菌在全球广泛传播，除非那些夏季几乎不下雨的产区。霜霉病孢子出现的条件需要达到 95%的相对湿度，温度在 20—25℃之间。厚密、遮阴的树冠加上温和的海洋性气候最容易滋生霜霉菌。但是在阿根廷门多萨这种近乎沙漠化的气候条件下也是一种风险，因为所有的降雨几乎都集中在夏季。

感染会通过空气甚至飞溅的水滴进行传播，而温暖潮湿的晚上会加剧传播。

霜霉病通常会攻击植物的绿色部分，尤其是鲜嫩多汁的新树叶。霜霉孢子会逐渐在叶子下面发展成大量白色、多毛的物质。光合作用因此受到限制，而树叶也会继而掉落。所有跟光合作用有关的过程都会受到牵连，包括产量、果实成熟和碳水化合物的储存。

图 11.3　感染霜霉病的新生果串

果串也很容易感染霜霉菌，尤其是在果实形成的末期(见第 3.4.3 节)。除此之外，成熟中的果实会有很好的抵御能力，但它们仍然会因果串果粒的梗感染而枯萎死亡。

欧亚葡萄种尤其容易感染霜霉病，没有像美洲葡萄树种那样与疾病一起进化而产生抗病性。就算如此，单个的品种在抗病性上也有很大差异。比如雷司令、皮诺家族和赤霞珠就不太容易感染，而丹魄和阿尔巴利诺就相对易感。

葡萄园管理中帮助控制霜霉病的实际操作包括加强空气的流通性、降低葡萄园湿度等等。而开放式的树冠管理、快速排水的土壤都是日常的必备操作。

真菌喷雾的频率在发芽之后的每个月中可以两三周一次，直到坐果之后的三周结束。如果当季十分多雨的话，则要求额外的保护性喷洒农药。自从 19 世纪 70 年代这种真菌病害从美国传入欧洲以后，波尔多液（主要成分是硫化铜和熟石灰）已经成了预防该病害的主要试剂。直到现在仍被广泛运用，事实上，针对霜霉病的特效试剂还没有被发现。

11.2.3 粉霉病

粉霉病主要由名为白粉菌（以前也被称为葡萄钩丝壳）的真菌引起。

粉霉病可能造成的损害比灰腐菌和霜霉病更为严重，因为它仅仅需要 40% 的相对湿度就可以，这意味着在相对干燥的环境内这种病菌也能蔓延传播。这种相对低湿度在有蒸腾作用的树叶表面很常见。虽然过多的水分会抑制其发展，但通常会保持生长状态直到高达 85%的湿度环境，理想的温度在 25℃左右。跟灰腐菌一样，一旦温度高于 35℃，就会停止生长。

图 11.4　一串严重感染粉霉病的果串

这些真菌会躲在芽苞中过冬，感染一般发生在春季发芽与开花之间的时段，在雨后或者灌溉之后，尤其是在气候比较温和的情况下。葡萄树所有的绿色部分都有可能被感染，这种真菌非常喜欢树冠中阴凉的部分，如果有明亮的光照则会抑制这种真菌的生长。

这种疾病的外在表现为在低位树叶表面上大量的灰白粉末状真菌，嫩枝一旦感染就会死掉，如果是花絮感染，随之而来的结果和产量都会明显降低。如果是葡萄感染，那么果实的成熟过程会减缓，果串也更容易感染灰霉菌。

这种疾病在 1845 年不经意间传入欧洲，跟霜霉病一样，欧亚葡萄种对这种病非常易感，因为没有跟美洲葡萄一样产生抗体。不过就算如此，单个的葡萄品种在抗病性上还是有差异的。比如黑皮诺、雷司令、西拉和马尔贝克就相对不太易感，而霞多丽、赛美容和赤霞珠就要易感得多。

葡萄园管理操作上也能帮助控制这种病菌，包括打开树冠减少遮阴和树叶密度。比如在发芽后的数周开始，每 2—3 周喷洒一次预防真菌喷雾。如果感染一直有，这种喷雾就要持续到转色期才能结束。既有预防功能也有治疗功能的含硫试剂被广泛采用，以应对这种系统性疾病。波尔多试剂通常被用来应对霜霉病，也能对粉霉病起到一定作用。

11.2.4　树干疾病

树干疾病的发病率在过去的 15—20 年间有显著的提高。以前广为人知的一种疾病叫作葡萄顶枯病，而最近一种叫黑麻疹病(Esca)的病害越来越多了。自进入 20 世纪 90 年代以来，其他的疾病发病率也日见增多，比如马胃蝇蛆溃疡和黑脚病等。这些疾病普遍存在于全球各大葡萄酒产地，造成了严重的经济损失。

树干疾病经由风雨传播，通常通过修剪的伤口，以及苗圃中的交叉感染而传播。所以对苗圃的严格管理在树干疾病的源头控制上已经变得越发重要，比如在 50℃的热水中浸泡 30 分钟可以有效控制病原体。

11.2.4.1　葡萄顶枯病

葡萄顶枯病由一种叫葡萄树猝倒病菌的真菌引起。感染通常发生在真菌孢子进入修剪伤口后，水(比如雨水或者喷洒灌溉的水)和风都会助力真菌的传播。因此葡萄树在刚刚修剪过后最为脆弱，最易感染，所以下雨天修剪是不明智的。这种真菌生长十分缓慢，每年仅长 10—12 厘米，要使葡萄永久生木臂枯死需要好几年，然后才是整个葡萄树。

图 11.5　感染顶枯病的枝条

通常情况下，初始的明显症状是修剪伤口附近出现枯死的木块，一般会耗时至少 2 年。一旦感染，葡萄树就会出现发育不良的情况，嫩枝只会长到正常长度的三分之一，树叶也会瘦小而萎黄，产量自然也是大受影响。

欧亚葡萄在抗病性上有很大的个体差异，歌海娜就比白诗南、穆和怀特、西拉和赤霞珠更为易感。

控制这种疾病不太容易。故而在冬季修剪，在这种真菌孢子生长最为缓慢的时节进行，可以把感染风险降到最低。修剪后立即在伤口处涂上真菌试剂也能起到有效防护作用。将树干上感染部分下方的5—10厘米处全部移除也能奏效，但新的伤口需要很好的保护。此外，所有折下来被感染的坏死木头必须进行焚烧以避免真菌的再次滋生。

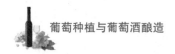

11.2.4.2 黑麻疹病/黑垢病

黑麻疹病是由暗色单梗孢真菌和暗色枝顶孢属真菌所引起，通常的感染源都在修剪的伤口处。如果是年幼的嫁接树苗遭到感染，会被称为黑垢病。

图11.6 感染黑麻疹病的叶片周边呈黄褐色

一旦葡萄树遭受某种压力，比如缺水或者超负荷的产量，感染的症状就会出现。树叶的边缘会呈现棕色，果粒上会出现暗色麻疹，尤其是在南欧、加利福尼亚州比较炎热的气候下。葡萄树会连续好几年出现长势萎缩，直至死亡。

现在还没有可用的化学药物控制该疾病，因此预防很关键，要从苗圃开始。在葡萄园中，修剪下的枝条要及时移除，伤口也要及时保护以降低重复感染的风险。

11.2.4.3 其他树干疾病

黑脚病是由真菌柱孢菌/土赤壳菌引起的。感染后会引起树根的病变，严重的情况下最终会造成葡萄树的死亡。在全球的葡萄酒产区几乎都有存在，年幼的树苗更容易感染，感染后仅一年就可能出现死亡的情况。

目前还没有治愈这种感染的方法。在苗圃用热水处理可以降低感染风险。

马胃蝇蛆溃疡（又称枯死病或枝条黑死病）由真菌葡萄座腔菌引起。一般在10年以上的成熟葡萄藤上出现，通常也是在修剪的伤口处感染。会造成生长萎缩、溃疡和枝蔓甚至葡萄树的坏死，但需要多年才能导致葡萄树的死亡。

预防依然是最好的措施，比如切下感染的枝条，而且要多切10厘米健康枝条，并将所有枝条从葡萄园中移除。修剪的伤口要及时保护以防重复感染。

11. 2. 5　拟茎点霉属病

拟茎点霉属病由真菌葡萄生拟茎点菌引起。

这种菌会在藤条中过冬，感染一般发生在湿冷的春季。这种真菌孢子偏爱在 23℃左右的温度下繁殖，但在夏季的高温中会缓慢或停止生长。葡萄树所有绿色部分都有可能被感染，疾病的早期症状是在嫩枝的梗部出现小黑点，沿着枝条的直径外围生长，最终使枝条坏死。树叶也会出现黑点，最终掉落。随后，果串的数量及产量都显著降低。

欧亚葡萄的抗病性有很大差异。霞多丽、歌海娜、黑皮诺、雷司令、西拉比较易感。

发芽过后每两周喷洒一次农药以控制该疾病，此外，必须及时剪下并焚毁感染的树枝。

11. 2. 6　皮尔斯病

皮尔斯病是由一种叫叶缘焦枯病菌的细菌感染引起的，而且由一种叫叶蝉的昆虫进行传播。这种疾病大量存在于植物中，不仅仅是葡萄树。在葡萄树中进行传播的主要是草绿色翅膀的叶蝉。

叶缘焦枯病菌存活在葡萄树的树液通道中，以树液为食的叶蝉在进食时会将该病菌残留在此。随着细菌数量的增加，树液的通道会被阻塞，阻止水分到达树叶和果实，因而随之出现枯萎。树叶也会变成棕色并且干枯，最终脱落，在感染后 1—5 年，葡萄树最终会死亡。在炎热干燥的地区，症状尤其明显。

欧亚葡萄的抗病性因品种不同而有差异，霞多丽和黑皮诺会非常易感，而赤霞珠和长相思就好得多。

这种疾病很难控制，尤其在温暖的气候中，细菌和带菌昆虫无处不在，比如美国的加利福尼亚州。但该病的传播仅在叶蝉常见活动的区域内。研究表明，在水岸边可以同时找到这种细菌和叶蝉的栖息地，因此葡萄树尽量远离河岸也是一种措施，将河堤上的其他植被恢复为本地物种也是缘于此，因为它们传播疾病的速度比引进的植物要慢。在加利福尼亚州，放生一种寄生在叶蝉卵上的性腺丛黄蜂，会使绿翅膀叶蝉数量明显减少。

11. 2. 7　葡萄树黄化病

葡萄树黄化病是一系列因为植原体而导致的疾病的统称。植原体是一类生活在受感染葡萄树树液中的细菌菌种,在世界上大部分葡萄酒产区都有发现。这种疾病由带菌昆虫传播,包括以葡萄树液为食的叶蝉,也可以通过感染的种植材料传播。

这一系列疾病会导致树叶卷曲并且变色:白葡萄品种树叶变黄、红葡萄品种树叶变红。这种疾病最终会导致葡萄树死亡,某些情况下葡萄树会恢复健康或者只显示局部症状。这一类疾病同时也会带来巨大的产量损失。

葡萄金黄化病自20世纪中叶以来就在欧洲开始流行。而黑木病是另一种在欧洲流行但传播力没那么强的葡萄树黄化病。

澳大利亚的葡萄树黄化病由不同的植原体引起,尤其在炎热的内陆地区比较常见。营养缺乏和过度种植与该病的发展直接相关。

有些品种比如雷司令和霞多丽会比较易感,而其他的某些品种会对某一类黄化病比较易感,比如黑皮诺比较易感葡萄金黄化病而并不容易感染黑木病。

目前还没有有效的药物。预防措施包括使用对植原体免疫的栽培材料,对树苗等栽培材料进行热水处理,外加控制带菌昆虫,包括对这些昆虫的栖息地即杂草进行全程控制。

11.2.8 卷叶病

卷叶病是由一系列与卷叶相关的病毒引起的病毒感染。有报道称这是传播最广、危害最大的葡萄树病毒,可以通过嫁接传播。虽然水蜡虫也被认为是这种疾病的传播媒介,主要在加利福尼亚州和南非。

卷叶病毒会阻止树根和树枝的生长,也会阻止营养到达葡萄树的新生部分,从而关联到总体的产量和单个葡萄果实的发展。这种病毒会造成严重的质量问题,也会引起巨大的产量损失,在极端情况下可达50%。在病毒中幸存的葡萄果实一般会延缓4周成熟,而且通常有着更高的酸度、更浅的颜色,以及损失多达30%的糖分。碳水化合物储存的补充也会被阻止,会导致葡萄树缓慢地衰老甚至死亡。

图11.7 感染卷叶病毒的枝条

这种病毒还会表现为树叶的萎卷，一般这种情况会出现在秋天，红葡萄品种的树叶变红而白葡萄品种的树叶变黄。

这种病很难对付，没有针对性的药物。被病毒感染的葡萄树必须连根拔起，重新种植健康葡萄树。

11.2.9　扇叶病

扇叶病由至少三种葡萄树扇叶病毒菌株引起，主要由剑线虫传播。这种病在许多地方都有发现。

扇叶病会导致葡萄树春季生长停滞，嫩枝非正常发展，通常会出现之字形。树叶也会褪色并显得不规则，会让人联想到扇子的形状。这种病毒的传播比较缓慢，因为它的带菌昆虫——剑线虫在土壤中的移动速度仅为每年1.5米。

图11.8　感染扇叶病毒的叶片会褪色、呈不对称状

欧亚葡萄品种对于这种病毒存在着巨大的个体差别，从几乎完全免疫到感染至损失80%产量的都有。一旦感染这种病毒，葡萄树寿命就会减短。

这个病也很难控制。如果葡萄园中出现剑线虫，那么最好种植嫁接了抗病毒的美洲砧木葡萄树，或者，将葡萄园土地空置6—10年，可以大大降低线虫的数量，当然这必须忍受这么久的机会成本。

11.3　杂草

在一处精心管理的葡萄园中，杂草并不受欢迎，会跟葡萄树争夺营养和水分。

过去几十年来，人们对这种非葡萄树植被的态度有了很大程度上的改变，那些植被现在有很多种植在葡萄园中，为以葡萄园害虫为食的昆虫提供栖息地，并促进它们的繁衍生长，同时也可以在水分、营养过于充沛的园地里实现与葡萄树的竞争。不过，这样的植被也有直接滋生害虫的风险。比如百慕大草（狗牙草）

会成为传播皮尔斯病的叶蝉的栖息地。杂草也会降低葡萄树的长势和产量，而且还会增加霜冻的危害(见第 11.4.2 节)。

如果因为杂草所能提供的益处而被保留下来，比如能改善土壤结构和生物多样性、减少水土流失等，那么它就不再被认为是杂草了。非葡萄植物在 9.2 中有详细阐述和讨论。

如果杂草不能提供有益的竞争压力、生物的多样性以及其他改善环境的作用，它们就需要被管理。最基本的杂草管理目标就是将疾病风险控制到最低限度。

管控的主要战略就是犁地、除草剂和覆盖物管理。选择的依据是成本、操作、环境和理念因素的平衡。

11.3.1 犁地(锄地/耕地)

杂草可以通过人工或机械的犁地(锄地/耕地)去除。犁地深度大约在 20 厘米左右就可以有效控制杂草，额外的好处是可以松土，而且同时也可以进行施肥等操作，随之土壤就可以进行任何覆盖植被的播种。完全裸露的土壤也有利于对抗霜冻灾害。

犁地的主要缺点在于土壤结构潜在的退化，尤其是在土壤潮湿的时候，比较容易形成水塘，在种植层下方容易形成黏土层，随之会提高水土流失的风险和限制树根的渗透能力。同时也会阻碍空气流通，致使水分传送减缓，也会增加蚯蚓的工作难度。

11.3.2 除草剂

在 20 世纪 50 年代，很流行利用除草剂来控制杂草，以降低时间和劳动成本。除草剂带来的土壤危害比犁地小，但现在使用得越来越少了(见第 12.1 节)。

预防用的除草剂可以在杂草出现前喷洒在土壤表面，药效一直可以持续 8 个月。或者，可以使用事后除草剂，直接喷洒在草叶上。接触型除草剂可以摧毁与之接触的部分，对每年生的杂草很有效果。系统性除草剂，比如草甘膦，会通过叶子被杂草吸收随后进入根部系统，这对许多每年生和常年生的有较深根部的杂草很有用。系统性除草剂不能接触三年以下的年轻葡萄树，包括年老的葡萄树的树叶部分。

11.3.3　土壤覆盖物

土壤覆盖物(见第 9.2 节)可以是有生命的植物,通过刻意地种植它们来取代其他那些不受欢迎的杂草,也可以是没有生命的覆盖物,比如干草、树皮、黑色塑料膜等,以刻意阻挡杂草所需要的光照。

11.4　自然灾害

自然灾害通常是指环境或者气候条件不符合葡萄树的生长。有可能每年的情况都不同,所以要求葡萄园环境能加以调整以应对这种短期的影响,或者成为规律的有计划性的应对操作。

11.4.1　冬季冰冻

如果气温低于－15℃,葡萄树就算在冬眠,也会严重冻伤或者死亡。大多数欧亚葡萄品种在气温低于－25℃时会死亡。

在极端大陆性气候下,这对葡萄树来说是一个严重的隐患。比如在俄罗斯的一些地区,在罗斯托夫(Rostov-on-Don)周边,葡萄树需要在严冬时节埋入地下,否则会被冻死。这种埋土可以起到御寒的作用,尤其当每年冬季外界气温降到－26℃/－27℃时。如果冬季冰冻只是偶发事件,那么根据天气预报,葡萄树可以用泥土系统性或者定期地加以保温。

图 11.9　俄罗斯葡萄园中完全埋入土中的葡萄树

欧亚葡萄品种抗寒的能力也有较大差异,比较能抗寒的如雷司令、琼瑶浆、黑皮诺,而歌海娜在－14℃时就会出问题。

11.4.2　春霜

春霜是一种不稳定且带有很大不确定性的自然灾害,并不仅限于典型的寒冷气候。一旦遭受春霜，不仅是当年的产量会降低，次年的生长也会受到影响。

对于葡萄树来说，发芽季正好是遭受春霜威胁的时段。在春季，气温开始升高，但是夜晚的巨大降温仍有气温低至－1℃/－2℃的风险存在，这对新生长出的脆弱部分是致命的。冰冻的水分会膨胀大约11%，而新生的部分含有大量水分。因此，霜冻的结果就会导致新生嫩枝的死亡。一旦发生这种情况，第二批嫩枝会随之长出，但通常结果偏少，成熟也晚，所以有可能会面临生长季还未结束就已经降温的风险。

针对这种春霜风险，已经有许多办法来保护产量不受损失。最初的葡萄园选择就要避免霜袋地，这很关键。因为冷空气会顺着斜坡往下走，所以将葡萄树种植在斜坡上并且避免谷坑是显而易见的。如果该地区春霜是有规律地出现，那么应该延迟冬季修剪，因为这会顺延春季发芽。

葡萄园中的最低气温一般出现在地面附近，所以在做葡萄树棚架系统定型时将树枝远离地面便可降低风险。保持地面土壤裸露也是一种办法，因为在白天裸露的土壤比带有覆盖物的土壤可以吸收更多的热量，而在夜间可以释放更多以降低霜冻的概率。

顶部喷洒器可以限制一些春霜的影响，当葡萄树上的水滴开始结冰，潜在的热量就被释放出来，这种热量就会给四周都是冰块的生长点提供保护。生长点附近的温度可以提升3—4℃，当气温在冰点以上，比如1℃左右时，喷洒头就要打开，然后始终保持打开状态，直到外部气温足够高可以溶解覆盖的冰块。如果不这么做，热量就会从嫩组织上消失，从而造成损伤。

图11.10　新西兰的一个葡萄园用火炉保护葡萄免受春霜危害

图11.11　高耸的风车可将上方的暖空气扇到地面以防止春霜

人为地将冷空气移走也是一种办法。比如鼓风机，高于地面 4—7 米，可以将温暖的空气从上方吹向地面。还有一种是加热器，或者火炉子，无论多么恶劣的环境都一直被使用着。当气温接近 1℃时，葡萄园的气温计就会发出预警，加热器可以使葡萄园气温提高 3℃。

11.4.3　过多热量

葡萄树的生长要依赖光照和热量(见第 1.2.1 节)。理想的生长环境包括光合作用和果实成熟，一般来说要低于 30℃，过热一般指超过 35℃。

在这个温度以上，气孔开始关闭，葡萄树的生长也开始停止：

- 催化酶反应在 30—35℃之间达到最强。
- 光合作用超过 35℃后开始下降。
- 气温超过 35℃会阻止花青素的发展。

温度一旦超过 32℃就会开始对果实有损害，这种损害有可能是阳光灼烧后留下的疤痕，会轻微增加单宁的量，严重的会使果实死亡。

葡萄果实缺乏树叶那样具有通过蒸腾作用来降温并抵御骤热的能力。由于果粒上有蜡质的角质层以尽量减少水分的流失，所以无法进行类似于蒸腾作用而进行降温。所以果粒直接暴晒于太阳底下会比周边的空气和那些树冠遮荫处的果粒高出 15℃。只要温度高于 45℃，树叶就开始死亡，无论时间长短。

葡萄树在面临高温时有一定的自我修复能力，短时间的极端高温比长时间的非极端高温带来的伤害要大得多。这种自我修复能力根据葡萄品种的不同而有差异。由于高温的峰值很难预测，所以在炎热气候条件下很有必要用合理的棚架设计和树冠管理减少阳光直晒和对果实遮阴。

干旱会减弱葡萄树在高温下的耐受能力。

11.4.4　干旱

在坐果与转色期之间适当的水分压力可以有效地促使葡萄树将资源从植物性生长转向果实的成熟。但是如果面临过量的水分压力，也即真正的缺水，对于葡萄树来说则是有危害的，产量与葡萄的果实质量都会受到严重影响。

坐果与转色期之间缺水会影响花序的形成，直接减少结果的芽头，进而降低来年的产量。土壤中的水分不足会减少营养的获取，这就意味着要支撑生长就

图 11.12　遭遇极端干旱的葡萄园

得消耗永久生木（主杆）中储存的碳水化合物。如果干旱一直持续，树根就会干枯而死。水分的缺乏还会致使气孔关闭以阻止水分的蒸发，光合作用因此而被迫妥协，生长也就逐渐停止。如果干旱继续，树叶也将渐渐干枯并且最终脱落。

在极端干旱的情况下，葡萄树可以停止生长以有效减少水分蒸发和碳水化合物储备的转化，以保护葡萄树主体结构的存活概率。只要有水供应，无论是自然的还是灌溉的，都可以起到缓解作用，并且促使葡萄树恢复生长。

11.4.5　过量雨水

强降雨的时间极其重要。葡萄树可以在冬季休眠时忍受一段时间的水涝，但如果是在春季开始发芽时，情况就完全不同了：树根需要氧气才能活动。

在生长季过多的雨水所带来的负面作用是双重的。直接降水带来的危害会结合因降水而湿度增加所带来的次生危害。发芽之后任何时间的过量降雨都有可能带来诸如霜霉病、灰腐菌这种需要高湿度才能带来危害的疾病（见第 11.2.2 节和第 11.2.1 节）。过量降雨带来的直接危害包括干扰授粉、影响坐果和减少第二年结果数量。还会刺激植物性生长，如果不加以节制，很有可能进一步因为遮阴而影响坐果。

图 11.13　裂开的葡萄

果实也有可能被直接损害。吸收了雨水之后，它们会迅速膨胀，很可能导致果皮破裂，使病原体进入，尤其是灰腐菌。如果是在即将采收之前，就算果皮没有破裂，果实也会吸收雨水从而导致果汁被稀释。过量降雨还会带来一些其他后果，比如土壤过分潮湿，会影响机器进入葡萄园进行操作，包括采收机器。

温和的海洋性气候比较容易在生长季遭受大量甚至是过量的降水。而这种降水还通常会伴随降温和光照强度的减弱，从而影响光合作用。所以在这种生长季容易遭受过量降雨的地区，拥有排水性良好的土壤就相当关键。比如波尔多左岸的深层砾石土壤就是一个很好的例子。

11.4.6　冰雹

雹暴通常是区域性的，看似很随意的情况。有时候会非常有局限性，比如，会毁灭性地集中在法国西南部的某一个原产地保护产区，仅仅几分钟而已，但周边的产区却安然无恙。

冰雹可以在生长季的任何时候危害葡萄树，但是枝条、树叶和树藤在年轻时是最为脆弱的部分，常常被冰雹从葡萄树上直接打落。一场严重的冰雹不仅仅直接摧毁当年的产量，还会间接影响第二年。

图 11.14　受冰雹袭击的葡萄树

图 11.15　防护网

采收之前的冰雹会是一个巨大的风险，而防护网可以用来保护葡萄。在阿根廷门多萨这样一个近乎沙漠荒原的产区，夏季冰雹是一个巨大的隐患，因此防护网成为一种普遍采用的策略。勃艮第和波尔多也会遭遇一些偶尔的冰雹，所以在勃艮第已经开始试用防护网。

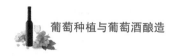

11.4.7 强风

微风与轻风对于很多葡萄酒产区来说都是相当重要的。风可以在雨后干燥葡萄树的微气候，它们从山上或者海边带来凉爽的空气，可以帮助那些晚摘风格的葡萄酒干燥和浓缩风味，还能帮助减少霜冻风险。不过，强风就完全不是这么一回事了。

在春季和初夏，尤其是在凉爽的海洋性气候条件下，强风会在坐果完成后危害年轻脆弱的葡萄树，包括花序。嫩枝的长度和树叶的尺寸都会减小，果串数量也变得更少、更小和更晚成熟。

炎热干燥的夏季风会给葡萄园带来热浪和高温峰值，比如那些从澳洲内陆吹来的风，尤其是在维多利亚州和南澳洲。当这些风强过那些凉爽海风之后，所带来的加热效应会被进一步强化。

图 11.16 葡萄园的防风林

南北半球的前沿气候系统都来自西方，因此东朝向的斜坡——背风面——自然会得到一些防风的保护。如果没有这样的天然屏障，可以设置防风带，可以是人工建造的隔离带或者种植的树林，或者灌木篱墙等等。这些防风带应该垂直于强风的方向建造或种植。在一个广阔的葡萄园区域，可能会根据这些树木的高度和密度，多设置几个防风带，因为一个太过于茂密的防风林不仅不利于降低风速，还会因此造成增强气流。需要权衡自然防风林所蕴含的风险和其带来的好处。因为这种植物带很有可能会成为益虫的栖息地，但也可能滋生害虫。此外，这些树木还有可能会与邻近的葡萄树争夺水分和养分，但它们也会稳定土壤结构和减少水土流失。

11.4.8 萎黄病

详见第 2.3.1、第 8.2.1.4 和第 9.1.2 节。

图 11.17　感染萎黄病的叶片

11.4.9　落花和成熟不均

详见第 3.2.4 节。

第 12 章
葡萄栽培管理系统

病虫害可以严重地损毁果实产量并且降低其质量(见第 11 章),保护农作物的健康和产量是农业的最基本功能。

为此,有一系列葡萄栽培的管理系统,从传统的到生物动力的。它们可以提供关于促进葡萄树健康、控制病虫害、杂草和自然灾害的不同解决方案和理念,以求获取理想的产量和质量。

传统的葡萄栽培通常会根据日历,采用农用化学试剂进行喷洒。而其他系统则会基于对不同病虫害在葡萄园中生命周期的了解而进行革新,结合详细的天气预报,这些知识可以帮助果农们达到控制的目标,可以使补救措施更加有

图 12.1　新西兰马尔堡一葡萄园机械喷洒浓药

效，使用的干预物料也更少，无论是“传统”的还是“有机”的。

现代管理系统的基本前提是宁愿选择预防而非使用农药。对于旨在避免根据日历机械化喷洒农药的传统管理系统，现代化的管理可能包括精心选址来种植新的葡萄园，例如避免一些真菌疾病偏爱的高湿度，或者选择某些特定的品种来应对那些在既定的葡萄园地区常出现的流行病虫害。对于已经存在而不能更改的葡萄园，管理措施是一个非常重要的预防手段。

监控葡萄园状况和结合疾病预报的天气数据是葡萄园管理措施的有效工具。这种科学方式的应用是为更可持续的生产系统铺平道路，可以降低农药使用的剂量和浓度。

12.1　传统农业

现在所谓的传统农业，一般是指 20 世纪在第二次世界大战以后发明的一些管理方法，包括系统性地使用人工合成的、系统的肥料和农药。从 20 世纪 50 年代开始，农用化学品就很普遍了，传统农业已经成为最常见的农业体系。但不幸的是，这种农药和肥料的使用会有不少残留在土壤之中。

传统农业可以使用各种各样的合成肥料和农药。农药是一个统称，包括杀微生物剂、杀真菌剂、除草剂、杀昆虫剂、植物生长调节剂等等。所有农用的化学品都由政府控制和管理，以确保是有效针对各种目标病菌，并且避免环境污染，解决公共卫生和安全问题。

其中一些规则包括农药的最大残留量限制。最大残留量限制就是在最终成品中一些特殊农药的最大用量(有些是建议量)。了解最大残留量限制对于果农和出口商来说很重要，因为有些出口国对于剂量的规定有很大差别。而且，在采收与最后使用任何农药之间必须有一个规定的最短时间，这既可以让农药发挥充分的作用，也能让残留低于最大残留量限制的最低标准。

杂草管理(见第 11.3 节)在葡萄园中是一个相对昂贵的项目，有研究表明，传统农业在这方面要比有机农业(见第 12.3 节)更为经济，因为有机农业要求土壤经过培养(有效的、耕犁过)来控制杂草。

除草剂(见第 11.3.2 节)可以分为三类：预防类、系统类、直接接触类。预防类除草剂会作用于土壤，由于不易溶解，所以可以在土壤停留较长时间。这种除草剂会对发芽的草种子比较有效，但对已经成型的树根危害不大。不过，还是尽量远离年轻的葡萄树或者幼苗。

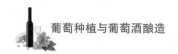

系统性的除草剂被喷洒在有杂草的区域，会被植物吸收，并造成一定危害，比如通过摧毁叶绿素来阻止树根的生长。所以这种除草剂在喷洒时出现的飘雾是一种潜在的风险，会危害到葡萄树和葡萄果实。

第三种类型，接触性除草剂，不会被植物所吸收。它们会直接摧毁所接触的杂草部分，而且对年轻的每年生杂草尤其有效，而对常年生的有危害的杂草效果不明显。

就算除草剂对树根的影响小于犁地所带来的危害，但仍然需要一定的技术来增加除草剂的效用而避免对树根的附带危害，因为它们是无差别的，也会作用于不同的植物。所以必须遵守制造商规定的喷涂速度，而且喷涂设备的校准是一项重要的工作。此外，操作者在混合各种药物产品时必须了解相互的兼容性，以防相互作用和反应，造成药物无效或者农药最大残留量限制超标。

真菌病害，例如霜霉病（见第 11.2.2 节）和粉霉病（见第 11.2.3 节）会使用经典的波尔多液，虽然对灰腐菌没什么效用。

广谱杀菌药，即非选择性的真菌试剂，可以针对一系列真菌和细菌。如果出现某一类真菌病害或者害虫的肆虐，可以使用某一款特定的杀菌剂或者杀虫剂。这类特定的杀虫剂会对无害的或者有益的昆虫带来更少的危害。

一直存在的一个风险是这些疾病会出现抗药性。混合使用广谱的或者针对性的药物试剂可以延缓这种抗药性出现。另外，使用更好的喷洒头可以提高覆盖农作物的效率并有更好的一致性。

12.2 可持续农业（一体化生产）

过去的 30 多年对地球资源局限性的认知开始逐渐加深。1987 年，联合国提出了可持续发展指南（适用于任何类别），定义为“发展以满足当前的需要但不影响下一代满足他们自己的需要”（布伦特兰报告）。

包括葡萄种植和酿酒在内的任何形式的可持续性，是基于三个关键目标，而非单一的利益目标：经济（利益）、社会（人类）、环境（地球）。这被认为是商业的三条底线。

就葡萄树栽培来说，可持续性生产包括了从传统农业即以产品为基础的系统（生产葡萄）转向了以知识和理解动植物生命周期为基础，并掌握这些因素如何相互作用和影响葡萄生长的系统。天气预报对于葡萄园的管理决定来说变得十分重要，功能性的生物多样性（见下文）在不影响葡萄健康和产量的前提下实现最小化投入，目标是减少农药的使用而不是完全不用。在欧洲可持续生产（即不仅仅葡萄的生产），也被称为一体化生产。葡萄园被视作一个整体的单位——有效的生态系统。在葡萄栽培这件事上，目标是生产符合质量和数量要求的葡萄果实，同时要少用具有生态破坏性的方式，将农药的使用最少化但并非完全弃用。提高对人类和环境的健康保护是可持续葡萄栽培一个额外的承诺，就如同其他产品的可持续生产一样。

可持续生产源于国际生物防治组织（International Organisation for Biological Control，IOBC）。生物动力控制最初的术语——“使用活体或者它们的产品来阻止或减少害虫带来的损害”，在 20 世纪 90 年代进行了革新，通过将一体化害虫管理（integrated pest management，IPM）纳入更广泛的一体化生产中。最初的一体化生产指南在 1996 年出版发行。

因此，一体化害虫管理是整体化或者可持续性生产的一个方面，主要关注病虫害管理。IPM 的目标是提前管理葡萄园环境，以避免病虫害情况上升。如果出现偶然的情况遭到病虫害的突然袭击而造成经济损失，可以使用生物动力或者机械化的方式进行控制，实在不行，使用农药是最后的选择。

为了减少杀虫剂的使用，IPM 对于病虫害生命周期知识掌握的要求要比传统农业高得多，传统农业只是根据日历表进行死板的喷雾处理。在 IPM 中，气象预报可以让风险得到评估，果农们就可以决定是否要进行喷雾，或者具体到什么时候进行喷雾。

另外，对于益虫生命周期、种群以及对它们生活习性的了解可以提供另一个病虫害管理的方法。有了这些知识，就可以减少或者避免喷雾对益虫所带来的危害性。这让生物多样性成为可持续生产的第二要点。

生物多样性的生态系统在生态上要比单一生态系统（比如葡萄栽培系统）稳定许多。当葡萄园中的动物和非葡萄植物能提供给果农一些栽培上的益处时，这就被称为功能性生物多样性。一个经典的生物多样性的例子就是种植覆盖性植物，可以提供给动植物群栖息地。在降雨较多的地区，这种永久性的覆盖植被很容易实现，但雨水较少的地区，这种植被就很容易跟葡萄树竞争水分，除非灌溉水充足且经济上划得来（见第 9.2.1 节）。

可持续生产的第三要点是强调土壤的健康性和质量。覆盖性植被可以改善土壤的结构。堆肥和粪肥的使用可以形成有机物以及微生物种群(见第9.2节)。

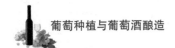

利用开放式、通风良好的树冠(见第10.5节)来避免病虫害的压力,也为可持续葡萄栽培做出了重要贡献,略低一些的作物负荷会加强这一好处。它可以使喷雾更有效率,所以对喷雾量的要求就会比较低。还有,开放式的树冠可以在雨后更快速地降低湿度。

这种可持续性的理念和实际运用会延续到酒厂里,比如能源的效率、碳排放的减少和水资源的使用,同时再加上浪费管理等等。

许多葡萄种植国都出台了全行业可持续发展守则或指南。但这些会因为它们各自对可持续发展的定义、各自改革的水平高低而不同,因此很难进行对比。与减少农药使用一样,这些计划还包括减少温室气体排放、减少能源消耗、减少水资源使用,以及在废水处理后尽可能地再利用等等。其他一些倡议则侧重于通过种植篱笆作为植物通道来增加生物的多样性,使各类物种在非农作物植被的庇护所之间来回移动或作为恢复原生植被的一种手段,并考虑在被覆盖的作物中种植本土物种。

这些项目一般都是自愿的。可以采用自我评分制度,以确定生产商的管理制度是否符合可持续发展的准则。这可以明确在实现更大可持续性发展过程中改进的机会。这种项目可能被加以认定,但也说不准,可以自愿选择。

在国际上,国际葡萄与葡萄酒组织已将可持续发展计划发展为葡萄种植酿造的可持续发展守则,而国际葡萄酒与烈酒联合会在2006年就制定了全球葡萄酒部分可持续发展原则性计划。这两者都致力于明确成员之间的共性和共识,因为成员国各自有特定的情况,所制定的计划会有很大差异。比如,在新西兰就不如澳大利亚那么缺水。

这些不同的计划都坚持致力于提高葡萄酒产业长期的可持续性。

12.2.1 澳大利亚

葡萄酒环保认证体系(Entwine Australia)是一个有证书的自愿性机制,主要关注环境和葡萄酒。主要特点是关注能源的有效性和减少温室气体排放,同时还有水资源的使用、生物多样性保护区和化学品使用、储存和清理等等。它由澳大利亚葡萄酒研究学院(Australia Wine Research Institute, AWRI)管理运营。

12.2.2　加利福尼亚

可持续葡萄种植计划(Sustainable Winegrowing Program，SWP)是一个依据超过 200 个不同标准的综合计划表而进行自我评估的志愿者系统，包括温室气体排放、水资源利用和生物多样性评估等等。提高可持续性评级需要有一些内在的步骤，存在一个自愿的第三方认证体制。

12.2.3　智利

智利葡萄酒可持续发展守则最近刚刚形成。这是一个志愿者体系，加上第三方自愿认证，这个体系的第一步是先搞明白目前这些果农们所处的现状和位置，以便于以后提高。

12.2.4　法国(高环境价值)

法国于 2011 年成立了一个农业环境体系。“高环境价值”涵盖了四个方面：生物多样性、杀虫剂使用、施肥、水资源管理。这是自愿的，也可以自愿被认证。那些最高的，在第三级被认证的酒庄，可以在产品上标注“HVE”(高环境价值)。其他的一些体系包括农业/葡萄合理种植(Agriculture/Viticulture Raisonnée)，葡萄产地可持续发展认证(Terravitis)和葡萄可持续种植认证(Viticulture Durable)都在第二级认证水平。

12.2.5　新西兰

新西兰早在 1997 年就提出了一个可持续发展计划——“可持续葡萄种植新西兰”(Sustainable Winegrowing New Zealand，SWNZ)。而酿酒厂的标准则在 2002 年被提出。这也是自愿性的，但这些生产商如果想参加“新西兰葡萄酒”(新西兰葡萄和葡萄酒国家性组织)组织的活动，就必须先得到 SWNZ 的认证，或者有独立审计机制的有机、生物动力、ISO14001 等认证。

12.2.6　南非

南非可持续发展葡萄酒组织(Sustainable Wine South Africa，SWSA)与许多国家提出的环保倡议相辅相成。而葡萄酒一体化生产组织(Integrated Production of Wine，IPW)在 1998 年就开始成立了。自那时起，包括减少温室

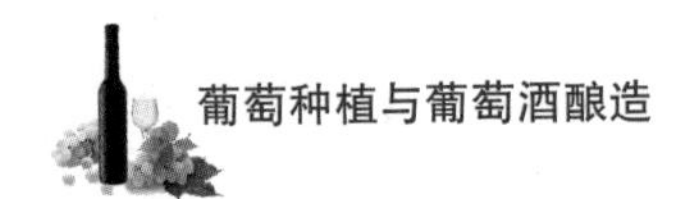

气体排放、改善工人健康和安全、生物多样性、废水处理等项目都被列入在内。从2010年的生产年份开始，IPW开始向一些具备资质的生产者授以加在原产地封印上的可持续发展印戳。而志愿者组织SWSA体系是每三年进行一次认证的第三方平台。

12.3 有机农业

在不到一代人之前，有机农业一直面对着各种质疑，被认为是只有那些过度追求不使用农药的人所接受的一种小众系统。但它很快变成了一种主流管理系统，并有明确自我定义的生产体制。为确保符合这些可以让葡萄酒标上“有机”字样的制度和措施，有机葡萄树种植需要满足一些特定的生产标准。这些可以根据国家产区或者授权主体的不同而有差异。

有机农业涵盖了可持续发展农业中的许多方面，也是一种技术型系统，相对于传统农业，要求操作者更多地待在葡萄园，以便观察葡萄树的变化从而做出合理的管理决定。一个关键的区分点，也是有机认证的核心原则，就是禁止使用农药。而有机葡萄种植通常被认为比可持续葡萄种植要求更加严格。此外，在有机的规则下，转基因产品完全被禁止，包括转基因酵母。

有机农业的目标包括在不使用人工合成肥料和农药的前提下，在更广泛的葡萄栽培生态系统中增强土壤生物活性、增加生物多样性。

12.3.1 土壤肥力

构建良好的土壤肥力、结构和质地是有机葡萄种植的关键原则。

在农药成为主流之前，堆肥和粪肥(见第9.2.2节)是增加土壤肥力的传统方式。在一个有机体系里，传统农业所使用的人工化肥却被堆肥和粪肥取代，因为后者可以提供更多的有机物。大量的微生物和蚯蚓可以巧妙地分解这些物质并释放出营养。在一个特定的环境中，如果没有残留的化学物质，土壤生物会更加健康，葡萄树生长和果实质量据说也会得到提升。

在临时覆盖的豆类植物上进行犁地，作为绿色肥料，提供了缓慢释放的氮元素来源。

12.3.2 病虫害管理

树冠结构的管理(见第10.5节)极其重要。开放式的、有着良好通风条件的树冠可以让空气实现流通和循环，以降低湿度（湿度是诸多真菌的滋生前提，见第 11.2 节）。同时也能让喷雾较好地渗透树冠，使喷雾更有效率。这种故意降低产量的做法可以使果实更加容易成熟，在有机种植的规则下减少风险。

一种生物多样性的行间覆盖作物作为有益生物的栖息地非常重要，同时也可以作为重要的氮元素来源。覆盖作物的根部活动改善了土壤结构和排水性，有植被的土壤也不容易遭受水土流失。覆盖作物的种类需要谨慎挑选，以免成为滋生害虫的温床，同时也要避免出现与葡萄树竞争水分和营养的情况。

极少有杀真菌产品可以用在有机葡萄种植中。仅有传统葡萄种植中所使用的含铜（主要指波尔多液）和含硫试剂被允许使用。铜是唯一对霜霉病起作用的元素（见第 11.2.2 节），而波尔多液对灰腐菌基本无效（见第 11.2.1 节），而且对粉霉病效果也不明显（见第 11.2.3 节）。欧盟第 889/2008 号法规（EU regulation EC No. 889/2008）规定，每年每公顷最多使用 6 千克，以超过 5 年的平均值来计算。相比较而言，澳大利亚的标准为平均每年每公顷为 8 千克。波尔多液的使用是属于预防性质的，因为不能在感染发生后进行治愈。而防粉霉病的含硫喷雾则可应对新近的感染，但不能杀灭真菌。因为有这些限制条件，树冠结构和管理技术就成为很重要的管理工具。

12.3.3　杂草管理

人工合成的除草剂在有机规则下不允许使用，杂草管理主要通过犁地，但会比使用除草剂更费时、费力。但是不使用除草剂却可以使土壤结构更好、排水性更佳、微生物和蚯蚓的活动更理想。

使用塑料薄膜（见第 9.2.2 节），包括割下的那些行间覆盖作物，可以帮助阻止每年杂草的生长，但同时也能滋养害虫。所以谨慎挑选那些特殊的覆盖作物（见第 9.2.1 节）可以帮助进行杂草的控制，也可以给益虫和有机生物提供栖息地。

12.3.4　法规

每一个司法管辖区都会对有机生产制定相关的法律法规，并且区分于国家标准。通常每个国家都有一些认证机构来认证生产商遵照规则实施生产。比如，在英国，土壤协会（Soil Association）就是一个主要的认证机构；而在法国，法国国际生态认证中心（Ecocert）和农业认证署（Agrocert）十分重要；在澳大利亚，认证机构是澳洲国家可持续农业发展组织（National Association for Sustainable

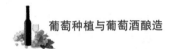

Agriculture, Australia, NASAA)。从全球来看,有机农业运动国际联合会(International Federation of Organic Agriculture Movements, IFOAM)负责监督有机农业的生产。

在欧盟内部,对所有有机生产有一套单独的规则和标准,包括葡萄。欧盟第834/2007号法规(2007)规定了有机生产和有机产品标签(这个法规包括了有机葡萄的生产,但不包括有机葡萄酒的生产,因为在当时并没有关于有机葡萄酒的明确定义)。而欧盟第889/2008号法规则涵盖了实施第834/2007号法规的细则。

直到2012年,出台了第203/2012号法规,在欧盟内部才有了对有机葡萄酒的详细规定。自2012年8月以来,在欧盟内部生产的有机葡萄酒可以贴上"Organic Wine"的标签。在此之前,只能表明该葡萄酒使用了有机葡萄。

在有机葡萄酒的标准方面,欧盟落后于其他国家,比如澳大利亚、智利、南非和美国。有机葡萄酒与传统葡萄酒的差别有明确规定,有机葡萄酒在葡萄园和酿酒厂里有着更加严格的要求(见第13章)。

同样也是在2012年,欧盟推出了在所有成员国中生产的有机产品的新标志(不仅仅是葡萄酒)。

在美国,有机生产由"酒精和烟草税务与交易局"(Alcohol and Tobacco Tax and Trade Bureau, TTB)制定,由农业部(USDA)国家有机项目(NOP)监管。由NOP授权第三方认证组织。

要取得有机认证资格,葡萄园通常要先花上三年时间遵循有机生产的各项规定和标准。再过两年之后,葡萄酒上可以标注"正在转换中"。

12.4 生物动力法

生物动力法的概念始于20世纪早期奥地利哲学家鲁道夫·史坦纳(Rudolf Steiner)。

这是一个比较小众的农业管理系统,同时也适用于特定的生产制度。为了顺应这些规则,使葡萄酒能够贴上"生物动力法"标签,生物动力葡萄种植有着一套自己独特的生产标准。目前只有两家可以认证的组织:生物动力认证(Biodyvin)(www.biodyvin.com)和德米特有机认证(Demeter)(www.demeter.com)。自从2009年6月以来,葡萄和葡萄酒都可以通过德米特有机认证进行认证。

生物动力法葡萄种植采用了有机农业的生产方法,另外再加上了一些玄幻的哲学、意识形态和一些顺势疗法(一种自然疗法)。它把土壤看作是宇宙中地球与空气、其他星球相关联的一部分。太阳、月亮和各星球如何排列,以及宇宙和地球的能量等等,都被认为可以影响植物的生长和发展。这就意味着特定的葡萄园和酿酒操作要根据月亮的阴晴圆缺(月相)而定。

生物动力农业会使用一些以牛粪、草药植物、石英硅(水晶)等为原料的制剂,它们会在堆肥的过程中以非常稀释、微小的,几乎是顺势疗法的比例浇灌在土壤、树叶或者堆肥上。它们并不是严格意义上的肥料,但能够促进微生物的活动和树根的生长。与有机葡萄种植一样,堆肥用来对土壤施肥。

12.4.1 500 制剂(角肥料)

这是直接埋入土壤用的,埋在葡萄树下方的土壤中。被认为可以增加微生物的活性并且增加腐殖质,同时也能促进根系的深入发展。具体做法是将牛粪塞入牛角中,然后在冬季埋入地下 6 个月,必须是至少每年做一次,至多 3 次,时间表要根据月相而定。这种制剂要用水稀释,并且搅拌一小时。

图 12.2 新西兰马尔堡埋入土壤的角肥料

12.4.2 501 制剂(石英角)

这种制剂主要作用于空气中,以及葡萄树地面上的部分。在清晨,会通过喷雾制剂吸附在树叶上，以促进宇宙的作用，加强光合作用，增强葡萄树向上生长，使果实和树枝成熟。制作方法是将石英装进牛角，然后在夏天埋入地下长达6个月。至少每年一次，根据月相而定。在喷雾之前，要通过水稀释并搅拌一小时。石英的反光作用会加强光合作用的影响。

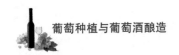

12.4.3 其他制剂

其他的制剂，比如502—507，在堆肥的过程中使用(见第9.2.2节)，在土壤表面，以加强月亮、太阳和行星运动的影响。502的原料使用蓍草(一种菊科植物)，503则使用甘菊，504使用荨麻，505使用橡树皮，506使用蒲公英，507使用瓦菜，都被认为可以促动矿物质，改善土壤的健康性，帮助葡萄树在特殊的地块实现平衡。此外，508使用的马尾草制剂也可以用来控制真菌。

生物动力法日历根据月亮绕行地球的轨迹可以分为根日(土)、果日(火)、叶日(水)和花日(气)，因为月亮穿越黄道星座(位于北极区的星座)时会分别跟土、气、火、水联系在一起。而普遍认为品尝葡萄酒的日子应该选择在果日和花日。生物动力法日历也会建议何时进行种植和采收。

与有机种植一样，生物动力法允许使用含铜(主要是波尔多液)和含硫试剂，但所有的农药和人工化肥禁止使用。德米特有机认证允许使用的含铜量为每年每公顷3千克，仅是欧盟对于有机种植要求的一半。

生物动力法葡萄种植与有机种植一样，把葡萄园和酿酒厂视作一个生态系统，在该系统内所使用的全部比如堆肥、粪肥和其他覆盖物，应当都来自该系统内部。这被认为可以最大限度地在葡萄酒中表达风土。

第 13 章
法　律

在国家和国际的层面上都有根据不同的标准来制定涵盖葡萄生长各个方面的法律。在某些国家，尤其是欧盟，还要看目的是酿造何种风格、何等质量的葡萄酒。如果考虑是一款要被消费的产品，那么一个最基本的目标就是要保证安全性。

特定的包装、标签，以及贸易相关法律并不在这里讨论。不过，葡萄酒要根据其特定的生产规则来确定酒标。因此，在波尔多的波亚克(Pauillac)生长的葡萄，会在酒标上标注波亚克法定产区(Pauillac AOC)(2012 年后，AOC 改称 AOP，也即原产地保护标识)。比如在澳大利亚库纳瓦拉这个特定区域生产的葡萄酒，可以在酒标上标注 Coonawarra 这一地理标识。

葡萄酒的生产过程比较复杂，葡萄酒也是一种全球贸易性产品。如果众多产酒国之间都采用国际认可的葡萄种植和酿造过程和方法，那么贸易会简单许多，贸易壁垒也可以减少。

13.1　国际葡萄与葡萄酒组织

总部位于巴黎的国际葡萄与葡萄酒组织是一个讨论葡萄酒和与葡萄酒相关的烈酒行业的国际论坛，通过它可以在该行业的任何方面达成国际协议。目前它拥有 45 个成员国，包括了新近(2013 年)加入的阿塞拜疆。

与各政府间的合作是一个核心原则，而其他则是与比如世界贸易组织、世界卫生组织、食品法典委员会，以及联合国粮食及农业组织等进行合作。

它的主要职权范围就是对各种操作与法规进行协调和标准化，并且制定国际标准以及分析方法。此外，国际葡萄与葡萄酒组织每年都要对世界的葡萄栽培状况进行一次年度概述，从中可以得到对生产、消费和贸易的趋势判断和前景展望。

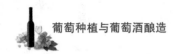

与葡萄栽培相关的出版物内容包括描述和列举葡萄品种的同义词、除草剂残留物的认证标准、国际酿酒实践守则、国际分析方法纲要、葡萄酒竞争国际标准以及葡萄酒与烈酒酒标国际标准等等。

经过6年的审议，2001年签署了一项新条约，确认了其目前作为涵盖与以前相同问题的政府间组织的身份。但彼时美国却撤回了其成员国资格，这个世界葡萄酒第一消费大国和第四生产国的缺失让世人震惊，虽然目前45个成员国占据了全球70%的生产量。

修改后的条约自2004开始生效，随即出台了该组织第一个三年战略计划(2005—2008年)，紧接着是2009—2012年计划，目标是可持续葡萄种植与酿造、气候变化、生物多样性和基因资源、酿造实践和技术、温室气体平衡以及生物技术(基因工程)影响等等。2015—2019年计划主要聚焦于可持续发展、规则、供应链动态、消费者安全和更深层次的国际间合作等等。

成果包括了2008年《葡萄种植与酿造可持续指南》的出台，包含了一个复杂的定义：关注葡萄的规模化生产和处理系统、产业结构和地区经济的同时可持续发展、生产优质产品、考虑可持续葡萄栽培的精确要求、风险环境、产品安全和消费者健康、遗产价值评估，以及历史、文化、生态和地形地貌等方面的全球战略。无论如何，需要强调三重底线问题(经济、环境、社会公平)，另外要加上葡萄酒特有的对于保护地理和人类葡萄酒遗产的考虑。这些指南有一个内置的审查和修订协议。

2011年，成员国又就温室气体排放的计算达成了一个框架协议。这个温室气体计算协议使全球的所有葡萄酒业务包括生产、供应、运输和零售，都可以使用一个标准的方法来报告它们在环境方面的表现。它的潜在作用不仅仅局限于国际葡萄与葡萄酒组织成员国。

 13.2 欧盟

欧盟包括了28个成员国(包括英国)[1]，加上2013年加入的克罗地亚。许多

---

① 英国于2020年1月退出欧盟，目前欧盟有27个成员国。——译者注

欧盟的成员国同时也是国际葡萄与葡萄酒组织的成员。欧盟是一个巨大的葡萄种植和葡萄酒生产监管机构,因为其成员国的产量占到全球产量的60%左右。

葡萄酒法律在2008年进行了更新,在2009年开始实施的新规中包括了酿酒实践操作、地理标识和酒标等,新规编号为第607/2009号。

在欧盟经批准的各种酿酒操作已扩展到那些被国际葡萄与葡萄酒组织所允许的范围。唯一的例外是桃红葡萄酒,在欧盟仍然要求使用放血法(bleeding)或者直接压榨法(direct pressing)来酿造,用红白葡萄酒混合的方法依旧被禁止。

现在有两个葡萄酒的类别来代替以往的命名:

- 有地理标识(GI)的葡萄酒,其中又分为两个组别,与食品地理标识比较接近,用于酒标。

1) 原产地保护葡萄酒(PDO)

2) 地理保护标识(PGI)

- 没有地理标识的葡萄酒。

此外,一些特定的传统标签术语,比如 Appellation d'Origine Contrôlée, Qualitätswein, cru bourgeois, premier cru, sur lie, passito, recioto 等名称,以及某些瓶子形状等都依然受到保护。这些都被列举在第607/2009号法规附件十二的A、B部分。

这些类别非常重要,因为在欧盟,生产的各个方面都是根据葡萄酒的种植和生产类别来规定的。

13.2.1 葡萄种植

在欧盟,原产地保护葡萄酒要根据不同的标准来进行严格规定:

- 葡萄果实必须来自严格限定的区域内。
- 只允许特定的,满足质量要求的品种。
- 种植方法也有规定,包括种植密度和修剪方式等。
- 每公顷的产量也受到严格控制。
- 特殊的酿造方法也需规范,包括陈年时间和容器类型。
- 葡萄必须达到潜在酒精度的最低成熟度。

在欧盟,地理保护标识葡萄酒会根据不同的、但不如原产地保护严格的标准来进行规定:

- 葡萄果实必须来自指定区域。

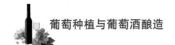

- 地理保护标识所允许的葡萄品种会更加宽泛。
- 每公顷产量也有限定，但会比原产地保护的标准高。
- 葡萄必须达到潜在酒精度的最低成熟度。

13.2.2 酿造

在欧盟，对酿造的各个环节也都进行了规则限定，比如葡萄种植产地根据气候参数被分成了好几个区域，规定了哪些产区可以进行加糖、加酸或者去酸（见第1章，表1.7）等操作。

欧盟委员会第606/2009号法规将葡萄产品、酿造方法以及欧盟提出的其他要求进行了归类，其中有一个单独的部分来针对有机葡萄酒酿造（见第12.3节）。

关于起泡酒，其残糖标准在第607/2009号法规附件十四部分中有列举：

表 13.1

酒 标 术 语	残 糖 含 量
自然干/不补液(Brut nature/Zero dosage)	<3克/升且二次发酵后不再添加任何糖分
极干(起泡酒)(Extra brut)	0—6克/升
干型(起泡酒)(Brut)	<12克/升
极干(Extra dry/Extra trocken)	12—17克/升
干型(Dry, Sec, Trocken)	17—32克/升
半干(Medium/Demi-sec/Halbtrocken)	32—50克/升
甜(Sweet/Doux)	>50克/升

即使是这为数不多的例子，也凸显了欧盟内部对葡萄酒生产的严格监管。

13.3 国家规定

在欧盟内部，每一个成员国都有自己生产葡萄酒的各种规定，与欧盟法规互相融合、互补。

在欧盟之外，比如那些新世界国家，地理标识系统已经发展了数年，而且随着新的葡萄种植区的不断确定而继续创新、完善。通常来说，这些国家比欧盟的相关规定要少许多。比如澳大利亚，有 114 个地理标识产地，都属于限定的地理范围。对于地理标识的申请，有着最低的生产水平要求，以及在地理和气候方面的同质度，但是对品种或者其他种植方面却没有严格要求。其他地方，比如美国有葡萄种植区域系统（American Viticulture Areas, AVA），南非则是原产地制度（Wine of Origin, WO），智利有原产地管理系统。

13.4　葡萄种植管理系统

在葡萄种植管理系统中坚持的某些方法，可以进行认证和规范（见第 12 章）。对于传统农业来说，一项主要的控制指标是确保任何一种农药或除虫剂的残留量低于最大残留限制，这有利于保护葡萄园工人和最终产品的消费者。有机葡萄种植的认证可以通过不同的组织和机构来进行（见第 12.3.4 节），生物动力法葡萄种植可以通过两家主要的组织来进行认证（见第 12.4 节）。

在欧盟内部，通用的酿酒方法和一些具体的细分方法由葡萄酒通用市场组织法规定义（第 606/2009 号法规），最近的第 203/2012 号法规明确了有机葡萄酒酿造的总体方法以及具体的细分方法。

在欧盟以外，有机葡萄酒通常通过法规的形式对硫化物，以及像山梨酸、焦碳酸二甲酯、溶菌酶、硫酸铵、亚硫酸铵、硫酸铜等化学品的限制或者禁止使用来进行定义。

第二篇　酿　造

从采摘到熟化，所有的葡萄加工工艺和选择都会影响葡萄酒成品的风格和品质。无论酿制什么颜色的葡萄酒，葡萄在进入酿酒厂准备发酵前都要保持最佳状态。接下来的章节涵盖了静止葡萄酒、起泡葡萄酒、甜葡萄酒和加强葡萄酒的发酵前操作和发酵过程。

第14—18章　预发酵操作

这几章探讨了从决定采摘到准备发酵的葡萄加工过程。其中有一节是关于二氧化硫的，涉及二氧化硫在整个酿酒过程中(即直到装瓶为止)的主要特性和用途。

第19—21章　发酵

这几章研究了酵母和乳酸菌的作用，以及这些微生物如何完成发酵过程，并详细介绍了酒精发酵问题。

第22—24章　静止淡葡萄酒的发酵：白葡萄酒、桃红葡萄酒和红葡萄酒

这些章节梳理了这几类葡萄酒的主要问题和特点。

第25—27章　起泡酒、甜葡萄酒和加强葡萄酒

其中一些风格涉及详细规定的制作方法，特别是那些源自欧洲旧世界的葡萄酒风格。起泡葡萄酒占有重要的地位，约占全球葡萄酒总销量的10%。在现代葡萄酒世界中，甜葡萄酒和加强葡萄酒所占的市场份额较小，但仍然是一个重要的、风味独特的小众市场。

第 14 章
采　收

葡萄酒最终的质量依赖于采收时葡萄果实的质量。采收之后葡萄果实就会开始分解。

葡萄酒的主要原料葡萄果实(见第 3.4 节),在生长季会经过几个阶段的成长和成熟。第 3.4.4 节中明确给出了几个不同的葡萄成熟的定义。事实情况是并没有一个放之四海而皆准的所谓统一的成熟时间节点,这是因为葡萄果实会有不同的成熟速度,而且不同的葡萄会用来酿造不同的葡萄酒风格,比如霞多丽,用来酿造起泡酒的成熟度对于勃艮第特级园来说就是不成熟的。

因此,"理想的成熟度"需要从两个维度进行考虑,一个是葡萄本身的发展阶段,一个是酿酒师的酿造目标和要求。传统法酿造的起泡酒(很少或几乎没有酚类物质,以及要求少量的糖分水平)与芳香型干白葡萄酒(要求有芳香型物质)、温暖气候的红葡萄酒(要求较多的酚类物质)是完全不同的。

理想的采收带有一点神秘色彩,它要求冷却,并且所有葡萄果实或果串没有留出果汁(对于在葡萄园里游荡着的各种有害细菌来说,这是非常有营养且理想的滋生环境),不能出现刮破、压扁、破损、裂开等情况,直到酿酒师在酿酒车间开始获取葡萄汁。在那个神秘的世界里,只有这些葡萄被采收,而非葡萄原料(MOG)会继续留在葡萄园(见第 14.3 节)。但这种理想状态很难达到。

在非理想的状态下,采收的目的就是保持葡萄的最高品质。所以,这也是每年最棘手的决定之一,每年的不同的生长条件比如气候和天气等又会使情况变得更为复杂。

有些地方允许对葡萄的成分做一些调整(见第 18 章),但必须在一定的范围之内并且有与之相关的法律法规,但是这样的调整不能纠正葡萄最根本的缺陷。

虽然葡萄的各种不同成分无法在同一个时间节点达到成熟，但葡萄通常只是一次采收，当然有些特殊的甜酒例外。因此采收往往是包含了对葡萄的成熟度、恶劣天气和病虫害压力、可支配劳动力和器械，还有所要酿造的酒的风格等因素的综合考虑。越小型的葡萄园做这种采收决定的弹性越大。

采收可以通过人工或者机械。

14.1　决定采收日期

除了特殊的甜酒之外，无论何种葡萄酒风格所面临的采收期窗口仅仅数天而已。因此，在采收之前数周，为做采收决定必定要做的几件事是葡萄取样进行样本测量，包括糖分、酸度和酚类物质，加上对以往天气预报的回顾。

任何一种喷洒都需要被额外地考虑在内，因为在生长期内喷洒的物质都有一定的持续时间，也就是说，在最后一次喷洒到采收期之间必须要有一个最短期限的规定。这种持续时间会因产品而不同，但是最多能达到三周，甚至更久。为了保护消费者的安全，所以特意制定了 MRLs(最低农药残留量)。但这个更为复杂，因为不同国家有不同 MRLs 的标准，因此也是作为出口产品时额外的考虑因素。

包括清洁和维护酿酒车间设备、采收盘等许多工作都可以制定时间表，但唯独没有任何工具可以用来精确地制定采收时间。有太多的因素可以影响最后成熟的时间。

一些共同的主题

有一些共同的主题会贯穿这些酿造章节，主要是氧气、时间和温度。依据酿酒过程的不同阶段，氧气的存在或缺失会有好坏之分，此外，有些葡萄酒风格会故意酿造为还原风格或者氧化风格，以及介于两个极端之间。

时间是另一个在酿酒中的离散因素，一些现代技术可以使部分时间从传统的酿酒方式中消失。但关于从系统中去除这部分时间所带来的好处有着不同的观念和理念，因此有时候这些决定会直截了当地基于生产的规模。

温度会直接影响生化反应速度，并有不同的后果。

二氧化硫和二氧化碳的影响是补充的主题。

基于不同采收方式的选择，对于有着不同成熟期的葡萄品种，采收时间可以从几天甚至到几周不等。据说在全球一年中的每一个月都有葡萄被采收，从炎热的南半球的早熟品种到北半球冰酒品种的采摘。

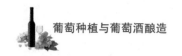

葡萄园并不是规则的(见第 7.4 节),所以在同一片葡萄园中,就算是同一个品种果实的成熟也会有差异,意味着所有采收的果实可能有着不同的成熟度。在采收前的数周或数天内,应当定期地进行彻底采样,并考虑到葡萄园的变化性,以及葡萄园内、葡萄树内、果串内的接受阳光照射的差异性。这种取样可以尽可能地使葡萄园的差异性降到最低,以代表整体葡萄园的成熟水平。随着抽样的继续,可以更加精确地确定采收日期。

传统的通过品尝葡萄来确定采收的方式依旧能提供很好的建议。

14.1.1 葡萄成熟度

就算是在理想的气候条件下,决定什么时候采摘的一部分风险是糖分、酸度和酚类物质不能同时成熟。此外,想要酿造的葡萄酒风格也会影响葡萄采收是比“理想”的时间早或者晚。

葡萄不同参数的测量,尤其糖分和酸度是葡萄成熟度和潜在采收时间的标准参数。对于红葡萄来说,要更多地考虑酚类物质的成熟度。

在较为凉爽的气候条件下,采收决定主要考虑糖分是否达到了足够的集中度,而在较为炎热的地区,酸度是否足够就成了一个重要参数。在合理的范围内(或者法律允许的情况下),糖分和酸度都可以进行调整(见第 18.3 和第 18.4 节),有些则只允许对单一成分进行调整。

测量葡萄酒或葡萄汁密度的方式有好几个,可以使用液体比重计。用得比较普遍的是波美比重计(Baumé, Bé),它的简单易用之处在于可以直接测出潜在的酒精度,也就是所有糖分被发酵至干性后的酒精度数,因此 13 Bé 几乎就等于 13%的酒精度。

另外像美国使用较多的糖度(又称白利)(Brix),主要是测量果汁中可溶解固体的量而非糖分。但可以通过下面这个公式进行换算:Brix/1.8=Baumé,因此 24 Brix/1.8=13.3 Bé(或潜在酒精度)。

还有一种叫作予思勒糖度(Oechsle, Oe),是由德国人发明并被广泛采用。予思勒糖度×0.125=潜在的酒精度,因此 95 Oe×0.125=11.9%pot. alc。

因此波美度、白利糖度、予思勒糖度都是可能的测量葡萄成熟的方式,还有总酸度、pH 值、颜色和酚类物质含量等。

通常,酿造红葡萄酒的品种在采收时波美度数值会介于 10—14 Bé,同时 pH

值低于3.5。而酿造白葡萄酒的品种采收时波美度数值为10—12.5 Bé,pH值低于3.3。

14.1.2 葡萄的健康

葡萄的健康有可能在成熟的最后一个月发生变化。

不健康的葡萄,比如那些感染了一定程度灰腐菌的(见第11.2.1节),就没办法酿成高质量的葡萄酒。如果有感染霉菌的可能性时,就需要尽快地完成采收。

把感染的葡萄挑选出来就意味着采收的损失,此外,灰腐菌会损坏红葡萄品种里的花青素,以及破坏红白葡萄品种里的酚类物质,还会给最终的葡萄酒带来一股霉味,并导致氧化的情况。

过熟的葡萄(并非指第26章所述的酿造甜酒时故意晚摘的情况)常常发生在天气炎热的产区,会导致葡萄酒质量的下降,而且会有不同的烹煮过的味道。

14.1.3 天气

天气预报越来越精确。尽管如此,还是会遭受到包括强降雨和冰雹等在内的恶劣天气的威胁,为葡萄达到所酿造风格需要的理想成熟度而制定的采收计划还是有可能被扰乱。

恰好在临近采收时下雨,由于果实的吸收,过多的雨水(或者是太多没有节制的灌溉)会稀释葡萄。如果是短时间降雨,果实还有可能尽快变干,并且重新变得浓缩。但持续的快速的水分吸收会使葡萄果实膨胀并破裂,就可能会引起细菌和真菌感染(见第11.4.5节)。此外,葡萄园里如果有太多的水,机器就很难进入。所以如果有行间草皮植被,则可以让机器在强降雨之后尽快进入葡萄园(见第9.2节)。

由于对这种会影响葡萄果实的恶劣天气的预知,采收往往会比理想采摘时间提前。凉爽气候下秋霜的风险威胁也会迫使采收提前。

14.1.4 可用资源

与天气潜在的不确定性一样,劳动力与采收机器(并非酒庄拥有的情况下)也需要提前进行规划确定。计划这样一个时间表,结合天气预测酿造葡萄酒风格所需的最佳成熟度,可以说是葡萄栽培的一大难题。

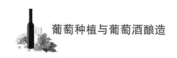

14.2 手工采收

有些风格的葡萄酒在法律上只允许进行手工采收，这些要求有整串葡萄，比如香槟和其他一些采用传统法酿造的起泡酒(见第25章)，还有采用二氧化碳浸渍法(见第24.4.2.6节)的葡萄酒。

晚收和贵腐甜葡萄酒风格(见第26.1节)必须也采用手工采收的方式。采收还会要求多次进入葡萄园，每一次都只从果串上挑选那些过熟的或者被贵腐菌感染的果粒。苏玳(Sauternes)、托卡伊阿苏贵腐甜酒(Tokaji Aszú)和逐粒精选/枯藤逐粒精选(Beerenauslese/Trockenbeerenauslese)葡萄酒都属于这一类。

地形也可以规定进行手工采收，尤其是在传统的葡萄酒产区。比如摩泽尔和杜罗河谷的斜坡，陡峭的坡度无法进行机械作业。

另外，灌木丛式葡萄树，以及那些行间距太过狭窄的葡萄园也很难进行机器操作。

有些整串发酵或部分整串发酵，以求用叶柄来增加单宁的，也要求手工采收。

除此之外，手工采收就是一个可选项。手工采收有诸多优点，尤其是果汁通

图14.1 葡萄手工采收

图14.2 使用大采收筐进行葡萄手工采收

常保留在果实内部，依附在梗上，很少或完全没有渗漏。手工采收的过程比较温柔，而且采收筐小而窄，可以避免上面的重力压迫底层的葡萄，从而使葡萄破裂及果汁渗漏降到最低。

满载的采收筐须尽快运送到酿造车间，使果实表面微生物引起的危害程度降到最低，同时也使因为温度升高而导致的酶促反应最小化。

手工采收可以在葡萄园进行果实的挑选，熟练工人可以根据要求只挑选那些成熟、健康或者贵腐菌感染的葡萄果实，避免那些不成熟的、有疾病的或者过熟的葡萄。这对某些薄皮品种尤其有用，比如赛美容，因为皮薄，会因为机械采收而损坏。

手工采收是一项费时、费力(假设劳动力可用)又比较昂贵的作业过程，因此比较适合质量和成本能平衡的高价格葡萄酒。

14.3　机械采收

自从20世纪60年代被发明以来，机械采收已经有了相当长的一段历史，不但在技术上有了长足的进步，采收动作越来越温和，对葡萄树和花序的损害越来越小，而且扩大了运用范围，现在全球大部分的葡萄酒都采用了机械化操作。

通常葡萄是被两排灵活的棒振动摇晃下来的，葡萄树的两侧各有一排。摇下的果粒会掉落在下方的双鱼鳞式传送带上，这个传送带会在葡萄树的主干藤蔓和棚架柱子的周边开开合合。随后葡萄会被传送至收集箱。

图14.3　葡萄机械采收

这种采收有一些先决条件。比如，所有的果实要在同一个区域，所以需要合理且坚固的栽培系统(见第10.4节)，行间距也要足够宽，以确保收割机能通过。在每一排葡萄树的尽头需要有额外的空间，使收割机能够转向、掉头。葡萄园的土地只能有轻微的坡度。

机械采收适合绝大多数葡萄品种，有些会特别适合，尤其是那些果皮比较厚且果串比较松散的，如赤霞珠。薄皮葡萄品种比较容易受到物理伤害，比如黑皮诺和赛美容，会面临果汁氧化和微生物污染的风险。

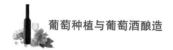

这种方式的最大优点在于速度，大片葡萄园的采收可以在最接近的时间内保持果实一致的理想成熟度（符合酿造风格）。机械采收对大片葡萄园的操作管理尤其有用。快速采收对于有不确定天气影响的情况也十分奏效。

劳动力成本大大降低，但收割机比较昂贵。如果是手工采摘，一公顷大概需要 160—300 小时，但机械采摘仅需 0.6—1.2 小时。如果换算成成本的话，机械采收每公顷可以节约 1 000—1 500 欧元。如果果农要雇用收割机，需要提前预约。这给采收决定提高了一些复杂度。

把果实从果串上摇晃下来，不可避免地会引起一些损害，流出一些果汁。机械采收可能会导致大约 10%—30%的果汁暴露在空气中。因此保护工作很重要，比如使用二氧化硫会延缓氧化的过程（见第 15.2 节），但是二氧化硫加入果粒与果汁的混合体中，会促使果粒的浸渍和酚类物质的吸收，这对白葡萄酒来说是个不利的因素。

有些采收机器的目标和过程属于无差别的，比如，无论是健康或不健康的葡萄、成熟或不成熟的葡萄，甚至还会采收到一些非葡萄物质（MOG，meterial other than grape），包括树叶、昆虫、节肢动物、污垢，还会有一些棚架结构上的小块木头与金属。但传送带上方的鼓风机和磁铁能够处理掉上述大部分物体。

图 14.4　在气候炎热地区，夜间采收可保证葡萄温度最低

强降雨会导致土壤水涝或泥泞，因此无法进行采收。在等待土壤干燥的过程中，有可能会面临果实过熟的情况。降雨也会对葡萄果实带来额外的疾病风险。

如果机械采收的葡萄需要长距离运输，浸渍的风险就会提高（见第 18.1 节），尤其对白葡萄品种来说。这种风险包括氧化带来的果汁棕色变化和微生物污染。

第 15 章
从葡萄园到酿酒车间

葡萄一旦被采摘，无论是手工还是机械，控制损害就成了焦点问题。用来控制风险的方式有几种，但至关重要的是迅速将葡萄从采摘点送至酒庄以避免物理伤害和氧化。另外，葡萄的温度越高，受到损害和氧化的可能性更大。

15.1 物理损害

将葡萄从葡萄园送至酒庄的容器有许多不同的形状和尺寸，有大多数用于手工采摘的小而窄的板条箱，可以堆放在拖车上，也有大型的货柜，可以直接倾倒在酒厂的接收槽，或者被运送到更大的货柜中，再行运至酒厂。减少转运次数可以有效降低葡萄质量损失的风险。

图 15.1 用拖车运到酒厂的葡萄被倒入接收槽

图 15.2 用于生产起泡酒的手采葡萄装在可堆叠的板条箱中运往酒厂

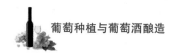

物理损害可以致使流出的葡萄汁被氧化而变成棕色，也会使微生物接触果汁，感染风险随之而来。所以，目标就是要避免葡萄果实的破损甚至是擦伤。这对白葡萄品种来说尤其重要，破损的果皮与果汁的浸渍会导致不理想的酚类物质被吸收(见第 18.1.1 节)，会影响品种本身香气特点的表达。

在机械采收使用大型货柜时，一些损害是无法避免的，例如因重力而产生的破损以及由此带来的果汁释放。因此采收过程必须十分短暂，从而尽可能降低氧化和微生物污染的风险，而过高的温度会加剧这种风险。

可以采用就近破碎葡萄，将葡萄汁用惰性容器(比如密封罐)以冷藏的方式运送至酒厂，这对相距甚远的酒厂来说作用更为显著。

15.2 氧化

葡萄果实的氧化是采收后一种自然的分解衰弱过程。

葡萄自带两种重要的氧化酶——虫漆酶和酪氨酸酶(见第 18.6.1 节)。一旦果汁暴露在空气中(大约 21%的含氧量)，这两种酶就开始启动氧化反应。氧化可以致使果实变成棕色，因此手工采收的一大好处就是可以在过程中保持果粒与果梗的连接而避免果汁流出。

在抵达酒厂可控环境之前果汁的氧化(以及因果皮接触而出现的酚类物质吸收)会影响和损害质量。

氧化酶的反应速度直接受温度的影响，此外，如果从采收到酒厂的时间越长，氧化的可能性就越大。如果葡萄的运输过程能尽快完成并且过程中保持低温，那么氧化的速度就可以得到很大限度的控制，而且会额外降低微生物的滋生。尤其在炎热的气候条件下，夜间采摘可以帮助降低这些风险。

以焦亚硫酸钾的形式为葡萄撒上二氧化硫，可以起到暂时抑制氧化酶的作用，延缓氧化。当然，葡萄也可以用二氧化碳进行覆盖性保护。

15.3 微生物污染

微生物是葡萄园中的产物，包括野生酵母(见第 19.1 节)、细菌等，在采收和运送的过程中因为果粒的破碎而进入果汁中。采收时采用低温方式、保持采收设备清洁、添加二氧化硫(见第 16 章)等措施可以降低微生物污染的风险。

高温可以促进微生物的活性，任何发霉的果实都有可能加速污染。手工采收的、放置在窄小货柜中的葡萄果实因为有果粒仍与梗茎相连，因此会比机械采收的纯果粒所面临的污染风险小很多。

二氧化硫（见第 16 章）对于微生物有毒性，也能抗氧化，而且也是氧化酶的抑制剂。随着温度的升高、葡萄发霉比例的提高、空气暴露程度的增大，需要提高二氧化硫的剂量。

15.4　损耗

要将产量损耗最小化，因为这会直接导致商业利润的丢失。

如果果实在采收时损坏过于严重，可能会被分拣出去，无法用于酿酒。

对于高质量低产量的葡萄果实来说，如果与手工采收相比，机械采收造成的产量损耗只有 5%—10%，那么机械采收会更显优势。

第 16 章 二氧化硫

二氧化硫是一种无色气体，剂量达到一定程度会有毒性，在古代文明中曾被用作熏蒸消毒剂，至少从 15 世纪末期开始，就被用作葡萄酒防腐剂。

采摘时候的整串葡萄受到的保护主要或者临时来自葡萄皮和角质层。但裸露出来的果汁就失去了这样的保护，直至形成化学反应所带来的二氧化碳保护层。葡萄果汁非常容易被氧化和发生微生物污染。二氧化硫可以在采摘时起到保护作用以应对此类风险。

在采摘到装瓶的过程中有几个节点都会添加一些二氧化硫，目的是为了确保在其中都有一定量的自由形态的二氧化硫来保护葡萄汁和葡萄酒。通过一些常规的方式就能计算出每一次添加的量，并且要保证在法律规定的安全剂量以下（见第 16.4 节）。

但当下出现了一种要求在葡萄酒酿造中降低二氧化硫使用量的舆论压力。欧盟在 2009 年对于降低二氧化硫使用量的法律法规做出了调整（见第 16.4 节）。

逐渐地，精细化的酿造操作在客观条件上也允许了降低二氧化硫的添加量，包括从采摘到装瓶的每一个阶段。比如各种配套设备的维护，避免损坏葡萄果实，快速地将葡萄运至酒厂，低温控制，一些机械设备的运用如过滤器来控制微生物（见第 32.3 节）等。

理论上，酿造过程中完全不添加二氧化硫也是可行的，而事实上也有一小部分酿酒师正在这么做。不过，由此而存在的微生物污染和氧化的风险性就大大提高了。

16.1 形态

在葡萄酒酿造中，二氧化硫通常分为三种形态：总量、结合态、自由态。二氧化硫总量＝结合态二氧化硫＋自由态二氧化硫。

二氧化硫总量水平有法律规定(见第 16.4 节)。结合态的二氧化硫是那些与葡萄果汁或葡萄酒中物质呈结合形态的硫,不能提供保护。而自由态的二氧化硫才可以起到真正的保护作用。

16.1.1　结合态(固态)二氧化硫

为了达到其保护的目的,二氧化硫会与葡萄果汁或者酒里面的某些物质进行结合。比如与氧气(见第 16.2.1 节)、醛类(见第 16.2.4 节)和糖分(见第 36.6 节)等结合,但这种状态的二氧化硫就此失去了保护功能。所以这部分二氧化硫被称为结合态(固态)二氧化硫。

越多的二氧化硫被结合成为固态,所剩下的可以起到保护作用的自由态二氧化硫就越少。那些酿造比较粗糙或者被氧化的酒,其中结合态(固态)二氧化硫就比较多。

16.1.2　自由态二氧化硫

非结合态形式——自由态的二氧化硫,可以起到对葡萄汁和葡萄酒的保护作用。

自由态的二氧化硫一共有三种形式,其中一种就是分子二氧化硫,可以直接提供保护(见第 16.2 节)。

在低 pH 值(高酸)水平下,三种形式中最多的是分子二氧化硫(自由态二氧化硫的活跃部分),这就意味着相比于高 pH 值的葡萄酒,在这种酒里可以少添加一些二氧化硫,从而能达到相等的保护作用。

在法律对二氧化硫总量做出规定的同时,在酿造过程中的自由态二氧化硫也会被监控,因为这是活跃的,可以起到保护作用的二氧化硫形态。

在装瓶前葡萄酒中自由态二氧化硫的量为 15—40 毫克/升,如果是低 pH 值(pH 3),二氧化硫的量会趋于小数值,而如果是高 pH 值(pH 3.6),二氧化硫的量则会趋于大数值。详见第 36.4 节和第 36.5 节。红葡萄酒中自由态二氧化硫的量通常要比白葡萄酒中的少,因为红葡萄酒中的酚类物质也可以起到一定的保护作用(见第 24.2 节)。

16.2 保护功能

二氧化硫的保护功能总共有四个方面。

16.2.1 抗氧化

二氧化硫的关键作用是阻止葡萄汁和葡萄酒的氧化反应，是通过自身与氧气分子的结合从而使氧气失去氧化功能来实现的。

装瓶之后，自由态硫的量会逐渐降低，因为会与其他物质相结合，包括从瓶口处或者瓶塞与瓶身的接触点渗进的小部分空气。这就意味着二氧化硫的潜在抗氧化能力就会缓慢下降至一个低点，直至不能再提供保护。从这个节点开始，葡萄酒就会开始变成棕色并且发展出氧化的气味。

16.2.2 防腐(抗微生物)

二氧化硫会抑制细菌、真菌和酵母菌的生长。通常，相比于人工酵母，野生酵母对二氧化硫的抑制作用更为敏感。而酵母通常也比细菌更能忍受二氧化硫。因此这对作为发酵介质的酵母来说，并不是坏事。

二氧化硫可以用来阻止苹果酸乳酸发酵(见第 21 章)。不过，当需要进行苹果酸乳酸发酵时，尤其在开始阶段，就要避免使用二氧化硫或尽量少用，以免起到抑制作用。

在酒精发酵接近尾声时，二氧化硫的添加就变得十分重要，因为要保护新酿葡萄酒免遭腐质微生物如酒香酵母(见第 40.6.6 节)的侵扰。这是一种对二氧化硫有一定抵抗性的酵母菌。

二氧化硫还能对抗一些细菌如醋酸菌。这是一种能把葡萄酒变成葡萄醋的菌种(见第 40.4 节)。

16.2.3 抗氧化(抗酶)

二氧化硫可以抑制氧化酶的活性。这些酶会催发氧化，在葡萄果实中，两种主要的氧化酶是漆氧化酶和酪氨酸酶(见第 18.6.1 节)。

酪氨酸酶在健康葡萄中出现，而漆氧化酶则出现在被灰腐菌感染的葡萄中。这些氧化酶会在氧气存在的情况下导致葡萄汁变为棕色。对于酿造白葡萄酒的葡萄汁来说，阻止变色尤其重要。

16.2.4　葡萄酒清新

二氧化硫与乙醛相结合而生成非挥发性的物质。乙醛是一种发酵过程中产生的较为常见的副产品，由酒精（乙醇）氧化而来。通过与乙醛的结合，二氧化硫可以使葡萄酒保持清新，并帮助储存香气。

除了那种故意形成酵母菌膜风格的葡萄酒，如雪莉酒（sherry）中的菲诺（fino）和曼萨尼亚（manzanilla），一般葡萄酒都不需要大量的乙醛，因为它们会使葡萄酒变得平淡、无趣、没有活力，并且趋于氧化。而酵母菌膜风格葡萄酒中的乙醛是通过酒精酵母代谢形成的。

二氧化硫还能漂白因为氧化而形成的棕色。

16.3　准备工作

有许多化合物可以形成二氧化硫。

16.3.1　火柴

硫黄火柴是对木桶进行熏蒸的一种比较原始的方法。通常情况下，在葡萄酒放入木桶中之前，要先点燃浸在硫黄中的布芯。当硫在有氧气的情况下被点燃后，就会产生二氧化硫气体。

但这种方式很难预测能产出多少消毒用的二氧化硫，故而已成为一种过时的技术手段。其中一部分硫可能会融化并从布芯上掉下来，而不会燃烧生成二氧化硫。不过无论如何，这种技术通常能对随后加入木桶的葡萄酒起到足够的抗微生物效果。

这种方式对于一些小量的木质容器兴许还有些效果，但对大批量的木桶来说，加入一定剂量的二氧化硫溶液更为精确也更为稳定。此外，燃烧硫物质会加速水泥容器和不锈钢容器的损耗。

16.3.2　固体硫片

燃烧人造的固体硫片比起硫黄火柴来说会更加可靠并且具有可控性。它们充分燃烧后能提供更为稳定和精确的硫添加。

16.3.3 液体

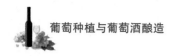

在正常的温度和气压下，二氧化硫是一种气体。但在−15℃或者3巴的压强下，二氧化硫气体会液化(成为亚硫酸)。它会被储存在圆柱形金属罐内，使用时直接取出就可以。但这需要一定的技术才能操作。

提前混合的二氧化硫水溶液同样也可以使用，可以直接加入葡萄酒。这些溶液一般重量上含有5%—10%的二氧化硫，添加的量根据所用溶液的强度差别而不同。

16.3.4 焦亚硫酸钾

这是一种白色的粉末，通常在葡萄园中刚采摘时直接撒在果实上，直接开始抗氧化保护。

虽然这种粉末状的硫需要保持新鲜，因为随着时间其性能会逐渐衰退，但还是比液状硫要更加稳定。如果将其加入酸性溶液中，比如葡萄馏(待发酵的葡萄汁)、葡萄汁或者葡萄酒中，它所释放出的二氧化硫会超过其重量的一半。

16.4 法律法规

虽然在规定量内使用二氧化硫是完全无害的，但对一些对硫较敏感的消费者来说，仍然会引起过敏，主要是引发哮喘。所以对硫使用的法律法规已经出台了很长时间，并且近期开始要求在酒标上做出具体标示。

自1987年以来，美国生产的葡萄酒都被要求标注“含亚硫酸盐”，而欧盟地区则从2005年开始实施。这意味着所有的葡萄酒都要进行这样的标注，因为就算在酿造时人工零添加，二氧化硫在发酵时也会由酵母产生，通常的量是10毫克/升左右，偶尔也会超过30毫克/升。

在欧盟内部，不同葡萄酒风格的规矩不同，但法规对总的含硫量做出了规定(见第36.6节)。

16.5 过多的二氧化硫

虽然二氧化硫在葡萄酒酿造中被认为是有益并且是不可缺少的，但是过多的二氧化硫(低于法律标准)仍然被视作缺陷(见第40.3节)。

第 17 章

葡萄处理过程

当采摘的葡萄到达酿造车间后，需要做大量的决定和操作。这些决定都围绕着酿造不同的葡萄酒颜色、风格和质量的需求，从葡萄果肉、果皮中释放不同的物质。

采收葡萄到达时的状态会影响这些决定，例如，葡萄的温度、氧化的程度、浸渍的比例（无论是故意还是意外）等。

17.1 分拣

分拣葡萄并且决定哪些要做去留是酿造高质量葡萄酒的传统保留方法，高昂的装瓶成本就会要求更高的劳动力成本，并且淘汰那些低劣的葡萄果实。

手工采摘的方式（见第 14.2 节）可以在葡萄园进行初次分拣，比如去掉那些腐烂的葡萄，或者在葡萄园中进行多次穿梭来挑选晚摘风格葡萄酒所需要的果实。

图 17.1 人工采摘的葡萄在去梗前被分拣

高质量的、手工采摘的葡萄无论什么颜色，在去梗之前都可能会经过一个长条的分拣台。工人们会站在分拣台的两边，这个过程可以去除一些不成熟的葡萄，或者一些无关的非葡萄物质。更进一步的人工分拣，如逐粒分拣，可能会在去梗后进行操作。

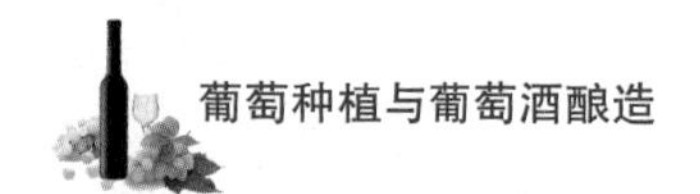

虽然机械采摘可以区分树叶、树梗和其他的非葡萄物质，但总的来说，会比人工采摘的葡萄少一些分拣的机会。

近来，有了一些更为精确的仪器设备对机械采摘的葡萄进行分拣。一个葡萄分拣机器可以根据葡萄的成熟度对去梗果实做出分拣，这种机器根据密度不同，可以对腐烂的、成熟的和不成熟的葡萄做出准确区分。

还有一种叫数字光学分选系统。去梗后的葡萄会经过一个震动的传送带，会有一些不同的电子技术根据葡萄的颜色和结构来进行分选。

17.2 去梗

去梗的意思是将葡萄梗从果串上去掉。

葡萄梗富含单宁，所以这个过程在葡萄酒酿造中属于酚类物质管理。如果果梗没有完全成熟，榨出低酚含量的汁就会出现生青味或草本味，因此去梗变得尤为重要。

对于一些特定的葡萄酒风格来说，没有必要做去梗处理(见第 14.2 节)。事实上，白葡萄品种整串压榨的前提之一，也就是带梗压榨，目的是为了得到较少含量的酚类物质。这是因为葡萄皮在去梗或者破碎(见第 17.3 节)的过程中还未被撕裂，还没来得及将果皮中的酚类物质释放出来。

机械采摘的葡萄在采收时就会进行去梗，所以到酿造车间时已经完成了这一过程。如果发酵时需要果梗，那就会要求进行人工采收，比如现在全球越来越流行的在酿造黑皮诺时进行部分带梗发酵的做法，可以通过果梗给本身含量较少的品种增添单宁。整串压榨还能在发酵中额外带来部分二氧化碳浸渍的过程(见第 24.4.2.6 节)。

去梗设备通常包含一个旋转的滚筒，滚筒上会有一些穿孔，这些穿孔的尺寸足以使葡萄果粒通过。滚筒内圆形的轮辐与滚筒呈反向旋转，这些轮辐就会通过碾磨葡萄串分离果粒与果梗。高质量的去梗机一般不会损坏、撕裂果串或果粒。

一般去梗会在破碎这个步骤之前进行，这是因为破碎会让流出的果汁开始吸收果梗的单宁。果梗的单宁会有草本味和涩感，特别是当果梗未完全成熟时，所以提前去除掉这些有可能令人不悦的味道对于葡萄酒风格来说很重要，对于白葡萄酒来说尤为重要。此外，有些葡萄品种会比较适合带梗，如白皮诺，但雷

图 17.2　去梗机内部

图 17.3　从去梗机中出来的梗

司令这个品种的果粒就很容易被损坏。

果梗会占据很大的空间，多至总量的三分之一，尽管重量上只占 3%—7%。去掉这些梗也就意味着可以少占用很多发酵容器，以及在红葡萄酒酿造时酒帽的体积也会减少。不过，如果是全部去梗的话，就会给压榨和形成酒帽带来难度，因为果梗会提供葡萄汁、葡萄酒流通的通道。

去梗的果实也会让发酵面临挑战，因为果梗可以帮助调节温度并带来空气，可以使发酵更快速、更全面。

如果在红葡萄酒酿造时保留果梗，则会起到吸收酒精的作用，如果酒帽接触时间足够的话，最多能吸收约 0.5%的酒精度。果梗还能吸收颜色，所以去梗的颜色更深。

由于去梗机滚筒内有孔，所以采收时一些微小的物体比如昆虫、小蛇会保留在里面，而且去梗机也不会把不成熟的、不健康的或者干瘪的葡萄分离出来。因此，在去梗之后还需要利用震动传送带来进行人工分拣，以去除那些不需要的物体。

图 17.4　人工分拣去梗后的葡萄

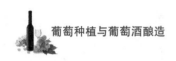

17.3 破碎

让葡萄破碎的目的是打开葡萄皮以释放果肉中的果汁，这个过程应该避免弄破葡萄籽。

图 17.5 去梗后的葡萄落入破碎机

破碎机通常包括两排长短不一的滚轴，当葡萄经过这些滚轴时，葡萄皮就会被挤压破碎。滚轴之间的空间间距可以调节，用来决定破碎的程度大小，或者针对不同的葡萄品种。

破碎应当是一个温和的操作过程，避免强力地撕裂和扯碎葡萄皮，这样会影响葡萄皮中多酚物质和香气的质量。另外，破碎操作也不能太剧烈，因为会破坏含有大量苦味物质的葡萄籽。

通过释放果汁，破碎操作突出了一个浸渍过程。葡萄汁与果皮的浸渍会吸收营养物质、风味物质和芳香前体物质，以及其他一些葡萄的组成物质，包括来自果肉、果皮和果籽的单宁（见第 18.1 节）。

破碎的一个结果是快速地吸收氧气，这对发酵的启动是十分有益的。它还允许氧化以及沉淀易氧化的酚醛物质，这就算在白葡萄酒的酿造中也是有好处的，因为有些白葡萄酒需要特意地做一些过氧化处理。

不过，通常在白葡萄品种的处理过程中，浸渍并不受欢迎，因为多酚化合物会被吸收进果汁，所以随即通过排水的方式将果汁从果皮处分离开来是比较要紧的操作。话虽如此，因为芳香前体物质存在于果皮中，所以在某些特定的条件下将果汁与果皮进行短暂的数小时的接触逐渐成为酿造中一项重要的操作（见第 18.1.1 节）。

在破碎过程中释放并排出的果汁被称为自流汁。通常这部分果汁被认为具有最高的质量，因为有着绝大部分的糖分和酸度，以及最少的酚类物质。在发酵前，自流汁可以与压榨汁完全分离开，或者进行混合。通常情况下，自流汁会与初次压榨（温和压榨）的果汁进行混合并一起发酵，而再次压榨（强劲压榨）的果汁会进行分开发酵，随后再行决定是否将其混合。在白葡萄的处理过程中，破碎时会允许一个快速的压榨操作，因为这会启动自流汁的释放和排出。这意味着在压榨时会比整串发酵操作所需的空间要小得多。对于红葡萄酒酿造来说，自流这个词语一般指发酵结束时排出的自流酒，以区别于酒帽中压榨的酒，但非自流果汁、自流馏的意思（见第 24.5.1 节）。

在酿造桃红葡萄酒的放血法[又称排出法（drawing off）]中，红葡萄品种破碎之后果汁与果皮会在低温下进行一个短暂的浸渍，萃取一部分颜色，随后再将自流汁排出并以白葡萄酒一样的方式进行酿造。

在红葡萄的操作过程中，葡萄汁一般不会从果皮上直接排出。破碎的过程会让果汁与果皮在发酵前就进行浸渍，以便提前进行颜色与单宁的萃取。有时候发酵前的浸渍是故意而为之（见第 18.1.2 节）。

在所有的情况下，排放出果汁就可以让酵母菌迅速开启发酵这个程序。破碎也能促使红葡萄酒酿造时在发酵容器内形成酒帽。不过，破碎会让一开始的萃取变得非常快速和强劲，尤其是从那些富含单宁的品种中。而且也会释放出葡萄籽，面临萃取到苦味的风险。

破碎操作不会用于整串压榨，或者是那些部分带串发酵的酿造，抑或贵腐感染的葡萄酒酿造工艺中。可以参见起泡酒酿造（见第 25 章）和二氧化碳浸渍法（见第 24.4.2.6 节）。

最初的破碎操作工具是酿造工人的双脚，既可以有力地破碎葡萄皮，又能温和地保护葡萄籽不被压碎。这种工艺技术在年份波特酒的酿造中仍被保留着（见第 27.2 节）。

17.4　压榨

无论是在发酵前还是发酵后进行，压榨意味着浸渍阶段，或者萃取的结束。这种方式是通过对排出自流汁（白葡萄）、自流酒（红葡萄）之后剩余果粒或果串破碎部分的固体物质如葡萄皮、果肉等施加压力，来榨取留在上面的剩余葡萄汁（通常为白葡萄果汁，见第 18.1.1 节）或葡萄酒（通常是红葡萄酒，也有可能是橙酒，见第 22 章）。

与去梗和破碎一样，进行温和的压榨操作是获得潜在高质量葡萄酒的前提条件，并且可以避免萃取到果皮、叶柄和果籽中较为粗糙的酚类物质。

压力的程度在压榨操作中至关重要。对葡萄汁和葡萄酒进行压榨，通常会比自流汁(酒)得到更高的酚类物质和颜色,因为这部分物质更多地存在于果皮中,并且这部分物质含有更少的酸度和糖分。通常,压榨的强度越大,萃取到的多酚物质就越粗糙、越苦也越涩。被压榨的物质比较容易产生氧化反应,因为它们携带更多的氧化酶(见第 16.2.3 和第 18.6.1 节)。

在白葡萄酒的酿造中,除非特意要进行短时间的果皮浸渍,压榨一般在破碎之后立刻进行,目的就是为了迅速将果汁和果皮进行分离。破碎的果实会直接被运送至压榨机,而自流汁在压榨开始前已经被排出。

通常情况下,最初压榨的,也是压榨力度最为温和得到的果汁会加到自流汁中一起发酵。压榨力度更大一些的白葡萄果汁会加深颜色,并且会有一些固体的浑浊物,以及从果皮中得到的一些单宁,这部分果汁会单独分离开来。

如果是整串压榨的葡萄,那么酚类物质的含量就会非常低,风味物质也比较寡淡,因为避免了在去梗和破碎操作中的破皮过程。

酿造技术的发展中出现过不同的压榨设备。

17.4.1 篮式压榨机(垂直螺旋压榨机)

篮式压榨是一种非常原始的方法,从最初传统的垂直木板人工压榨已演变成用光滑的不锈钢板做成的全自动压榨机。当压榨机装满以后,一块平板或者盖子会放在顶部,压力会随着盖子往下而施加,葡萄果汁或葡萄酒会在平板之间过滤出来,并被排放到专门的容器内。

这是一个缓慢的、批次性的操作过程,一般会比较温和。因为比较缓慢,破碎葡萄中的固体物还保持静止,因此得到的果汁或者葡萄酒会相对清澈。此外,留下在固体物质中的葡萄梗会帮助从固体物质中排出果汁,简化该过程。

图 17.6　工人在进行篮式压榨

由于采用了扁平式且大直径的篮式结构,这种压榨变得更为容易。大直径可以增加压榨的表面积,而扁平式结构则意味着果汁从果肉这些固体物质上排出所需的路径较短。相比于小直径、更深的篮式结构，如果要得到相等的果汁，就会减少压榨所需的压力，也缩短相应的时间。

在压榨的循环之间，盖子会被移走，然后用手工将固体物质打碎，增加了操作的高强度劳动力。另外，由于是批次性操作，因此每一次压榨达到预定的要求之后，就需要对篮筐进行清空和重新装填。这个过程不太容易实现自动化，因此这种技术比较适合小量的生产。

篮式压榨一般会暴露在空气中，因此葡萄汁（葡萄酒）有氧化的风险，需要对此进行管理和控制。

17.4.2　水平螺旋压榨机

水平螺旋压榨机实际上是一个放置在其侧面的篮式压榨机，通过物理延长压榨机来增加葡萄汁（葡萄酒）的排放面积。

压榨机中板条状的圆筒在两头各有一个活塞，当圆筒旋转的时候，两头的活塞就同时对葡萄进行挤压。每一次压榨结束，当板块被取出分离后，压榨机内部的链条会伸直，并有助于打破葡萄与果皮的固体残留物。每一次压榨的循环，压力会逐渐提升。

为了填满压力机，圆筒可以进行翻转，所以检修门会开在顶部。在不增加活塞压力的情况下，该压榨机可以旋转葡萄固体物，并得到更多的自流汁或接近自流汁的液体，然后开始压榨。这也是一个批处理的作业。虽然每一次的压榨可以实现自动化，但仍然需要花费人力和时间来进行清空和填装。

每一次压榨后链条将固体物质打破的过程不太温和，因此有可能会吸收一些比较粗糙的酚类物质。此外，由于压榨是一个循环的过程，葡萄的固体块状会越来越紧。这样会减少自流汁（酒）排放的面积，反而会增加萃取粗糙酚类物质的机会。与篮式压榨机一样，带梗压榨会很好地改善上述问题。

为了清空压榨机，圆筒可以进行翻转，所以检修门可以翻至底部。

17.4.3　气压（气囊）式压榨机

对水平式螺旋压榨机进行革新后得到了气压式压榨机，其中的活塞和链条被一个放置在圆筒中部的重型袋子或囊袋所替代。当这个袋子开始膨胀，葡萄会被挤满圆筒的所有地方，因此排放葡萄汁（酒）的表面积大为增加。通常情况下，只需要比较温和的压力。另外，当气袋中的气在每一批次压榨之后被抽出

图 17.7 装满葡萄的气压式压榨机

时，由于重力的作用，葡萄的固体物会掉落下来，这比用链条打破要温和得多。压榨机也可以通过旋转来打破这些固体物。因此，这样就会比较少萃取到影响果汁质量的粗糙酚类物质。

这个依然是一种批处理操作，而葡萄汁（酒）在排放时仍然会有暴露在空气中的风险。不过，已经发展出新技术来使整个气压式压榨在一个封闭的罐中进行，以杜绝氧气进入。如果需要一个特殊的厌氧环境（见第 18.6 节），可以预先在罐内充入惰性气体，葡萄汁（酒）也可以在没有空气的情况下被排出。这仍然是批次作业，但氧化的风险却会大大降低。

17.4.4 连续螺旋压榨机

对于产量较大的酒厂来说，能连续作业的压榨机会比批次作业的压榨设备更为适合。

孔状的管道中携带着一个阿基米德式螺旋机，这个螺旋机将葡萄固体物推向管道的远处的尾部，而葡萄汁（酒）就会从这些孔洞中流出，远部末端的葡萄固体物在持续的压力下逐渐积累。每隔一段时间，末端会被临时打开，取出这些固体物，并释放一些压力。

在所有的压榨类型中，这种压榨方式会提供最为粗糙的葡萄汁（酒）。技术的提升使葡萄汁（酒）可以根据螺旋机压力进行分离，在压榨机头部的葡萄汁（酒）质量更高，而在管道末端的葡萄汁（酒）质量更低。

这种压榨方式的最大优势在于速度和产量。

第18章

葡萄醪处理

当葡萄经过破碎后得到的未发酵葡萄汁，加上破碎过的葡萄皮，果籽以及有时候还有一些果梗，总的被称为葡萄醪。可以是红，也可以是白，但白葡萄醪一般都会在发酵前进行澄清，从葡萄汁中去除可能会引起异味的固体颗粒。

葡萄醪是一种脆弱的中间产品，葡萄汁与葡萄皮里面的营养物质会暴露在含有氧气和微生物的空气中，而这两者都有可能降低葡萄醪的质量。因此葡萄醪需要进行保护，直到发酵所产生的二氧化碳开始起自我保护作用，所以在排出和压榨过的葡萄醪中加入6—12克/升的保护性二氧化硫比较妥当。

葡萄醪在发酵之前可以做一些调整。这些调整可以包括物理层面的，比如沉淀(见第18.2.1节)，离心分离(见第18.2.3节)，反渗透(见第18.3.2节)或者低温萃取(见第18.3.4节)，也可以进行一些化学层面的调整，比如加入澄清酶(见第18.2.2.1节)，糖(见第18.3.1节)或酸(见第18.4节)。这些调整在一定的限制条件下是符合法律法规要求的。

葡萄醪的调整主要是为了弥补一些由于在非理想生长条件下产生的葡萄果实成分含量的不足。一些微量的调整确实可以改善葡萄醪各种物质上的平衡，但如果进行大量调整就会明显改变葡萄酒最终的口感。比如，如果加入太多酸度的话，会使葡萄酒尝起来尖锐和生硬；如果加入太多的糖分，则会让葡萄酒尝起来很寡淡。

18.1 发酵前萃取(浸渍)

有一系列技术手段来帮助从葡萄中萃取目标物质，通常是从果皮中萃取，因为绝大多数的香气和风味物质以及香气前体物质都存在果皮里。

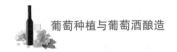

发酵前的萃取会持续数小时到几天，主要看是什么品种、颜色、温度以及想要的葡萄酒风格。萃取包含了葡萄醪与果皮的接触，如有必要的话还会包括葡萄梗。

18.1.1 果皮接触—白葡萄品种

对于白葡萄品种来说，果皮接触一般指发酵前的短暂接触过程。

果皮接触一般发生在去梗和破碎之后，但在压榨(压榨从定义上说是浸渍的最后阶段)之前。就白葡萄酒的酿造来讲，所有上述三个过程都会在发酵前发生。

目标是从果皮中萃取可以明显影响风味的香气、香气前体物质、矿物质和酚类物质等。葡萄果皮(见第3.4.1节)会比果肉含有更多的酚类物质。一段时间的果皮接触可以有助于萃取这些不同的物质，尤其是松烯，包括单松烯类(见第3.4.2.4节)。一些富含这些物质的品种尤其会用到这种技术，比如阿尔巴利诺、琼瑶浆、麝香、雷司令、灰皮诺和维欧尼。

对白葡萄醪采用这种果皮接触的技术是一个基于风格考虑的特意选择。对于很多葡萄酒来说，果皮接触时间会保持在最短，经常是限制在采收到压榨之间的偶然情况。在某些情况下，短时间的果皮接触会增强葡萄酒风格，会带来更多的风味和香气物质。

高温和长时间可以萃取到更多的酚类物质，包括颜色和单宁。但这些在白葡萄酒中一般不需要。因此为了保持白葡萄酒优雅的香气和风味，避免萃取到酚类物质，果皮接触一般会在5—10℃之间发生。这种低温会抑制腐败微生物的滋生，并且延缓发酵的发生，直至果皮接触完成。

果皮接触可以持续18小时，根据葡萄品种而定。果皮接触对于生长在冷凉地区的品种来说尤其有用，因为香气物质在果实完全成熟前就在果皮中形成了。

果皮接触之后，葡萄醪会被排出并压榨(见第17.4节)，并在发酵之前保持理想的温和温度。对于红葡萄酒(见第24.5节)来说，压榨酒含有的酚类物质要比自流酒多，因此会被分开放置，在后面的过程中再进行混合操作。不过，在白葡萄醪中，压榨的部分会有更高的pH值(弱酸性)和更多的酚类物质，这并非理想。

用来酿造桃红葡萄酒的葡萄醪在按照白葡萄酒的酿造方法(见第23.1节)进行压榨和发酵前，可以与果皮进行一段时间的接触以萃取颜色。

18.1.2　冷浸渍—红葡萄品种

在红葡萄酒的酿造中，浸渍这个操作可以发生在发酵发生前（见第 24.4 节）、发酵过程中以及发酵结束后。对于红葡萄品种来说，冷浸渍一般用以描述在发酵前的这一段时间的浸渍。这是一个源自勃艮第并对红葡萄品种来说行之有效的果皮浸渍技术，现在全球都在推广运用，特别是针对黑皮诺这个品种。去梗、破碎后的葡萄通常会在发酵前浸渍 3—4 天，温度介于 4—15℃之间。

冷浸渍可以增强颜色密度，加强果实的风味，柔化单宁。

加入二氧化硫可以萃取更多的颜色，尤其是在温度较低的时候。不过，这个情况一般会要求很大的二氧化硫剂量，因此不被广泛采用。

一般来说，发酵前的冷浸渍结束以后，葡萄醪会与果皮以及其他固体物质继续保持接触，并贯穿整个发酵过程（见第 24 章）。在发酵前压榨的特殊情况包括瞬间高温萃取和热处理。

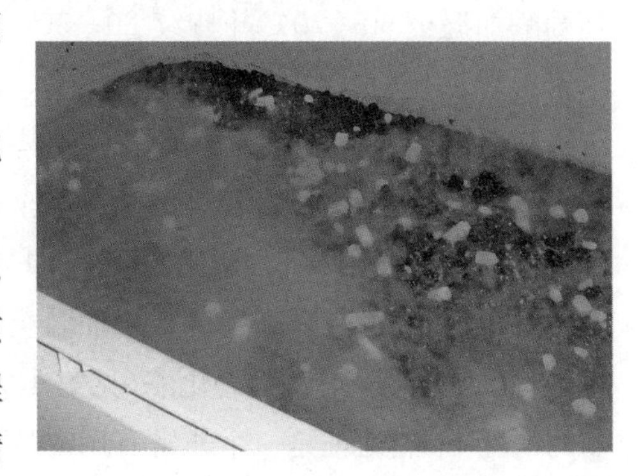

图 18.1　黑皮诺的冷浸渍

18.1.3　瞬间高温萃取

在极端的温度条件下，这种高科技手段包括对去梗的果实进行瞬间加热和冷却，萃取高水平的花青素、香气前体物质和风味物质。

葡萄醪在一个厌氧的气体环境下会被加热到 90—95℃，时间不超过 2 分钟。随后，葡萄醪进入一个真空空间，瞬间降温至 30—35℃。这个过程会促发瞬间的膨胀，让葡萄果粒粉碎，并破坏葡萄细胞壁，直接打通在随后的浸渍和压榨过程中萃取酚类和风味物质的便捷通道。

这个过程提高了萃取的速度和效率，3—4 天后就能让颜色和单宁的萃取达到最大化。不过，由于这个葡萄醪相对较厚而不易压榨，因此这个过程一般要求采收时不带梗。瞬间高温萃取会使用去梗的果实，为的是避免果梗所释放的青绿味和苦味。由此得到的葡萄酒通常有着很好的结构和颜色，柔和的单宁，饱满的酒体以及甜美的果香味。

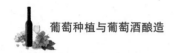

考虑到瞬间高温萃取所得到的大量酚类物质，这种方式并不适合白葡萄酒酿酒。

18.1.4 热处理

热处理是一种基于加热葡萄来帮助从果皮中萃取酚类物质的发酵前萃取技术。其实热处理(高温酿造)这个词用词略有不当，因为萃取阶段只是发生在葡萄醪身上，而“酿造”实际上是在萃取结束并且葡萄醪被压榨以后发生的，类似白葡萄酒一样的酿造。

高温可以撕裂细胞膜，否则这些细胞膜会阻碍膜内的物质流入葡萄醪。将葡萄醪加温至60—70℃并持续20—30分钟，会释放红葡萄品种中的花青素和单宁。

如果目标温度为35—45℃，那么加热过程一定要快速，这一点非常重要，最好少于2分钟，这样可以使酶的活性降至最低，因为酶的活性会随着温度的升高而提升。在这种相对低的温度下快速加热可以尽可能地减少氧化酶发生作用的机会，避免给葡萄带来损害。如果加温至足够高的温度，比如70℃，就会直接阻止氧化酶的活性，比如漆氧化酶(见第18.6.1节)。因此，在葡萄遭受灰腐菌影响的情况下，热处理是一个非常有用的技术手段。

如果将葡萄醪以70℃的温度保持半个小时，不仅会阻止氧化酶的活性，还会使酚类物质的萃取达到最优化。通常来说，用这种技术可以比传统方法萃取到更多的酚类物质，尤其是花青素。

一旦萃取完成、葡萄醪被压榨，温度降至25℃左右并像白葡萄酒一样发酵时，通常会包括一个发酵前的澄清过程。

加热葡萄醪会得到稳定而浓郁的色泽，以及新鲜的果味，但会牺牲一些芳香物质，并可能会带有煮熟气味。所酿成的葡萄酒会有柔和的单宁结构，较低的收敛性，更适合在年轻时饮用。热处理还会减少植物味，这一点也存在争论。

跟瞬间高温萃取一样，这个技术只能使用去梗的葡萄，否则会萃取到茎柄的酚类物质。

 18.2 发酵前澄清

发酵前对葡萄醪进行澄清(通常是白葡萄酒)的目的是移除可能会带来苦味

和异味的悬浮固体物质。一般来说，较低的固体含量会散发更浓郁的果香和更精致的香气。

白葡萄酒的葡萄醪一般会直接从破碎转到压榨这个步骤，自流汁会直接排放出来，而剩下的固体部分就进行压榨。例外情况就是酿酒师需要进行一段时间的果皮浸渍(见第 18.1.1 节)。

对红葡萄直接压榨来酿造桃红酒(见第 23.2 节)通常也是破碎后直接进行压榨，为的也是避免从红葡萄果皮中萃取到颜色和酚类物质。

压榨出的新鲜葡萄醪一般会含有大量的固体物质，比如葡萄皮，可能还有一些果梗的碎片、果籽，以及一些更小颗粒的固状悬浮物。去梗、破碎和压榨的时候越强劲，葡萄醪里的固体物质就越多，重度压榨的果汁比自流汁自然就含有更多的固体物。发霉的葡萄天然就会比健康的葡萄含有更多的固体杂质。

至于白葡萄酒和桃红葡萄酒，澄清的程度高低，主要是让酿酒师根据所酿葡萄酒风格进行调整。

经过澄清之后，在自然稳定的葡萄醪中固体悬浮物的含量为 1%—2%不等(见第 18.2.1 节)，如果使用果胶酶(见第 18.2.2.1 节)稳定并随后进行过滤和离心分离的话，一般固体含量会少于 0.5%。

如果在葡萄醪中含有太多的固体悬浮物，会增加硫化氢的含量水平(见第 40.2 节)。不过，有一些固体物也是必要的，过度的澄清会移除那些作为酵母营养的物质，如果没有这些营养物质，酵母在发酵开始的时候就会有难度。

有许多方法可以对葡萄醪进行澄清，但是澄清不仅仅在发酵前进行，通常也会在发酵之后装瓶前进行操作(见第 32 章)。

18.2.1　沉淀作用

沉淀是一种原始而传统的澄清方式。压榨过后，葡萄醪会被排放至一个沉淀罐内数小时，有时候会到 24 小时。稳定“过夜”是一种常见的酿酒表达方式，这样可以使固体物在重力的作用下发生沉淀。在一个较低的温度下进行沉淀，比如 15℃，而且是在无氧的情况下，会降低微生物活性以保护葡萄醪，但同时也带来一个问题，较低的温度会使沉淀十分缓慢从而延长沉淀的时间。

小而窄的沉淀罐缩短了物体沉淀的距离，使这种技术比较适合那些产量不大的酒厂。

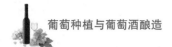

澄清过的葡萄醪会从沉淀罐中抽出，而在底部留下沉淀物。

18.2.2 澄清介质

往自然沉淀的葡萄醪中加入澄清介质可以加快沉淀的过程并且可以起到更好的澄清效果。

此外，如果刚刚压榨的葡萄醪含有太多的固体物，光靠重力进行沉淀是不足以起到澄清作用的。

18.2.2.1 果胶酶

果胶酶可以分解葡萄醪中的果胶，无论是红葡萄还是白葡萄。

果胶是葡萄果汁中的一种天然胶体（见第 32.4 节）。加入果胶酶来分解这种果胶可以减少白葡萄醪的黏度，可以加快沉淀。这种化学反应能在沉淀的过程中释放更多的果汁，也能比单独进行重力沉淀得到更为清澈的葡萄醪。与其他酶一样，这种果胶酶的活性要依赖于温度，与温度的高低成正比。

加入果胶酶还能促进随后进行的过滤操作。

18.2.2.2 净化介质

可以使用一些净化介质来帮助葡萄醪的澄清和沉淀，比如班脱土、酪蛋白、明胶等。

这些介质的使用一般会配以过滤操作（见第 32.3 节），比如使用硅藻土来帮助从粗酒泥上进行过滤得到更清澈的葡萄醪。

18.2.3 离心分离

图 18.2 离心分离机

可以用离心分离来取代沉淀，这个过程虽然很贵，但更为快速，效率更高。悬浮的固体物会在离心力的作用下与果汁分离，这需要在足够转速的情况下才能产生有效果的离心作用。这种操作会大大减少澄清所需要的时间，在规模庞大的酒厂应用比较广泛。

离心分离不仅仅应用在葡萄醪的

澄清上，也可以用来澄清葡萄酒成品(见第 32.2 节)。

18.2.4　浮选

这种技术是从澄清罐的底部充入气体，一般来说是氮气，随着这些气体的上升，会带着悬浮的固体物一起升至葡萄醪表面，随后进行分离和去除。

如果直接使用空气而非氮气这种惰性气体，那么在这个过程中会同时发生过氧化作用(见第 18.6.3.1 节)。

18.3　浓缩葡萄醪

在高纬度的冷凉气候条件下，天气情况常常不稳定，并不是每年都能达到葡萄糖分稳定成熟的状态，从而无法达到理想的葡萄酒酒精度。在这种情况下，可以对葡萄的糖分浓缩度进行调整，有下列方式可以选择。

在某些国家，糖分浓缩的程度受到法律的制约。在欧盟，如果使用反渗透(见第 18.3.2 节)和真空蒸发(见第 18.3.3 节)这两种方式，最多能允许提高 2%的酒精度和降低 20%的体积。

加糖强化(见第 18.3.1 节)也一样受法律控制(见第 1.1.3.5 节和表 1.7)。

图 18.3　用来测量新压榨的葡萄汁中糖分浓度的比重计

18.3.1　加糖强化

加糖强化根据让-安托万·夏普塔(Jean-Antoinc Chaptal)命名，他是一名化学家，也曾担任法国政府部长，早在 19 世纪初就建议使用该方法。用甜菜或者甘蔗做成的糖被加到还未发酵或者发酵初始阶段的葡萄醪中，来增加最终成品潜在的酒精度。

糖在温和的葡萄醪中的溶解度会比在低温时要高，因此比较适合在早期发酵时加入，使用一小部分排出的发酵液，比如在淋皮这样的操作中加入。另外，溶解过程中的通风和随后将加过糖的葡萄醪重新注入发酵容器可以使酵母更有活性。

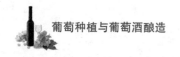

这种操作在很多国家都有相关法律法规。表1.7所展示的就是欧盟内国家在不同的纬度区域内的法规要求。欧盟内不符合条件的区域，加糖强化是违法的。在比较温暖的产区，由于葡萄很容易达到糖分成熟，加糖强化既违法也没必要。

在欧盟的A区域内，法律允许加糖强化至增加3%的酒精度，但通常只会增加1%—1.5%，以避免葡萄酒口感上的不平衡、酒体消瘦且果味被稀释。这种稀释的原因是这是一种增加的调节技术，意味着产量增加。每增加1%的酒精度，表现为酒石酸的总酸度会下降0.15—0.3克/升。

如果操作谨慎的话，糖强化可以增加一些酒体，并且提高葡萄酒酒精的平衡感。糖强化提升了最终葡萄酒的酒精含量，所加入的糖分也会完全被发酵。

浓缩过的葡萄醪或者精馏过的浓缩葡萄醪也可以被用来进行糖强化（见第26.3.2.2节），但一般来说直接加糖会更受欢迎，因为这种调节更为纯粹。

在白葡萄醪中，每提升1%的酒精度，需要每升加入大约17克糖。而在红葡萄醪中，每提升1%的酒精度，需要每升加入大约19克糖。这种转化率会根据酵母菌株不同、葡萄醪中氧气含量的不同以及葡萄醪中天然含糖量的不同而有差异性。红葡萄醪需要添加更多的糖是因为高含氧量以及高温，因而一些酒精会在发酵过程中丢失。

18.3.2 反渗透

所谓的渗透，是指水分会通过半透膜从浓度低的一边流向浓度高的一边，目的是最终达到半透膜两边的浓度一致。

在反渗透中，在过程中会引入压力。浓度更高的一侧会比浓度低的一侧压力更大，从而水分就会通过半透膜从浓度高的一侧（高压）流向浓度低的一侧（低压）。所以因为水分流失，就会让浓度高的一侧更加浓缩。

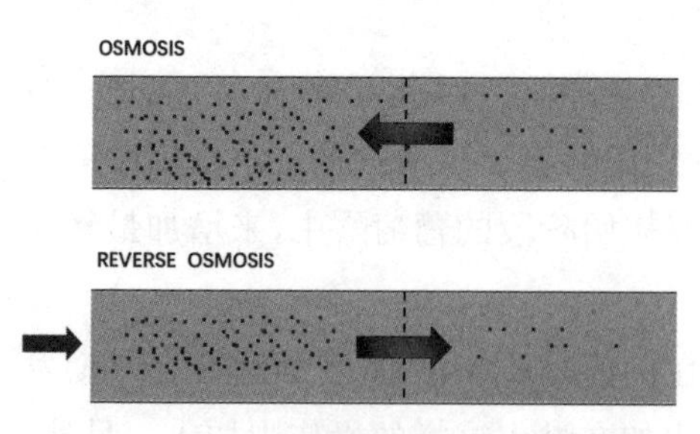

图18.4 水分子从浓度低的溶液流向浓度高的溶液，以平衡两者浓度

当受到高压时，葡萄醪中的水分就会通过半透膜流失，使葡萄醪更为浓缩，通常来说，被浓缩的不仅仅是糖分，而是所有的物质。由于水分流失，所以也意味着产量被人为降低。

反渗透这种技术只能应用于健康的葡萄果实。因为反渗透会浓缩并放大各种物质，不仅仅是好的方面，还包括各种瑕疵，比如葡萄醪含有霉菌、损坏、缺陷或者一些异味，都会被浓缩而突出。通常的操作是将一部分葡萄醪进行反渗透，然后将浓缩过的这部分加回到原先的葡萄醪中。

反渗透所使用的膜非常精细，这意味着在使用该方法时，葡萄醪必须进行彻底的澄清。

反渗透也会被用于去除葡萄酒里的一部分酒精(见第 31.3.2.1 节)。

18.3.3　真空蒸发(真空蒸馏)

这是另一种去除水分的技术，也会导致产量下降。在欧盟，法律规定下降的比例不能超过 20%。使用这种昂贵的技术，必须要算得来经济账。

在真空的条件下，水分的蒸发可以在 20℃时发生。这个温度既能蒸发水分，又不会对葡萄醪中的其他物质造成伤害从而影响葡萄酒成品的质量。

不过有一些比较精致的香气还是会随着水分一起被蒸发掉，最新研发的一些真空设备可以设法浓缩和捕捉这些香气，随后再重新加回到葡萄醪中。

通常的操作是将一部分葡萄醪进行真空蒸发，然后将浓缩过的这部分加回到原先的葡萄醪中。

18.3.4　低温摘除术(低温浓缩)

这种低温摘除技术也能移除水分，达到浓缩的目的，但也会降低产量。

在生产甜酒时，这种技术可以模仿天然的冰酒生产方式(见第 26.1.4 节)，不同的是这种技术要求健康、成熟的葡萄，而非不健康、过熟的葡萄。

会将刚刚采摘的葡萄，或者是破碎压榨过后的葡萄醪冷冻至冰点，其中的水分是最先开始结冰的，剩下的液体中的物质就得到了浓缩。当部分结冰的葡萄果实被压榨时，结冰的水分——也就是冰块，就会被留在固体物质中。如果使用的是葡萄醪，那就会部分结冰，冰块就会被过滤出去。

低温摘除技术并不局限于甜酒的生产，对于干型葡萄酒来说，可以用在临采收时突降大雨而致使果实稀释的葡萄上。

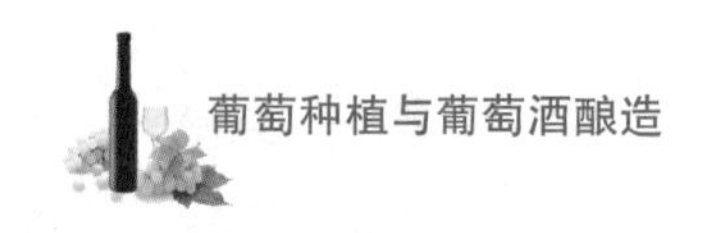

18.4 酸度调节

恰当的酸度,加上较低的 pH 值,构成了葡萄酒结构和平衡性的关键部分。

较低的 pH 值也会使酿酒的一些方面变得简单,二氧化硫的抗氧化和抗微生物效用在低 pH 值的环境中会更加突出,这就意味着可以使用相对少量的二氧化硫(见第 16.1.2 节)。较低的 pH 值还会增加颜色的稳定性,阻止微生物的腐蚀,并且高酸度也能使葡萄酒更为新鲜,更好地保持果香。

根据采收时葡萄果实的具体参数,酸度可以进行调高(加酸)或者调低(去酸),这种情况会受到气候的直接影响。少量的酸度调节可以通过混合酿造高酸品种与低酸品种来实现,或者直接混合高酸与低酸的成品酒。去酸的微量调节可以通过苹果酸乳酸发酵来实现,虽然这种操作还会带来别的作用和影响(见第 21 章)。

与加糖强化一样,酸度调整会受到法律法规的限制,欧盟有自己的法律,而其他一些国家则会遵循国际葡萄与葡萄酒组织的相关要求。

酸度通过可滴定酸度(俗称总酸度)来进行测量,通常用每升中的酒石酸克数来表示(法国是个例外,通常会用每升中的硫酸克数来表示)。

酸度调整一般在发酵前进行,当然也可以在葡萄酒装瓶前的熟化时进行。

尽管葡萄酒有多不胜数的风格、颜色和产区,但对于绝大多数葡萄酒来说,滴定酸度的范围一般在 5.5—8.5 克/升(酒石酸)。白葡萄酒的 pH 值范围为 3.1—3.4,红葡萄酒的 pH 值范围则是 3.3—3.6。

表 1.7 体现的是欧盟对于不同气候区域内关于酸度调节所做出的法律规定。比如说,在最冷的产区去酒石酸不能超过 1 克/升,而在最热的产区可以加酸至 2.5 克/升。

下文描述的各种方法是利用一些外部物质来调整酸度的水平。

18.4.1 酸化

成熟果实中的酸度在温暖地区要比凉爽地区分解得快,因此酸化主要是针对更为炎热的区域或者是温和气候区域特别炎热的年份,比如欧洲 2003 年的热浪袭击。

加酸是一个相对简单的过程。经过品尝和分析之后,所需要添加的酸度就会被测量出来，先溶解在小部分葡萄醪中，随后在发酵前加入总的葡萄醪中。早期加入酸会起到抑制微生物的作用，也可以让加入的酸有足够的时间与葡萄醪整合，此外，低 pH 值的发酵环境可以增加更多的风味。

在计算需要加入酸的总量时，还需要考虑在葡萄酒稳定过程中酒石酸的沉淀（见第 33.1.1 节）。

一般用来加酸的基本都是酒石酸，这种酸要比葡萄中的主要酸性物质苹果酸来得更强一些。还有，苹果酸一般要用来进行苹果酸乳酸发酵（见第 21 章），而这个过程会损失大部分的酸度。

加入太多的酸会让葡萄酒变得更为尖锐，至少也会使之不那么柔和。

在欧盟内部，对经过加糖强化的葡萄醪是不允许加酸的，也就是说，不能同时对同一批葡萄酒进行加糖（冷凉产区）和加酸（炎热产区）。

18.4.2　降酸

如果气候非常凉爽，葡萄中的酸度在被气候限制或缩短的成熟季过程中来不及下降，所以酸度水平很高，降酸操作会比较有用。

苹果酸乳酸发酵（见第 21 章）会降低苹果酸，但如果苹果酸乳酸发酵所带来的风味并不是最终葡萄酒风格所需要的，那就要对葡萄酒进行化学方式的降酸。化学降酸一般运用于白葡萄醪。

降酸相对加酸来说要复杂许多，有不同的选择和操作。酸并不能被移除，只能被中和，有下列三种方式：

18.4.2.1　添加碳酸钙

以碳酸钙（石灰石）的方式加入碳酸盐可以中和葡萄醪中的酸度。主要是通过结合形成酒石酸钙结晶来降低酒石酸含量，缺点是形成这些结晶耗费时间过长，就算是在葡萄醪被冰冻的状态下。在这些结晶形成沉淀的漫长过程中，葡萄酒仍然处于不稳定的状态。

18.4.2.2　添加碳酸氢钾

以碳酸氢钾的方式加入碳酸盐，碳酸盐可以中和葡萄醪中的酸度。主要是通过结合形成钾酒石酸氢盐结晶来降低酒石酸含量，优点是比添加碳酸钙所产生的反应要迅速，由于这个优点，因此也更受欢迎。

18.4.2.3 重盐降酸法

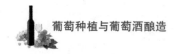

这种方法可以同时降低酒石酸和苹果酸。这可以对一部分葡萄醪进行彻底的降酸，少量酒石酸-苹果酸钙和添加的葡萄醪可以做出碳酸钙的引子，这种方法可以加速酒石酸-苹果酸钙结晶的形成。随后将这部分引子进行过滤并加回到没有处理过的葡萄醪中，平均的降酸量就会被控制在理想的范围内。

18.5 其他参数调整

确保葡萄醪中合理的含糖量和含酸量是一件最基础的事情。此外，根据葡萄醪所含物质的情况，其他的一些参数含量也有可能需要进行调整。

18.5.1 酶

在葡萄酒酿造过程中，可以添加以提高最终葡萄酒某种性能为目标的酶。果胶酶可以加速沉淀过程，并且可以萃取更多的果汁(见第 18.2.2.1 节)。不过，其作用不仅于此。果胶酶还可以帮助从某些品种中萃取无味的芳香前体，这种前体物质可以在随后的发酵过程中因为酵母的作用而转化成芳香物质。

在浸渍阶段往红葡萄醪中添加这些酶还可以帮助释放颜色和单宁。

18.5.2 酵母营养

酵母需要食物来进行自我繁殖和生长，主要是从葡萄醪中获取营养。但是由于生长环境中氮元素的缺失会直接导致葡萄醪中氮含量的稀少，故而使葡萄醪所携带的营养物质可能不足以支撑酵母的这种繁殖和生长。另外，高度澄清的葡萄醪也会丢失部分固态形状的酶。

在缺乏营养的状况下，酵母是很难启动发酵进程的，就算是启动了进展也会缓慢，或者会面临突然中止等情况(见第 20.7.4 节)。而且还会存在形成硫化氢的风险(见第 20.7.5 节)。

上述这些情况都可以通过往葡萄醪中添加营养物质加以改善，通常是以磷酸氢二铵(DAP)的形式添加。维生素 B1 也可以作为营养物质添加。

与其他的调整方式一样，氮的添加在全球范围内也需要遵循法律法规的要求。

18.5.3 单宁

可以向葡萄醪中添加酒类单宁,并通过沉淀的方式来帮助澄清,尤其是蛋白质较多的白葡萄醪(见第32.4.8节),班脱土(Bentonite)比较合适。也可以向红葡萄醪中添加单宁,在发酵过程中通过与花青素的结合来稳定葡萄酒的颜色,这对含天然单宁较少的葡萄品种来说比较有用。

18.5.4 班脱土(膨润土)

班脱土是一种可以充当下胶的黏土(见第32.4.6节),所以更多地使用于澄清过程,但也会在沉淀过后加入富含蛋白质的白葡萄醪中,以减少黏稠度。不过,班脱土在这个阶段是可以不加选择的,这样会面临移除太多营养以及一些额外风味物质的风险。

18.5.5 二氧化硫

对白葡萄醪和桃红葡萄醪而言,加入二氧化硫非常重要,因为有利于保持果香风味。白葡萄醪特别容易被氧化以及被微生物污染,而二氧化硫可以帮助解决这两种问题。有一个例外情况是,如果要对该葡萄醪在澄清时进行过氧化操作(见第18.6.3.1节),则不需要添加二氧化硫。红葡萄醪由于果皮中含有多酚类保护性物质,因此没那么脆弱。

第16章对二氧化硫进行了详细的阐述。

18.5.6 抗坏血酸

抗坏血酸(维生素C)是一种抗氧化剂,在与二氧化硫的抗腐化特性结合起来使用时,可以提供额外的抗氧化保护。不过,也有值得注意的风险存在,即不能离开二氧化硫单独使用。如果没有二氧化硫,抗坏血酸会制造出过氧化氢,这是一种氧化剂,颜色变为深棕色往往就是这种反应带来的后果。

18.6 氧气管理

氧气在葡萄酒酿造过程中是一把双刃剑,既有利又有害。

空气中一般含有21%的氧气,这是无法躲避的事实,因为这是生命之源。

但在酿造过程中，需要谨慎、持续并且精细地控制氧气，从葡萄采摘的那一刻开始。根据经验来说，除非是一些需要故意氧化的葡萄酒风格(见第 27.4.3 节)，绝大多数情况下需要规避氧气，当然也有一些例外情况，这其中主要是酒精发酵开始时需要氧气的存在(见第 20 章)。

18.6.1 酶的控制

葡萄表面或内部所携带的两种重要的天然氧化酶会催化氧化作用，导致葡萄醪变成棕色，也会丢失一部分细腻优雅的香气。严格控制这些酶的活性是关键。二氧化硫是主要的控制工具(见第 16.2.3 节)。

健康葡萄中所存在的酪氨酸酶被认为危害性并不大，因为可以通过正常添加二氧化硫的方式进行控制。

另一方面，在灰腐菌感染过的葡萄中所发现的虫漆酶会是一个棘手的问题。因为这种酶对于二氧化硫有耐受力，而且会对众多花青素和单宁进行氧化，所以会对红葡萄醪带来严重的问题。虫漆酶又有很好的溶解性，因此很难通过那些澄清的方式将其从葡萄醪中去除。所以解决这个问题的根本办法是在葡萄园中避免灰腐菌的感染。其他的方式还包括加入高剂量的二氧化硫、班脱土，或对葡萄醪采用巴氏灭菌法处理，虽然采用巴氏灭菌法的高温会对葡萄酒的风味造成一定程度的影响。还有就是在发酵前避免接触氧气，这也是一种明智的方法。

18.6.2 还原处理

有一些葡萄酒因为是在无氧或者接近无氧的环境中酿造，属于故意还原风格。当氧气被排除在外时，就变成了还原条件。

通常情况下，还原处理对于白葡萄品种来说尤其重要。葡萄醪和酿成的葡萄酒都需要规避氧气所带来的氧化作用。如果果汁暴露在空气中，就需要加入二氧化硫。在压榨的过程中，流通管道和储存罐都需要在注入葡萄醪或葡萄酒之前先充入惰性气体来驱赶里面的氧气(见第 28.3 节)。将温度控制在 8—16℃的低温状态也是还原处理中的一项基本操作。在这种情况下，酵母菌贝酵母(Saccharomyces bayanus，原先称为 S. uvarum)因为有特殊的耐寒性而显得比较有价值。

红葡萄醪(酒)由于含有多酚类物质而不那么容易被氧化，但上述的一些方式同样也适用。

18.6.3　氧化处理

有些葡萄酒属于氧化风格——故意在氧气环境中进行酿造(见第 28.2.2 节)。在酿造过程中的某些特殊时段会故意引入少量的氧气,但需要进行全程控制和管理。

故意氧化操作的风险在于使用了过量的氧气,葡萄醪(酒)会变成过度氧化(见第 40.1 节)而非微氧化状态。这种过度地暴露于氧气中会滋生微生物污染,尤其是醋酸菌(Acetobacter),会导致醋化(见第 40.6.1 节)。

18.6.3.1　过氧化

过氧化操作是在去梗和破碎阶段将葡萄醪(一般是白葡萄醪)故意暴露在氧气中,这会使葡萄醪氧化。

通常情况下,空气或氧气会从葡萄醪底部注入并从顶部冒出。氧气会使容易被氧化的酚类物质发生氧化反应,会使葡萄醪变为棕色。一旦发酵完成,葡萄酒的抗氧能力就会增强,因为脆弱的成分已经被提前氧化了。一旦采用过氧化操作,二氧化硫就不需要添加了,因为二氧化硫会阻止这种过氧化进程。

如果在葡萄醪中充入了太多的氧气,就会损害以后葡萄酒中的香气和风味。

由于对香气有着各种潜在的不确定影响,这种过氧化操作的利弊也存在着不同的观点,而这些观点也会随着葡萄品种而改变。比如厚皮品种维欧尼,过氧化操作就会使一些酚类物质氧化,从而酿造出更为稳定的葡萄酒。

但如果是像长相思这样的品种,香气和风味都非常之细腻优雅,就需要避免过氧化操作,以免损坏这些芳香物质。

经氧化过的酚类物质会在发酵过程中沉淀下来,最终的葡萄酒会是明亮清澈的。这种技术还会减少瓶中棕色化的情况,会使葡萄酒有更久的陈年能力。此外,过氧化操作过的葡萄酒会有较少的苦味,因为相关的物质已经被移除。

第 19 章 酵 母

负责葡萄酒酒精发酵的真菌被称为酵母，它们主要是酵母属，虽然酵母还包括其他属类。

酵母不仅仅是将糖分转化为酒精，还会给予葡萄酒不同的香气和风味，所以对于酵母的控制和管理是酿酒中十分重要的环节。在发酵过程中酵母还会将非挥发性的香气转变为芳香性物质，比如将长相思中的 4MMP 分子(闻起来像纸箱或者金雀花)转变为 3MH 分子(闻起来有百香果和柚子的味道)。

葡萄中的糖分越多，能转化成的酒精度就越高。主导酒精发酵的典型酵母类是酿酒酵母，尤其擅长将糖分转化为酒精，通常是每 17 克左右的糖可以转化为 1%的酒精度。根据这个公式，如果在葡萄含有 200 克左右糖分时采摘，那理论上全部转化的话应该可以发酵出 12%的酒精度。

非酵母属的酵母(有时也被称为原生酵母或野生酵母)，在转化成相同量的酒精度时通常比酵母属需要更多的糖分，因此会使酒精度低 1%—2%。另外，野生酵母还会带来一些不好的结果，比如存在中断发酵的隐患，或者发酵出不想要的香气。

酿酒酵母是酿酒的主要酵母，无论是在野生酵母为主的发酵过程还是人工酵母为主的发酵过程中都起到了重要作用。它在未发酵葡萄汁中的生存和适应能力很强，所以能在不同酵母类别中占据主导地位。

所有的酵母需要足够的营养以便能有效地发挥作用。

19.1 原生酵母(野生酵母)

最初，所有的酒精发酵其实都是通过依附在葡萄果实或者酒庄的各种器皿

表面的野生酵母启动的。发酵的产生其实是因为这些有机物的自发行为。

除了酵母属之外，还有诸如有孢汉逊酵母、柠檬形克勒克氏酵母、假丝酵母、毕赤酵母、汉逊酵母等酵母属，这些基本都属于自然的，或者原生酵母类别。事实上，每次发酵初始都是由原生酵母发起，除非它们被人为添加的二氧化硫阻止。

酵母在发酵过程中遵循一定的次序，通常由葡萄有孢汉逊酵母、柠檬形克勒克氏酵母和星状假丝酵母这三种酵母开始启动，但是前两者只能忍受3%—4%的酒精度，假丝酵母可以在至多10%的酒精度中存活。在这个发酵的初始阶段，这些酵母帮助产生不同的酯类、甘油和醋酸(挥发酸)。酵母属酵母，尤其是酿酒酵母种酵母，会迅速接管并主导后续的发酵过程。因为该酵母种能够忍受更高的酒精度，而且能转换糖分至13%—15%的酒精度。在极少数的情况下，能够发酵至20%的酒精度。

葡萄汁中的高酸环境能够抑制很多细菌、真菌和酵母，而且一旦发酵开始，氧气的缺乏和酒精度的不断攀升会更加限制它们的存活，这样才会有利于酒精发酵的完成。但是，如果由于温度太高或者太过缓慢启动发酵，那么这些微生物就会污染葡萄汁。此外，野生酵母还有个很严重的隐患就是中断发酵或者产生不愉悦的香气，所以使用完全健康的葡萄会降低负面的影响。

但是一直存在这样一个争论：自发的发酵(原生酵母)会带来更多的复杂香气，因为有更多不同的酵母种。此外，还有一个观点，原生酵母可以更好地表达风土，因为这些酵母只在当地的环境中存活。

原生酵母是不需要花钱购买的，但如果发酵不顺利，则会产生更多的额外成本，还得加上挽救的各项技术手段。

19.2 人工酵母

更现代的做法是使用人工培养的酿酒酵母酵母种，这让酿酒师们在发酵过程和结果上有更好的控制力。

人工酵母通常是作为活性纯干酵母培养的，很方便购买，并且是真空包装。一旦在温水中或葡萄汁中水化之后，它们就会被用于培养葡萄汁。

当人工培养的酵母属酵母在合理的使用量，它们会迅速在非酵母属种的酵母群中占据主导地位，并抑制后者在葡萄汁中的发酵作用。

酵母属酵母中的酿酒酵母和贝酵母类比其他类更耐受二氧化硫，因此及时向未发酵葡萄汁添加二氧化硫可以有效阻止野生酵母，使人工酵母不受干扰。重要的是，酵母属酵母还比较耐受酒精，并且可以在高酸和温和的环境中工作。

人工酵母的一个优势是可以快速开始发酵，这很大程度上避免了野生酵母缓慢发酵所带来的隐患，而且还可以抑制野生酵母。在人工酵母的作用下，发酵会比较快速并持续，这使得酿酒师可以更好地控制发酵过程并预测发酵过程中可能存在的风险。

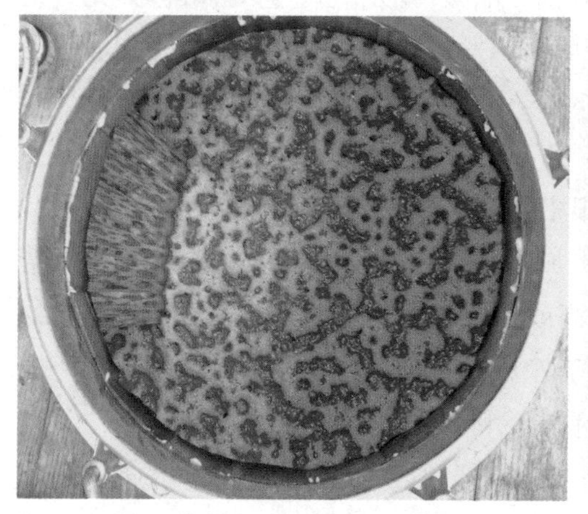

图 19.1　使用人工酵母制作的酵母引子

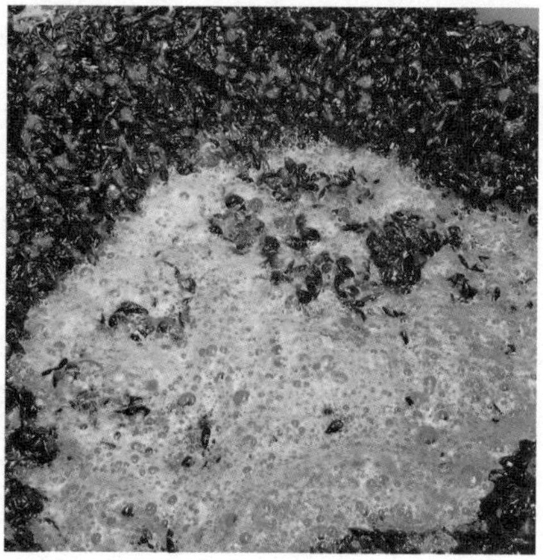

图 19.2　酵母引子被倒入一批葡萄中

酿酒师还可以通过酿酒酵母的诸多可塑性进行特定培养，以便掌控酿酒过程，比如：

- 耐受高温或低温。
- 耐受高酒精。
- 高产出甘油。
- 低产出挥发酸。
- 低产出硫化氢。
- 可产生特定的香气/风味。
- 高效地将糖分转化为酒精。
- 重启被中断的发酵。
- 可以适应清澈的葡萄汁。

- 酿造起泡酒时高效地将酒泥进行凝絮(见第 25 章)。

大产量的品牌葡萄酒会更注重风味的一致性和发酵过程的管控，因此人工酵母是必须的。

假如有一部分发霉的葡萄掺进了待发酵的葡萄汁中，酿酒师会选用斑脱土、PVPP 或者酪蛋白来去除霉味或者影响发酵的杂质，这时候人工酵母的强势和迅速启动发酵会很有帮助。

在起泡酒酿造过程中的瓶中二次发酵(应用于传统法或转移法)会要求使用特殊的人工酵母，这种酵母必须能耐受二氧化硫和高酸，能制造少量硫化氢和乙酸，并且能在发酵后高效凝絮酒泥，例如贝酵母 EC－1118 在香槟的酿造中就被普遍采用，这种酵母还可以贡献中性风味和低泡沫产量。

贝酵母还与雪莉酒中的酒花关系密切(见第 27.4.2 节)。

19.3　酵母在发酵后

酵母的影响远远不止在酒精发酵，它们会在发酵结束后正面或负面地影响酿酒，比如：

- 起泡酒酿造中的酒泥影响(见第 25.1.3 节)。
- 雪莉酒酿造中的酒花影响(见第 27.4.2 节)。
- 静止酒酿造中的酒泥影响(见第 30 章)。
- 腐烂酵母影响(见第 40.6.7 节)。

第20章
酒精发酵

酒精发酵也被称为首次发酵，随后（少数情况下会同时）有可能会发生第二次发酵，更被熟知的名字是苹果酸乳酸发酵（MLF），但这个不要跟起泡酒的瓶中二次发酵混淆。

酒精发酵结束后，实际的酒精应该等于潜在酒精减去未发酵的残糖量。低酒精或者无酒精葡萄酒会首先进行苹果酸乳酸发酵，随后会采用一系列措施来去除部分或全部酒精。

20.1 发酵的理论

葡萄酒的酒精发酵是在无氧的环境中，在酵母的作用下将糖分转化为乙醇酒精的过程，并释放出二氧化碳和热量作为副产品。

$$C_6H_{12}O_6 \longrightarrow 2C_2H_5OH + 2CO_2 + \text{热量}$$

$$\text{糖分} \longrightarrow \text{酒精} + \text{二氧化碳} + \text{热量}$$

表20.1 酒精发酵在定义葡萄酒时的作用

酒精发酵在定义葡萄酒时的作用
根据欧盟法律，葡萄酒是这么定义的：新鲜的果实（或果汁）全部或部分酒精发酵所得到的产品。（EU Regulation 479/2008，Annex Ⅳ.） 国际葡萄与葡萄酒组织定义：新鲜葡萄部分或全部酒精发酵所得到的饮料，无论是否压榨或者是葡萄汁。其实际酒精含量不得低于8.5%。但有某些特定葡萄园是例外，比如在德国，最低酒精度可以为7%。（International Code of Oenological Practices 2014）

二氧化碳会起到保护葡萄酒的作用，酵母没有使用到的能量便作为热量释放了出来。而温度的升高则会加速发酵过程，直到 35℃左右时酵母开始死亡，所以需要控制发酵产生的热量。大批量发酵更有必要进行温度控制，小批量发酵会更容易有效、快速地散发热量，尤其是外部环境温度比较适合的情况下。

20.1.1　发酵的要求

糖分是发酵所必需的，葡萄汁中的糖分基本等于葡萄糖＋果糖，酿酒酵母会优先发酵葡萄糖，换句话说，如果最终有残糖存留下来（无论是干型还是甜型葡萄酒），那应该是果糖，口感要比葡萄糖更甜。

如果要进行加糖（糖强化）操作，一般会在发酵时加入，而且所加的糖为蔗糖。举个例子，如果要酿造一款干型葡萄酒，在采摘时葡萄的糖分含量为 200 克左右，那么理论上发酵所得的葡萄酒为 12%酒精度，但酿酒师想得到一款 13.5%酒精度的葡萄酒，那么每升葡萄汁里需要加入 25.5（17 * 1.5%）克糖，以增加 1.5%的酒精度。

发酵是分批进行的，随着发酵过程中进行糖分的转化，酵母会疲劳并最终失去活力。

发酵进展的程度要看可发酵糖分的含量，并受到许多因素的影响，包括酵母所需的营养、氧气、温度和二氧化硫的量。

20.1.2　发酵产物

伴随着糖分被转化为酒精，发酵过程还会产生一些物质，比如甘油、醋酸（乙酸）、乳酸、乙醛，还有一些微量的物质。

20.2　发酵容器

用来发酵的容器有许多，形状和尺寸都不尽相同，材料也不同，有开放式的也有密闭的，室内的或室外的，甚至是地下的，人工或者机械操作酒帽管理的，所有这些因素都有可能不同程度地影响发酵的动力和结果。

拿红葡萄酒来说，发酵时葡萄汁和葡萄皮需要浸渍，因此对容器有额外的要求。

开放式容器更适合红葡萄酒的发酵，这样可以形成酒帽。由于暴露在空气中，所以能提供开始发酵时酵母所需的氧气，并且热量散发得比较快，但这种容器不适合那种还原型白葡萄酒的发酵。开放式容器比较适合较小批量发酵的葡萄酒，因为适合进行人工酒帽管理。但暴露在空气中会面临氧化和被乙酸腐蚀的风险。一旦发酵结束，如同毯子一样覆盖在容器上方起到保护作用的二氧化碳便会消失，所以容器必须关闭或者将酒抽出换入其他密闭的容器。

图 20.1　密闭式不锈钢发酵罐

图 20.2　开放式不锈钢发酵桶

密闭容器可以除去氧气，比较适合发酵那些还原风格的白葡萄酒、桃红葡萄酒和红葡萄酒。通常在发酵时需要将容器降温，因为发酵产生的温度无处散发，但氧化和乙酸腐蚀的风险会降低很多，会有一个通道将二氧化碳排出。然而由于没有空气，发酵有可能启动很慢或者停止，所以发酵开始时要确保有足够的氧气来让酵母快速地自我繁殖从而降低这种风险。对于开放式容器的红葡萄酒发酵来说，在进行淋皮、倒灌回混时，会将空气直接带入，不存在这种风险。密闭的不锈钢罐比较容易制造成大容量的，温控和发酵进度基本都由电脑进行管理，但大批量发酵意味着要将葡萄汁溶液均匀融合，才能让发酵充分。发酵容器大小主要看有多少收成的葡萄，小批量发酵主要适合那些有着不同成熟度的葡萄，比如酿造贵腐葡萄酒所需要的葡萄。或者需要从不同地块采收的，比如勃艮第葡萄酒。

密闭容器还可以用来短期陈年那些大批量生产的廉价葡萄酒。

20.2.1　不锈钢罐

这种惰性容器主要用来酿造大批量的葡萄酒，尤其是白葡萄酒。相比于水泥容器和木质容器，不锈钢罐也比较容易清洁和维护，并且通过罐体外表的“冰外套”或罐内的冷凝盘比较容易实现温控。

经过改装的基础不锈钢罐可以用来酿造红葡萄酒，比如自动发酵器（波特酒常用）。

20.2.2　水泥容器

水泥容器一般是用强化混凝土制成，外用厚层水泥覆盖。

由于水泥容易受酸腐蚀，所以水泥容器一般会用环氧树脂、玻璃或者瓷砖作为内衬。或者会在第一次启用前，用酒石酸溶液涂在内里以作保护。

所有这些防护层的目的就是为了确保避免酒液与水泥壁的直接接触，但事实上水泥容器内壁上的许多小缺口、凹槽是腐蚀的隐患。

内衬让水泥容器成为惰性容器并有效阻止了水泥和葡萄汁的直接接触。由于这种容器往往是密闭的，所以既能作为发酵容器还能作为陈年容器。罐内部的温控设备比较容易安装，因此比木质容器要更方便进行温控管理。

经典的水泥容器都被设计成长方体，而且几乎能有所有可以想象到的尺寸。

图 20.3　水泥发酵容器

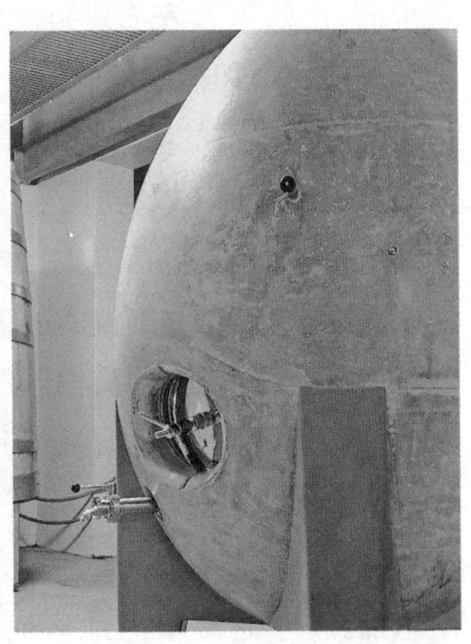

图 20.4　蛋形发酵容器

蛋形发酵容器代表着一种新的水泥发酵容器的流行时尚，尤其被生物动力法酿酒师所青睐。蛋形发酵容器通行的做法是用酒石酸溶液对内里进行涂层加以保护，发酵所产生的对流保证了葡萄汁的均匀混合，所以不存在发酵的“死角”。拥趸者们还会认为这比不锈钢罐有着更少的还原性，会给予葡萄酒良好的微氧化环境而不受新橡木的风味影响。

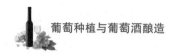

20.2.3 木质容器

木质的发酵容器，原材料主要是橡木（当然也会有槐木、樱桃树木、栗树木等），可以做成各种不同的形状和尺寸，包括圆桶、椭圆桶、长方体、圆锥形等等。

图 20.5 木质发酵容器

木质容器对卫生清洁的要求十分之高，因为有害的酵母与细菌会在木头表面生存下来，会带来污染的风险。木质容器还有一个不锈钢罐或水泥容器所没有的风险，那就是氧化。空气会通过木桶的口进出并且木桶本身也会发生空气的渗透，当然这在发酵初始时是有利的，但到后面就不利了。当木桶被重复使用时，卫生就更值得重视。

木头比较能持热，所以温控需要注意。存放橡木桶的大厅有可能是温度可调节的，比如 20℃左右进行发酵，15℃左右进行发酵后熟化，尽管这些都要依据葡萄酒的风格和酿酒师的偏好来决定。

小型橡木桶的经典尺寸一般有在全球范围内被广泛使用的波尔多 225 升的 barrique 橡木桶，以及勃艮第 228 升的 piece 橡木桶，这么小的尺寸对于劳动力的要求是巨大的，包括卫生、维护、补液、换桶等工作。如果发酵后有酒泥存留，那么需要进行额外、细致的处理。

另外有所谓的“猪头桶”，经典的是 300 升，但随着降低新橡木桶影响的流行趋势，450 和 500 升的大桶也开始越来越普遍。新橡木桶对葡萄酒风格有着重要的影响力。

德国、法国阿尔萨斯、卢瓦尔河谷、意大利北部和匈牙利会普遍采用更大的旧木桶，尺寸通常根据地区而不同，有 500 升、600 升的，也有 1 000 升、1 200 升的。

20.2.4　陶制容器

从罗马帝国开始就已经使用陶罐作为盛酒容器，但最近又出现了一股用陶罐来酿造红白葡萄酒的复兴趋势。

Qvevri 是格鲁吉亚著名的陶罐容器，这种容器的容量可达 8 000 升，内壁都涂有蜂蜡来进行保护。

20.3　监测密度

发酵时的日常检查包括密度和温度的监测，尤其是非电脑温控的发酵过程，目标是保持一致并且平稳的发酵速度。

发酵会产生热量，而高温会使发酵加快，从而丢失那些优雅的香气和风味。所以把温度控制在一个合适的范围，既要考虑葡萄酒的颜色和风格，也要顾及保留更多的香气和风味。因此控制温度就是控制发酵。

发酵中葡萄汁的密度是用液体比重计来进行测量，随着糖分逐渐被转化为酒精，液体的密度会随之下降。每天的监测会被标入表格，最终形成一条平滑曲线。如果没有自动温控器，温度也可采取一样的方式进行标记并监测。在一个小型的、比较凉爽的酒庄里，降温最简单的方式就是开门开窗，利用室外的温度进行降温。也可以在发酵容器里使用冷却盘，可以适当降温，也可以在温度意外下降时进行加热。

当溶液的密度低于 1 时，可以认为发酵已经充分，所有糖分已经被转化。但事实上，大约还会有 2 克/升的糖分残留在葡萄酒中。当然还有一种特殊情况，高酒精的葡萄酒密度低于 1 时，可能的残糖会达到 10 克/升。

20.4　氧气管理

在发酵开始时，酵母的繁殖需要氧气，以便快速启动。当酵母达到足够的量时，便会在无氧状况下开始发酵。当发酵结束以后，原本在液体表面因为发酵而形成的二氧化碳保护毯便会消失，新酿成的酒则立刻受到氧化的威胁。为了保护新酒中的果味和新鲜活力，必须要防止氧化。

由于缺乏酚类物质，白葡萄酒更容易被氧化。通常，在去梗和破碎环节，部

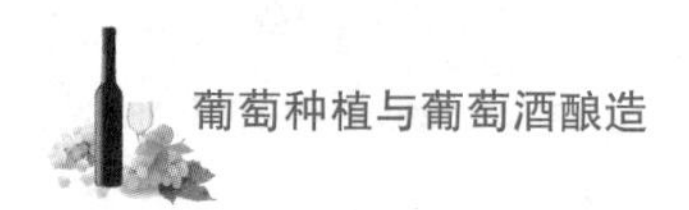

分氧气会溶解在葡萄汁中，以帮助酵母快速启动发酵。在这个过程中如果含氧量太少会引起还原反应，并产生硫化氢，另一方面，如果溶液内的乙酸菌取得主导地位的话，过多的氧气则会升高挥发酸的含量。

在发酵的初始阶段，红葡萄汁会通过淋皮或者压酒帽的方式来获取一些氧气，从而使酵母快速繁殖。这种流通空气的操作也会形成花青素、单宁等高分子聚合物，从而帮助稳定葡萄汁颜色。

红葡萄酒在发酵后的熟化阶段接触少量氧气也会从中受益。

如果发酵中止，流通空气则是一种补救方法。

20.5 温度控制

发酵的速度通常可以通过温度来控制，因为发酵释放热量，所以控制温度就意味着通过降低温度来阻止发酵过热。

控制温度还能防止发酵过快，因为温度每升高 10℃，发酵就加速一倍，而酵母能生存的温度区间有限。

20.5.1 温度要求

白葡萄酒发酵的温度通常介于 12—20℃，一般需要用 2—3 周时间。对于发酵时间较长的，如果发酵温度更低些，有利于保留更多挥发性的芳香。在欧洲一些冷凉的传统产区，会采用略高于 20℃的发酵温度。

红葡萄酒的发酵温度通常介于 20—32℃，因为酚类物质的萃取需要较高温度。温度越高，酚类物质的萃取越多(短时间发酵)。

对于温度的选择是一种基于需求香气多少、萃取程度高低的妥协，所以会因为品种和风格的不同而变化。对于一款红葡萄酒来说，在 26—30℃意味着在足够的浸渍时间和温度下进行的一次快速而充分的发酵，从而避免了过度发酵。这个中段的温度区间可以让花青素和单宁同时得到萃取。

温度控制可以在发酵前就开始，比如在较温暖或者炎热的产区采摘后冷却葡萄汁。

20.5.2 温度对发酵速度的影响

无论是红、白葡萄酒的发酵，温度越低发酵速度越慢，但却会产生更多挥发性果香和风味。相反，如果温度越高，这类香气就会流失更多，一小部分酒精也会被蒸发掉。

如果温度升得太高，比如 35℃以上，发酵反而会放缓甚至中止，因为酵母开始死亡，而且也会造成香气和风味的消失。

如果发酵温度过低，发酵也会变得非常缓慢，红葡萄酒颜色和单宁的萃取也会受阻，而白葡萄酒会出现一种由乙酸异戊酯带来的梨子糖/香蕉的香气。

20.5.3　温控的方法

酿酒师会有很多种控制温度的方法，人工温控在大批量发酵罐中尤为重要，因为发酵产生的大量热量很难快速消散。在任何环境中，人工温控都是精确的、可靠的，也是可以被自动化的。

在有人工制冷前，在欧洲北部冷凉气候地区，秋天室外的凉爽温度可以轻易为小型酒庄提供冷却需求。这些小型发酵罐、发酵桶在这种凉爽环境里散热会非常快。

在那些温暖炎热产区，葡萄也会在比较热的气温下采摘，所以在发酵前冷却葡萄或葡萄汁是一种很常见的做法。葡萄汁可以通过直接的方式降温，比如在发酵罐外部的冷却装置，或者发酵罐内部的冷却盘。

放置白葡萄酒橡木桶的房间也可以通过空调将温度设置在 20℃左右，红葡萄酒可以略高些。

某些情况下，升温可以用来解决发酵缓慢或者发酵中止的问题，而这在冷凉地区是一种隐患，因为秋季会迅速降温。发酵结束后，如果温度出于比较低位的状态，那么升温可以促进苹果酸乳酸发酵。

20.6　二氧化碳管理

二氧化碳是发酵产生的副产品，但它对葡萄酒提供了一个盖毯式的保护，以防止氧气接触和氧化发酵中的葡萄酒。一旦发酵结束，这个保护层就会消失，酒就很容易被氧化，因此需要快速地进行防氧化处理。

无论二氧化碳如何对保护葡萄酒有益，但这种无色无味的气体对人类是有害的，因为比空气重，所以会在容器里或者通风不良处聚集。所以要采取预防措施禁止工人进入还在发酵的区域。因二氧化碳引发窒息而死的情况并不常见，

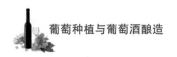

但令人遗憾的是，还是会偶尔发生。

20.7 酵母管理

酵母需要一定量的营养、温度、氧气才能存活。

酵母在葡萄汁中的生长会比较缓慢，因此在酒精升高和发酵生成的二氧化碳保护葡萄酒之前，葡萄汁会有被腐蚀的风险。能迅速启动发酵的人工培养酵母的优势，就是可以将这种起始缓慢的阶段最小化。

不同的葡萄汁状况会加剧这种缓慢启动，比如温度低于 10℃、葡萄汁刚刚经历了还原处理排掉所有氧气（酵母需要一点氧气来激活发酵）、偏高或偏低的 pH 值、葡萄汁里营养偏低、葡萄汁已经被高度澄清过等。

在将葡萄中的糖分转化为酒精的同时，酵母从葡萄的前体细胞中释放品种香气和风味，还包括油脂、酒精、挥发性硫等物质。

20.7.1 营养

酵母需要营养才能生长并自我复制，主要是氮和维生素，一般是在葡萄汁中通过氨基酸的形式得到。

有些葡萄汁，比如被贵腐感染过的、在缺氮的土壤中生长的葡萄、被高度澄清的葡萄汁，都无法提供足够的氮营养。如果没有足够的氮，发酵就有可能发展缓慢，这也是引起发酵中断的一个原因。

缺氮还会形成硫化氢。

这类风险可以通过加入营养来降低，通常是往葡萄汁中加入 200 毫克/升的磷酸氢二铵，或者也可以加入硫胺素。

20.7.2 氧气

酵母需要氧气进行自我复制，在发酵的初始阶段，酵母要适应快速生长，所以要求在葡萄汁中溶解有足够的氧气。在红葡萄酒的发酵中，像淋皮这种操作会带来氧气并加速发酵。氧气也会促进颜色的稳定，因为会形成花青素-单宁的复合物。

发酵本身是无氧的，但微量氧气对于发挥酵母的高效能很重要。在木质容器中的发酵通常会发生与木材之间的足够的空气对流，如果对于小橡木桶来说，会通过顶部的塞口。空气的流通会帮助中断的发酵重新开始。

20.7.3 温度

酵母一般不能忍受低于 5℃或高于 35℃的温度，在那样的温度下酵母会濒临死亡，从而使发酵中断，贝酵母属于能忍受较低温度的那一类酵母。

20.7.4 发酵中止

在葡萄汁中仍有不少糖分的情况下，发酵会放缓或者停止，是基于以下一些原因：

- 温度高于 35℃会干扰酵母酶的功能，或者温度过低导致酵母无法快速自我复制达到能启动发酵的数量。
- 缺乏足够的氮来支撑酵母的新陈代谢，高度澄清的葡萄汁会有缺氮的风险。
- 葡萄汁的糖分浓度过高，也会影响启动发酵。所以这是在甜酒酿造中，对于那些十分成熟的葡萄需要考虑的一个因素。

针对这些情况有一些措施可以考虑，但是重启发酵是一项众所周知的具有挑战性的工作，尤其是当发酵临近尾声，糖含量已经不足时。

- 在发酵早期，利用淋皮技术将葡萄汁抽出并喷洒回发酵罐，这样可以带来空气的流通，从而使酵母快速自我复制。
- 对于白葡萄酒来说，进行加热或者添加一些相同或更健壮的酵母，有助于让酵母快速复制。
- 针对缺氮的情况，添加一些即可。

当然，避免这些风险是最好的选择：

- 温度控制尤为重要，可以保证酵母在早期的自我复制中获得必要的热量。
- 同样，在发酵开始时有足够的氧气也是酵母生长的保障。
- 这些都要结合考虑有足够的养分，比如可以预防性地加入磷酸氢二铵或维生素以降低发酵中止的风险，另外对于白葡萄酒来说，避免过度澄清葡萄汁也可以保证有足够的养分。

缓慢发酵的情况不解决会带来如下问题：

- 因为缺氮而生成硫化氢。
- 因为有糖分，所以产生细菌污染风险，也会增加挥发酸。

- 因为有残留糖分，所以引起额外的微生物污染。

20.7.5 硫化氢

硫化氢的形成主要是发酵时缺氮，但也会在发酵过程中因为缺氧的还原环境而产生。硫化氢形成的风险可以通过发酵后倒灌回混（从底部抽出葡萄汁然后从顶部喷洒进发酵容器，这样会有氧气带入）的方式降低，尤其是针对在还原条件下酿造的白葡萄酒。

如果发酵结束后硫化氢仍然存在，可以使用以老化级硫酸铜为原料的清除剂去除臭鸡蛋味。当然，这不是必须的。

20.7.6 酵母自溶

酵母自溶是指在酿酒时正在死去或者已经死去的酵母发生的自我分解，一般发生在发酵即将结束或者已经结束时。这个过程可以释放出一定量的氮。

将酒与酒泥（死酵母）接触有可能会发生微生物污染的风险，所以发酵好的酒通常会在发酵结束后马上被抽出换桶。然而，与酒泥接触事实上可以给酒提供一些风味和结构，前提是认为这样做值得冒险，之后还是需要将酒进行换桶。

如果需要做苹果酸乳酸发酵，那么葡萄酒换桶也会被延迟，因为将酒与酒泥接触数周会促进苹果酸乳酸发酵。

关于酒泥会在第 30 章详细讨论。

第21章
苹果酸乳酸发酵

酒精发酵由酵母来主导，而苹果酸乳酸发酵则由细菌主导。跟酒精发酵一样，苹果酸乳酸发酵也可以通过葡萄果皮表面的野生细菌自然发生，当然也可以用人工培养的细菌——乳酸菌(LAB)。

苹果酸乳酸发酵一般会紧接着酒精发酵之后发生，但在特殊情况下，会在几个月之后发生，比如在冷凉地区会在(酒精发酵后)第二年开春，前提是没有放入人工培养的乳酸菌。也会与酒精发酵同时发生，而且一般是与酒精发酵在同一个发酵容器里。

不过，也可以采用将新酿好的酒换入小橡木桶进行苹果酸乳酸发酵。据说，这样可以提高红葡萄酒颜色的深度和稳定性，还可以减弱收敛性(主要指单宁)。

但苹果酸乳酸发酵并不是一直受欢迎的，所以要进行控制。苹果酸乳酸发酵绝大部分发生在红葡萄酒中，一些白葡萄酒和起泡酒的基酒进行苹果酸乳酸发酵都是酿酒的特意选择，有些也要根据葡萄品种和风格故意避免，所以控制很关键。

21.1 定义

苹果酸乳酸发酵是将苹果酸转化为乳酸，同时释放二氧化碳的过程：

苹果酸⟶乳酸＋二氧化碳

乳酸菌主要来自三个属，酒酒球菌通常因为能够耐受二氧化硫、低营养、高酸性和高酒精含量而被作为首选。在低pH值的环境中，酒酒球菌可能是唯一能够工作的乳酸菌。另外两个菌属分别是乳酸杆菌和片球菌。

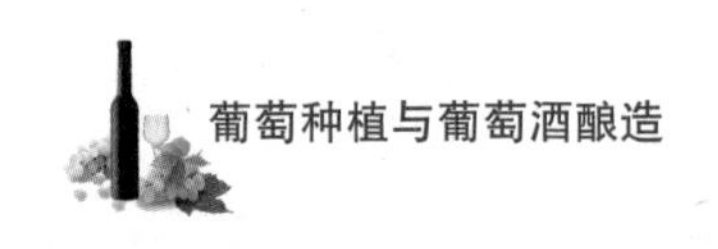

21.2 影响

苹果酸乳酸发酵有如下影响：

首先是降酸，葡萄酒里的总酸度最多会降 4 克/升。另外，在口感上酸度也会有变化，比较尖锐的如青苹果般的苹果酸被降成了比较柔和的乳酸，这种变化带来的是口感上的柔软、成熟、圆润，给葡萄酒增添了“肥美”感，这是某些葡萄酒风格所需要的，对另外风格的葡萄酒则是不利因素。这对那些果实里有着较高苹果酸含量的冷凉产区葡萄来说非常有用。反之，对原本酸度并不高的葡萄来说，其结果则会让口感变得平淡，不新鲜。

其次，除了这些酸度上的变化之外，葡萄酒风味和风格的其他方面也会从根本上改变。原始的果香和口感会损失，酒体和体积会提升。对红葡萄酒而言，口感会变得成熟和酒体饱满，这通常被认为是正面作用。许多干白葡萄酒同样也能从中得益，但一般是在特定的葡萄品种上，比如来自勃艮第和香槟这种冷凉产区的霞多丽。

苹果酸乳酸发酵带来的一个关键风味是双乙酰，这会让人感受到黄油的味道。在浓缩度低的时候，双乙酰会给出酵母、坚果和烘烤的味道。如果浓缩度高，则是明显的黄油，有时甚至是奶油糖果的味道。这对合适的品种来说，是增加了复杂度，但太过浓缩的话，普遍还是会被认为对葡萄酒质量不利。

还有一些从苹果酸乳酸发酵中释放出来的风味物质包括乙醛和乙酸，在浓度很少时会增加一些复杂度，但浓度太高则被认为是一种缺陷（见第 40.4 节）。

在某些情况下，要避免苹果酸乳酸发酵的这些影响，比如许多干白葡萄酒，需要一定的高酸度来维持新鲜感和活力。当苹果酸乳酸发酵遇到那些突出一类香气的品种，比如长相思，或者芳香性品种如琼瑶浆或麝香（都是非高酸品种），就很不合适了。

如果遇到需要降酸但又不能改变风味的情况，那就要使用化学的降酸方法。比如，德国雷司令标志性的纯净香气，如果使用苹果酸乳酸发酵就会明显改变。

甜酒也需要避免苹果酸乳酸发酵。

最后，葡萄酒能提升微生物稳定性。苹果酸乳酸发酵一旦发生，是无法重复的，因为苹果酸已经被降为乳酸，所以意外发生苹果酸乳酸发酵的可能性就不存在了。而酒石酸和乳酸就比苹果酸稳定许多。

然而，如果葡萄酒里的pH值原本就过高，苹果酸乳酸发酵又使pH升高，就会促进污染性细菌的生长，尤其是当pH值高于3.5时。

21.3　控制

控制苹果酸乳酸发酵对葡萄酒最终的风格和风味非常重要，主要控制的是温度、pH值、二氧化硫用法以及营养状态。酿酒师可以通过这些参数来控制苹果酸乳酸发酵的整个过程。

一旦苹果酸乳酸发酵结束，葡萄酒就应该通过澄清和加入二氧化硫来防止微生物的污染。

21.3.1　阻止苹果酸乳酸发酵

可以采取一些措施来阻止苹果酸乳酸发酵：

- 低于12℃的低温可以抑制乳酸菌。
- 低于3的pH值，几乎可以完全抑制乳酸菌。有意思的是，这正是那些需要进行苹果酸乳酸发酵的品种所存在的情况。
- 二氧化硫在酒精发酵过程中和结束后的量一直维持在50毫克/升。
- 提早进行葡萄汁的澄清，比如移除酒泥，可以去除乳酸菌及其所需的营养。

另外，如果苹果酸乳酸发酵没有在发酵容器里发生，那么必须在装瓶前进行无菌过滤，以确保苹果酸乳酸发酵不会在酒瓶中发生。

高酒精含量也会起到一定的抑制作用。

一些原本就低酸的品种应该避免苹果酸乳酸发酵，另外那些突出新鲜果味和芳香风味的葡萄酒也应该避免。

21.3.2　促进苹果酸乳酸发酵

也可以采取一些方法来促进苹果酸乳酸发酵：

- 20℃左右的温度，有利于乳酸菌的活力。
- 较高的pH值，高于3.3，也会增强乳酸菌活力。
- 在酒精发酵前保持低含量的二氧化硫，并且在酒精发酵结束后避免添加。
- 不做澄清，让葡萄酒与酒泥进行接触可以提供乳酸菌营养。

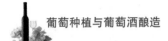

另外，也可以加入人工培养的乳酸菌，或者加入一些正在进行苹果酸乳酸发酵的酒泥。

苹果酸乳酸发酵通常会应用在那些原本就拥有高酸度，同时又不突出新鲜果味或品种特点的葡萄酒上。

21.3.3 风险

乳酸菌实际上有点像双刃剑，不仅可以降低苹果酸，也会降低糖分、酒石酸、甘油，从而对酒的质量造成破坏，当然这种风险可以通过仔细的操作和对四个因素的控制加以避免。

如果没有对几个主要因素的仔细控制，或者苹果酸乳酸发酵被延迟启动，那么葡萄酒很有可能面临被乙酸菌和酒香酵母污染的危险。

酒瓶中是不应该进行苹果酸乳酸发酵的，因为这会改变葡萄酒的风格，遮盖果香，降酸，并且会释放牛奶、乳酸味道。此外，酒也会变得浑浊。

第 22 章 静止干白葡萄酒的酿造

白葡萄酒的风格有很多种，从干型到甜型，从芳香型到中性，有橡木桶或无橡木桶影响，还原型或者氧化型都有。然而，酿酒的整体趋势是朝着还原型风格，能保留更多的新鲜和芳香。对于这样的还原风格，减少氧气接触是关键。

不管要酿造上述任何一种风格，品种的选择都很关键，还有许多酿造时的方法与技术可以选择，但大部分是在发酵前。

这个章节主要讨论干型的白葡萄酒，起泡酒和甜酒会分别在第 25、26 章进行论述。

表 22.1 静止、干型葡萄酒的定义

静止、干型葡萄酒的定义
欧盟关于静止葡萄酒的定义：没有气泡或者加强的葡萄酒。通常来说静止葡萄酒的酒精度范围为 8.5%—15%，尽管总有例外，比如在欧盟法规出台之前一些特定的历史风格。(EC Regulation 491/2009, Annex Ⅲ) 作为对这种基础定义的补充，国际葡萄与葡萄酒组织规定：静止，是指在 20℃时二氧化碳含量低于 4 克/升。(International Code of Oenological Practices, 2014) 国际葡萄与葡萄酒组织对干型葡萄酒的定义是这样的：葡萄酒的含糖量最高不超过 4 克/升，或者当总酸度(每升的酒石酸含量)与含糖量的差异不超过 2 克/升时，含糖量不超过 9 克/升。(International Code of Oenological Practices, 2014)对于后者，欧盟还给出了一个例子，比如一款含糖量为 8 克/升的葡萄酒需要至少 6 克/升的总酸度。(EU Regulation 607/2009, Annex ⅩⅣ, Part B)

白葡萄酒的发酵主要围绕氧气管理，而且在发酵之前尤为重要。不像红葡萄酒，有着许多可以与氧气反应并以此来保护葡萄汁的酚类物质，白葡萄酒更容易被氧化。温控对于风味管理来说是一个重要手段，此外，发酵前不同酵母的选

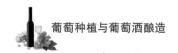

择,会对葡萄酒的风味有着深远影响。

白葡萄酒酿造的一个基本前提是发酵前压榨,颜色在很大程度上是偶然现象,所以很少进行果皮浸渍。现在的趋势是芳香型的白葡萄酒会进行果皮浸渍,有时也会使用一些专用的酶进行处理。

如果不经过果皮浸渍,白葡萄酒可以用任何颜色的葡萄进行酿造,因为颜色都在果皮中。例外是紫叶葡萄(泰图里)品种,果皮和果肉都是红色,比如紫北塞和丹菲特[①](Dornfelder)。

白葡萄酒的橡木桶发酵会在第22.2节进行介绍,发酵之后的橡木桶陈年影响会在第29章进行论述。

在发酵结束时,新酿好的酒通常会从粗酒泥上抽出换桶,并加入二氧化硫来进行保护。当然,如果需要进行苹果酸乳酸发酵,那么这些动作就要延后进行。

发酵完成之后的酒泥接触是一些白葡萄酒的风格所需。

22.1 温度

第14—18章主要讨论的是在采摘时的果实温度和未发酵葡萄汁的温度控制。在欧洲西北部的传统葡萄酒产区,自然温度非常适合进行白葡萄酒酿造,一般温度会在12—16℃,在小型容器里发酵温度不太会升高很多,随着现代发酵容器的变大,温度需要被控制在20℃以下,因为这样可以减少芳香物质的损失。

通常,较低的发酵温度,比如10—15℃,可以产生并保留水果酯。但如果温度控制得太低,并不利于表达品种特点,比如10℃左右的发酵温度,会让乙酸异戊酯香气(香蕉、梨型糖果香)成为主导。

高温发酵会导致香气易挥发,甚至消失。

22.2 橡木

橡木桶发酵和橡木桶熟化是有区别的(见第29章),新旧橡木桶的使用在酿酒目的上也不相同。

橡木桶发酵主要应用于某些特定的白葡萄品种,酿成的酒也具有陈年潜力。

① 又名丹菲,丹菲红等。——译者注

用小橡木桶发酵白葡萄酒在波尔多和勃艮第属于传统酿造工艺，分别使用 225 升和 228 升装。由于这些葡萄酒优异的品质和风格，在过去的几代人里橡木桶发酵已成为全球普遍采用的方式。

橡木桶发酵随后就是橡木桶熟化，中间还会有酒泥接触，在这个过程里，会在葡萄酒、橡木、酵母之间发生许多细微的化学反应。

与我们直觉相反的是，用新橡木桶发酵的白葡萄酒橡木味反而会少于那些用不锈钢罐或者水泥罐发酵但用新橡木桶熟化的葡萄酒。这是因为，在橡木桶内发酵，酵母会将香草醛转化为几乎无味。

考虑到橡木桶的高昂成本，只有高质量低产量的葡萄酒才会使用。这些葡萄酒都拥有瓶中陈年的潜力，而且售价能够覆盖这样的成本。

与橡木桶发酵、橡木桶熟化关联最为密切的是霞多丽这个品种，赛美容与橡木桶也比较契合，还有一小部分的长相思，或者是长相思与赛美容的混酿。另外还有白皮诺。

一个更现代、更经济的方式是用橡木桶的替代品(见第 29.6 节)与葡萄汁一起发酵，但这种葡萄酒会缺乏橡木桶发酵那种细腻的口感和结构感。

相比之下，在红葡萄酒的酿造中，新酒只有在酒精发酵结束后才会进行换桶，当然经常(不是全部)是在苹果酸乳酸发酵之后。

22.3　橙酒

橙酒是指用红葡萄酒的酿酒方法来酿造的很小众的白葡萄酒，颜色会比较深，偶尔会被称为琥珀色。

这种酿造方法会使用一种叫“qvevri”的陶罐容器，并有自己独特的步骤。这种容器会装满待发酵的葡萄汁或者破碎的葡萄，然后掩埋在地下。传统上，当发酵结束临近尾声，果汁与果渣依旧在浸渍时，qvevri 就会被封盖并掩埋至地下，有时会等到第二年的春天。这有一个优势，就是可以将季节交替带来的温度变化降至最小。这种方法酿造出来的酒具有稳定性和单宁感，如果以传统的标准来看，酒有时还会颜色较深并且带有氧化风格。

然而，橙酒可以在任何一种形状的容器中进行酿造，包括可以对温度和氧气进行严格控制的不锈钢罐。但原理是一样的，就是葡萄汁与果皮一起浸渍并一起发酵，以萃取颜色和单宁，浸渍的时间从几天到几个月不等。橡木桶和水泥罐都可以被使用。

表 22.2 静止白葡萄酒的采收到发酵：过程和选择

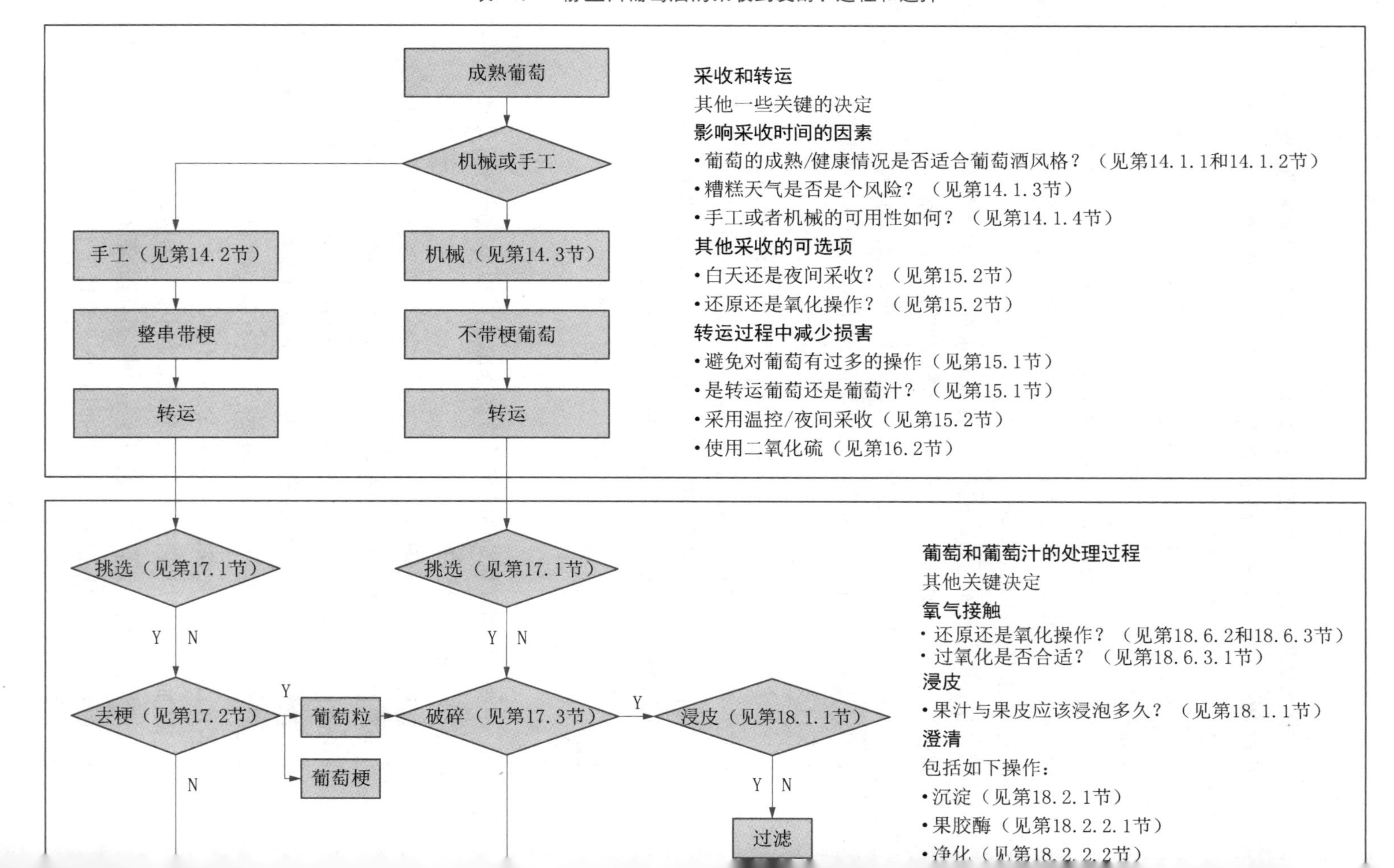

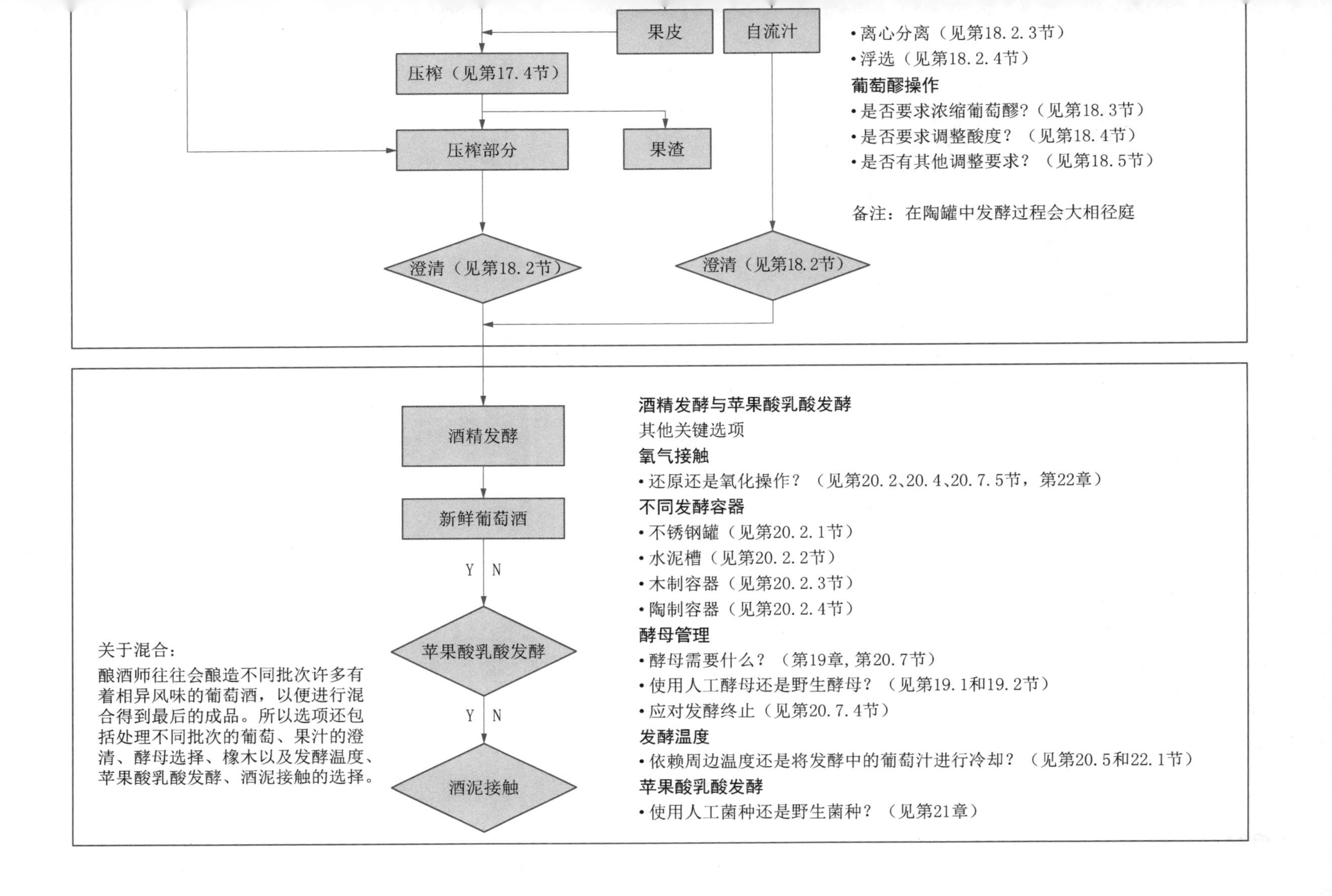
果皮
自流汁
压榨（见第17.4节）
压榨部分
果渣
澄清（见第18.2节）
澄清（见第18.2节）
•离心分离（见第18.2.3节）
•浮选（见第18.2.4节）
葡萄醪操作
•是否要求浓缩葡萄醪?（见第18.3节）
•是否要求调整酸度？（见第18.4节）
•是否有其他调整要求？（见第18.5节）
备注：在陶罐中发酵过程会大相径庭
酒精发酵
新鲜葡萄酒
Y
N
苹果酸乳酸发酵
Y
N
酒泥接触
关于混合：
酿酒师往往会酿造不同批次许多有着相异风味的葡萄酒，以便进行混合得到最后的成品。所以选项还包括处理不同批次的葡萄、果汁的澄清、酵母选择、橡木以及发酵温度、苹果酸乳酸发酵、酒泥接触的选择。
酒精发酵与苹果酸乳酸发酵
其他关键选项
氧气接触
•还原还是氧化操作？（见第20.2、20.4、20.7.5节，第22章）
不同发酵容器
•不锈钢罐（见第20.2.1节）
•水泥槽（见第20.2.2节）
•木制容器（见第20.2.3节）
•陶制容器（见第20.2.4节）
酵母管理
•酵母需要什么？（第19章，第20.7节）
•使用人工酵母还是野生酵母？（见第19.1和19.2节）
•应对发酵终止（见第20.7.4节）
发酵温度
•依赖周边温度还是将发酵中的葡萄汁进行冷却？（见第20.5和22.1节）
苹果酸乳酸发酵
•使用人工菌种还是野生菌种？（见第21章）

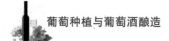

与红葡萄酒一样,单宁会给予葡萄酒结构感。颜色或浅或深,氧化或多或少,都取决于酿酒师。

这种风格主要来自格鲁吉亚、意大利部分地区和斯洛维尼亚。澳大利亚部分产区和南非的一些酒庄也在进行尝试。

第 23 章 干型桃红葡萄酒的酿造

桃红葡萄酒的颜色来自红葡萄,通过一个发酵前短暂的果皮浸渍。桃红葡萄酒的新鲜、果味、芳香的风格来源于白葡萄酒的酿酒理念。通常都使用红葡萄来酿造桃红酒,但有些国家也会允许用红、白葡萄酒混合来酿造。

桃红葡萄酒的风格多样,从旧世界普罗旺斯、罗纳河谷的干型到卢瓦尔河谷有明显残糖的安茹桃红,以及加利福尼亚的歌海娜与仙粉黛桃红。后面这几款事实上属于半干或者半甜型。

萃取程度也可以决定风格的较大差异。浅桃红仅有些许花青素含量,其标志是轻盈的架构和充沛的果味。而另一种风格是比较深色的桃红,酒体更饱满,酒味更多,还会伴随有一些单宁。后者因为结构更强,可能会经过有柔化作用的苹果酸乳酸发酵。

通常来说,但不绝对,桃红酒比较适合年轻时饮用。

酿造桃红葡萄酒总共有三种方法。前面两种方法(下文会表述)中一旦进行压榨,葡萄汁与果皮分离,接下来的发酵和熟化方法会与白葡萄酒一致,但这两种方法技术要求很高。桃红酒特定的颜色是一种重要的味觉吸引力,但是,从葡萄汁来测定最终酒的颜色是一件有难度的工作,因为发酵过程会丢失颜色,而且加二氧化硫也会对颜色有漂白的影响。这些问题都需要在放血(见下文)或者压榨阶段做好评估。在第三种方法——红白葡萄酒混合法中,相对来说技术要求要低一些。

23.1 放血法/排出法

这种方法是去梗之后,将葡萄汁与果皮在一个凉爽的温度下浸渍,直至萃取到希望的颜色。这个过程一般会经历 2—20 小时，时间越长，萃取颜色越深。低温可以保留香气和新鲜水果味，浸渍需要在缺氧环境下进行以免芳香物质被氧化，同时也能保护花青素不被漂白。

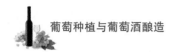

一般来说，发酵容器只会排出一部分葡萄汁（放血法/排出法），这部分葡萄汁与果皮分离，然后采用酿造白葡萄酒的方法进行酿造。剩余的含果皮的部分会进行红葡萄酒的酿造，由于排出了一部分，所以这部分会更加浓缩。

这种酿造技术得到的酒通常会比直接压榨法颜色更深、香气更浓郁、酒体更饱满。这种方法与直接压榨法主要在法国的普罗旺斯运用得比较多，这个地区酿造了大约 40％的法国桃红葡萄酒。

23.2　直接压榨法

刚刚采摘的葡萄或者葡萄串会被直接压榨，这要求力量缓慢并且温柔，以便释放出带有理想萃取颜色的葡萄汁。在压榨过程中，发生了一定程度的颜色萃取。如果压榨力度更大，更多的酚类物质会被萃取出来，但同时也会有萃取到不合适单宁的风险。

接下来的葡萄汁就会如同白葡萄酒一样进行发酵，包括迅速加入二氧化硫。

这种方法会酿造更浅颜色、更轻酒体的桃红，但会比放血法有更高的酸度。

23.3　混合法

根据最终的颜色，白葡萄酒与少量的红葡萄酒进行混合。

在欧盟，非加强的桃红酒不能用这种方法进行生产，除了桃红香槟。

第 24 章
静止红葡萄酒的酿造

白葡萄酒的酿造要规避浸渍，而红葡萄酒的酿造相当于是浸渍的同义词。红葡萄酒酿造需要从果皮、葡萄籽甚至葡萄梗中萃取各种物质，因为葡萄汁与这些一起浸渍，不过浸渍的方式要根据品种、葡萄酒风格进行区分。

浸渍可以在（酒精）发酵前、发酵中、发酵后进行，红葡萄酒的酿造中一个十分重要的考虑因素就是从葡萄汁开始进入发酵容器到取出新酿成的葡萄酒需要的所有时间，这个被称为总装桶时间。这个时间就指从葡萄汁开始到葡萄酒与酒帽的接触时间，包括可能的发酵后浸渍。

在浸渍时需要运用一些技巧萃取所希望获得的香气和口感，并且避免那些不想要的，比如潜在的草本味和苦味，轻柔的萃取方法通常会减少对草本和苦味的萃取。

萃取是靠溶解那些物质进入葡萄汁或葡萄酒而实现的，通过打破或者撕开葡萄组织会让溶解变得更容易，比如去梗、破碎的程序，然后使果皮、葡萄籽和葡萄梗形成的酒帽与去梗和破碎释放出的葡萄汁进行浸渍。

在浸渍过程中，萃取到的物质和萃取的速度取决于时间（与葡萄接触的时间和增加酒精的效果）、温度、混合（比如淋皮、压酒帽等方法使葡萄汁与酒帽混合），具体将在第 24.3 节进行讨论。

24.1　葡萄梗与整粒葡萄的选择

红葡萄酒酿造的一个基本前提是萃取酚类物质，而主要是从果皮萃取，有时候也会从葡萄籽中萃取。关于去梗和破碎是否作为默认的程序一直有争论。这个程序会去掉主要的苦味来源（梗），同时还打破了葡萄的细胞组织，使果肉和果皮直接接触，而主要的葡萄汁、颜色、单宁和风味以及芳香物质都来源于此。机器采摘的葡萄到达酒庄时有可能已经破碎了。

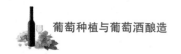

然而，并不总是需要把所有葡萄都去梗或者破碎，这个过程是可选的，问题在于发酵时是否需要梗，是否要使用部分未破碎的不带梗的葡萄。这些决定会直接影响到后面的发酵过程，而且这也不是“全部或零”的选择，可以选择一部分带梗葡萄或者未破碎葡萄。

所有被选择带梗发酵的葡萄梗必须完全成熟，不然会带来青涩的草本风味。当果实缺乏单宁，一部分(成熟的)葡萄梗会被用来浸渍以增加葡萄酒的结构，发酵时带梗同时也会稳定颜色。

现在出现一种增长的势头，即在酿造时带一定比例的葡萄梗，尤其是黑皮诺。在红葡萄酒的酿造中使用未破碎的整粒葡萄(带梗或不带梗)会出现一些二氧化碳浸渍法的风味，通过这种阻止进入果皮内部的方法，能有效减缓萃取，这样就会更好地保留果味。另外，酿成的酒颜色和结构感都会很好。

去梗/破碎后的葡萄汁开始经历酒精发酵，后续可能会有压酒帽或者淋皮这样的操作来混合带果肉的葡萄汁，也可以将整粒葡萄进行破碎。这使得发酵的比例越来越大，可以继续传统的浸渍，直到葡萄酒被压出。

二氧化碳浸渍法只使用整串葡萄，也就是完好无损的葡萄并且带梗。因此，这种做法与去梗的完全相反。

24.2 酚类物质

在酿造中，酚类化合物用来特指酚类物质，其实原本指代了很宽泛的化合物，比如糖、酸以及提供香气和风味的各类物质。这个包含有色、无色的物质会影响外观、香气、风味、口感和微生物的稳定。所以会直接影响葡萄酒的颜色、收敛感、苦味以及风味。其中有些前体细胞会在发酵过程中转化为香气和风味。

酚类物质是很好的抗氧化剂，将氧气排除在外。这就意味着在红葡萄酒的酿造中二氧化硫的需求量会较少。

酚类物质的质量和风格由葡萄品种本身和浸渍过程决定。

24.2.1 化合物种类

酚类物质实际上包含了一个大的化合物群，可以被分为两大类，芳香的和非芳香的。可以参考表 24.1。

对于红葡萄酒来说，核心酚类物质是花青素和单宁。

24.2.1.1　花青素

花青素是在果皮里的一种色素，给红葡萄酒提供颜色。从葡萄的变色期(Véraison)开始形成，但很少有风味。品种不同，颜色不同。

花青素有红、蓝、桃红和紫色，最终葡萄酒的颜色会被 pH 值所影响。在其他条件都相同的情况下，pH 值低会突出红色，而 pH 值高(pH>4)会突出蓝色和紫色。然而，最重要的方面是葡萄酒里二氧化硫的量，因为可以漂白颜色。在欧盟，没有合法的方法来减少酒中二氧化硫的量。

花青素会很快被萃取，通常是在浸渍的第一周，尤其是葡萄果实非常成熟的情况。这个包括发酵前的萃取，酒精含量升高会减缓花青素萃取的速度(见第 24.4.2 节)。

花青素并不很稳定，需要辅色素的帮助，比如风味，或者与其他酚类物质进行聚合，包括单宁和其他花青素，以达到稳定状态。这一类化学反应会提升颜色的浓度(见第 24.2.2 节)。

颜色萃取的方法有冷浸渍(见第 18.1.2 节)、添加酶(见第 18.2.2.1 节)、使用酿造单宁(见第 18.5.3 节)、淋皮(见第 24.4.2.2 节)、使用压榨酒(见第 24.5.2 节)、快速高温释放(见第 18.1.3 节)以及热处理(见第 18.1.4 节)。

其他酚类物质的萃取要比花青素慢。

24.2.1.2　单宁

葡萄皮、籽和梗都带有单宁，可以在发酵前、发酵中、发酵后三个阶段萃取。从制革工业的悠久历史来看，单宁现在已被熟知并可以划分为几个不同的酚类物质(见表 24.1)。用通用的酿酒语言来说，单宁指的是那些水溶性的，以及聚合的、具有一定重量和大小的酚类化合物，它们也能与蛋白质发生反应，它们分别是非类黄酮的水解单宁和类黄酮的浓缩单宁。类黄酮通常包含红葡萄酒中超过 85%的酚类物质，但在白葡萄酒中占比不到 20%。

单宁可以与葡萄酒中其他成分发生反应，包括蛋白质和多糖，从而形成稳定物质，这些可以沉淀。

表 24.1　酚类物质的分类

<table>
<tr><th>分　类</th><th colspan="2">描　　述</th></tr>
<tr><td rowspan="5">非黄酮类</td><td colspan="2">简单物质，主要是酚类酸，存于红白葡萄的果肉和果皮中</td></tr>
<tr><td colspan="2">这些是白葡萄酒中的主要酚类物质</td></tr>
<tr><td colspan="2">由酒香酵母和细菌产生的挥发性酚类前体</td></tr>
<tr><td colspan="2">白藜芦醇是一种非芳香性酚类物质</td></tr>
<tr><td colspan="2">这些酚类物质并非只从葡萄中产生。还包括源自橡木桶的可溶解单宁，比如鞣花单宁、香草醛</td></tr>
<tr><td rowspan="7">黄酮类</td><td colspan="2">这些是比较复杂的物质，主要存于果皮、葡萄籽和葡萄梗</td></tr>
<tr><td colspan="2">在红葡萄酒中，芳香型酚类物质占到总酚类物质的 80%—90%，包括：</td></tr>
<tr><td rowspan="2">花青素</td><td>红葡萄酒的主要颜色来源</td></tr>
<tr><td>对红葡萄酒的颜色变化至关重要，比如花色素苷（蓝色）、翠雀苷（蓝色）、矮牵牛苷、芍叶色素苷（粉色）、锦葵色素苷（紫色）</td></tr>
<tr><td rowspan="2">黄烷醇
（类黄酮）</td><td>由被称为凝缩类单宁的黄酮类物质发生聚合反应获得</td></tr>
<tr><td>对葡萄酒的香气变化至关重要。比如儿茶酸、表儿茶酸</td></tr>
<tr><td>黄酮醇</td><td>参与辅色作用，加强稳定颜色。比如槲皮黄酮</td></tr>
</table>

高浓缩单宁是瓶中陈年潜力的保障。

木头也可以添加单宁，这类单宁主要是水解单宁。

萃取葡萄籽的单宁要求酒精先溶解籽的外表面，当发酵很连贯时，太多的淋皮存在过度萃取葡萄籽单宁的风险。

24.2.2　花青素与单宁绑定中氧气的作用

花青素不是很稳定，颜色稳定需要花青素与其他酚类物质进行结合，包括单宁。这是一个由氧气促进的过程，这种聚合作用间接地保护了颜色的氧化，所以能起到稳定的作用。另外，完成聚合的物质会较少受 pH 值对颜色的影响。

在发酵结束时，大约有四分之一的花青素与其他酚类物质进行了结合，之后花青素会继续聚合，但会大大放慢速度。发酵结束之后，经过控制的微氧化反应会巩固聚合作用及其带来的颜色稳定效果（见第 28.2.2.2 节）。经过微氧化反应的酒在进行苹果酸乳酸发酵时，会降低颜色的损失。

24.2.3　影响葡萄酒风格

不同的葡萄品种有着不同含量的酚类物质，这可以影响葡萄酒的风格。举例来说，赤霞珠有着四倍于黑皮诺的花青素。

酚类物质萃取的质量也会影响葡萄酒风格。

与酚类化合物的数量无关，要避免萃取尖锐的、苦味的酚类物质，比如过度的酒帽浸渍技术、压榨技术。

依据葡萄酒风格和单宁的数量，可以制造出圆润和平衡的效果，也可生产出收敛感十足的口感，或者有苦味。一些类黄酮单宁，尤其是浓缩单宁（聚合过），会有很强的收敛感，这种收敛感提供了葡萄酒的结构，并可以引起口感上的粗糙、尘土、刮嘴以及紧致感。葡萄籽单宁会有更多的收敛感，所以尽量要避免。

其他的类黄酮，主要是儿茶酸和表儿茶酸，会提供更多的苦味，而非收敛性。如果对果皮过度萃取，也会引发苦味。如果葡萄不够成熟，那么草本味就会伴随这种苦味。

高质量红葡萄酒的酚类物质在感官上的影响应该与酒体、骨架、结构、质地、圆润度等方面的描述联系在一起。

花青素对口感几乎没有什么影响，然而一旦与单宁结合，它们可以帮助单宁溶解在葡萄酒里。所以这种情况下，极少量或者没有花青素的葡萄酒（白葡萄酒），也会有一点点收敛感。

瓶中陈年会在第 39 章进行讨论。

24.3　酚类物质萃取（浸渍）：目标和问题

酚类物质萃取的目标以及技术要求，就是能从葡萄果皮、果肉（及籽、梗）萃取到想要的香气、风味、颜色和结构，同时能将那些不想要的，比如葡萄籽和皮里的草本味和苦味留下。过度萃取也会带来草本味。因此，萃取的管理是红葡萄酒酿造过程中最重要的事项之一。问题是花青素的萃取和单宁的萃取不同，而且根据葡萄品种和想要的风格不同也会有差异。

酚类物质从葡萄皮、籽和梗上获取以后溶解进葡萄汁里，而细胞壁会阻碍，但热量（温度）和酒精（时间）会打破细胞壁，果汁与果皮（梗）经常性的混合（湍流）如淋皮、压酒帽等也会帮助溶解。这种混合还会打破固体部分，帮助之后的萃取。

表 24.2　静止红(桃红)葡萄酒从采收到发酵：过程与选择

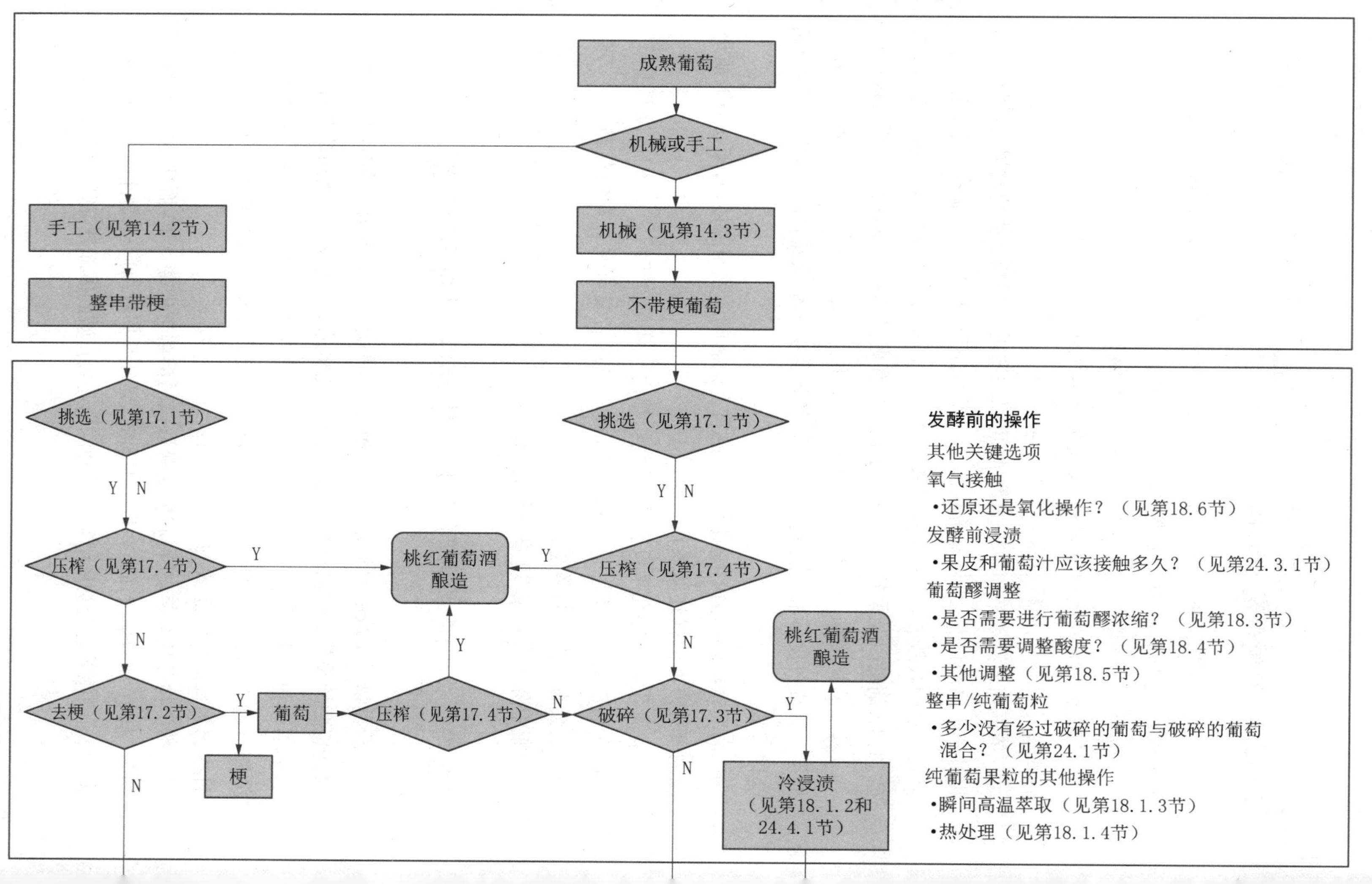

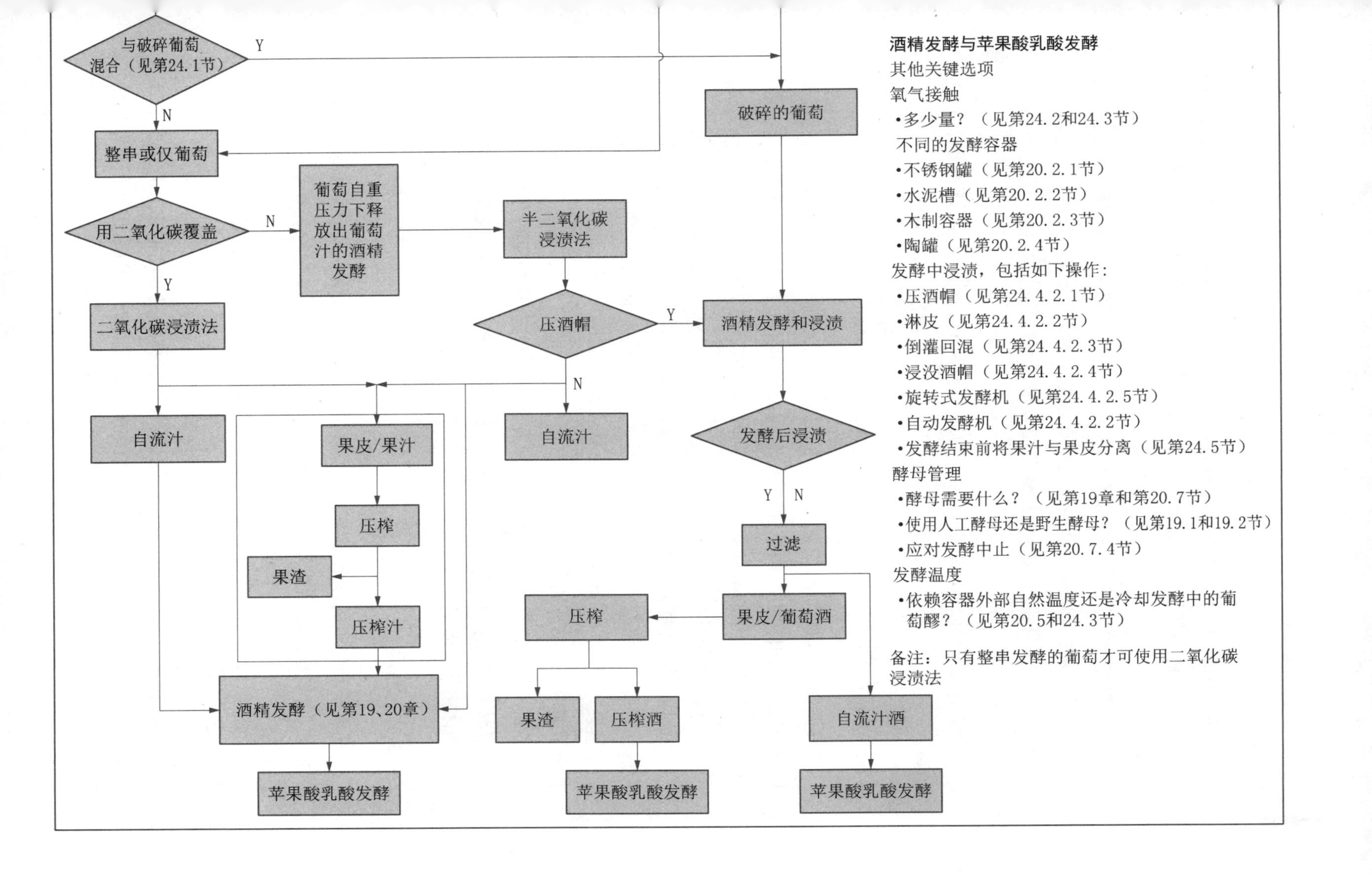
与破碎葡萄混合（见第24.1节）
Y
N
整串或仅葡萄
用二氧化碳覆盖
N
Y
葡萄自重压力下释放出葡萄汁的酒精发酵
二氧化碳浸渍法
半二氧化碳浸渍法
压酒帽
Y
N
自流汁
果皮/果汁
压榨
果渣
压榨汁
自流汁
酒精发酵（见第19、20章）
苹果酸乳酸发酵
破碎的葡萄
酒精发酵和浸渍
发酵后浸渍
Y
N
过滤
果皮/葡萄酒
压榨
果渣
压榨酒
苹果酸乳酸发酵
自流汁酒
苹果酸乳酸发酵
酒精发酵与苹果酸乳酸发酵
其他关键选项
氧气接触
•多少量？（见第24.2和24.3节）
不同的发酵容器
•不锈钢罐（见第20.2.1节）
•水泥槽（见第20.2.2节）
•木制容器（见第20.2.3节）
•陶罐（见第20.2.4节）
发酵中浸渍，包括如下操作：
•压酒帽（见第24.4.2.1节）
•淋皮（见第24.4.2.2节）
•倒灌回混（见第24.4.2.3节）
•浸没酒帽（见第24.4.2.4节）
•旋转式发酵机（见第24.4.2.5节）
•自动发酵机（见第24.4.2.2节）
•发酵结束前将果汁与果皮分离（见第24.5节）
酵母管理
•酵母需要什么？（见第19章和第20.7节）
•使用人工酵母还是野生酵母？（见第19.1和19.2节）
•应对发酵中止（见第20.7.4节）
发酵温度
•依赖容器外部自然温度还是冷却发酵中的葡萄醪？（见第20.5和24.3节）
备注：只有整串发酵的葡萄才可使用二氧化碳浸渍法

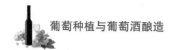

因此，时间、温度、湍流是三个可以监控萃取的要素，然而这不是一个简单的反应式，还有许多其他的变量要考虑，包括葡萄品种、年份情况、pH值和二氧化硫含量。

酒帽管理对于这个任务来说至关重要，正是因为果皮和其他固体物质形成了酒帽，而萃取主要就是从这些物质中获取酚类物质，有很多技术可以运用（见第24.4节）。另外也可以参考红葡萄酒发酵前萃取部分的内容（见第18.1.2、18.1.3和18.1.4节）。

当新酿成的葡萄酒从这些果皮物质中分离时，比如压榨，萃取也就随之结束。

24.3.1　时间

根据葡萄酒的风格，总的装桶时间可以从几天到一个月左右，有的甚至更长。葡萄汁与固体物质（酒帽）的接触时间长度会有助于萃取，短时间浸渍一周，与发酵同步，将颜色的萃取最大化，但同时保持单宁的萃取比较适度——不要太多的结构感，但保证颜色的稳定。

短时间浸渍可能对于大批量的、适合及早饮用的葡萄酒来说已经足够了，因为这样的酒目标就是多果味、少单宁，它们通常会很快被压榨。对于葡萄果实有部分感染霉菌、过熟的情况，会比较容易放弃其酚类化合物，所以这种情况下也会采用缩短浸渍的方法。

多至一个月的长浸渍，包括混合和发酵后浸渍，会让葡萄酒含有很多单宁。这种情况下，颜色反而会变浅，因为一些花青素与单宁相结合，或者与酒帽、酒泥中的固体物结合而消失。

24.3.2　温度

花青素和单宁的萃取速度随着温度的升高都会加快。发酵中温度控制都很必要，除非是在小型橡木桶内发酵。一般的发酵温度保持低于30℃（见第20.5节）。

24.3.3　混合

通常，由葡萄皮、籽、梗（未去梗的话）等固体物组成的酒帽会上升到葡萄汁的顶部形成所谓的酒帽，漂浮着的酒帽限制了与葡萄汁的接触，因此酚类物质的萃取也会受到限制。所以必须将葡萄汁与酒帽进行混合，以便从中萃取所需要的酚类物质。

24.4　萃取(浸渍)：技术

考虑到时间、温度、混合的各种变量因素，有许多浸渍技术被运用，分别有优缺点。

24.4.1　发酵前浸渍

发酵前的浸渍发生在葡萄汁中，在这个阶段花青素是最易溶的酚类物质，可以快速被萃取。但在发酵中，花青素的萃取会随着酒精的增多而减缓。

一些酚类物质萃取的技术，比如发酵前萃取的冷浸渍(见第 18.1.2 节)、快速高温释放(见第 18.1.3 节)以及热处理技术(见第 18.1.4 节)，通常只采用去梗的葡萄。

反之，单宁最好在有酒精的状况下进行萃取，所以发酵中萃取比发酵前更好。

24.4.2　发酵中浸渍

在发酵的早期阶段，总的酚类物质含量会升高，花青素会首先被萃取。绝大部分花青素的萃取发生在几天之内，在酒精度升到 5%—7%之前。

酒精会发挥溶剂的作用，在发酵中逐步升高的酒精会特别加强从葡萄皮、籽里萃取单宁，而且也会让果皮和果肉释放它们的芳香物质。萃取浓缩单宁要比花青素慢得多，需要酒精来浸泡果皮和果籽，果籽是释放单宁最慢的，需要更高的酒精浓度来帮助释放。逐步升高的酒精度可能会造成颜色消退，因为花青素会被转化或者与别的物质结合。

在发酵临近结束时，高酒精会有一种过度萃取酚类物质的风险，尤其在果实非常成熟的情况下，还可能会出现负面风味的影响。所以混合(见第 24.3.3 节)的程度在临近发酵结束时也趋于降低，以限制过度萃取的情况。

在发酵过程中所使用的将液体与固体混合的各种技术统称为酒帽管理，无论采用哪一种技术，或者不同技术相结合，至关重要的是不能让酒帽干燥。干燥的酒帽可能让细菌在氧气的帮助下把酒精转化成为乙酸。另外，需要通过将酒液(葡萄汁或发酵中的葡萄酒)与酒帽混合的方式从中萃取酚类物质,有规则地混合酒液与酒帽可以让升高的酒精杀死潜在的污染性微生物。因此,保持酒帽的潮湿,并与酒液混合非常重要。

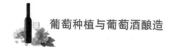

无论什么技术,让发酵容器中所有的葡萄汁达到均匀状态对于帮助平衡容器内的温差、保证酵母和糖分充分融合十分重要。

需要考虑的普遍问题是怎样混合(采用什么样的技术)、混合多久(多少分钟)、混合的频率(每天或每周混合几次),但几乎没有硬性规定。所采用的技术以及频率都会根据不同的葡萄品种、采摘的质量、发酵速度、发酵的阶段和想要的结果来进行调整。

24.4.2.1 压酒帽

这是一种比较原始的酒帽管理系统,是将酒帽压入发酵中的酒液以此来保持酒帽的潮湿,并让酒液萃取酚类物质。通常会使用一根撑杆,杆的一端会有一些辐条或者圆盘(或者撑脚,见第 17.3 节),压酒帽非常适合小批量生产,此举可以带来一些降温效果并能密切监控发酵中的酒液是否均匀。

图 24.1 自动压酒帽设备

压酒帽既耗时又费力,而且对于操作工人的技术要求很高,但这是一个温和萃取的技术。不过与其他技术一样,过度使用会导致过度萃取。压酒帽一般一天 1—2 次,每次将酒帽下沉不超过 10 次。

自动而复杂的机器压酒帽系统已经出现了,压酒帽装备可以在一系列容器的顶部滚动,依次使用,杆子能够到达酒帽的所有部分。

压酒帽是勃艮第的传统工艺。

24.4.2.2 淋皮

这个工艺至少需要一个压力泵和一根软管,从发酵容器的底部将液体抽出然后喷洒在顶部的酒帽上。

这是个有氧的操作,例如,在开放式的发酵容器中将葡萄汁喷洒过酒帽,或者通过一个临时开放的大容器喷洒。淋皮在发酵开始时,带来的氧气可以促进酵母的快速生长，但在发酵快结束时，酵母不再需要氧气，这方面的作用会小一些。

淋皮也可以在无氧状态下操作，比如把压力泵和软管直接接到发酵容器的水龙头上，这个过程就可以自动进行。在密闭的发酵容器内，就直接使用容器顶部的喷洒头。由发酵产生的二氧化碳会在酒帽上方形成一张保护毯。

图 24.2　自动淋皮设备

图 24.3　开放式淋皮泵将暂时盛放在敞口容器中的葡萄汁抽到容器顶部再从喷头淋下。这一工序使葡萄汁充气

喷洒在上方的葡萄汁的重量可以帮助压破酒帽，同时葡萄汁也正好通过酒帽的缝隙将它清洗一遍。这两个动作都可以帮助萃取酚类物质，通过喷洒葡萄汁还可以帮助散掉发酵产生的热量。

淋皮是波尔多的传统工艺。

自动发酵机有一种独特的淋皮技术，这种机器由阿尔及利亚“德斯勒系统”改良而来，主要运用于葡萄牙杜罗河谷 20 世纪 60 年代的农村大量移民时期。这种机器几乎不需要什么人力和额外的能源，因为在那个时期，该地区的电力非常紧缺。

发酵产生的二氧化碳提供了能量，驱动机器可以重复地进行淋皮操作。

一个自动发酵机包含了一大一小两个空间，小的在上方，两者之间有两个连接点，葡萄汁放置在下方的空间里。发酵开始后，二氧化碳产生的压力在下方形成，会将下方的葡萄汁压往上部的空间，由于二氧化碳流失，葡萄汁会略微冷却。（见图 24.4）

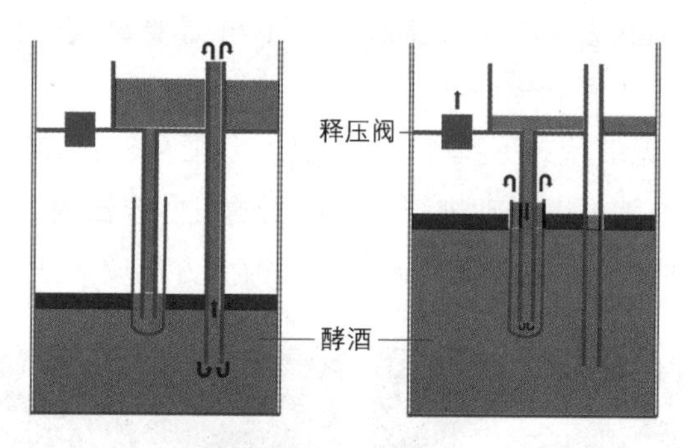

图 24.4　自动发酵机

当上方的空间满了以后，释压阀会打开，下方的二氧化碳压力会被释放，这就会导致被压到上方的葡萄汁在重力的作用下通过管道流回下方空间，并对下方空间顶部的酒帽形成喷洒。在发酵刚开始的数小时内，这种压力-释放的循环会比较慢，当越来越多的二氧化碳被释放出来，这种循环每 15 分钟就能发生一次。

这种技术可以进行大量的快速的萃取，非常适合波特酒的酿造，数天之后的加强和分离会终止发酵与浸渍的过程。(见第 27 章)

24.4.2.3　倒灌回混

倒灌回混从淋皮技术演变而来，所有发酵中的葡萄汁会先被排出到另一个发酵容器中，然后再重新进入原先的容器。原先容器中的酒帽会排出更多的葡萄汁，然后再接受喷洒。

这种方式比淋皮要萃取得更多，尤其是当发酵刚刚开始，花青素正大量释放时。这会促进花青素与单宁的聚合作用，这样产生的葡萄酒大多比较柔和。这种做法散热效果也很好。

这过程中可能会用到滤网来收集葡萄籽，因为这些葡萄籽可能会在发酵中产生苦味，尤其在它们不成熟的状态下。

24.4.2.4　浸没酒帽

浸没酒帽可以防止酒帽干涸。

这是一个简单的系统，在葡萄汁的表面下方放置一个金属栅，从而将酒帽浸没在液面下方。

自动发酵机通常会将酒帽浸没。

24.4.2.5　旋转式发酵机

旋转式发酵机是水平的、密闭的、圆柱形的、旋转式的不锈钢罐，这种机器会促进萃取，有点像水泥搅拌机。

图 24.5　旋转式发酵机

机器的运作遵循酿酒师制定的标准来进行（频率、速度、方向、时间等），机器内部的刀片会打破酒帽并且帮助固体与液体混合。

水平放置提高了葡萄汁与酒帽的接触面，然而风险在于过度萃取，因为除非使用起来十分谨慎，不然的话这个系统很容易打破固体物质，萃取到苦味和过度收敛的化合物。但慢速的过程可以降低这种风险。

旋转式发酵通常比传统的发酵快速，只需要 3—4 天，由于浸渍时间短，萃取的酚类物质总量会比较少，酚类物质的质量取决于旋转时间表。发酵中的葡萄汁随后会被压榨至另一个发酵容器结束发酵。这种旋转式发酵机会用来酿造大批量、便宜、适合早饮的葡萄酒。

24.4.2.6　二氧化碳浸渍

二氧化碳浸渍要求手工采摘的、健康的整串葡萄，一般是红葡萄酒采用的酿酒方法。二氧化碳浸渍法酿造分为两个阶段。第一个阶段是二氧化碳气体内的细胞内浸渍，随后进行的第二阶段是将完成浸渍后得到的压榨汁进行传统酒精发酵。

第一个阶段不是发酵，在缺氧而且有大量二氧化碳的情况下，葡萄本身会从呼吸型（需要氧气）新陈代谢转化为去氧型（不需要氧气）新陈代谢。但因为葡萄是完整的，所以这种去氧型新陈代谢发生在果实内部。

将整串的健康葡萄放置于已经去掉氧气的发酵容器内，然后再充入二氧化碳，一个无氧的环境就实现了。葡萄酶继续发挥作用，将糖分转化为酒精，同时也从容器中吸收一些二氧化碳。去掉氧气非常重要，因为醋酸菌和其他腐蚀性微生物需要氧气来进行繁殖。

当这种无氧的新陈代谢发生时，在发酵容器底部的葡萄串由于重力的作用被压破，流出的葡萄汁会进行常规意义上的酒精发酵（无氧状态下），因为果皮上自带有酵母。这种酒精发酵释放的二氧化碳可以帮助容器内继续充满二氧

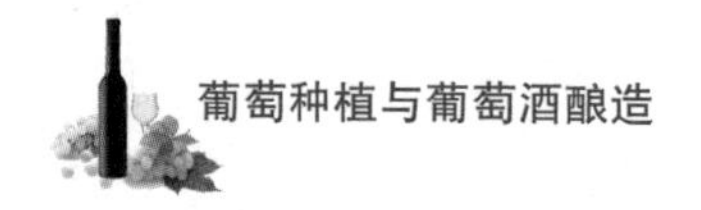

化碳。

酶的作用在高温中发挥得更快，因此一个高温的环境——28—30℃——会让葡萄在数小时之内就开始制造二氧化碳，但如果是20℃左右的温度，则会用上五六倍的时间。

细胞内无氧的新陈代谢会发生：

- 葡萄内会产生大约1.5%—2%的酒精度，当酒精度达到2%时，葡萄就会破裂。
- 苹果酸最多会下降50%。
- 酒石酸不会有转化。
- 产生甘油。

葡萄破裂的时间要根据温度，如果是高温(35℃左右)大约需要一周时间，如果是15℃左右，大约需要两周时间。通常来说，易饮的酒浸渍时间会短一些，结构感更多的酒则浸渍时间长一些，时间为6—12天。

二氧化碳浸渍之后，自流汁会被排出并收集到另一个发酵容器中，大概占到总量的50%—75%，剩下的部分则会进行压榨，压榨出的部分仍然保留了完整的待发酵糖分、芳香物质和酚类化合物。一般情况下这两类葡萄汁会混合在一起发酵。

第二个阶段是酒精发酵，纯粹是葡萄汁(含部分酒精，约2%)，没有果皮等固体物。发酵温度一般控制在20℃左右，在第一个阶段产生的挥发性物质还保留着。苹果酸乳酸发酵通常会在酒精发酵结束后或者同时进行，这个阶段的酒精发酵只会持续48小时就会结束。

二氧化碳浸渍酿造的酒有许多显著的特点，包括细胞内新陈代谢产生的香气，草莓、树莓、樱桃、樱桃白兰地等都是二氧化碳浸渍法的标志性香气。这种酒通常还会有柔软的、丝滑的质感，还有水果的甜美感。单宁含量很低。这些特征意味着这些酒应该早日饮用。

二氧化碳浸渍法主要应用在博若莱产区，也会用在佳丽酿这个品种上，比如法国南部的朗格多克地区。

半二氧化碳浸渍法，或者整串发酵，是一种演变。整串的葡萄会被放入没有用二氧化碳清洗过的发酵容器中，底部的葡萄一样会被重力压破，所以释放出的自流汁就会在野生酵母的作用下开始进行酒精发酵。而这个发酵所产生的二氧化碳会聚集起来包围容器上部的葡萄，所以这就提供了二氧化碳浸渍的条件，这些葡萄就会开始无氧的细胞内新陈代谢。

一些更有结构感、有瓶中陈年潜力的葡萄酒可以使用这种方法，在二氧化碳浸渍快结束，压榨之前，可以加用淋皮的技术，这样会萃取更多的酚类化合物。随后在橡木桶内的熟化，不一定非得是新橡木桶，也会增加一些复杂度和陈年潜力。

选择性地使用二氧化碳浸渍技术可以增加一些与传统破碎发酵不同的感官特性上的细微差别，也可以选择部分整串葡萄或者完整葡萄，一般应用于黑皮诺。

24.4.3　发酵后浸渍

发酵本身实际上是比较快的，2—7 天，会暂时限制酚类化合物的萃取，在发酵后继续将新酿好的酒与酒帽进行浸渍(典型的发酵后浸渍技术，见第 28 章至第 33 章)是一项经典的红葡萄酒酿造技术，主要针对有陈年潜力的葡萄酒。一般会持续几天到几周。

更长时间的浸渍就意味着更多地萃取酚类化合物，但只适合成熟的高质量的葡萄，这种额外的投入主要目标的就是酿造结构感好、有瓶中陈年潜力的葡萄酒。

24.5　压榨

压榨意味着浸渍过程的结束。

一旦新酒离开酒帽，那么就意味着不再有萃取的可能，因此当萃取已经充分以后才能进行压榨。对于易饮的酒来说，4—5 天的浸渍时间已经够了，因为颜色已经足够多，只是单宁少量。当然，也可以在浸渍后一个月甚至更长的时间后再进行压榨。

有一些情况下，压榨时葡萄酒里仍然会剩有一些待发酵的糖分，而且通常还是在苹果酸乳酸发酵发生前。这么做的理由就是想让发酵在新橡木桶中继续完成。

第 17.4 节讲述了不同的压榨方法，有些特定的发酵容器需要用手工将酒帽移除，但在一些现代的容器中，是可以进行机械操作的，比如旋转式发酵机。

24.5.1 自流酒

当决定要将新酒与酒帽分离时，第一步要做的就是利用重力的作用排出自流酒，紧接着就是将酒帽移至压榨机上进行压榨。

24.5.2 压榨酒

压榨的红葡萄酒通常在所有含量上都超过自流酒：花青素、糖分、干浸出物(即葡萄酒中的非挥发性物质除去酒精、二氧化硫、二氧化碳及低挥发性物质外的所有可溶性物质)、总酸度、挥发酸、矿物质、花青素与单宁结合物，这些物质占到了总量的15%。

压榨时加大强度可以提取浸渍阶段残留的酚类和其他化合物，这些化合物在浸渍阶段会抵制释放，但加大强度的同时也加大了萃取到苦味物质的风险。

如果被压榨的葡萄品种本身含有高酚类物质，那么可以分离出因为增加强度而压出的部分压榨酒，这在随后的混合阶段创造了更大的灵活性。如果是高质量的葡萄果实，第一批次的压榨酒一般会有高质量的结构，非常适合混合。明智的使用可以给最终的葡萄酒增加酒体、重量、质地、物质和风味。第31.1节会着重讲混合的选择。

压榨酒要经过沉淀、澄清，可能还需要过滤，才能作为混合的材料。监视压榨酒的质量非常重要，一旦有缺陷风味或者高挥发酸出现，就不能使用。根据使用的压力的不同，较重的压力得到的压榨酒可能会被氧化，例如，在压力循环之间酒帽会被压碎。

第 25 章 起泡酒酿造

当打开一瓶起泡酒时,二氧化碳形成的气泡会从酒液中出现并升至酒的表面。

起泡酒定义
国际葡萄与葡萄酒组织将起泡酒描述为:在 20℃时至少含有 3.5 个标准大气压的葡萄酒(《国际葡萄酿酒法典》2014 版)。而欧盟第 479/2008 号法规则如此描述:在 20℃的条件下,普通起泡酒(mousseux/spumante)至少有 3 个标准大气压,而高质量起泡酒则至少需要 3.5 个标准大气压,另外规定微起泡酒(petillant/frizzante)在同等条件下需要 1—2.5 个标准大气压。
上述两个规定中,气泡可能来自第一次或第二次发酵。如果二氧化碳是从外部加入,仍然要求最低标准为 3 个大气压。

二氧化碳是酒精发酵的副产品,有不同的方法可以保留这些气体,通常是在一个发酵容器中保持 7 个标准大气压(7 巴/700 000 帕),这样也可以有足够的压力阻止酵母生长。用传统法酿造的起泡酒瓶中会有大约 6 个标准大气压,主要是香槟。

在很多情况下,干型的、静止的基酒是酿造起泡酒的基础。然后会经历一个小型的可以产生气泡的二次发酵。然而,也有一些例外,比如阿斯蒂法(Asti)(见第 25.3.2 节)和古法酿造(见第 25.2.2 节),都是用一次发酵来产生和保留二氧化碳。

25.1 影响风味的因素

尽管绝大多数把气泡留在酒里的做法要么是瓶中二次发酵要么是罐中二次

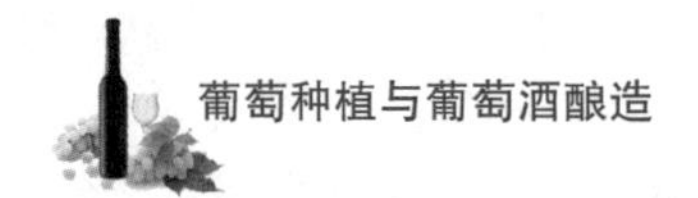

发酵，但还是有一些因素可以很大程度上影响最后酒的风味。事实上，这其中一些因素会告诉我们哪种生产方法最适合特定的葡萄品种和理想的葡萄酒风格。

25.1.1 葡萄品种

葡萄品种和当地的气候会影响葡萄酒风格，甚至酿造方法。通常情况下，无论用什么酿造方法，用来酿造高质量起泡酒的葡萄，会生长在比较凉爽的地区。明显的酸度水平是成功的起泡酒的一个重要参数。

如果葡萄品种适合第二次发酵后的酒泥接触(见第25.1.3节)，成熟的果味则需要避免，这就意味着果实采摘时的成熟度还不足以酿造静止酒(见第3.4.4节)。比如酿造香槟的霞多丽，采摘时只需要潜在酒精度达到9%就可以了，但对于静止酒来说还属于不成熟。

香槟地区是典型的适合起泡酒葡萄生长的冷凉性产区，三个主要的法定品种霞多丽、黑皮诺、穆尼耶当中没有一个是芳香型，尤其在还不怎么成熟的时候采摘。因此，它们很适合传统法酿造，而且可以进行时间长短完全不同的酒泥接触工艺，逐渐拥有各自的特色。

通常，霞多丽在混酿中提供了细腻和优雅，而黑皮诺则提供酒体和骨架，穆尼耶会提供更多的果味。此外，每个品种在瓶中熟化的速度都不同，霞多丽最慢，穆尼耶最快。因此，调整每个品种在基酒中的比例会影响风味和在瓶中熟化发展的速度。

这三个品种，有时候只有霞多丽和黑皮诺，在全球都会被用来酿造传统法的起泡酒，比如在塔斯马尼亚和英格兰那些冷凉的产区。

法国的其他产区，用传统法酿造的起泡酒被称为穆尼耶，在这些产区同样的葡萄品种也会被用来酿造静止酒。因此勃艮第克雷芒起泡酒(Crémant de Bourgogne)就是用经典的霞多丽和黑皮诺酿造，霞多丽还出现在卢瓦尔河谷克雷芒起泡酒(Crémant de Loire)允许品种的名单上，与白诗南、黑皮诺、品丽珠一起混酿。利慕克雷芒起泡酒(Crémant de Limoux)主要采用霞多丽，还与当地的品种莫扎克(mauzac)及白诗南、黑皮诺一起混酿。

西班牙使用传统法酿造卡瓦起泡酒，采用的是当地的品种：沙雷洛(xarel-lo)、帕雷亚达(perellada)、马卡贝奥(macabeo)(比乌拉 viura)。这些品种也比较中性，通过足够长时间的酵母自溶增加风味。这些因素，再加上巴塞罗那内陆地区温暖的气候条件，创造了一种风格完全不同的基酒。通常，帕雷亚达混酿中提供香气和水果味，沙雷洛则提供结构、强度和陈年潜力，而马卡贝奥提供优雅和细腻的风味。

霞多丽和黑皮诺在白卡瓦起泡酒中也会被采用，科多纽酒庄（Condorníu）会使用高比例霞多丽，可以带来更柔软的风格，并带有柑橘和奶油风味。

在基酒中混合不同的葡萄品种可以给葡萄酒增加可能的复杂度，但另一方面，也会保留高比例的某一品种来突出香气和风味。拥有芳香特点的品种会更适合酒泥的自溶变化不掩盖其固有品种风味的酿造方式，因此酒泥接触的时间尽量降到最短。

普罗塞克（prosecco）的品种格莱拉（glera），被认为是一个很适合起泡酒的品种，因为葡萄的糖分不高，却能保留很好的酸度和芳香。这样就能酿造一款酒精度不高但又有优雅的苹果、梨、柑橘和百花香味的基酒，而且生产过程基本不会进行酒泥接触。

麝香品种（muscat）要比格莱拉芳香许多，所以相应地就基本不接触酒泥。值得注意的是，麝香品种如果发酵到干型，会有丢失标志性香气的风险。所以经典意大利的阿斯蒂（asti）和莫斯卡托阿斯蒂原产地保护规定都会有明显的甜味。

这类酒跟静止葡萄酒一样，注重葡萄酒的香气，而且瓶中陈年并不是首要考虑的因素，这样的葡萄酒一般都是适合年轻时饮用，所以这是另一个不采用传统法酿造的因素。

雷司令可塑性很强，所以既可以用传统法，也可以用大罐法进行酿造，尤其是在德国。

25.1.2　基酒

基酒（或者一次发酵工艺中的葡萄汁）的质量对于最终起泡酒的质量是一个显而易见的、尤其重要的因素，无论对任何一个酿造方法来说，甚至包括二氧化碳法。

第二次发酵无论在瓶中还是罐内，都是将干型的基酒进行发酵。基酒发酵会要求达到一个中等的酒精度，传统法要求 11%，大罐法的普罗塞克保证法定产区（Prosecco DOCG）则要求约 9%，因为酒精度还会因为二次发酵再升高 1% 左右，高酸度也是必须的。这两个参数都是在葡萄还不成熟的阶段就能达到的。

这就意味着葡萄的酚类物质会少于正常状态下成熟的葡萄，所以这也是为什么要排除有可能出现的苦味和草本味的重要原因。果皮接触也会避免，因为酚类物质会抑制酵母在第二次发酵中的表现。

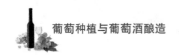

从采摘到压榨的时间要尽可能短，快速地温和压榨整串葡萄会将颜色和单宁萃取的可能性降到最低。快速而温和的过程对于红葡萄品种来说尤其重要，因为它们有更多的酚类物质。

压榨得到的不同的部分会分别影响质量，在欧盟，这些是有法规的。最甜、最酸的果汁，是质量最高的，被称为特酿(cuvée)。其次是次等葡萄汁(taille)，比特酿的单宁含量略高，也比较甜但酸度不够，可以生产果味更浓、不太适合陈年的酒，一般在无年份香槟(或起泡酒)的混酿中使用较多。压榨的最后部分会被送去蒸馏。在欧盟之外，这些压榨的部分如何分割完全取决于酿酒师。做这些事情的目的是尽可能得到清澈的、无色的、迷人的葡萄汁，就算是红葡萄品种。

对于传统法和大罐法来说，使用温和压榨部分的果汁都很重要，因为要避免酚类物质。

通常来说，在香槟，不同的品种(霞多丽、黑皮诺、穆尼耶)和不同的级别(村庄级 Village、一级园 Premier cru、特级园 Grand Cru)都会分开酿造。这样就提供了一个大量的不同基酒混合的可能性。

在基酒阶段可以用来影响最终葡萄酒风格的工艺还包括：苹果酸乳酸发酵、用新橡木桶进行第一次发酵。

经过苹果酸乳酸发酵的基酒会更具有微生物的稳定性，酸度会被降低但会提供黄油的香气。

如果基酒没有经过苹果酸乳酸发酵，那么风险有可能在二次发酵时或者水平放置熟化时发生，这都是不可取的。除感官发生变化外，苹果酸乳酸发酵产生的沉淀也较难在转瓶阶段去除(见第 25.2.1.1 节)。

有一小部分浓度的游离二氧化硫可以抑制苹果酸乳酸发酵，在低 pH 值的环境中会更加活跃，比如香槟。也可以采用把基酒过滤的方式来阻止在二次发酵或者熟化状态中的苹果酸乳酸发酵，但也有些酒庄会利用这种方式并以此作为特有风格。

另外一种影响基酒风格的方法是用橡木桶，通常用旧的，但偶尔也会用新桶。基酒一般在不锈钢罐中发酵，但有些香槟酒庄会利用橡木桶影响作为酒庄风格，所以会使用很旧的，不同尺寸的桶进行发酵。偶尔也会使用新桶，有些酿酒师认为在基酒阶段使用一小部分可以给最终的酒增添一些复杂度。比如堡林爵香槟(Bollinger)，在不锈钢罐中酿造 NV 香槟的混酿基酒，但在小的旧橡木桶中酿造年份香槟的基酒。

此外，一些酒庄，比如帝富香槟(Devaux)和路易王妃香槟(Louis Roederer)，会选择将酒储存在旧的橡木桶中，尺寸当然也大小不一。

还有一种可以用来影响基酒风格的做法是将所有不同的基酒进行混合，创造一个复合型基酒，这是一种组合。

将不同的葡萄园和不同的品种进行混合是常用的做法，不一定是传统法。比如普罗塞克，允许混合不多于 15%的其他品种，而在保证法定产区 DOCG 级别中，基酒的酿造要根据葡萄园的位置，提供更多混合的可能性。酒庄风格也是一个因素。

另外一个影响 NV 非年份传统法起泡酒风格和质量的做法是使用储备酒，同时也能保持酒庄的一致风格，尤其是在受年份变化影响较大的凉爽产区。

考虑到每年的收成质量有差异，而且能给混酿(仅为非年份香槟)提供多一种成分，每年储备一些基酒可以缓冲库存，另外也能在歉收年份进行补充。

25.1.3　酒泥接触——酵母自溶

酵母自溶是指酵母在酶的作用下细胞的自我分解。

起泡酒二次发酵时在酒泥上的接触时间跨度很大，可以从完全没有(大罐法)到十几年(传统法)，这取决于想要的风格和采用的酿造方式。而芳香型风格，比如阿斯蒂和普罗塞克，更希望得到的是品种果香而非酵母风味。

在欧盟，传统法起泡酒酵母自溶的风格有很大差异，所以制定了严格的法律来规范不同的酒泥接触时间，以便可以在酒标上进行标识。比如，卡瓦的要求是最低 9 个月，珍藏级别则是 15 个月，特级珍藏级别是 30 个月。无年份香槟是 15 个月瓶中陈年，12 个月酒泥接触，年份香槟则是 36 个月，但在实际上会更长。

与酒泥的接触能保证葡萄酒处在一个温和的还原环境中，故而能保留芳香味。此外，在酵母自溶的过程中，酵母会释放出细胞内的物质，比如含氮化合物如氨基酸、多糖和糖蛋白。

这个酵母自溶的过程会给葡萄酒增加许多复杂的香气，特定的化合物会从酵母的退化中出现，会给起泡酒增加比如酵母味、烘烤、面包、杏仁和烤咖啡豆的香气，奶油味和黄油味也经常会出现。

有趣的是，这些酵母自溶的特性在酒泥接触 15 个月后，确实会在葡萄酒中体现其风味。

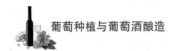

另外可参考第30.1.3节。

25.1.4 补液(liqueur d'expédition)

补液是酿酒师最后可以用来影响葡萄酒风味和平衡的手段,除了糖之外,这个液体还包含柠檬酸、二氧化硫,用以对抗在吐酒泥过程中有可能出现的氧化风险。

不同类型的补液可以给葡萄酒带来更多细微的差别,在欧盟,补充的液体可以包含糖分、葡萄汁、葡萄酒和葡萄酒精的任何配比,这就使得在构成酒庄风格、制作单独特酿的补液上有了很大的弹性空间。欧盟还规定,补液可以加不超过0.5%的酒精度。

欧盟生产的起泡酒根据残糖在酒标上要有标识(见下表),这些来源于2004年国际葡萄与葡萄酒组织的定义(国际酒类通用术语)。

表 25.1 残糖含量和酒标术语对应表

酒 标 术 语	残糖含量(单位:克/升)
自然干(不补液)[Brut nature (dosage zero)]	<3(不补液)
极干(起泡酒)(Extra brut)	<6
干型(起泡酒)(Brut)	<12
极干[Extra dry (extra sec)]	12—17
干型[Dry (sec)]	17—32
半干[Medium dry (demi-sec)]	32—50
甜[Sweet (doux)]	>50

25.1.5 气泡的质量和类型

气泡是起泡酒的标志,起泡酒的质量和鉴赏取决于它的整体特征,从而创造和保持气泡的特性。事实上,气泡的视觉外观被认为是一个质量标准,小而细腻,且比较分散的气泡会更受欢迎。

气泡需要一个起源点,比如气泡形成的地方,然后从液体里冒出来。通常,二氧化碳要被一个固体吸收才可以变大，然后升至液体表面。这些初始的点并不在杯子本身的内部表面，而是依附在杯子表面细小的粉尘或者纤维微粒。

稳定的、细腻的气泡不会合并成大而粗糙的气泡，后者更容易快速地消失。

高含量的氮，尤其是氨基酸，会促进一次和二次发酵，这些氮类化合物也会有利于气泡的持久性。这种高含量的氮可以在霞多丽、黑皮诺、穆尼耶这三个经典品种中找到，在香槟区的含量则会更高。蛋白质对于气泡的形成和尺寸也很重要，所以蛋白质稳定尽量不要过度，而有些酒庄则索性不做这个工序（见第 33.14 节）。

25.2 瓶中发酵

除了第 25.1 节中所列影响风味和质量的因素之外，其他影响的因素还包括二次发酵的地点（比如是瓶中还是不锈钢罐中）。

瓶中发酵一般用在传统法和转移法，而二次发酵产生的二氧化碳就会保留在瓶中。古法酿造（见第 25.2.2 节）也包含瓶中发酵，但这只是一个简单的部分发酵，其结果是完全不同的——通常是中等甜度，使用半芳香品种，且品种特点会被大量保留。

25.2.1 瓶中二次发酵——传统法和转移法

传统法起泡酒是在同一个瓶子里酿造的，而且也以此为卖点。所以在酒标上有可能这样标识——在该瓶中发酵，虽然大多数的标识还是传统法。这样的标识主要为了区别于瓶中发酵，这实际上仅表明是用转移法酿造的。这种酿造法仅出现在欧盟法定的“只允许传统法”产区，如卡瓦、香槟、弗朗洽科塔[①]（Franciacorta）以外的产区，这些名字可以帮助消费者辨别传统法酿造的起泡酒。

① 又译馥奇达。——译者注

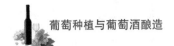

但这两种酿造方式有很多的共同点，两者都有比较中等的酒精度(11%—12.5%)、高酸、优雅的香气，此外包括下列几乎所有的生产步骤，也包括25.1所列举的、能够影响最终的质量和风味的因素：

采摘

手工采摘在发酵前提供了几个遴选节点，比如可以去掉受贵腐感染的葡萄，因为会影响气泡。手工采摘也可以避免葡萄破碎从而提前流出果汁，会导致萃取不需要的酚类物质。

传统法起泡酒葡萄果实的采摘一般会早于静止酒，因为需要更高的酸度和更低的pH值来保证起泡酒的新鲜度。此外，第一次发酵也仅需要中等的酒精度，另外的1%会在第二次发酵时增加。

在葡萄不成熟的时候早采摘相对于果实成熟时会有较少的品种特点，但这恰恰是传统法起泡酒所需要的，因为要经历酵母自溶。这样的采摘时间节点可能会不太适合那些要表达品种特点的起泡酒，比如那些用大罐法酿造的(见第25.3.1节)。但高酸是通用的标准。

香槟根据法律规定，必须使用整串葡萄，这无疑会要求全手工采摘。而卡瓦则不然，可以使用人工或者机器采摘，而机器采摘可以在晚上进行以保持一个更低的温度。

加糖和酵母(liqueur de tirage)

Tirage溶液是包含糖和人工酵母，加到瓶中来进行第二次发酵的。一般会包括25克/升的糖，这会在12℃的情况下为瓶中的酒增加1%—1.5%的酒精度和足够多的二氧化碳来创造7个标准大气压，但在后面的吐酒泥阶段会损失1—1.5个大气压。通常由贝酵母来启动二次发酵，这种酵母会忍受高酒精、低温、低pH值，还有一定量的游离二氧化硫。

Tirage溶液中还含有一些其他东西，比如一小部分的斑脱土或者藻酸盐，用来絮凝死去的酵母(酒泥)。这样一来，产生的沉淀在转瓶阶段就可以积聚到瓶颈部分，随后可以容易地进行吐酒泥。

二次发酵

在这个阶段，瓶子被水平放置，为了将酒泥和酒接触的面积最大化。这些瓶酒会用啤酒上常用的金属瓶盖封起来，看起来像皇冠。

香槟地区的二次发酵大约会历时一个月，温度在11—12℃，这么缓慢而低温的二次发酵有助于气泡的细腻和持久。

酵母自溶

二次发酵结束后，酒在酵母细胞上的停留时间对于瓶中二次发酵的起泡酒来说是至关重要的。

25.2.1.1 传统法的特点

传统法在全球都被认为可生产有着最高质量和复杂度的起泡酒，在一些国家发展出了一些专门的术语来描述这个类别的葡萄酒，有自愿的，也有法定的：

- 香槟(Champagne)/法国香槟区。
- 克莱芒(Crémant)/法国其他地区。
- 卡瓦(Cava)/西班牙。
- 弗朗洽科塔(Franciacorta)、特兰朵(Trento)/意大利。
- (南非)传统法(起泡酒)(Méthode Cap Classique)/南非。

生产工艺上有两个步骤是仅属于传统法的：

转瓶(Riddling)

转瓶可以澄清传统法起泡酒。它可以将酒泥沉淀物移动到瓶子的颈部，这是通过一系列一段时间细微、急促、震动的动作来实现的。在这个过程中，瓶子会逐渐从水平放置转为瓶口朝下的垂直方位，可以通过手工或者机器完成。

手工转瓶一般会花时 3—6 周，而机器转瓶使用自动转瓶机(Gyropallet)，可以一次装几百瓶，大大地简化了这个费时费力的过程，只需用 1 周。

图 25.1 转瓶机

图 25.2 转瓶结束

转瓶结束后酒瓶倒置，所有的酒泥都沉淀在瓶颈处。

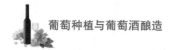

吐酒泥

吐酒泥是指将在转瓶过程中积聚到瓶口的酒泥去除。

图 25.3　吐酒泥

倒立的瓶子的瓶口会放入冷冻池，温度会低至－25℃，将瓶口的酒泥冻住。瓶子竖过来之后，打开瓶盖，瓶内的气压酒会将冻住的酒泥弹出。此时瓶内的酒暴露在了氧气下，所以氧化的风险随即存在。而机器操作的过程会将暴露的时间缩到最短，并可以快速进行补液，以求达到甜度的平衡，还会加入一部分二氧化硫来减少氧化风险。

25.2.1.2　转移法的特点

转移法的目的是获得瓶中二次发酵带来的益处，但可以避免费时费力的转瓶和吐酒泥。

在瓶中进行酒泥接触后，瓶子会在压力下倒入不锈钢罐，以保留精心融合的二氧化碳。不锈钢罐会被冷冻以保持二氧化碳在酒液中，从这里开始，酒液会进行过滤去除酒泥，然后补液并罐装进另一个瓶子。

这种方法产生了在二次发酵之后一个额外的混合机会，这是传统法所没有的。不同批次的葡萄酒可以得到平均，减少了瓶差。

这种方法主要的风险在于在酒液进行转移时，如果不锈钢罐没有用惰性气体进行清洗，那么很有可能面临氧化的风险。

图 25.4　二次发酵使用的不锈钢罐

25.2.2　瓶中的单一发酵：古法酿造

虽然这种方法被归类为瓶中发酵，但事实上完全不同，因为总共只有一次发酵，而且这种发酵只是部分发酵。用这种方法酿造的葡萄酒与其他瓶中发酵的酒没什么共同的“家族特征”，无论是传统法还是转移法。不需要酿造干型的基酒，Tirage 溶液也不需要，补液也不需要。

古法酿造，顾名思义，这是一个很早的酿造起泡酒的方法。在迪镇克莱雷(Clairette de Die)这个法定产区，至少有 75%的小粒麝香品种(muscat à petits grains)会与克莱类(clairette)进行混酿。通常为人工采摘，需要耗时 6 周，为了得到更多的葡萄汁，当葡萄被压榨后，葡萄汁会被 0℃储藏，一般会在不同容量的不锈钢罐中。

发酵在容器中开始，在酒精度达到 5.5%时会被装瓶，同时也会进行过滤以去除一些酵母，从而更好地控制瓶中阶段的发酵(也为了防止瓶子爆裂)。在酒窖 10℃左右的温度下，瓶中发酵阶段会持续至多 18 个月并达到酒精度 7%—9%，瓶内会达到 4.5 左右的标准大气压。吐酒泥有可能会进行，残糖含量大约在 55—60 克/升。

古法酿造在利慕(Limoux)也有应用，当地叫作古法利慕传统法起泡酒(Blanquette Méthode Ancestrale de Limoux)，基本都采用当地品种莫扎克。在加亚克(Gaillac)也有应用。

25.3　大罐发酵

第二次发酵(或者阿斯蒂法的单一发酵)会在有压力的、温控的不锈钢罐中进行。会加入 Tirage 溶液，一般会加入足够的糖分以避免再一次补液。实际上，在合适的压力下，葡萄酒会被冷冻来中止发酵，同时保留一部分残糖。酒会在压力下过滤，最后装瓶。

25.3.1　大罐法

第二次发酵会在压力罐中进行，以确保产生的二氧化碳能保留在酒液中而非逃离到空气中。

不同的葡萄品种和区域可以因为潜在的优势而进行混酿，如同瓶中发酵法。

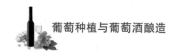

跟瓶中发酵一样，基酒的质量密切关系到最终酒的质量。比如，DOC和DOCG级的普罗塞克，大罐法的最著名例子，不超过15%的其他品种可以加入格雷拉(glera)当中。

正常情况下会进行去梗操作，因为梗不会给这种芳香型或者半芳香的葡萄酒增加任何有益的东西，尤其是以纯净、直接的果味为追求目标的葡萄酒。

将大批量的葡萄酒在罐内与酒泥接触也是一种选择，不锈钢罐也会配有酒泥搅拌的设备。然而，酵母自溶的特点会带来抑制品种果味的风险，尤其是那些比较芳香的品种比如格雷拉、麝香和雷司令。所以酒泥接触的时间会减少至数天。

大罐法提供了一个酿造起泡酒且可以不损害品种独特水果香气和花香的方式。限制酒泥接触时间的另外一个好处是可以降低成本。

二次发酵时的低温有助于提高气泡的质量。

使用大罐法，像普罗塞克这样，一般会用30天左右来完成二次发酵。DOC和DOCG级的普罗塞克在技术上并没有什么不同，一些风味上的不同是因为采用了不同地块的葡萄，包括一些DOCG陡峭的山坡，还有产量因素，13.5吨/公顷是DOCG的产量限制，而DOC则可高达18吨/公顷。从风格上来说，普罗塞克必须遵守欧盟关于补液的规定。最终普罗塞克的酒精度会比较适中，法定spumante起泡酒（正常起泡）的酒精度为11%，frizzante起泡酒（微起泡）为10.5%。

25.3.2 改良大罐法(阿斯蒂法演变)

麝香品种只要不完全发酵到干型，葡萄品种的香气会得到很好的保留。因此，在这种改良过的大罐法中，采用的是小粒麝香品种来酿造阿斯蒂法DOCG级酒，只有一次在压力罐中被打断的发酵。因此，葡萄品种经典的苹果和新鲜的葡萄味会得以体现。

澄清过的葡萄汁才可以允许发酵，发酵温度介于14—20℃之间，温度越低香气保留越多。发酵一般持续7—10天，然后葡萄酒会被冷冻到0℃来打断发酵，随后进行过滤去除酵母，紧接着会继续降温到冰点以下，以保持稳定，在装瓶之前会再一次过滤保持无菌状态。从开始到结束的总时间为30天左右。

酿好的酒一般会有6%—9.5%的酒精度，至少含有50克/升残糖，有些情况下也会翻倍，瓶内一般为 3 个标准大气压。

阿斯蒂法 DOCG 级酒与其类似的莫斯卡托阿斯蒂的区别在于前者更干一些、更多的起泡、更高的酒精度。

25.4　其他方法

瓶中二次发酵和大罐法并不是唯一可以获取气泡的方法。

25.4.1　二氧化碳法

相对于别的方法来说，二氧化碳法较为简单。这个气泡来自外部资源，当酒酿好准备装瓶前，不锈钢罐会被冷却到 0℃，然后二氧化碳会被充入并溶解在酒液中。

这种方法主要用来酿造比较廉价的起泡酒，如同别的起泡酒一样，葡萄酒的质量决定于原料的质量。最终的风格决定了充入二氧化碳的精确量，因为会影响酸度和甜度的平衡。

与之廉价酿造方法略微不符的是，新西兰在它们的长相思起泡酒上取得了很大的成功。与传统法和大罐法相比，二氧化碳法保留了品种的纯度和水果的风味。可以使用成熟的葡萄，因为二氧化碳会加重不成熟的青椒味。

25.4.2　俄罗斯连续法

苏联时期发明了一种连续式酿造起泡酒的方法，它是大罐法的一种变异，可以使用不同的品种，无论是当地品种还是国际品种。

这个方法会使用 4—6 个连着的有 5 个标准大气压的压力罐，在开始一端的第一个压力罐内会从底部加入基酒和混合 Tirage 溶液（酵母＋糖），当酒经过连接的不锈钢罐时，二次发酵就发生了。新的原料不停地加入第一个不锈钢罐，在另外一端的最后一个钢罐，起泡酒被排出然后连续地进行装瓶，除非故意暂停清洁过滤设备，否则酒会在这个系统内停留一个月。

酿造起泡酒过程

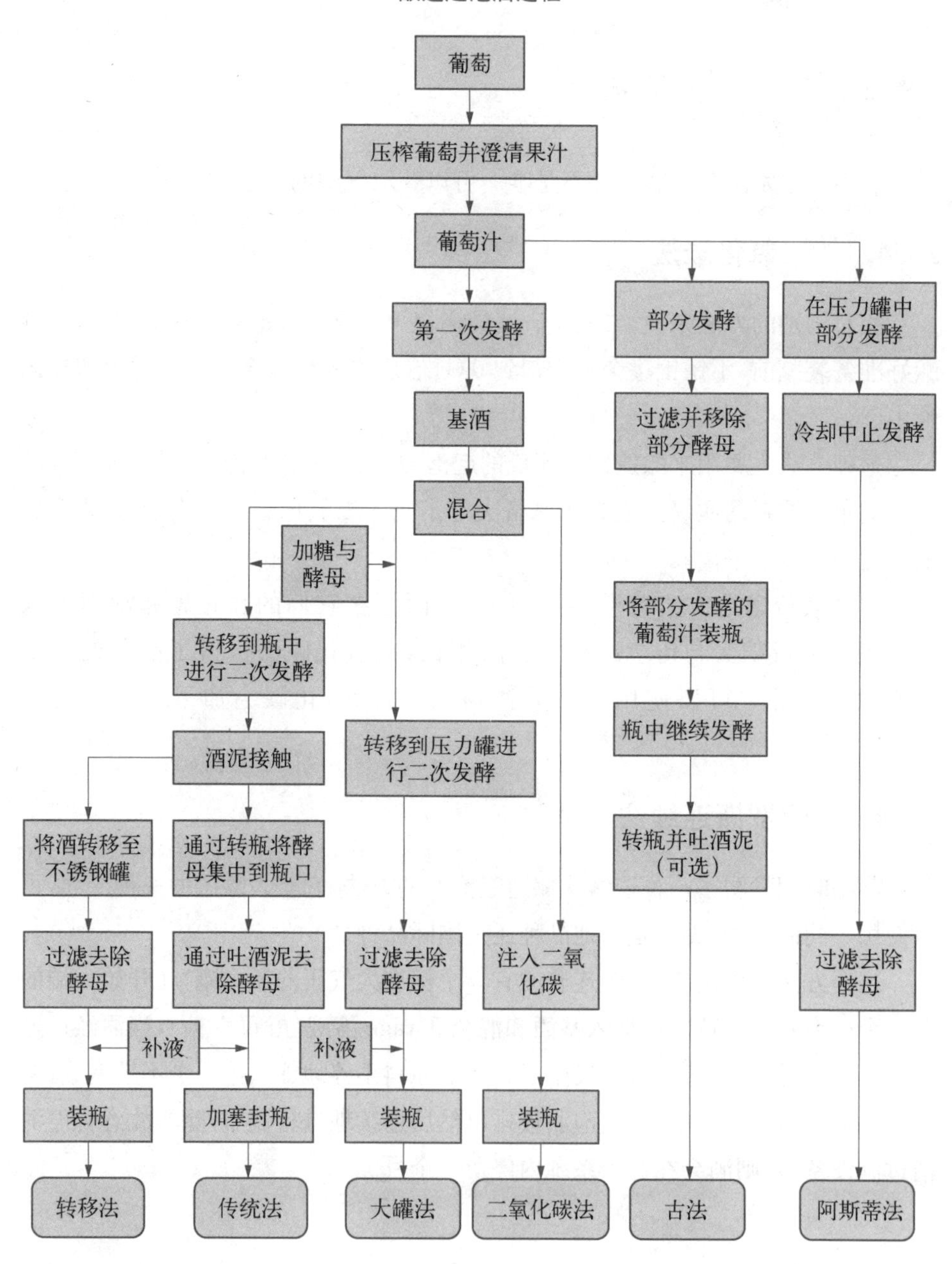
葡萄
压榨葡萄并澄清果汁
葡萄汁
第一次发酵
基酒
混合
加糖与酵母
转移到瓶中进行二次发酵
酒泥接触
将酒转移至不锈钢罐
过滤去除酵母
补液
装瓶
转移法
通过转瓶将酵母集中到瓶口
通过吐酒泥去除酵母
加塞封瓶
传统法
转移到压力罐进行二次发酵
过滤去除酵母
补液
装瓶
大罐法
注入二氧化碳
装瓶
二氧化碳法
部分发酵
过滤并移除部分酵母
将部分发酵的葡萄汁装瓶
瓶中继续发酵
转瓶并吐酒泥（可选）
古法
在压力罐中部分发酵
冷却中止发酵
过滤去除酵母
阿斯蒂法

第 26 章
甜葡萄酒

在欧洲的传统葡萄种植区，有许多风格迥异的（非加强的）甜葡萄酒。在欧盟，在酿造方法上有许多法律法规，而欧盟之外就要少很多。

总共有三个方法可以获得葡萄酒的甜度：

- 浓缩葡萄中的糖分。

葡萄串留在树上（见第 26.1 节），或干缩采摘好的葡萄（见第 26.2 节）。

- 打断发酵以保留葡萄汁中的糖分。

可以将发酵中的葡萄酒通过冷冻、过滤然后加入二氧化硫，使葡萄酒保留残糖和中等酒精，比如德国酿造的珍藏（kabinett）和晚摘（spätlese）风格的雷司令（见第 26.3.1 节）。

通过加强打断发酵保留残糖（见第 27.3.3.1 节）。

- 向基酒里加入糖分（见第 26.3.2 节）。

主要的甜酒一般都采用白葡萄品种，除去加强的波特酒、班努（Banyuls）、莫利（Maury），用红葡萄酿造甜酒的著名例子唯有维波利雷乔托（Recioto della Valpolicella）（见第 26.2.1 节）。

甜酒酿造中的关键点是酵母要能忍受高糖含量，压榨也是一个值得关注的点，因为压榨汁比自流汁质量高（因为糖分浓缩，非压榨不能出多汁）。此外，瓶内重新发酵对于任何有残糖的酒来说都是一个风险。

26.1 葡萄树上的糖浓缩

在葡萄树上浓缩糖分要求葡萄过熟（见第 3.4.3 节），在树上的过熟阶段，糖酸比例会升高，因为糖分在继续升高，而苹果酸和酒石酸却在降低。同时，葡萄里的水分也在蒸发，故而产量降低。

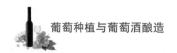

葡萄留在树上进行浓缩糖分时，葡萄园的地理位置就成为十分关键的因素——葡萄串在过熟的情况下留在树上必须是可行的，比如可能会产生贵腐菌，而不是霉菌。不同的品种和要酿造的风格决定了合适的地理位置也不一样。

葡萄果实不会同步不成熟或者过熟，所以采摘时需要在葡萄园中作业好几次，以便进行挑选。

26.1.1 晚摘

这是一类比较广发的甜葡萄酒，葡萄会留在树上直到获得理想的过熟程度。

在欧洲众多的原产地都会允许晚摘风格，而且这种风格在全球都很常见。葡萄酒有可能含有一定比例的贵腐感染葡萄，在欧盟这不是强制性的。令人困惑的是，晚摘并不是必须酿成带有残糖的甜酒。在阿尔萨斯，晚摘是指“Vendange Tardive”，在德国则是指“Spätlese”，但这两种都可以酿成干型葡萄酒。

在阿尔萨斯只有四个品种允许被酿成晚摘，分别是琼瑶浆、麝香、灰皮诺和雷司令，每一种在采摘时都有规定的潜在酒精度，但没有规定的残糖含量。

在德国，通常会打断发酵来获取风味、残糖和酸度之间的平衡。一款雷司令的晚摘葡萄酒必须达到至少7%酒精度，会打断发酵来保留残余的甜度，酒标也不会标上“Troken”（干型），残糖量在30—50克/升。

德国精选（Auslese）类别的葡萄酒，采用精选过的过熟葡萄串，会更多地酿成甜酒。这个级别也有至少7%的酒精度，残糖量在60—100克/升。

国际葡萄与葡萄酒组织的《国际葡萄酒实用手册》和欧盟法规定义了两个关键的数值：

甜酒定义
根据国际葡萄与葡萄酒组织（《国际葡萄酿酒法典》2014版）和欧盟法规（Regulation 607/2009，Annex XIV），对非干型或半干型的葡萄酒定义了两个关键的名称：
1. 半甜型[Medium 或 medium-(semi-) sweet (moelleux, amabile, lieblich)]：残糖量为18—45克/升
2. 甜型[Sweet(doux, dolce, süss)]：残糖量至少为45克/升

因为德国法规以最低成熟度(Oechsle)和最低酒精度(非剩余甜度水平)为依据,对任何风格葡萄酒的典型残糖水平难以精确地估计。此外,德国法规因地区和品种的不同而有很大差异,没有统一的结论。

澳大利亚的路斯格兰,在加强之前,麝香和密斯卡岱两个品种会留在树上达到过熟状态,以浓缩糖分。

26.1.2 风干

成熟的葡萄可以在临近采摘前使用剪断或者折断藤条的方式使其干缩。因为剪断或折断藤条会中止葡萄树的根部继续输送水分和营养给葡萄串,导致葡萄在采摘前皱缩和干化。采收季节有风会加速这个过程。

这是朱朗松(Jurançon)产区传统的风干法,厚皮的小芒森(petit manseng)葡萄比较容易干缩,如果延迟采摘时间可以获得大量的浓缩糖分,甚至可以推迟到年底。

图 26.1 风干的葡萄

26.1.3 贵腐菌

在特定的环境和温度条件下,贵腐菌(Botrytis cinerea)这种通常会导致灰腐的菌种会在葡萄果皮上形成,而不导致灰腐。“高贵”的菌种取代了灰腐的发展,结果就是产生了世界上最受欢迎的甜葡萄酒。

潮湿、有雾的秋日早晨,随之而来的温暖和阳光使空气干燥。理想情况下,这遵循一个循环模式,潮湿的日子总是伴随着紧接其后的温暖干燥。此外,午后的风可以帮助蒸发葡萄园和葡萄串周边的水分,真正的风险在于如果采收时下雨,贵腐就会转为灰腐。

比较理想的地理位置是靠近河流或者湖泊,这样在秋日的早上就会形成雾气。苏玳靠近锡龙河,卢瓦尔的莱昂谷靠近莱昂河,莱茵高靠近莱茵河,奥地利的鲁斯特和泽温克尔靠近新锡德尔湖岸,托卡伊位于匈牙利博德罗格河和蒂萨河的交汇处。

一个圆形的斑块会在葡萄的表面形成,真菌会穿透果皮的外表层,斑块会逐渐布满整个葡萄果粒的表面。葡萄果粒的角质层变薄变软,果皮颜色也会变成

图 26.2 感染贵腐菌的葡萄

紫棕色。随着水分蒸发，果粒会皱缩。葡萄果粒的干缩也阻止了其他真菌和细菌的侵占。

感染的最佳时机是临近果实成熟时，因为同一串上的不同葡萄粒、同一棵树上的不同葡萄串、同一片葡萄园的不同葡萄树都不可能在同一时间成熟，贵腐菌的感染是不同步的。所以这就要求多批次采摘，以精选出那些完全感染贵腐菌的葡萄。要让一粒健康的葡萄完全被贵腐感染，需要两周不到的时间。

采摘过程会因为要采收当地传统的不同品种而延长，比如苏玳产区的赛美容、长相思和密斯卡岱，托卡伊的福尔明(furmint)和哈斯莱威路(hárslevelú)。

葡萄会变得非常干瘪，只含有一点点果汁。只有极少一部分葡萄汁可以通过压榨来获得，压榨可能需要几个回合，而且花上大量时间。葡萄梗在这个阶段比较有用，因为可以给有限的葡萄汁起到流通管道的作用。

被贵腐感染过的葡萄含糖量可以高达 300 克/升，在皱缩的整个过程中会损失几乎一半的重量。事实上，顶级的贵腐酒往往使用潜在酒精度为 20%—22% 的葡萄汁。通常，总的酸度还会保持跟新鲜、健康的葡萄差不多，因为有些酸度被浓缩了而有些酸度会降低，但总量会与残糖量基本平衡。另外，贵腐菌会生产出抗生素和 Botryticine(一种多糖)，可以刺激酵母产生甘油和乙酸。

如同在酿造贵腐酒时有不可预测的天气风险，酿成后的葡萄酒也有微生物稳定的风险。葡萄酒可能会被降温后加入二氧化硫来抑制酵母的生长，或者采用过滤的方式去除酵母。

贵腐葡萄酒的特点是高甘油、高乙酸，贵腐的感染会降低品种特点的表现，虽然会带来更多别的风味。贵腐酒通常会有杏子、蜂蜜、蘑菇、木梨的香气。甘油则会带来圆润和黏稠的质地。

贵腐感染也可以通过喷洒贵腐孢并人为地制造一个温暖湿润的气候来实现。

26.1.3.1 托卡伊

托卡伊的酿造方法是非常精细的。

靠近博德罗格河和蒂萨河的葡萄园促使贵腐菌在葡萄上生长，尤其是比较

容易受影响的福尔明品种。

贵腐感染过的，皱缩的葡萄被称为 aszú 葡萄，会逐粒被采收，而且必须是手工。这就要求多次葡萄园作业，因为贵腐感染率不一。用来采收的传统器皿叫作筐(puttony)，容量大约 20—24 千克。

由于十分干瘪的状态，aszú 葡萄不容易被压榨，所以进化了一个特殊的萃取方式，将葡萄浸渍在干型的酒或者可以被发酵成干型酒的葡萄汁(或已经在发酵的葡萄汁)中。浸泡时间可长达 48 小时，随着时间的推移会产生更多的糖和挥发性酸。aszú 葡萄只有在浸渍过后才能被压榨，接下来的发酵可长达几个月，糖分越多时间越长。

传统的橡木桶是 136 升装的 gönc，托卡伊酒会把一个 gönc 使用了多少筐葡萄标示在酒标上。

酵母的选择需要满足忍受高糖分需求，酿酒酵母会主导发酵，但 aszú 发酵还包括了 S. bayanus 酵母，因其能忍受托卡伊地区 8—12℃的酒窖温度。

托卡伊产区酒窖的墙壁和内部通常都会覆盖厚厚的一层黑色的枝孢菌(cladosporium cellare)，这种真菌可以通过调节湿度来帮助 aszú 葡萄熟化。

aszú 酒必须在橡木桶中陈年满 18 个月，在这个过程中，除了贵腐的风味之外，还会增添干果、咖啡、巧克力风味。

酒 标 术 语	残糖量(单位：克/升)
5 puttonyos[①]	120—150
6 puttonyos	150—180
Eszencia(十分罕见)	450+(使用 aszú 葡萄自流汁)

根据 2013 年新修改法规，去掉了原先的 3 puttonyos(60—90)、4 puttonyos(90—120)、aszú eszencia(180+)。

① puttonyos 为 puttony 的复数形式。——译者注

26.1.3.2 苏玳

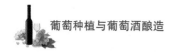

苏玳成熟的气候体现在受贵腐青睐的秋日早晨的雾气和露珠，以及午后可以起到蒸发作用的温暖阳光。微风可以起到干燥葡萄园和进一步浓缩葡萄的效果，葡萄园里的采摘作业会有5—12次，时间跨度2—3个月。

苏玳葡萄酒的香气特点有柑橘（包括柚子、桃子、干果）到橘子皮、果酱与焦糖。顶级的苏玳会用橡木桶进行至多三年左右的熟化，会带有蜂蜜、蜡味。

26.1.3.3 德国

在德国有许多品种可以酿成甜酒，但雷司令绝对是王者。

精选（auslese）级别的酒可以包括一部分贵腐葡萄，也可以没有。逐粒精选（beerenauslese）和枯藤逐粒精选（trockenbeerenasulese）则要求更多比例的贵腐葡萄，这两个级别都要求必须手工采摘，在葡萄园中精选贵腐葡萄。根据产区的不同，逐粒精选的最低成熟度要求达到13.75—16波美度（110—128予思勒糖度），酒精度至少达到5.5%，残糖量大约在100—150克/升。

枯藤逐粒精选最低的成熟度要求达到18.75波美度（150予思勒糖度），最低酒精度要求也是5.5%，无论什么产区和品种。残糖含量一般在130—250克/升，有些可以达到300克/升。

雷司令可以拥有很高含量的糖分但同时还能保持其标志性的高酸度，枯藤逐粒精选的香气特征有青苹果、柑橘、梨，可发展出蜂蜜、焦糖和热带水果。

26.1.4 冰酒

冰酒是使用留在葡萄树上在冬天被足够冷冻的健康葡萄（非贵腐感染）酿造的。

跟贵腐葡萄一样，也需要特定的气候条件来满足酿造这种风格的要求。葡萄的采收和压榨必须在冰块融化之前进行，以去除里面结冰的水分。剩下的溶液糖分和其他物质含量极高，但是产量可以低至正常葡萄的15%—20%。

葡萄必须在−7℃或−8℃的温度下进行采摘，根据不同的国家和产区，糖分的要求含量大约在100—155予思勒糖度。在德国根据产区的不同，最低的成熟度要求是110—128予思勒糖度不等。通常这种成熟度和冷冻温度的结合点在北半球的12月或者1月，这也是主要的区域带。

这种风格的主要支持者是在奥地利、加拿大——主要在渥太华的尼亚加拉半岛(Niagara Peninsula),还有德国。这三者之中,只有加拿大有气候条件可以每年都生产。加拿大通常生产单一品种的冰酒,而德国和奥地利都有可能混酿。

图 26.3　用来酿制冰酒的葡萄

雷司令和维黛尔是用来酿造冰酒最常见的品种,都是厚皮,对疾病和冬天的低温有抵抗力,可以降低在冬天等待冷冻过程中的风险。另外重要的是这两个品种都具有芳香、高酸、晚熟的特性。

酿好的酒通常酒精度不高,德国要求至少 5.5%,加拿大要求 7.5%。发酵可以历时几个月,酒精度可以达到 7%—8%,有时会更高,但仍然有很高的残糖量。在加拿大最低残糖量为 100 克/升,而德国要求是 150 克/升。

冰酒以纯净和突出的甜蜜水果风味闻名,比如柑橘、橘子、荔枝、杏子、凤梨。高含量的挥发酸也是冰酒的特点之一,但在这种情况下,应该是酵母发酵的产物(发酵缓慢)而非乙酸菌影响。该风格还有高含量的甘油。

还有一种技术性的,不依赖气候条件的,与自然冰酒效果类似的方法叫作冷冻摘除术。采摘的葡萄或者葡萄汁被冷到−4℃到−10℃,而后压榨排出高糖含量的溶液来酿造冰酒。

冷冻摘除术不仅仅可以用来酿造甜酒。(见第 18.3.4 节)

26.2　采摘后的浓缩糖分

这个类别的葡萄酒统称为风干葡萄酒,一般会选用部分干缩、无贵腐影响的健康葡萄。可以比正常葡萄酒略早一些采摘,比如在索阿维雷乔托,或者也可以晚摘以便在脱水前达到最低糖分要求。

脱水可以在室内或者室外进行,温暖有阳光的地方一般选择在室外,比如西西里岛酿造潘泰莱里亚葡萄干酒(Passito di Pantelleria)或者西班牙南部酿造加强前的佩德罗·希门内斯(Pedro Ximénez)。浓缩糖分的同时也会浓缩品种香

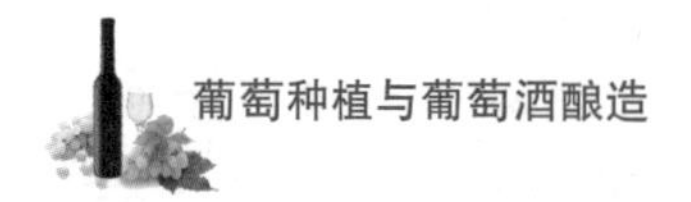

气，这对麝香葡萄来说比较出名。

室内的脱水会在一个通风良好的建筑物内进行，比较适用于北部的冷凉气候，比如意大利的维内托(Veneto)，法国的汝拉(Jura)。

传统的风干会在通风良好的阁楼上进行，尽量暖和一些。传统风干的技术改造是指干燥仓库，其设备是使温暖干燥的空气在有成堆葡萄的货架上流通。室内风干的葡萄，无论是悬挂起来还是平放在草席垫或者架子上，都有感染霉菌而损失的风险，这类葡萄串通常会去掉。

无论是传统还是技术改造过的脱水，都会去掉三分之一的重量，浓缩了糖分，同时因为苹果酸分解，酸度也会有所降低。

这个风干过程一般在2—4个月。

26.2.1 雷乔托

雷乔托是一种特殊风格的甜酒，有很长的历史，流传于意大利维内托的索阿维(Soave)和瓦波利切拉(Valpolicella)。葡萄会被悬挂起来，或者平放在干燥房间的木架子上。现代的风干技术通常会用卫生、小巧、可叠起堆放的塑料托盘，放置在通风、有温度控制的仓库中。这种有控制的风干技术会显著降低被灰腐菌感染的风险。

- 在索阿维，用来酿造索阿维雷乔托的葡萄要比正常的葡萄略早一些。法定的品种有卡尔卡耐卡(Garganega)、索阿维特莱比亚诺(Trebbiano di Soave)、白皮诺和霞多丽。葡萄串会放在木架子上，然后会在通风的仓库内放置4个月，如有霉烂的葡萄会被及时清理。

图26.4　用于酿制阿马罗尼或雷乔托的葡萄被装箱堆放在室内

采收后第二年的2月会进行压榨，至少要求达到70克/升的残糖量。

在瓦波利切拉，用来酿造瓦波利切拉雷乔托(Recioto della Valpolicella)有许多品种，主要有科维纳(corvina)、莫利纳拉(molinara)和罗蒂内拉(rondinella)。它们风干的速度不一。罗蒂内拉最适合风干，因为对疾病有抵抗性。而科维纳由于葡萄串比较紧凑，所以在风干过程中比较容易感染霉菌。

这种风干红葡萄在瓦波利切拉并不是只为了酿造甜酒（recioto），也会被用来酿造阿玛罗尼（Amarone）。

风干一般要费时 3—4 个月，有时会更长——通常会到第二年的 2 月，葡萄会损失大约三分之一的重量。在这个过程中，糖分和风味物质都得到了浓缩，包括甘油、单宁和酒精度。在风干结束的时候，糖分含量会达到 280—300 克/升，即潜在酒精度会到 17%。

阿玛罗尼通常会发酵到干型，而雷乔托至少达到 12%的酒精度，同时要保留至少 45 克/升的残糖。

26.2.2　圣酒（Vin Santo）

意大利的好几个产区都生产圣酒，包括马尔凯（Marche）、艾米利亚-罗马涅（Emilia-Romagna）、维内托和特伦蒂诺（Trentino），但是托斯卡纳附近是最为著名的。托斯卡纳的圣酒通常用本地的品种特雷比奥罗（trebbiano）和白玛尔维萨（malvasia bianca），再加上一些当地的其他品种。

用来风干的葡萄会比正常的葡萄采摘略早一点，为了挑选最健康、最干净的果串。松散的葡萄串因为有利于通风，也会受欢迎。

用来酿圣酒的葡萄可以水平地放在木架子上，或者垂直地悬挂在从天花板掉下来的线上风干。通风是必要的，也可以借助风扇，这种脱水风干有可能持续 6 个月。

在风干结束时，葡萄串会进行去梗然后放进容器。两个月后，葡萄汁会被放入 50 升装的卡拉泰利（caratelli）木桶，传统上是用栗子树做的。它们会接近装满，然后会从上一个卡拉泰利木桶中取出黑色的被称为“母酵母”的沉淀物放入。这些酵母可以承受高糖分溶液，这些小桶随后会被封闭，然后放置在干燥通风的房间里，时间为 3 到 10 年。发酵可以持续好几年，结束后又可以从中取出“母酵母”放入下一个等待发酵的木桶中。

圣酒一般有至少 13%的酒精度，40 克/升的残糖量。

26.2.3　草席酒

顾名思义，这些酒是用草席上风干的葡萄来酿造的。这种罕见的酒比较著名的一个例子是在法国的远东地区汝拉坡（Côtes du Jura）生产的，主要采用霞多丽、普萨（poulsard）和萨瓦涅（savagnin）等品种。

在汝拉，通过几次葡萄园作业后采摘健康的葡萄，然后需要风干 6 周，有时会长达几个月。在压榨时，这种部分风干的葡萄必须拥有 320—420 克/升的糖分含量，随后需要至少 18 个月的橡木桶熟化。

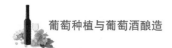

这种酒的总酒精度要求在 19%，所以当实际酒精度发酵到 14%时，残糖量的要求则是 80 克/升。

另外有一款来自汝拉坡的小众酒，但风格上完全不同，不要混淆了，叫作汝拉黄酒(vin jaune)。这种采用酒花熟化的酒只用萨瓦涅酿造，大部分在橡木桶中熟化 6 年，盖着一层酒花。

26.2.4 潘泰莱里亚(意大利一岛屿)

图 26.5 潘泰莱里亚室外晾晒的 zibibbo 葡萄

潘泰莱里亚帕赛托(Passito di Pantelliria)采用的葡萄是亚历山大麝香(当地称为 zibibbo)。该品种葡萄在地中海阳光下暴晒一个月时间实现干缩。风也对干缩起到一定作用。

这种酒的潜在酒精度达到 20%，发酵到至少 14%后，保留的残糖约 100 克/升。

26.3 其他方法

除了树上的过熟葡萄、采摘后部分干化葡萄这些浓缩葡萄汁糖分的方式之外，还可以采用打断发酵或者添加甜物质来使葡萄酒变甜。

26.3.1 打断发酵

打断发酵可以跨越好几种风格的甜酒，比如可以在发酵中加入烈酒(加强)来杀死酵母从而打断发酵。

非加强的葡萄酒，无论是正常的还是晚摘，当酿酒师测算酒中的酸度和风味达到最好的平衡，而且也能和残留的糖分进行平衡时，都可以选择打断发酵。在这种环境中打断发酵一般需要降温至 10℃以下，虽然不会杀死酵母但可以抑制酵母工作，同时也需要加入二氧化硫以防止温度上升时重新发酵。

随后的过滤去除酵母可以保证葡萄酒更加安全。

26.3.2　加甜物质

相对于打断发酵来说，一个变通的办法就是让葡萄酒发酵成干型，然后加入甜物质。

对于任何非加强而有残糖的葡萄酒来说，重新发酵都是一个存在的隐患。如果要加入残糖，必须是在装瓶前，而且已经通过过滤的方式去除了残余的酵母并避免了微生物污染，随即在无菌的状况下进行装瓶。

但在欧盟，加糖是不合法的，但有两种变通的办法。

26.3.2.1　未发酵葡萄汁

未发酵的葡萄汁含有在成熟过程中所积累的糖分，压榨得到的葡萄汁加入装瓶前的干型的葡萄酒中，以提高甜度。在德国，用术语“Süssreserve”描述这一工艺。

在保存中，未发酵的葡萄汁有微生物污染的风险，所以常常会被冷冻到−2℃，使用巴氏杀菌法杀菌，然后在二氧化碳的压力下进行保护，或者使用大剂量的二氧化硫进行保护。

另外，在这种情况下，加入的葡萄汁必须拥有与加入对象一致的香气、风味、采摘年份和地理位置。事实上，根据欧盟的法规，在 PDO（原产地控制）所加入的甜度物质必须来自相同的产区。

26.3.2.2　精馏葡萄汁(RCGM)

如果对葡萄汁的风味没有要求，那么葡萄汁就可以被精馏，也就是说，可以去除其他物质只留下糖分，通常也会被浓缩，因为要符合少量的要求。

第 27 章 加强葡萄酒

加强葡萄酒是指在酒中加入了烈酒，通常以葡萄为原料。

加强酒定义
国际葡萄与葡萄酒组织和欧盟都这样定义加强酒：一种利口酒，实际酒精度在 15%—22% abv(《国际葡萄酿酒法典》2014 版和欧盟第 479/2008 号法规)。但欧盟规定了所添加烈酒的类型(见第 27.3 节)，并且允许在酿造过程中使用浓缩葡萄醪。
国际葡萄与葡萄酒组织还规定了可以添加的其他物质，比如浓缩的或者焦糖化的葡萄醪，过熟的葡萄或者葡萄干，兑制葡萄酒、焦糖等(《国际葡萄酿酒法典》2014 版)。所谓兑制葡萄酒是一种混合物，包含了未发酵的葡萄醪和加入用以阻止发酵的酒精。

加强酒传统上都在有着温暖至炎热夏季的旧世界产区，那里的葡萄成熟时有着充足的糖分。马德拉、波特、雪莉是三个经典的品名，在法国还有一个不同的风格叫作自然甜酒(vin doux nature, VDN)，主要在朗格多克和罗纳河谷生产，但澳大利亚维多利亚州西北部温暖的路斯格兰产区也出国际知名的酒款。

在这些传统的产区中，波特和雪莉是受到保护的名字，在波尔图和赫雷斯之外，必须要加上别的名字。比如，在澳大利亚，如果生产雪莉风格的酒会被称为 apera，如果是波特风格的酒，就会被称为 tawny 或者 vintage。澳大利亚路斯格兰产区用密斯卡岱品种酿造的酒现在被称为 topaque(之前称作 tokays)。南非波特风格的酒会加上“开普”(Cape)作为前缀，比如开普宝石红(Cape Ruby)、开普年份(Cape Vintage)、开普晚装瓶(Cape LBV)等等。欧盟之外的酿造方法会大相径庭。

一些不同类别的因素会影响最终的风味。

27.1　葡萄品种

葡萄品种的颜色对于加强酒来说并不是什么障碍，芳香性也一样。有一些风格，比如年轻的或者年份波特，还有一些法国和澳大利亚以麝香品种为主的加强酒，会特意表达品种的芳香。而其他的一些风格，包括雪莉，特殊的熟化方式展现了复杂的陈年过程带来的多彩风味，因此需要一个中性的品种。

所有加强酒有一个共性是葡萄所生长的区域都比较温暖。通常，地中海气候会有益于这种酿造方式，无论是在欧洲还是欧洲以外。这种气候下，葡萄会非常成熟，糖分的积累会达到最大化。这就意味着酒精的需求量比较少，这有利于成本的控制。在杜罗河谷靠近河流的葡萄园比山上的葡萄园更适合酿造波特酒，这对于非加强酒的生产商来说是一个幸运的巧合。

唯一的例外是雪莉酒，它的基酒是一种全发酵干型酒，酒精度不高。然而，将糖分全部转化后，同样限制了需要添加的酒精量。

在欧洲传统的加强酒产区，葡萄品种的选择随着酒的风格发生进化。虽然陈年过程相当关键，但特定品种提供了一个很好的起点。

波特酒的葡萄品种需要提供高水准的颜色、单宁和风味，以满足可能的陈年所需。在快速而短暂的发酵中加入酒精，有助于保留水果的芳香，而不会因为陈年过程被改变。

历史上，有大约 100 种的波特品种会混种在一起。1981 年，大量的研究之后得出 5 个最主要的品种：国家杜佳丽(touriga nacional)、杜佳丽弗兰卡(touriga franca)、红巴罗卡(tinta barroca)、红洛列兹(丹魄)[tinta roriz(tempranillo)]和红卡奥(tinto cão)。虽然开始有单一品种种植，但在杜罗河谷仍然有超过一半的葡萄园是混种的。

在炎热的气候条件下保持质量特性是杜罗河谷果农们的首要任务。此外，这些受欢迎的品种有着波特酒所需要的颜色稳定性以及丰富的糖浓缩度。杜佳丽弗兰卡是一个极耐热的品种，色深且能保持其芬芳花香的特性。

国家杜佳丽被认为是最优秀的品种。颜色深，单宁含量高，粒小而皮厚，产量低，这些对于波特酒的酿造来说十分重要。这个品种还有突出的紫罗兰花香并且十分浓缩。它只占杜罗河谷产区葡萄园面积的 3%，部分原因可以理解为它过强的生长活力(不利于果实的生长)和在湿冷开花条件下较为脆弱。

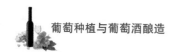

红巴罗卡有着高产量和高糖分，但却有对光照十分敏感的薄果皮。对光照同样敏感的红洛列兹主要表现在生长季而非成熟季，这跟红巴罗卡的周期循环很相似，但却成熟得早，可以在秋雨的威胁来临前就采收。还有个风险是高产量，但如果控制得好，可以给酒带来颜色、酒体和花香。

低产量、较为浓缩的红卡奥由于其高质量的果实而越来越被看好，而且颜色深、耐热性好，缺点是成熟较晚，对种植地点十分挑剔。

波特风格的酒不仅仅在葡萄牙，在其他国家也有生产，但"Port"这个词却是杜罗河谷产区受到原产地保护的。在澳大利亚，这种风格的酒会选用歌海娜、西拉子、慕合怀特和赤霞珠等品种。

在西班牙，雪莉这一名称受原产地保护。绝大部分雪莉酒采用单一品种帕洛米诺酿造。这是一个耐热、耐旱的品种，所以十分适合地中海南部城市赫雷斯。它非常高产，尤其种在浅色的阿尔巴利扎[①](albariza)土壤上，酸度较低且风味比较中性。后者的特点可以让不同的陈年过程将各自的复杂特性添加到酒里。

雪莉酒还有一个比较小众的风格是采用单一的佩德罗·希门内斯(Pedro Xeménez, PX)品种酿造，一般来自蒙的亚莫利莱斯(Montilla-Moriles)附近。佩德罗·希门内斯雪莉具有自然的高含糖量，在阳光下的暴晒更能浓缩糖分，跟帕洛米诺一样酸度较低。除了可以直接酿成浓郁的甜型雪莉酒以外，佩德罗·希门内斯雪莉还可以作为甜物质加入别的葡萄酒。

在马德拉酒的酿造中，在品种的选择上有一个明显的质量区分。在19世纪晚期的根瘤蚜虫病袭击浪潮中，作为暂时替代品的强壮的红葡萄品种黑莫乐(Tinta Negra)被大量种植，现在仍占到所有产量的80%。然而，马德拉酒正在慢慢减少对其传统高质量品种的开发。

马德拉酒的经典风格会使用相应的品种，且都是白葡萄品种：舍西亚尔(sercial)、华帝露(verdelho)、布尔[boal(malvasia fina)]、马姆齐[malmsey(malvasia)]，对应的分别是干型、半干、半甜和甜型。而黑莫乐可以酿造所有风格。

这些用来酿造马德拉酒的白葡萄品种有着天然的高酸度，布尔在四个当中酸度最低。布尔和马姆齐同时还有着自然的高含糖量，有利于酿造甜型葡萄

① 又译阿尔巴尼沙。——译者注

酒。华帝露和舍西亚尔含糖量少些，因此适合酿造以它们名字命名的更干型的酒。

法国的自然甜酒通常用歌海娜或者麝香（在某些原产地白歌海娜和灰歌海娜也可以使用）。朗格多克的麝香自然甜酒，包括圣尚-密内瓦（St Jean Minervois）和芳蒂娜麝香（Muscat de Frontignan），再加上罗纳河谷的博姆-德沃尼斯麝香产区（Muscat de Beaumes de Venise），都是使用一种叫小粒麝香（muscat blanc à petits grains）的品种。亚历山大麝香主要在鲁西荣的里韦萨特麝香产区（Muscat de Rivesaltes）。

小粒麝香通常被认为在麝香家族中具有最高的品质。使用中性的高酒精加强，加上还原型陈年，使得品种的自然花香、葡萄味、芬芳的香料可以在酒中得到很好的展现。

巴纽尔斯和莫利绝大部分使用歌海娜品种，这是一个需要地中海夏日温暖的气候才能积累糖分并完全成熟的品种。这些优点同样也被采用来酿造澳大利亚的波特风格葡萄酒。

路斯格兰同样也注重两个品种，红色小粒麝香和密斯卡岱，后者酿造的酒在酒标上会标注“topaque”。红色小粒麝香（也称为棕色麝香）是小粒麝香的颜色变异品种。晚熟品种在路斯格兰漫长而温暖的秋季，其糖分大量累积而浓缩，采收时的含糖量可以高达 200—500 克/升。

27.2　初始酿造

加强酒是一类复杂而多样化的产品。在一些风格中，发酵只是发生一部分，随即就会加入酒精来中断。而另外一些风格中，发酵会到自然终止得到干型基酒，然后再进行加强。这种二分法产生了不同的特征，而在生产加强葡萄酒时所使用的品种种类繁多，已经使这些特征有所区别。

波特酒通常是一种颜色深、有厚重单宁感的酒，所以用来酿造波特酒的葡萄品种基本都有这两个特点。然而，缺乏成功萃取这些物质的时机，因为萃取的时间只有不到 48 小时。当发酵出一点酒精度时，发酵中的果汁就会被排出，随后就会进行加强来中止发酵。这么短的时间，意味着酒精在发酵过程中没有起到帮助酒从果皮中萃取颜色和单宁的作用。

酿酒师研究出了一个特殊的过程来将萃取最大化，那就是自动发酵。这种方法可以在很短的时间内将发酵中的葡萄汁经常性地喷洒在酒帽上，产生一个快速而全面的浸渍。

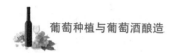

温控在20世纪80年代开始被引入，这样就有了更多的细节管控，促使浸渍时间可以延长从而萃取更多的颜色和单宁。

使用石头槽(stone lagar)作为一个最原始的传统酿造方法，仍然占到葡萄酒产量的3%，专门用于年份波特的酿造。这种方法是用脚踩皮，可以提供一个温柔但十分彻底的浸渍来萃取大量的花青素和单宁，以满足于长时间的瓶中陈年所需。用这种方法酿造波特酒具有最好的结构。著名的波特酒生产商格兰姆(Graham's)在1998年发明了机器来取代人的脚掌工作，所谓机器槽。从那以后，很多波特酒的生产商开始不断发明一些机器设备来模仿人的脚掌工作原理。

图27.1　工人在石头槽中踩皮

图27.2　机器槽

压榨酒在波特酒的生产中通常拥有较深的颜色和大量的单宁，所以这类酒往往被用作自流酒的添加混合物。

现代雪莉的酿造是在大型的有温控的不锈钢罐内完成的。葡萄汁会进行加酸来调节帕洛米诺天生的低酸状况。历史上，加酸是通过石膏(在第8.2.1.4节中提及加石膏来改善土壤结构)来实现的。不过现在更多的是加入酒石酸。

跟波特酒酿造不一样的是，尽量避免萃取是雪莉酒酿造的核心理念。最优质的自流酒会往菲诺或曼查尼亚这个方向酿造，如果是更饱满酒体的、有一些酚类物质被萃取的，就会被酿造成欧罗索(Oloroso)这个方向。此外，由于单宁会抑制酒花(Flor)的生长，所以需要酒花的风格要特意避免单宁的萃取。同样，二氧化硫也是一个道理。一些菲洛或曼查尼亚与欧罗索风格在感官上的差异源于基酒成分的不同，这也可以从混合陈酿的葡萄酒风格中看出。

发酵一般在比静止酒高一些的温度中进行，大概在 20—27℃，不需要保留什么果味芳香，只要得到一个中性的风格。

雪莉的基酒是干型的，最低酒精度在 10.5%。基酒的加强基于两个方向：一种是酒体较轻、比较优雅的酒，一般用自流汁发酵得来，主要用来进行生物型陈年，进行程度较轻的加强。另一种是结构更强、酒体更饱满的酒，一般用轻柔的压榨果汁得来，主要用来进行氧化型陈年，会采用较重的加强。

几乎所有的雪莉酒都会在这两个方向里，但佩德罗·希门内斯雪莉是例外。

用黑莫乐酿成的马德拉酒会连同果皮一起发酵，而那些用白葡萄酿造的酒则会在发酵前进行压榨。

自然甜酒的酿造也遵循带皮发酵的做法，一般会持续 2—5 周时间。对于白自然甜酒来说，浸渍就没那么重要，尤其是还原型陈年的酒，新鲜、轻盈、花香是酿造目的。对于还原型陈年的白自然甜酒来说，葡萄可能会被直接压榨，或者只是数小时的低温果皮接触。

路斯格兰麝香在含糖量达到 250—500 克/升时采摘，可能会进行多达一周的浸渍，因为葡萄已成为果干。在不同的糖分含量时采摘，可以为后面的混合提供更多的选择。

27.3　加强

往葡萄酒里加入烈酒必然会影响其风格，加入多少会直接影响总的酒精含量和酒的平衡。而添加的时间也会从根本上影响酒的甜度。最终，烈酒的风格、纯净性和强度，都会或多或少地影响酒的风味。

在欧盟，第 479/2008 号法规制定了可以用来添加的不同类型的烈酒，可以是中性的以葡萄为原料的酒精，酒精度为 95%—96%，或者以葡萄果渣、果干为原料的蒸馏酒，酒精度为 52%—86%。

27.3.1　目的

加强由来已久，最初的目的是葡萄酒中加入酒精后能够实现微生物稳定，从而能装船运输，使之到达目的地后仍然美味可口。这是因为高度酒精能够抑制酵母菌。

有资料显示，波特酒使用白兰地加强早在 18 世纪之交就已经出现了，而马德拉使用白兰地进行加强是在18世纪中叶。波特酒所使用的白兰地并非中性的，而马德拉已经改用中性的葡萄烈酒进行加强了。

稳定性依旧非常重要，比如雪莉酒加强至15%时会抑制乙酸菌和酒香酵母，当加强至18%时，还会抑制酿酒酵母。

加强还可以阻止乳酸菌。

27.3.2 烈酒类型

通常有两种从葡萄中蒸馏提炼的酒精。

如果所需要的是尽量少风味影响的酒精，那就会使用高度精馏的葡萄烈酒，酒精度高达95%—96%。这种酒精是反复蒸馏，直到几乎不含风味，只剩下酒精与水。使用这种酒精的目的是为了保留加强酒中葡萄本身的特性，因为随后要进行的是还原型陈年。它也允许生物型陈年或者氧化型陈年的特性盖过品种特性。

雪莉会使用大约95%的中性酒精进行加强，当酒与酒精充分融合后，会进入索雷拉(Solera)系统进行陈年，无论是生物型还是氧化型。

马德拉、自然甜酒、路斯格兰麝香和托巴克(topaques)加强酒也都是用95%的中性酒精来加强。加入的烈酒占甜型马德拉总量的20%，波特酒的比例也差不多如此，而干型马德拉酒所加入的烈酒含量大约不到10%。对于自然甜酒来说，烈酒的强度对于还原型陈年风格来说尤其重要。

波特酒比较特殊，加强所使用的烈酒仅为77%酒精度，并不是高度精馏的。在这个酒精度上，不可避免地会带来风味的影响，比如醛类、酯类会带来香料味，尽管也要求烈酒尽可能中性。质量差的烈酒会带来粗糙和灼烧的口感，由于加入的烈酒会占到总量的20%左右，所以对波特酒来说影响是非常大的。所以烈酒的质量是关键，但也是近来才开始得到关注。

直到1990年，波特酒的品牌商们开始自己制作烈酒而非购买，才开始逐渐重视烈酒的风格和质量，以及对波特酒风味的影响。自从进入2000年开始，波特酒所使用的烈酒开始变得更加细腻、干净，也比之前的更加中性，使之有了更好的果味，也更好地表达了风土。

对于桃红波特来说，中性的烈酒更加重要，以免掩盖了酒的芳香。

在葡萄牙以外地区所生产的波特风格的酒一般都用高度精馏的酒精进行加强，因此并没有显示波特酒的独特性。

27.3.3　时间

无论在最初酿造的哪个时间节点加强，都需要将烈酒（酒精）与酒进行充分融合，以确保中止发酵以及抑制微生物。

27.3.3.1　在发酵时

在发酵时加入烈酒会中止发酵，并会保留糖分。甜度高低取决于发酵开始了多久、糖分已经被转化掉多少。在波特酒的酿造中，当葡萄汁发酵到酒精度为6%左右时就会被加强而中止发酵，得到 19%—22%酒精度的酒，即酒的大约20%为酒精。

考虑到发酵时加强的首要原因就是保留甜度，加强的确切时间可以根据品牌风格调整到让酒略干一些，比如道斯（Dow's），或者略微甜一些，比如格兰姆。总的来说，波特酒的残糖量为 80—120 克/升。

马德拉酒会根据最终不同的甜度要求而在不同的时间节点进行加强，发酵的时间可以从 1 天（甜型）到 1 周（干型）不等。甜型（malmsey）的酒要求早加强，以保留更多的残糖。半甜的酒（boal）会稍晚些加强，然后是半干型（verdelho）。干型（sercial）酒则要到完成或接近完成发酵的阶段才进行加强。

尽管有上述的描述，但绝大部分的马德拉酒都留有残糖，最干的酒也留有50—65 克/升的糖，半干为 65—80 克/升，半甜为 80—96 克/升，甜型则是高于96 克/升。酒精度则会加强到 17%—22%。

在法国，自然甜酒通常会在发酵到 5%—8%酒精度时用高达 96%酒精度的中性酒精来进行加强，法语用“mutage”表示。最终加入的烈酒会占到总量的5%—10%，而最终的酒精度最低为 15%，最低的残糖量则根据不同的原产地法规而变化，但通常不同的麝香自然甜酒至少含有 100 克/升，而自然甜红葡萄酒的残糖量则大多在 85—110 克/升，虽然更干、更甜型的自然甜酒也有酿造。

在欧盟以外酿造所受的法规限制要少一些，但通常路斯格兰的酒会被加强到 17%—18.5%酒精度，残糖量会从第一级的 200 克/升到稀少级的 325 克/升。

与在加强之前排出发酵中的葡萄汁相比，更普遍的是可以在带有果皮时进行加强，这样可以让酒精帮助萃取。比如，顶级的班努，就会在带果皮发酵时加入酒精加强，以帮助萃取。

27.3.3.2 发酵之后

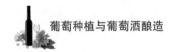

给干型的基酒加入烈酒可以起到稳定作用，并为之后的陈年做好准备。如果基酒有更高的酒精度，那么所加入的烈酒就可以少一些。

雪莉酒在发酵完成之后再进行加强。充分发酵的干型基酒加强，通常都是把基酒从酒泥上抽出换桶后再进行。当烈酒与基酒充分混合后，就会进入索雷拉陈酿系统进行熟化。

完全发酵的干型基酒加强时，会需求更少量的烈酒，因为酒精度会比部分发酵的酒更高。此外，比如雪莉，加强到的酒精度通常也比波特酒低，同样也会降低对烈酒的需求量。并且会使用中性烈酒，以求减少对酒的风味影响。

27.4 陈年过程

虽然从技术上讲，这是一种发酵后的熟化过程，但直到这里，加强葡萄酒酿造才被认为是完整的过程，通过这一过程，加强葡萄酒的独特性得以实现。

熟化的类型和时间长度，会严重影响葡萄酒最终的风格，也是极有争议的最关键的影响因素，尤其是对雪莉酒来说。就熟化的类型来说，生物型陈年和氧化型陈年是两个最主要的，还原型陈年相对次要。

27.4.1 还原型陈年

还原型陈年是指在无氧或者接近无氧的状态下进行的陈年，这种陈年方式在加强葡萄酒中比较少见，但是有一些处于质量两端的波特酒，还有自然甜酒的一些风格，或多或少会进行还原型陈年。

那些2—3年就装瓶的波特风格，包括优质宝石红风格和年份波特，一般都是在巨大的10万升的木制容器或者不锈钢罐中陈年，目的就是为了保留原始的果味。要避免进行倒灌，因为这样容易让氧气进入。

优质的宝石红波特在装瓶时就是“开瓶即饮”的状态，而年份波特则是需要再经过数年甚至数十年的瓶中还原陈年。对单一葡萄园年份(single quinta vintage)波特，(多年份混合陈酿)酒渣(crusted)波特、未过滤晚装瓶年份(Unfiltered LBV)波特等其他这些波特风格来说，还原性的瓶中陈年也是必须的。

用麝香酿造的自然甜酒通常会比较新鲜、有花香、果味，酒体尽量轻盈。这些都是还原性酿造的结果，不锈钢罐中长达 6 个月的简短陈年，理想的话是在有温控设备的酒窖里，并且有二氧化碳的保护。还有一种采用歌海娜酿造的还原型自然甜酒，比如年份班努，必须在售年罐装，经常会呈现强烈的黑莓、黑醋栗和无花果的风味。

27.4.2　生物型陈年

生物型陈年发生在大量活性酵母的影响下，也就是所谓的酒花。雪莉中的菲诺和曼查尼亚就是这种类型。这种风格并不是西班牙独有的，澳大利亚也会生产一部分这种风格的菲诺雪莉酒，也会采用菲诺的名称。法国汝拉地区也会出产黄葡萄酒(Vin Jaune)。

图 27.3　酒体表面肉眼可见的一层酒花

酒花酵母含有不同的酵母属系列，包括酿酒酵母，会形成一层膜，完全盖住酒液，并对酒精有耐受性。

在西班牙的赫雷斯地区，这一层膜的厚度会根据季节、地点、桶的状态和添加新鲜酒液的频率而变化。

形成酒花的理想环境需要大量的空气(主要是氧气)，温度在 18—20℃以及高湿度。为此，雪莉的 600 升装的桶只会装 500 升的酒液，封塞也比较轻。为了保持合适的湿度水平，夏天会在地上喷洒水。

酒庄的建筑会进行特殊设计，以保持尽可能的凉爽和温度的稳定。在东边的建筑通常会有很长的一面墙朝西，尽量让西风吹进房子以带来湿度和凉感。高天花板也能带来空气流通，厚墙也能起到隔热作用。

酒花在靠近海边湿凉的空气环境下会更有生命力，桶内的膜会变厚。所以圣玛丽亚港(Puerto de Santa Maria)的菲诺和桑卢卡尔-德巴拉梅达(Sanlúca de Barrameda)的曼查尼亚酒花味道会比赫雷斯城内的更浓郁。酒花在春秋两季较为温和的温度中生长繁茂，而在冬夏季极端的气候中生长活力微弱。在气候比较有规律的桑卢卡尔-德巴拉梅达，酒花常年保持活跃。

表面有这么一层完整覆盖的酒花膜对酒来说十分重要，因为一旦打破，就会有氧化的风险。

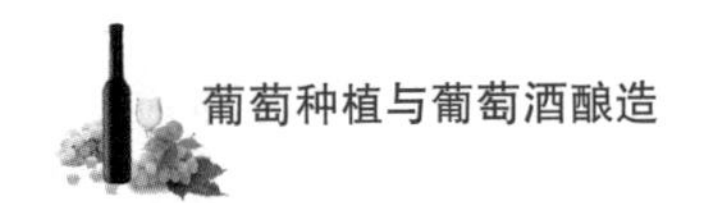

在赫雷斯地区，酒花会在14.6%—15.4%酒精度范围内存活，如果高于15%酒精度，则是为了阻止细菌和不需要的酵母菌，比如酒香酵母。

酒花层从空气和酒中摄取营养，因此可以保护酒不受氧气影响。

因为酵母可以获得氧气，所以它们通过有氧代谢来工作，从而消耗掉桶里的氧气，酒就不会被氧化。如果没有氧气，酒会保持浅色。其他的营养来自酒，但凡有一点残糖都会被消耗掉，被消耗掉的还有酒精、乙酸和甘油。所以酒最终会极干，是因为糖分都会被完全吃完，甘油含量（在酒中会提供甜美的口感）也会很低。由于乙酸被消耗，生物型陈年的雪莉挥发酸的含量就比较低。

酒花还会给酒带来一些其他方面的影响，比如咸的口感和杏仁的香气，还有标志性的乙醛，会带来酵母的香气。乙醛的存在给人一种氧化的感觉，但雪莉酒中的乙醛是酵母代谢的结果。

使用索雷拉陈酿系统的酒，为酒花确保了持续性的营养供给。

菲诺和曼查尼亚雪莉通常颜色很浅、酒体较轻、优雅风格，口感较咸，酸度很低。而曼查尼亚由于在海边，会带有碘和牡蛎壳的味道。

27.4.3 氧化型陈年

加强酒的一些风格，比如欧罗索雪莉，茶色波特（Tawny port）以及路斯格兰会进行氧化型陈年。氧化型陈年酒的一个好处是在有氧气的情况下更稳定，所以当开瓶以后，腐坏会消耗更多的时间。

27.4.3.1 雪莉

用帕洛米诺酿成的氧化型雪莉，主要是欧罗索，基酒的结构更强，酒体更饱满，被加强至17%—18%酒精度。这会杀死所有酵母，包括酒花酵母。这是一种故意的做法，就比如生物型陈年的酒会在桶里只装500升。而佩德罗·希门内斯雪莉会加强至18%—18.5%酒精度。

在索雷拉酿酒系统中陈年数年后，雪莉会通过蒸发得到浓缩度，每年会蒸发大约3%—5%。适中的湿度条件会让酒中的水分比酒精先蒸发，因此会导致酒精度的升高，从而在十年的陈年后达到20%—22%。

氧化型陈年会导致深邃的颜色，还会带有核桃、烟草、焦糖和香料味。通常都是干型，但甘油会提供一种甜美的口感。

27.4.3.2　波特

陈年过的茶色波特是氧化型陈年的典型代表，随着时间的推移，氧化过程导致酚类化合物的稳定沉淀，形成一种特殊的风格叫作茶色波特，完美地描述了酒的外观。

这种氧化型的陈年在小木桶中进行，在杜罗河谷，木桶的尺寸从 600 升到 10 万升不等，桶越小，与氧气接触面积越大。因此那些氧化风格的波特会选择在最小的 600 升装木桶中陈年，以达到氧化最大化，并且会采用定期换桶来去除酚类物质的沉淀。

图 27.4　用于波特酒陈年的不同尺寸的木桶

根据熟化的不同陈年年限，会在茶色波特的酒标上标出，10 年、20 年、30 年和 40 年以上。colheita 是一种特殊的年份茶色波特，来自单一年份，至少陈年 7 年。

陈年的茶色波特会有各种不同的描述：果干、胡椒香料、杏仁、巴西果、烘烤咖啡、太妃糖、果酱，丰满圆润以及甜美的口感。颜色会随着陈年的增加而变淡，从琥珀色到茶色再到红褐色。

茶色波特风格在澳大利亚也有酿造。

27.4.3.3　马德拉

加热并不是马德拉特有的，但却是产区的特点，会加重并加速陈年过程。加热也有不同的质量区别。

温室法(estufagem)陈年一般用在黑莫乐酿造的酒上。在有温控设备的容量高达 2 万—10 万升装的不锈钢罐或水泥槽中，部分装满酒，温度会升到 45—50℃，持续不超过 3 个月。之后，慢慢降到室温需再一个月。温室法陈年会加速熟化，3 个月的熟化相当于自然熟化阁楼法(canteiro)陈年的 2 年时间。这些酒会被熟化分类为 3 年型、5 年型，偶尔会有 10 年型。

阁楼法陈年通常被顶级马德拉所采用，主要用白葡萄品种酿造。使用 300—650 升装橡木桶，会放置在阁楼上，以接受阳光带来的自然热量，持续大约 2 年时间。温度会保持在 30℃上下，这是一个更温和、缓慢的熟化过程。

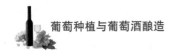

氧化型陈年,会伴随着加热让马德拉有不同的颜色,根据糖分的不同,会有金色、琥珀色、红褐色,甜度越高颜色越深。在陈年过程中,糖分会焦糖化,其他的氧化风味也会出现,包括干果、香料、巧克力和坚果。

自然甜酒的陈腐(rancio)风格酒款、路斯格兰的加强酒也会在陈年过程中进行加热。

27.4.3.4 自然甜酒

自然甜酒的氧化型陈年风格被称作陈腐味,它们装瓶前一般会在旧的橡木桶里熟化30个月到20年不等,虽然没有最长熟化时间的规定。大肚短颈玻璃瓶(demi-johns)中的熟化会更快,因为它会放在室外地中海的阳光下暴晒来加速陈年。

陈腐风格会发展出过熟的特点,会有干果、蜜饯水果、杏仁、核桃仁、焦糖、香料和水果蛋糕的风味。

27.4.3.5 路斯格兰加强酒

路斯格兰麝香和托佩克(topaque)(用密思卡岱酿造)酒的感官特性依赖于氧化型陈年,它们会在160—550升的旧橡木桶陈年不同时间。此外,跟别的加强酒一样,在酒窖中的位置和高度不同,得到的陈年结果也不同。

自然的加热和降温在路斯格兰加强酒的熟化中扮演了重要角色,在生长季,室外一天的气温可以从−5℃升至25℃,由于是大陆性气候,所以季节间的温差也会很大。

路斯格兰加强酒的四个级别展现了不断增强的复杂氧化风味。第一个级别含有最少的氧化风味,只是陈年了2—5年,主要注重水果的新鲜度和饱满度。第二个级别是路斯格兰麝香经典(Classic),会有更多的复杂度和陈腐风味,会陈年5—10年。紧接着的第三个级别是麝香珍藏级(Grand),陈年10—15年。第四个级别是麝香稀有级(Rare),陈年超过20年。

氧化型陈年会通过蒸发而使风味更加浓缩,路斯格兰加强酒每年会因为蒸发而损失5%左右的酒,从而会增加酒的丰满度、深度和强度,还有成本。

路斯格兰加强酒的风味特征会因为加入陈年老酒混合而变得更为复杂,有些酒庄比如康贝尔酒庄(Campbell's)会采用索雷拉陈酿系统进行陈年。

27.4.4 混合陈年

生物型和氧化型陈年有时候会融合,有些加强酒会故意将两者结合,比如阿蒙提亚多(amontillado)和巴罗科塔多(palo cortado)雪莉。

这些酒都会从菲诺/曼查尼亚开始，所以最后两种酒中都有较轻的结构和最初基酒的细腻感。

阿蒙提亚多是指起初被作为菲诺(或曼查尼亚)培养当酒花死后继续进行氧化陈年的雪莉酒。因为酵母停止工作，所以改变既定培养路线，这可以通过将酒再次加强到 17%—18%酒精度来杀死酵母，或者可以采用降低添加新鲜菲诺雪莉酒的频率来让酒花逐渐枯竭而亡。之后，进行氧化型陈年。

因此阿蒙提亚多会展现一些酒花的优雅和咸味，同时伴随更多复杂的坚果特点和氧化带来的深邃颜色。

巴罗科塔多雪莉在历史上是因为陈年的意外而产生的，现在被定义为一种介于阿蒙提亚多和欧罗索之间的风格。当发现某些橡木桶内的酒花没有预期发展出来时，就会被移出索雷拉陈酿系统，重新加强至 17%—18%酒精度，然后加入类似酒的索雷拉陈酿系统中。巴罗科塔多与酒花接触的时间要比阿蒙提亚多更少，因此含有更少的酒花风味，但有更多饱满的欧罗索风格。

27.5　其他因素

除了品种选择、初始酿造方法选择、加强时间和类型，以及不同的陈年过程之外，混合和加甜也可以帮助决定酒的风格。

27.5.1　混合

酒庄风格在所有加强酒的类型和产区中都非常重要，波特、雪莉、马德拉所有主要风格的陈年过程都是复杂的，每一个桶的熟化演变都有可能与其他桶不一致。所以想要酿造一款有持续性和统一性且能代表酒庄风格的酒，采用混合不同的酒就显得非常重要。除了少数的例外，年份差异对于传统的加强酒来说都不受欢迎，也是通过混合这种方式使这种影响减至最小。

索雷拉陈酿系统是一个复杂的功能性混合系统，发源地在赫雷斯。它包括一定数量的培养层(criadera)，每一层都由许多单独的橡木桶组成，每一个培养层代表的是同一个陈年阶段，最多可以有 14 个培养层。

所有培养层的管理就被称为索雷拉系统，每一个风格的雪莉酒都有自己的索雷拉系统。这样的系统能让酒在成千上万的橡木桶之中保持风格的一致性。

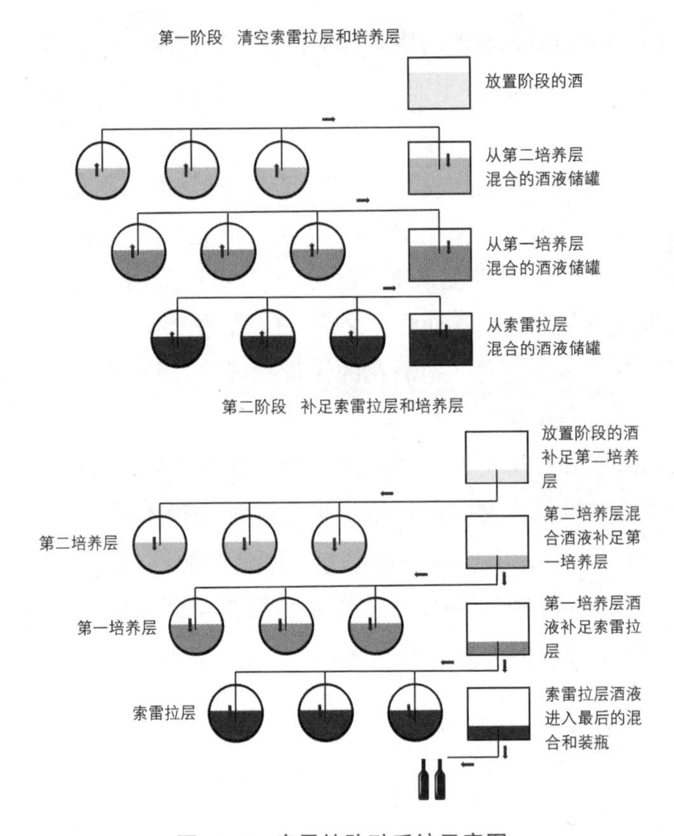

图 27.5 索雷拉陈酿系统示意图

在一个酒花的索雷拉系统，即生物型陈年的系统中，这样的混合还能确保每一个桶有更年轻的酒加入，从而让酒花有源源不断的营养供给，包括氧气。因为有对营养的持续性需要，这种雪莉风格通常会比那些氧化型陈年的系统要包含更多的培养层。

在索雷拉陈酿系统中的时间至少为 2 年，虽然大部分的菲诺和曼查尼亚通常都是 4—7 年。

酒会从最老的培养层（被称为索雷拉层）抽出进行装瓶，抽出的比例不能超过三分之一，随后会从较为年轻的上一个培养层进行补足，以此类推，直到将新年份的酒（sobretabla，放置阶段的酒）来补足上一个年份的培养层。

自然甜的佩德罗·希门内斯和麝香葡萄酒也会在索雷拉系统中陈年。佩德罗·希门内斯通常会得到复杂的干果香气和风味，比如无花果、葡萄干、李子干、干枣等，以及可口的咖啡豆、巧克力，外加浓稠的糖蜜和甘草糖果等。另一方面，较少产量的麝香酒会更具花香，带有蜂蜜和葡萄干的香气。

在杜罗河谷，没有这种索雷拉系统的混合，但在众多酒款中保持酒庄风格的一致性也一样重要，除了那些来自单一年份的酒，比如年份(colheita)茶色波特、晚装瓶(LBV)年份波特和年份波特，都是在表达那一个年份的独特性。但通常这些酒无一例外地都会采用不同品种进行混酿，取长补短。

其他的波特风格比如宝石红、优质宝石红、茶色波特，都会根据想要的风格进行品尝和混合，排列组合可以根据不同的品种、不同的年份和不同的地理位置。在河谷的西部会比较湿冷而东部靠近西班牙边境则会比较干热。酒庄会跟酒农长期合作以保证葡萄品质的稳定性。地块混合的例外是单一葡萄园(single quinta)波特，为了展示单一地块的特点。

混合对于马德拉来说也一样重要。跟波特一样，会进行反复的品尝并且将不同批次的酒混合成特定的风格。

批次混合在路斯格兰也是常用的做法，虽然一些酒庄会使用索雷拉系统。一些老年份储存的酒可以在混合时根据需要的风格提供更多的选择，无论是经典(classic)、珍藏(grand)，还是稀少(rare)级别。

第31.1节会讨论混合对于非加强酒的重要性。

27.5.2　加甜

由于发酵中加强保留了未发酵的残糖，所以波特原本就是甜的。

唯一一款自然甜的雪莉酒是用佩德罗·希门内斯和麝香酿造的，而其他雪莉酒的酿造是基于一款完全干型的用帕洛米诺酿造的基酒。因此，如果是从干型基酒发展来的雪莉是甜型的话，一定是进行了加甜操作，而所加入的甜物质有佩德罗·希门内斯、麝香、浓缩葡萄汁(RCGM)。

总共有三种甜型雪莉：

- 奶油(cream)雪莉，基础是氧化型陈年酒(如欧罗索)，加入甜雪莉(如佩德罗·希门内斯)，达到115—140克/升残糖。
- 中甜度(medium)雪莉，基础是干型雪莉，但兼有生物型陈年和氧化型陈年风格(Amontillado)，加入天然甜雪莉，达到残糖量为5—115克/升。
- 浅色奶油(pale cream)雪莉，基础仅是生物陈年雪莉(菲诺/曼查尼亚)，加入精馏浓缩葡萄汁(RCGM)，达到残糖量为45—115克/升。

马德拉会根据酒中的残糖来决定在发酵中或者临近结束时加强。如果需要进行甜度的调整，那么在酿造结束或装瓶之前，可以使用精馏浓缩葡萄汁。

第三篇　熟化、罐装、包装、物流以及包装后问题

这一部分主要讲述的是葡萄酒的熟化，以及销售前的准备。罐装、包装以及运输等问题都会讨论到。

第 28—33 章，发酵后操作。

这几个章节主要关注发酵结束后葡萄酒的状态变化。不同的操作会影响葡萄酒的风格和风味，比如在将葡萄酒装入合适的容器以方便销售之前对其进行必要的澄清和稳定。

发酵结束并不意味着葡萄酒酿造的结束。刚刚发酵结束的新葡萄酒比较青涩也比较浑浊，需要时间、关注和仔细的操作过程来进行熟化以备销售，无论是在 5 个月之后马上销售，还是如珍藏巴罗洛(riserva Barolo)和特级珍藏里奥哈(gran reserva Rioja)一样在 5 年之后销售。

没有了在发酵时产生的二氧化碳的覆盖式保护，葡萄酒在氧气与微生物面前会显得比较脆弱。许多发酵后的管理操作主要就是针对上述两个问题进行的，发酵后的温度管理是这个管理矩阵中的第三个元素。

第 34—40 章，罐装以及罐装后操作。

这些章节关注了一次和二次包装，包括技术细节和罐装操作本身，以及随后产生的物流问题。此外，瓶中陈年和葡萄酒缺陷也会有所涉及。

第 28 章 批量熟化

葡萄酒在发酵后需要进行一些调整和适应。

会进行一段或短或长的熟化时间，在不同的容器中进行，这种熟化有可能对最终的葡萄酒风味产生影响。

在这一阶段，葡萄酒会经历一些能改变其最终风味的物理、化学和生物变化。这些变化有可能是自发的，尤其是在有足够时间的情况下。或者是因为一些外界的人为因素造成的，比如过滤和澄清。

葡萄酒的澄清和稳定是熟化时两大重要的操作过程。

发酵之后，新酿好的葡萄酒有可能会从粗酒泥（重酒泥）上抽取出来（见第32.1节），这些酒泥是在发酵结束后24小时内通过重力的作用自然沉淀的。但不是所有葡萄酒都会经过这种操作，有些在熟化阶段就仍然与这些酒泥保持接触。

第27.4节阐述的就是加强酒的熟化与陈年过程。

28.1 熟化容器

葡萄酒可以继续在与发酵相同的容器中进行熟化，或者进入别的容器。

有许多材质所做的容器，绝大多数可以根据酒厂建筑的空间和规模来定制不同的形状和尺寸。

无论任何容器，其共同的一个功能特性是抗氧化。这对白葡萄酒的熟化来说尤其重要。当然，这个特性对于红葡萄酒也很重要，尽管相对于白葡萄酒来说，它们有着更好的在氧化作用发生前可以吸收氧气的能力。事实上，比如由橡木做成的容器，尤其是小型的新橡木桶，就会被选来故意地与少量氧气进行整合，尤其是那些高端的优质红葡萄酒。

对于所有葡萄酒来说，无论使用何种容器，保持酒厂内的清洁卫生是最基本的条件，以防止可能发生的微生物污染，尤其是醋酸菌污染（见第 33.2.2 和 40.4 节），以及酒香酵母污染（见第 40.6.6 节）。

28.1.1　大型惰性容器

不锈钢罐是一种常用的熟化容器。与传统的内衬水泥槽和玻璃纤维容器一样，都是属于密封不透气的，所以这些容器在部分装满葡萄酒后，如有必要，可以在顶部覆盖一层惰性气体，比如二氧化碳或者氮气，来防止氧化反应。这使这些容器能很好地储存芳香型的白葡萄酒和新鲜易饮的红葡萄酒，因为这些葡萄酒需要充沛的一类水果风味，而渐进式的长期熟化并非其所需。这些容器还可以用来储存那些已经过别的熟化容器（比如橡木桶）而不再需要进一步熟化的葡萄酒。

图 28.1　不锈钢罐

通常，玻璃纤维容器和水泥容器会用玻璃或者环氧树脂做内衬，以巩固它们的中性特征。但不锈钢罐则因为其惰性特点而备受欢迎，且不需要花费人力物力进行内衬的设备维护，还容易保持清洁。酒厂的卫生状况也因不锈钢罐的使用而变得简单。

以上述不同材料做成的容器可以做成不同的形状和尺寸来符合酒厂的建筑

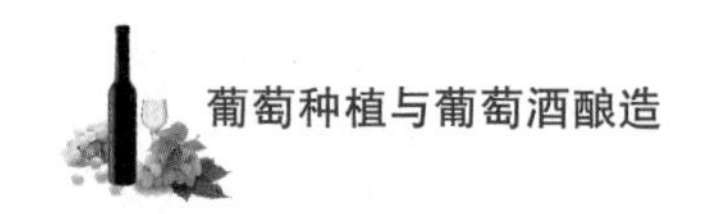

结构。不过，当下比较流行的蛋形发酵器(见第 20.2.2 节)有它自身特殊的尺寸。

储存在大型惰性容器内的葡萄酒会比在瓶中进化更缓慢，这表明将葡萄酒储存在大型容器中，然后在一年中不同的阶段进行装瓶，会有利于保持葡萄酒中的芳香和新鲜果味。

28.1.2 橡木桶

橡木桶是另一种不同类别的熟化容器。新橡木会增添香气和风味，而无论是新橡木还是旧橡木，都能带来一定程度的氧化影响。这种氧化影响可以帮助稳定颜色和酚类物质的聚合反应，包括单宁，因此能够起到柔化口感的作用(见第 29 章，尤其是第 29.3 节)。

新橡木桶一般是为高质量的不同品种的红葡萄酒准备的，也有一些高质量的白葡萄酒，尤其是对那些能够与新橡木和谐融合的品种，比如霞多丽、赛美容(偶尔会与长相思进行混合)、白诗南、白皮诺和维欧尼。

旧橡木的应用更为广泛，但因为其相关人工成本，以及新橡木的昂贵代价，通常还是限制了其偏重于在更高价格段葡萄酒范畴的使用。有一些橡木的替代品可以提供更为经济的方式以增加新橡木的风味(见第 29.6 节)，但这些风味只是出现在葡萄酒中，并不浑然天成。

在使用橡木桶作为熟化容器的时候有几个关键点：

- 新橡木桶的比例。
- 在新橡木桶中的熟化时间。
- 橡木桶的清洁卫生。
- 酒窖的操作，包括抽取、搅桶和微氧化。
- 酒窖的条件，包括温度和相对湿度。

考虑到葡萄酒风格，橡木桶也可以当作发酵容器使用。一旦葡萄酒临近销售，新橡木桶由于其对葡萄酒结构和氧化的影响，要降低使用率。

任何尺寸的橡木桶的消毒与清洁都比那些惰性容器要复杂得多(见第 29.5 节)。

橡木桶是一个比较天然的产品，因此每个橡木桶之间很难保持其一致性，尤其是考虑到橡木桶不同的树种、生长地和橡木纹理等(见第 29 章)。

除了显著的风味上的影响，在橡木桶中熟化还会带来下列好处：

- 与氧气结合后，可以稳定颜色(见第 24.2.2 节)。

- 可以帮助沉淀、澄清，尤其是在小型的橡木桶中。
- 氧化可以促进单宁的聚合（见第 24.2.2 节），减少苦涩感，改善口感。氧化还能提升陈年带来的酒香。

28.2　外部环境条件

无论使用何种葡萄酒熟化容器，熟化过程都会因为外部环境的一些参数而不同，比较突出的是温度（见第 28.2.1 节）、氧气（见第 28.2.2 节）和酒泥（见第 30 章）。所有这些参数都会由酿酒师根据葡萄酒的风格来进行掌控。如果是非惰性容器，比如橡木桶，还会有一些额外的参数起到相关作用（见第 29 章）。

温度和氧气密切相关。

28.2.1　温度

相对凉爽的温度比较适合葡萄酒的熟化，因为会减缓氧化反应。缺点是氧气在较低的温度下在葡萄酒里有更大的溶解度。因此在较低的温度下，葡萄酒里可能含有更多的氧气，但是氧化反应会比较缓慢，因为温度越高，氧化反应越快速。其危险性就在于，一旦葡萄酒进行加热，溶解在酒中的（大量）氧气带来的氧化反应就十分迅速。当葡萄酒低温储藏时，比如在冷稳定时（见第 33.1.1.1 节），防止氧气进入就非常关键。

相比于红葡萄酒，白葡萄酒会在更低的温度中进行冷藏，甚至会低至 8—12℃。而红葡萄酒最理想的熟化温度是 15—20℃，更低一些的 12—16℃也比较适宜，也会帮助阻止醋酸菌的活性。

在低温中储藏葡萄酒更加强调规避氧气影响的必要性。这可以通过使用完全满装容量的惰性容器来实现，不给氧气留任何空间。如果不是满装，可以充入惰性气体进行补充（见第 28.3 节）。

温度和相对湿度都会影响橡木桶中葡萄酒的蒸发。每年每一个橡木桶的蒸发量会介于 4—10 升。

考虑到氧气在低温中有更好的溶解度，常规的酒窖操作比如橡木桶抽取和浇淋葡萄酒，在低温时可以让更多的氧气溶解进去。同样的原因，当葡萄酒进行微氧化操作时，需要稍高一点的温度，如 18℃左右。低于这个温度，氧气会在葡萄酒中累积，保持溶解状态，也就是说，不会发生及时的氧化反应。因此，稍高一点的温度可以阻止过量的氧气溶解在葡萄酒中。

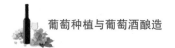

28.2.2 氧气

氧气在葡萄酒的熟化中是一把双刃剑。避免氧化非常重要，因为一旦氧化就不可逆(见第 40.1 节)。

在发酵过后的酒窖常规操作中，氧气的吸收几乎是不可避免的。不过可以对氧化程度进行控制。

对于高品质的红葡萄酒以及极少数的白葡萄酒而言，溶解微量的氧气可以起到提升葡萄酒的作用。通常这种情况会发生在打开橡木桶桶口或者进行各种葡萄酒转移操作时。

像一些物理的预防措施，比如使用不留空间的惰性容器来限制氧气的吸收，二氧化硫的应用和管理是葡萄酒熟化时另一个重要的方面，通过(二氧化硫)与氧气的结合可以防止氧化葡萄酒。

28.2.2.1 氧化风险

当有必要进行一些发酵后的操作时，就意味着葡萄酒需要定期(经常或很少)从一个容器转移到另一个容器。如果不是谨慎对待，那么任何一次转移都会面临很大的风险。

保护葡萄酒以防氧化是一个基本原则。出现任何偏差，原因只可能是因葡萄酒风格而故意为之(见第 28.2.2.2 节)。白葡萄酒尤其容易被氧化，无论是故意还是意外地加入氧气，都会腐蚀葡萄酒香气和一类水果风味，并导致颜色褐变。

通常所使用的三个防护措施，第一是使用足量的自由态二氧化硫，第二是使用大型的封闭的、没有空隙的惰性容器，第三是用惰性气体在葡萄酒表面进行覆盖，比如二氧化碳、氮气或者氩气(见第 28.3 节)，尤其是容器中还有一些空隙的情况下。如果对紧接着葡萄酒转移所使用的各种器皿、管道使用惰性气体进行冲洗、填充，会将氧化的风险进一步降低，因为这种冲洗可以将空气(氧气)排出。将葡萄酒从接收容器的底部开始注入也有助于降低风险。

葡萄酒在小型容器中面临氧化的风险更大。

在发酵后的一些操作中，氧气的吸收主要通过倒灌、淋皮、无保护顶部空间、压酒帽、补液、过滤、样本采集以及罐装(比如罐瓶)等操作实现。

过量的氧气，无论是以何种方式吸收，都会导致颜色褐变并形成乙醛，而且也能促进微生物腐蚀，这其中包括会将酒精转化为醋酸的醋酸菌，最终提高挥发酸(见第40.4节)。还有酒香酵母(见第40.6.6节)，会制造出挥发性酚类物质(比如4-乙基苯酚和4-乙基愈创木酚)，闻起来像马厩的气味和药味。

过量的氧气还会消除由一些挥发性硫物质带来的愉悦香气，比如由3-硫基乙醇给长相思带来的柚子、百香果香味。

降低氧气的接触通道会减少氧化的风险，此外，仔细地使用二氧化硫可以有助于在发酵后的操作中保护葡萄酒。另外需要关注pH值，因为在高pH值的环境中氧化反应会更为快速。

28.2.2.2 按需氧化(微氧化)

至少在红葡萄酒熟化的初始阶段，氧气会促使花青素与单宁聚合，从而让葡萄酒颜色更为稳定。还会促进单宁与单宁的结合，减少苦味和收敛性。

另外，由乙醇氧化而得到的乙醛会与花青素和单宁结合，这会起到去除乙醛的作用，可以阻止氧化气味的发展。但是这样的反应在白葡萄酒中很难实现，因为缺少花青素和单宁。在白葡萄酒中去除乙醛只能通过与二氧化硫结合的方式来实现。

在红葡萄酒熟化过程中，在橡木桶中引入微量氧气的传统方法是通过正常的酒窖操作。在橡木桶里，氧气可以通过倒灌、狭小的顶部空间以及木头的缝隙进入。这种方法的缺点是无论是哪个操作，都无法精确测算进入氧气的量。但当氧气是故意充入的时候，比如将氧气充入惰性容器多微氧化技术，就使对氧气的精确测算变得可能。这种方式的优点是避免了新橡木桶的风味影响，但又进行了适当的氧化，这大大降低了使用新橡木桶的高额成本。

微氧化技术使用的是氧气扩散器，可以控制进入葡萄酒氧气的量，并且可以确保其注入的速度不超过葡萄酒可以消耗氧气的能力。

葡萄酒通常在发酵后的不同阶段要加入氧气，但很少会超过几个月。刚结束发酵时，会加入比较大剂量的氧气以确保颜色的稳定(见第24.2.2节)。在苹果酸乳酸发酵之后，少剂量的氧气会加入，目的是为了柔化口感。

除了加深和稳定葡萄酒颜色，微氧化的好处还在于去除植物味，还会去除一些还原特征。

对熟化中的红葡萄酒使用故意氧化(无论是可测量或不可测量)的目的是为

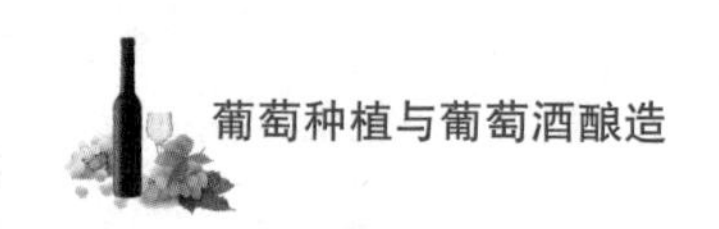

了柔化并且更好地整合其中的单宁。单宁的收敛感和苦味会被降低，不过，过多的氧气会导致氧化并提高单宁的苦味和干涩感。

无论是传统的方法还是故意注入氧气，温和的氧化可以带来的另一个好处是可以氧化因葡萄酒（红或者白）陈年（见第 30 章）带来的酵母酒泥所产生的硫化氢。这对在酒泥上陈年的白葡萄酒来说尤为重要，因为酒泥会持续消耗氧气，因此存在还原的风险。这种环境中的平衡是在提供氧化的保护以及避免还原的趋势之间。

二氧化硫在发酵后的各种操作中依然充当着抗氧化剂的角色。当进行微氧化时，自由态二氧化硫的含量需要调整到允许酚类物聚合的含量，但不能过低，以防微生物污染发生。

28.2.2.3 其他地方的氧气

在发酵之前，氧气有其有利的方面，尤其是在葡萄醪进行过氧化处理（见第 18.6.3.1 节）和建立有活力的酵母群（见第 19 章）时。

在装瓶时所接触到的氧气是葡萄酒所面临的最严峻的氧化之一。所以在装瓶时将接触到的氧气量降至最低，并且通过瓶塞控制进入的氧气量，是酿造和罐装葡萄酒时氧气管理的前沿屏障。

第 27.4.3 节列举了一些故意氧化的加强葡萄酒风格。

28.3 惰性气体

发酵之后使用惰性气体的首要作用就是保护葡萄酒不被氧气所氧化。另外一个重要的、更深层次保护葡萄酒不接触氧气的好处在于，在氧气缺失的情况下可以阻止微生物的腐蚀，比如会引起乙酸菌和酒香酵母的生长和污染。

在酿酒中，氮气、二氧化碳和氩气被视为惰性气体，而通常使用的是氮气和二氧化碳，两者单独使用或者混合使用。氩气的成本最为昂贵。一般来说，惰性气体会结合惰性容器使用，还会附加使用二氧化硫，来保护果味等一类香气。

28.3.1 目标

去除氧气可以消除氧化的威胁。惰性气体用来充入惰性容器中以驱赶空气（氧气），因此，在葡萄酒通过压力泵、固定管道、柔性软管进行传送之前，都要充入惰性气体。而接收的容器也可提前充入惰性气体。一旦传送结束,新容器的顶部如果留有空间的话,可以覆盖一层惰性气体加以保护。

保持容器的满容量装载,可以最大限度地降低作为保护葡萄酒抗氧化和微生物污染工具的(额外)惰性气体的使用。

28.3.2 选择

氮气对葡萄酒口味的影响最小,因而比二氧化碳更受欢迎,后者比较容易溶解在葡萄酒中。如果葡萄酒中二氧化碳溶解到足够的浓缩度,那么在饮用时舌头上会有明显的刺痛感。如果在低温状态下,就会溶解更多的二氧化碳而非毯式保护,会使抗氧化功能打折扣。

氮气比二氧化碳的溶解度要低,所以在这种情况更受欢迎一些,但质量较轻所以比较容易散到容器外面,从而使保护的功能大大受损。氮气也比二氧化碳少一些危险性,因为比较容易飘散在空气中,而非如二氧化碳一般聚集在底部空间。因此在有人进入容器前,检查底部空气的成分很重要,因为就算是很少量的二氧化碳都足以致命。

与氮气相反,二氧化碳和氩气都比空气重,所以比较适合在葡萄酒表面形成一层水平式的保护性覆盖,比如在未装满的容器中。又因为其有着比空气更高的密度,所以最好在空置的容器底部充入以便形成一个保护层,随后葡萄酒也从容器的底部充入,紧贴着二氧化碳层。

二氧化碳在冰冻状态下也可使用——干冰同样可以放置在容器的底部。干冰也会在发酵前使用,通过在升温后形成类似的二氧化碳毯式覆盖来保护葡萄和葡萄醪。

有时候氮气和二氧化碳会进行混合,这是因为如果在储存和转移过程中只使用氮气时,氮气可能会移除二氧化碳,而如果没有足够的二氧化碳,葡萄酒会变得有些死气沉沉。

氩气往往是三种气体中最不经济的一种。它具有二氧化碳和氮气的密度优势,有助于减少葡萄酒中的氧气溶解度,虽然使用氩气会面临损失一些芳香物质的风险,氮气也会移除一些二氧化碳。在必要的情况下,这种去除过量氧气的方法(sparge)会在临装瓶前进行。

第 29 章 橡 木

橡树被归为栎木属，在成百上千种橡树中只有三种被认为适合用于酿酒。而软木栎常被用来制作瓶塞(见第 34.2 和 40.5.1 节)。大部分的橡树发源地在欧洲，但其中有一种源自美国，对葡萄酒酿造来说也非常重要。

当橡木被用作熟化容器时，相对湿度会成为影响熟化反应矩阵相当重要的参数。

区分新、旧橡木桶的影响与作用非常重要，新橡木桶在影响葡萄酒熟化方面的一些关键因素包括：

- 地理原产地，包括气候条件和木头纹理。
- 类别。
- 橡木桶制作，包括其风干、烘烤和尺寸。

葡萄酒的橡木桶熟化会对其颜色、稳定性、酒体、平衡度和风味产生不同的影响。

有一些葡萄品种可以跟新橡木桶非常完美地融合。新橡木桶熟化几乎是高档红葡萄酒的必备条件，而顶级品质的白葡萄品种霞多丽也可以在不同比例的新橡木桶中发酵并且熟化(见第 22.2 节)。

在发酵结束之后，红葡萄酒经过压榨可以注入橡木桶，或者等酒精发酵和苹果酸乳酸发酵都完成之后。或者在还仍然有一些残糖的情况下被压榨注入橡木桶，发酵在桶中继续完成，并随之进行苹果酸乳酸发酵。

新橡木对某些品种会有不良的影响，主要是那些所谓的芳香品种，比如司令、琼瑶浆和麝香葡萄，这些品种表现芳香和一类香气是首要的。

除了橡木之外的一些木头也会在酿酒过程中使用，比如意大利北部和奥地利的金合欢木，以及在意大利北部一些地区所使用的樱桃木，可以给葡萄酒提供不同的风味和氧化参数。

 29.1 种类

如果采用新橡木桶熟化，那么其中非挥发性酚类物质[主要是可水解单宁，比如鞣花单宁(ellagitannins)]和挥发性物质(被认知的有超过200种)的吸收是关键。这些物质的数量和比例会根据橡木的种类和原产地而有较大区别。

有三个种类的橡木比较适合葡萄酒的熟化以及发酵。

29.1.1 白橡木

美国白橡木是美国的原生品种，主要发现于美国中西部的一些州，比如肯塔基、密苏里、俄亥俄以及田纳西州。还有一些位于美国北部的森林带，明尼苏达、宾夕法尼亚以及威斯康星州。相对于欧洲橡木，美国橡木通常更为芳香，尤其是椰子、奶油糖果和香草味，会呈现一种甜美感，且其可吸收酚类物的含量也会比欧洲橡木更低。

白橡木传统上被用于波本威士忌(Bourbon)的陈年。

29.1.2 无梗栎树

这个种类的橡树也被称为无梗花栎，因为其橡子并不长在梗上。它还有个名称叫作 Q. sessiliflora 或者 Q. sessilis。无梗栎树通常会有紧致的纹理，这对酒体较轻的静止酒来说有较高的价值。这种橡树会含有比夏栎更丰富的可吸收的芳香物质和更少量的可被吸收的单宁。

无梗栎树一般出现在法国的某些森林中，如阿利埃(Alliers)、尼维尔(Nevers)、通赛(Tronçais)和孚日(Vosges)的森林，在匈牙利也会有。

29.1.3 夏栎

这种也被称为有梗栎树，因为其橡子会长在花梗上。相比于无梗栎树，它会有更松散的纹理和更少的芳香，但单宁含量更为丰富。一般这种橡木在白兰地和威士忌的生产上运用更多。

夏栎通常在法国的利穆桑(Limousin)森林中大量存在。

29.2 发源地

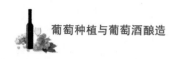

橡树对于酿酒来说，需要考虑的参数无非就是纹理、单宁、风味和芳香性。发源地和橡木的质量在上述这些参数上的影响会比种类差别带来的影响更大一些。

尽管有种类上的差异，但橡树生长越慢就会导致纹理越大，而且传统上也被认为其品质较高。通常在偏大陆性气候条件下其生长会偏缓慢，比如俄罗斯的高加索山脉和匈牙利的喀尔巴阡山脉。

紧密的纹理被认为在与葡萄酒熟化时互相的交汇融合比较少，而松散的纹理（通常在有梗栎树类中更多）会有更好的微氧化反应。

29.2.1 欧洲橡木

无梗花栎和有梗栎树这两种欧洲橡木在整片大陆上都有生长，主要是在法国、匈牙利、俄罗斯和克罗地亚，包括法国的一些混合林。这两种不同的树种在制桶过程中往往不会分开，制桶匠会根据木纹来进行分类。

为了确保对法国海军舰队的木材供应，让-巴蒂斯特·柯尔贝尔早在17世纪就在法国建立起了良好的欧洲橡木供应森林基地。大约有一半与葡萄酒酿酒相关的橡木来自法国。

匈牙利和俄罗斯的橡木生长地比法国的大陆度更高。匈牙利橡木也拥有较为悠久的历史，主要来自该国的东北部地区喀尔巴阡山脉。主要是无梗栎树种，具有紧密的纹理和芳香特质，会通过赋予优雅的单宁、重量和质地来增加结构感。而来自黑海东端高加索山脉的俄罗斯橡木则具有温和的单宁和芳香物质。

斯洛文尼亚橡木来自多瑙河平原，主要是克罗地亚的东北部和波斯尼亚，主要属于有梗栎树种。这种树种能持有水果特性和甜美感，但同时能赋予的风味和结构相对于法国橡木来说会较少。这类橡木被广泛用于意大利威尼托、托斯卡纳和皮埃蒙特地区的传统和经典葡萄酒的酿造。由于当地习惯使用容量较大的木桶，因此这种有梗栎树较为松散的纹理在大体量的制桶工艺中显得不那么重要。

29.2.2 美国橡木

美国橡木主要运用在西班牙的里奥哈地区，虽然该地区也越来越多开始使用法国橡木。另外，澳大利亚的西拉传统上也会运用该橡木。

29.3 干燥与烘烤

只有选择在新橡木桶或者近乎新的橡木桶中发酵或熟化的葡萄酒，才会考虑到干燥和烘烤的相关影响。在 4—6 年中，新橡木桶的影响力衰退得很快。

制作橡木桶的工艺过程，尤其是桶板的制造和干燥以及橡木桶的烘烤，会对最终的成品有极大的影响。这些影响从橡树的生长地和种类上就开始层层叠加。

图 29.1 堆放在户外的橡木条

图 29.2 法国橡树的树干

原木可以通过锯或者劈，成为橡木条。一般情况下美国白橡木可以用锯的方式，因为其内部会生长一种侵填体(tyloses)，从而使橡木有不渗水的效果。锯的方式可以产出更多的橡木条，生产成本上会有优势。

欧洲橡木通常需要根据树木的汁液线条，并且通过劈的方式来使橡木条的水密性达到最大化。同等尺寸的原木，欧洲橡木最终的橡木条成品要比美国白橡木更少。

29.3.1 干燥

在这些粗略切割的木条被制成木桶之前，它们必须进行部分干燥，直到相对含水量达到 16%—18%。如果高于这个数字的潮湿度，所制成的橡木桶会有收缩的风险，从而导致渗漏。

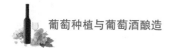

新橡木桶中有许多可被吸收的物质，比如单宁和酚类物质，还有矿物质和芳香物质。橡木也会带有一些苦味，所以橡木条需要在露天环境中进行干燥，以便过滤这些不需要的味道。

在从橡木条到制作成桶有至少两年的时间里，会面临温度、降水以及光照等不确定的气候因素条件。在法国西南部的湿润多雨、温和的海洋性气候条件下，并不是橡木条干燥的理想环境。橡木条需要一个空气流通的环境，这样苦味就可以在头 6 个月被空气冲刷掉。

橡木条也可以采取烘干的方式，这种方式虽然可以很快实现干燥，但不能去除苦味。

此外，室外干燥的过程中，木头表面与内部的真菌所导致的化学反应可以给葡萄酒带来一些比较正面的影响，比如会产生内酯以及由木质素造成的香气，而室内烘干的方式却会扼杀这种有益的微生物。

29.3.2 烘烤

当橡木条干燥到一定程度，就可以进行精制成桶，利用热量进行橡木条成型的过程。烘烤的程度一般分为轻度、中度和重度三个级别。不过在全球范围来看，并没有一个统一的分类标准。每一个级别都会因工匠而有所差别。

图 29.3 烘烤中的橡木桶

图 29.4 烘烤后的橡木桶

轻度级别的一般会在120—180℃的温度下仅烘烤5分钟左右，如果温度提升到200℃，那么10分钟左右就可以达到中度烘烤的级别。当温度提升到225℃，15分钟的烘烤时间就可以成为重度级别。

烘烤的过程会分解木头的表面结构，尤其会降解木质素和半纤维素，因此这个过程会产生许多芳香物质。通过这种木质素的降解提取到的橡木香气包括丁香酚（丁香）、愈创木酚（烟熏）、挥发酚（香料）、香兰素（香草）、苯甲醛（杏仁）以及2-硫代呋喃甲醇（烘烤）。从半纤维素中，可以提取到糖醛（烤杏仁）和麦芽酚（焦糖）的香气。

在这个过程中也会产生内酯，这种往往会表现出椰子的香气。某一类香气烘烤时间越长就会越明显，但过度的烘烤则会导致如椰子这类香气消失不见。

烘烤带来的香气是橡木桶给葡萄酒赋予的第一批物质，因为许多烘烤物质会快速溶解在葡萄酒里。新橡木桶与葡萄酒会非常好地融合，随着使用次数的增加，这类香气物质会逐渐消退。

腐蚀性微生物也会形成愈创木酚和4-乙烯基愈创木酚（见第40.7节）。

图29.5　烘烤橡木桶的炉子

图29.6　一个橡木桶

29.4　桶龄、尺寸和使用次数

橡木桶的年龄、尺寸，还有葡萄酒在桶内存放的时间都会影响葡萄酒的风格和风味。

29.4.1 橡木桶龄

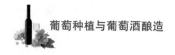

新橡木桶会带有许多不同的可吸收物质，比如单宁（结构）、丁香酚（丁香）、内酯（也即椰子）和香兰素（香草）。

当一个新橡木桶第一次使用时，通常也被称作“首次装桶”。如果是第二次使用通常会被称为“第二次装桶”，以此类推。每一次装桶，橡木桶所带来的香气与风味会逐次减少。

一些酒庄在介绍它们的橡木桶使用情况时往往会用“三年循环”或者“四年循环”的说法，表明新橡木桶的大致比例分别是三分之一或四分之一。

新橡木桶风味会在4—6次使用后降至最低。相比于新橡木桶，旧桶含有更少可以释放的香气物质，这样可以使葡萄酒的果味更加突出。因而，旧桶的主要影响逐渐变成了氧化现象，如果这成为使用目的话，则旧桶可被长期使用。不过就算如此，随着陈年，橡木桶通常也会损失一些氧化潜力。事实上，它们甚至有可能形成还原反应，所以进行搅桶（将葡萄酒在酒泥上进行搅动）是一种有效的预防措施。

根据最终葡萄酒的风格，考虑到新橡木桶影响的多少，酿酒师可以来搭配新、旧橡木桶的混合使用比例。事实上，新橡木桶强劲的香气和结构感会掩盖许多白葡萄酒和酒体稍弱的红葡萄酒的细腻香气。

不管桶龄，橡木桶的卫生情况是至关重要的（见第29.5节）。

29.4.2 橡木桶尺寸

新橡木桶的尺寸越大，对葡萄酒的影响就越小，因为橡木桶尺寸的增加会降低酒液接触面积比率。因此葡萄酒在大橡木桶中的熟化发展会比较缓慢，因为相比于小型橡木桶，可吸收的氧气较少。

大型的标准的橡木桶一般被称为cask或者vat，会比小橡木桶有更长久的使用寿命，其中一个原因就是其橡木风味并不是人们所寻求的因素。大型的标准化的旧橡木桶在阿尔萨斯、德国传统上都被用来熟化白葡萄酒。

另一方面，小型橡木桶有更大的酒液接触面积比率，可以更有效地挥发发酵所带来的热量。小尺寸也能促进自然的澄清过程（见第32章）。

表 29.1 一些传统的橡木桶尺寸

名 称	尺 寸	传统使用产区
Feuillette	132 升	夏布利(Chablis)
Gonc	136 升	托卡伊(Tokaji)
Barrique	225 升	波尔多(Bordeaux)
Piece	228 升	勃艮第(Burgundy)
Hogshead	300 升	澳大利亚(Australia)
Puncheon	450/500 升	澳大利亚
Demi-muid	550—600 升	隆河谷(Rhone Valley)
Tonneau	900 升	波尔多
Fuder	1 000 升	摩泽尔(Mosel)
Stuck	1200 升	莱茵河(Rhine)

29.4.3 橡木桶中时间

葡萄酒在橡木桶中所存放的时间会因为传统、经济、年份和葡萄的质量，以及橡木桶的桶龄和尺寸，还有熟化的温度、想要的葡萄酒风格而受到很大影响。

通常，葡萄酒在桶中存放的时间越长，对其结构的影响就越明显。大约在 6 个月的桶中陈年之后葡萄酒的收敛性会逐渐消失，因为橡木桶的单宁会与其他物质进行结合或者沉淀进酒泥。这个柔化单宁的过程会因为少量氧气的存在而得益。

高端白葡萄酒会在橡木桶中存放 3—6 个月，而高端的红葡萄酒往往会更久，达 18—24 个月。

29.5 管控和卫生

橡木桶并不是一个惰性容器，它们会与葡萄酒发生一些内在的化学反应，而

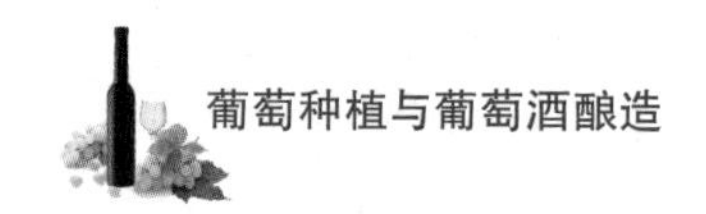

如不锈钢罐之类的惰性容器则不会有这种情况。风险管理,尤其是常规的清洁杀菌,是一项基本的橡木桶使用守则。如果没有恰当且简单实用的卫生规范,微生物风险就会增加。

新桶在首次使用前需要风干。快速地用鼻子嗅一下,要给人以干净的感觉,随后才可以用水进行冲洗或者装水,后者还可以额外地测试是否有渗漏的情况。

酒香酵母是一种最具有争议性的风险因素(见第 40.6.6 节)。橡木桶的污染有可能由传送过来的受污染的酒所导致,而同样,没有按规范清洁的橡木桶也有可能污染葡萄酒。一旦橡木桶被酒香酵母感染,就再也不能被彻底清洗,也就不能再用来存酒。

氧化也是一种隐患。橡木桶和酒窖操作的氧化作用有可能是一种刻意追求的效果,但葡萄酒中进入过多的氧气会是一种风险。

与氧化同时存在的还有一种风险,即氧气会促进乙酸菌和酒香酵母的生长(见第 33.2.1 和 40.6.6 节)。

进行风险管理的关键是严谨地保持橡木桶的清洁卫生。这种清洁的过程包含了一次彻底的冲洗,在一定的压力下可以将里面的沉淀冲散,对塞子也要十分在意,因为这里可能会是滋生微生物细菌的乐土。高压还有助于去除酒石酸。

空置的橡木桶也是一种风险。最好的方法是清洁完之后要在一两天之内重新装满橡木桶。如果不能立即补液,空桶在有预防措施的情况下也可以进行储藏。

如果要储存空桶,经过清洁的桶必须放置在干燥、温和以及无霉菌的环境中(见第 40.5 节)。每隔 4 周要在单个桶中燃烧一次硫,或者直接使用二氧化硫消毒。桶塞也要浸渍在气体中,同时要避免各种昆虫和小动物进入桶内。在桶内装满水也是一种可选方案,这样可以避免因为干燥而引起的渗漏,但水会持续地吸收橡木桶的各种物质。

在橡木桶装满酒的情况下,风险管理一样重要。葡萄酒的口感、pH 值和二氧化硫的含量需要定期进行检测。对因为蒸发而损失一部分酒液的橡木桶进行补液是防止细菌感染、降低氧化风险的一种重要手段。目标是把因蒸发而造成的顶部空间尽可能地缩小,使桶内的氧气含量最小化。

无论桶的大小,维护的工作是一样的。

但上述的这些风险,再加上桶的成本和维护所消耗的劳动力价值通常会被桶中熟化的高质量葡萄酒得到的风味和复杂度所超越。

29.6　橡木桶的替代品

新橡木桶有两个重要的功能：通过橡木桶和酒窖的操作所带来的温和的氧化作用，比如倒灌和补液，对红葡萄酒尤其有效；第二个功能是赋予与橡木相关的风味和香气。不过，其一是橡木桶本身比较昂贵，其二是由橡木桶带来的酿造与维护成本也比较高昂。

20 世纪 90 年代发明的微氧化技术提供了一个须经长时间桶内陈年所能带来氧化效果的替代方案：红葡萄酒颜色的稳定和单宁的柔化（见第 24.2.2 节）。而橡木板、橡木条、橡木片以及酿酒单宁的出现也为增添新橡木风味提供了一个更为廉价的方案。

小型橡木片结合如不锈钢罐一样的惰性容器中的微氧化操作，来模仿橡木桶中的熟化过程。橡木桶的替代品一般会在发酵中或者发酵后添加到惰性容器中，时间不超过 12 个月。通常认为在发酵过程中加入会萃取得更好。这种橡木制品可以是美国橡木也可以是法国橡木，烘烤程度也可以从轻到重。这些替代品的橡木影响会根据原产地和烘烤程度，以及木制品的大小和与葡萄酒接触时间的长短而有差异。

跟橡木桶一样，这些木制品也有质量高低之分。不过总而言之，自从这种方式被发明以来，这些橡木桶替代品的质量、持续性，橡木风味和香气已经得到了很大的提高。

29.6.1　橡木板

这是一些长短不一的板材，通常是 20—30 毫米厚，会分别置于固定的框架而被放入大型的容器中，充分暴露其表面积。这种方式会比消耗大量劳动力的橡木桶操作简单许多，可以使用数周或者数月，进行或者不进行微氧化反应。

图 29.7　使用后的橡木板

29.6.2 橡木片

橡木片、屑或橡木块大小不一，从1毫米到几厘米不等。通常会被放入大量生产的葡萄醪或者发酵的葡萄酒中，用袋子或者网兜装着以便清理，也可防止阻塞管道、喷头和滤网。通常情况下，橡木片赋予风味的速度要快于新橡木桶，经常在数周或者数月内就能完成。

图29.8 橡木片

所添加的量要根据橡木片的表面积大小和所需的橡木风味强度而定。橡木片的体积越小所赋予的风味就越多，因为表面积/体积比会更大。从柔化单宁的角度，也会要求做一些微氧化操作。

有时候橡木片也可以加入旧桶中，以替代已经耗竭的橡木风味。

29.6.3 橡木粉

橡木粉一般直径不超过1毫米。在发酵过程中加入可以起到稳定葡萄酒颜色的作用，也会快速地增加橡木风味，粉末会随后沉淀入酒泥，在倒灌过程中可以很轻松地去除。

第 30 章 酵母酒泥

酵母除了发酵的作用(见第 19 章)外,还可以为葡萄酒风格提供更多。在发酵中或者发酵后,酵母都可以给葡萄酒带来积极的或者负面的影响。

酒泥的主要成分就是酵母,还有一些细菌、酒石酸和多糖化合物、蛋白质-单宁化合物和葡萄细胞碎片。酒泥是一种还原的媒介,可以帮助葡萄酒防止氧化,但需要注意防止带来过度的还原异味。风险管理包括定期的品尝,以确保没有形成如硫化氢、硫醇等会带来还原异味的物质。也可以通过搅动酒泥的方式来引入一些空气。

一旦完成酒精发酵,葡萄酒就会比较容易被氧化,因为起到保护作用的二氧化碳消失了。如果要进行苹果酸乳酸发酵,就不能立即加入二氧化硫,但也会面临氧化的风险。在没有二氧化碳和二氧化硫的情况下,酒泥就在等待进行苹果酸乳酸发酵的过程中起到了抗氧化的作用。苹果酸乳酸发酵一旦结束,就可以加入二氧化硫,随后葡萄酒可以抽离酒泥或者选择继续接触。

酒泥被分为粗(重)酒泥和细酒泥两种。

粗酒泥由发酵结束后 24 小时内沉淀的酒泥组成,包括大的葡萄碎片、果肉、酒石酸结晶、酵母、细菌、蛋白质-单宁化合物以及多糖化合物。颗粒的尺寸通常为 100 微米—2 毫米。红葡萄酒的粗酒泥还会额外地携带葡萄籽,如果是带梗发酵的话还有可能带有梗的碎片。

除非是苹果酸乳酸发酵,或者是要求进行酒泥接触,一般来说新酿造的葡萄酒会从粗酒泥上进行抽离。部分原因是跟粗酒泥接触会有更多产生异味的风险。而如果长时间与粗酒泥接触,单宁的萃取也会持续进行。

此外,酵母中有营养的氮物质排放也会面临促进微生物生长的风险,不仅仅是乳酸菌。快速地进行酒精发酵和苹果酸乳酸发酵,随后再迅速地进行倒灌抽离粗酒泥并且加入二氧化硫，可以有效地抑制酒香酵母的感染。

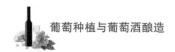

还原异味的风险会因为酒泥太厚或太紧而增加。另外，对于橡木桶熟化来说，从粗酒泥上抽离葡萄酒可以降低黏附在桶内壁的量，还能确保酒泥不太深。倒灌可以每几个月做一次，以保证酒泥保持在一个合适的厚度。

白葡萄酒通常会保留粗酒泥，但它们需要定期进行搅动，以防止发生还原反应。

细酒泥包含了发酵结束 24 小时之后产生的沉淀物，有更小更轻的碎片，如酵母、细菌、酒石酸，以及蛋白质-单宁化合物。颗粒的尺寸通常为 1—50 微米。在细酒泥上熟化可以改变葡萄酒的结构、复杂度和稳定性。

30.1 酒泥接触(sur lie)

在酒泥上熟化会对葡萄酒产生两类主要的影响。在酵母自溶的过程中，酵母细胞分解，它们会释放出一些物质进入葡萄酒，增加香气和风味的复杂度。酒泥也会与葡萄酒或者木头中的一些物质相结合，进一步发生风味和结构上的改变。比如从细胞壁释放出的多糖物质，与新橡木桶的单宁结合后会减少收敛性。

酒泥接触过程中的酵母自溶通常是一个缓慢的过程。低 pH 值和总体来说相对低的储藏温度并不是发生酵母自溶理想的环境，但是可以延长酒泥接触时间，从几个月到几年，可以使这个分解过程持续发生。

在这段时间内，可以进行酒泥搅动。蛋白质可以分解成肽和氨基酸。氨基酸是氮的原料之一，并且可以作为香气和风味的前体细胞。酒泥搅动也会给葡萄酒带来一些氧气，也会因为酵母的分解而增加葡萄酒的变化，但同时会减少果味的强度。如果是在橡木桶内进行酒泥接触，则会降低橡木桶的风味。由搅动带来的氧气会被酒泥吸收，因此这种搅动可以降低因还原反应带来异味的风险。

在酒泥上陈年葡萄酒可以增加结构感、香气、风味、酒体，也会给口感带来肥美和复杂度。这个过程会释放水果香气、甜美感和香料味，增加圆润感和体积。风味包括烤面包和烤坚果。

在酒泥上熟化是储存起泡酒和一些特殊风格白葡萄酒的传统酿造方法。这种技术不仅在欧洲，在全球的酿酒世界里也广泛被应用。此外值得一提的是，这种技术被越来越多地应用在红葡萄酒的酿造上。

30.1.1　白葡萄酒

传统上通过酒泥接触来熟化白葡萄酒的核心地带是勃艮第和卢瓦尔河谷。酒泥对于白葡萄酒的熟化，相当于单宁和其他酚类物质对于红葡萄酒的熟化，起到了防止氧化的作用。

白葡萄酒往往在粗酒泥上进行陈年。虽然有风险，但很值得。较厚的粗酒泥可能会造成还原反应并带来不好的异味，但可以通过使用小型橡木桶（如barriques）来解决。

如果是使用橡木桶进行发酵的白葡萄酒，则可以使用同一个橡木桶进行酒泥熟化，不需要进行从（发酵）酒泥上抽离葡萄酒的操作。无论这个容器是多大的尺寸，还是要进行酒泥的定期搅动，来防止厚层酒泥沉淀的形成进而导致还原反应。

有一些白葡萄酒品种，比较著名的是霞多丽，会在橡木桶中发酵并在其生成的酒泥上进行熟化，会降低新橡木桶的影响。在发酵过程中，一些新橡木桶的物质，比如香兰素会被酵母所吸收。酵母死亡之后，会释放多糖物质与酚类物质相结合，这会帮助白葡萄酒保持比较浅的颜色，多糖物质也会帮助减少橡木的苦味。

如果是在大型的罐中进行酒泥陈年白葡萄酒，通常比小型的橡木桶有更大的还原风险。带有微氧化的搅动系统可以帮助解决这个问题。

30.1.2　红葡萄酒

红葡萄酒往往在细酒泥上陈年。在酒泥上陈年红葡萄酒的目的是获取与白葡萄酒在酒泥上陈年一样的结果，比如释放酵母细胞物质来增加葡萄酒的柔和度并降低其收敛性，还会增加一些酚类物质的整合。风险是会减弱红葡萄酒的颜色。

30.1.3　起泡酒

关于一些起泡酒风格中酒泥陈年的重要性在第25章有详细描述。

30.2　成膜酵母

在加强酒上长出的酒花，尤其是赫雷斯产区，其酵母的特殊性在第27.4.2

节生物陈年中有所讨论，其前提条件是氧气的存在。能成膜的酵母通过专门的设计，也能在非加强酒上产生。其原则和操作（除了加强这部分）基本一致。在成膜酵母影响下酿造出的轻酒体静止葡萄酒包括法国汝拉产区的黄葡萄酒和匈牙利托卡伊产区的一些萨摩罗德尼（szamorodni）风格葡萄酒。

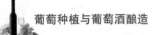

 30.3　腐坏酵母

腐坏酵母会在第 33.2.1 节进行讨论。

第31章
葡萄酒的处理

在发酵之前葡萄醪已经经过了一些调整，而有些调整比较适合在发酵后进行，也有一些参数，比如酸度，在发酵前和发酵中都可以进行调整。

葡萄酒处理的目标是尽可能地获得想要的风格和质量。例如，葡萄酒和以葡萄酒为基础产品的低酒精度趋势，提高了用来降低酒精度的新技术的使用率。

31.1 混合

混合是一个巨大的资源领域，也是酿造过程中兼具关键与技巧的部分。混合的目标有很多，包括：掩盖或者稀释某一批次中的小缺陷（并非错误），提升平衡性，增加复杂度，或者混合足够多的某一种酒来满足需求。

在同一种酒中将两种不同的品种进行混合，只是混合可能性中的一个方面。就算是同一个品种，仍然可以进行不同葡萄园的混合。

不同的品种混合也不需要是相同的颜色。比如罗蒂丘产区，会将西拉和维欧尼这一红一白两个品种进行混合。传统法起泡酒也会使用红白葡萄酒品种进行混合。

通常一些特定的葡萄品种用来对别的品种进行互相补充，经典的例子是有着强劲结构和单宁的赤霞珠与丰腴的、甜美果香和更柔软的梅洛，这种方式不仅在波尔多，在全球其他地区均有模仿。高酸度的长相思与相对肥美多汁的赛美容也混合得非常成功。

关于品种的混合，不同的地区有不同的法律法规来明确哪些信息需要标注在酒标上。

对于酿酒师来说，混合是基于最初目标来对葡萄酒最终风格进行影响和管理的又一手段。这样做的目的是让整体比部分加起来更完美，也就是说，让葡萄酒更复杂，更平衡，或者更有结构感，更吸引人，有更大的数量供应，超过其中任何一个单独的品种或批次。

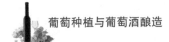

混合不仅仅是单一的发酵后操作，可以在酿造的任何一个阶段实施，比如将酸度高的一批葡萄醪与低酸度的进行混合而达到总体酸度的平衡，或者将不同的品种放在一起混合发酵。发酵过后，将经由新橡木桶发酵的和非橡木桶发酵的葡萄酒进行混合，可以得到新橡木桶影响比较温和的效果。将经过苹果酸乳酸发酵和未经过苹果酸乳酸发酵的酒进行混合，可以得到在较低的强度下苹果乳酸发酵可能带来的一些感官上的益处。

橡木桶是一种自然的产物，因此桶和桶之间的差异必不可免，所有的桶都会被混合在一起。

图 31.1　混合马德拉酒

一些最为著名的葡萄酒风格都是混合的产物，包括所有的历史悠久的以酒庄风格为目标的葡萄酒：香槟、波特、雪莉、马德拉，以及波尔多和隆河谷的许多酒。

现代风格中的一些著名葡萄酒品牌也采用了大量的混合酿造以保持风格的一致性（以其他任何名字命名的酒庄风格），同时也为了达到目标产量和预期价格以满足市场需求：在某些情况下，用以混合的葡萄酒可以来自不同的地区。

还可以用不同年份的葡萄酒进行混合。比如无年份香槟，是该产区的支柱性产品，该地区属于凉爽的大陆性气候，年份差异较大，进行混合可以使年份影响最小从而达到符合酒庄风格一致性的要求。在某些行政区，跨年份混合酿造会用法律的形式来加以明确。

混合还可以使某些葡萄酒的结构或者香气物质更为平衡，比如酸度、pH值、酒精度、颜色、新橡木桶风味、残糖，或者单宁含量等等。上述的某些参数可以直接进行调整，比如酸度（见第 31.2 节）或者残糖（见第 26.3.2 节）。

如果酿造过程中包括的话，混合的决定还包括压榨多少果汁（白葡萄酒，见第 22 章）或者压榨多少葡萄酒（红葡萄酒，见第 24 章）。

在进行混合试验的时候，需要进行大量的品鉴和化学的分析。在许多情况下，记忆也是混合中的一个重要因素，比如为了保持多个年份的长期一致性，或者在长期的风格方向上微妙地调整每个年份的差异。这也许是酿酒师刻意为之，或者是根据市场需求做出的调整，比如进入 21 世纪以来白葡萄酒少橡木影响的趋势，以及进入 21 世纪 10 年代以来少酒精感的趋势。

混合最好在稳定(见第 33 章)前进行，以免不可预测的不稳定性。每一个单独批次的葡萄酒可能会比较稳定，但一旦混合后就会增加不稳定性。

31.2　调整酸度和 pH 值

第 18.4 节详细地介绍了调整酸度的原因和方法，包括调高或调低。

由于在发酵过程中酸度会发生变化，因而在发酵过后进行酸度调整显得非常有用。这给酿酒师提供了另一个将酸度和 pH 值调整在酒庄风格所需的既定范围中的机会，无论是红葡萄酒、白葡萄酒、桃红葡萄酒、甜葡萄酒、起泡酒还是加强酒。

总的可滴定的酸度水平通常会在发酵过程中降低。一些酒石酸沉淀的形成，还有苹果酸乳酸发酵的发生，都会降低总酸度。

在生长条件太冷或太热的情况下，可能会出现一些使酸度水平与糖分、风味和/或单宁间达到平衡的自然调整。

许多葡萄酒的总酸度范围在 5.5—8.5 克/升，红葡萄酒在低数值而白葡萄酒在高数值。白葡萄酒的 pH 值的范围在 3.1—3.4，而红葡萄酒的 pH 值的范围在 3.3—3.6。

31.3　降低酒精度

葡萄酒中的酒精度水平在过去的一代多人的时期中已逐渐提升，一些酒的酒精度甚至超过了 15%(非加强酒)。这就相应地会要求更成熟、甜美的风味，更为柔和的单宁和酸度。但过高的酸度会遮盖香气，也会增加一些苦味、热量和一种灼烧感。

而最近的一个趋势是朝着相反的方向，使酒精度水平逐渐降低至适度。

运用一些不同的种植管理方法可以降低些许酒精度。但如果是生产商或零售商要求降低几度酒精度，就需要投入现代技术。在某些地区，移除一定量的酒精度是合法的。在欧盟，如果移除了超过20%的实际或者潜在酒精度，这些酒就不能再被称为葡萄酒。

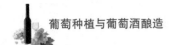

降低葡萄酒酒精度的一个关键问题是酒精度会影响风味、甜度和质地。一个两难的问题是如何在降低酒精度的同时又不损害口感。

31.3.1 低技术含量选择

有一些气候条件，尤其是凉爽型的，可以生产酒精度比较适度的葡萄酒，比如产自葡萄牙的绿酒和德国的雷司令。在较为温暖的气候条件下，提前采收可以降低糖分含量，也是一种选择。但这需要避免与葡萄中的其他有着不同成熟时间表的物质产生不平衡，比如酸度、香气和风味。改变葡萄树的平衡可能是朝着这个方向努力的一种方式。

使用经过挑选的酵母菌属也可以少生产一些酒精度，但这些有可能是微不足道的。

加水也是一种可能的方式，但在某些地区是不合法的。即使那样，加水会稀释酒精，但也会稀释包括酸度、颜色、单宁以及风味浓度等其他物质。

31.3.2 高技术含量选择

高技术含量的选择主要基于两种不同的技术：

- 薄膜技术：比如反渗透，利用葡萄酒中不同物质的不同渗透性，包括酒精。
- 蒸馏技术：比如使用旋转锥蒸馏塔，利用葡萄酒中不同物质的不同沸点，包括酒精。

31.3.2.1 反渗透

反渗透技术（见第18.3.2和32.3.3.2节）最初被发明出来是用以净化水的。通过对葡萄酒施加压力，一些特定物质会通过半渗透的薄膜从浓度高的一侧流向浓度低的一侧，而流过薄膜物质的尺寸事实上都非常小。

基于薄膜的技术例如反渗透，葡萄酒的主要部分并不会渗过薄膜，所以其特征并不会受到真正的影响，这一部分也被称为滞留物（被保留的）。这种操作的原则与传统的葡萄酒过滤技术（见第32.3节）是一个鲜明的对比，后者是葡萄酒通过薄膜而留下不需要的部分。

反渗透技术所使用的薄膜孔都比较小，所以只能允许极其细小的物质通过，这一部分被称为渗透物（通过渗透薄膜的），看起来很像水，会包含一小部分葡萄酒物质。

在这样一个小的数值范围内，薄膜是在针对分子层面工作，只有最小的分子才能通过薄膜，主要是水（分子质量为18），是葡萄酒中的最小分子，而乙醇分子质量为46。详见表31.1。

表31.1　葡萄酒中不同物质的分子质量

葡萄酒物质	分子质量
水	18
二氧化碳	44
乙醛	44
酒精（乙醇）	46
乙酸（挥发酸）	60
二氧化硫	64
二乙酰	86
乙酸乙酯（挥发酸）	88
乳酸	90
甲氧基吡嗪	110
酒香酵母（4乙基苯酚）	122
二硫化物（2乙基二硫化物）	122
烟熏污染（愈创木酚）	124
苹果酸	134
烟熏污染（4甲基愈创木酚）	138
酒石酸	150

续 表

葡萄酒物质	分子质量
香草醛	152
酒香酵母(4乙基愈创木酚)	152
橡木内酯	156
果糖	180

其他的葡萄酒物质通常拥有较大的分子质量,但考虑到薄膜孔的尺寸,其中一些物质还是会少量进入渗透物。

通过薄膜的渗透物主要含有酒精与水,这个渗透物随后会做进一步处理来移除酒精。可以是蒸馏或者另一种薄膜处理方式:

- 渗透物在连续蒸馏室中进行蒸馏。酒精会被收集并移除,然后去除酒精的部分,基本是水,会被重新加入原先的葡萄酒中(滞留物),从而降低酒精度。
- 渗透物通过另一个不同的薄膜,酒精可以通过并实现移除。留下的除去酒精的部分随后被加入原先的葡萄酒中(滞留物),从而达到降低酒精度的目的。

薄膜技术,例如反渗透,要求大量的资本投入,并且也会出现香气的流失。

31.3.2.2 使用旋转锥蒸馏塔

使用旋转锥蒸馏塔技术包含了一个垂直的有一系列交替的静态旋转锥的圆柱体。葡萄酒从顶部进入直流而下,同时蒸气或者惰性气体(一种能收集挥发物的蒸气)会从圆柱体底部注入,所有这些都在真空的环境中进行。

圆柱体会进行旋转,旋转所产生的离心力会使葡萄酒在锥体上形成一层膜,这会促进分离和收集挥发性香气和风味物质以及酒精。

酒精的调整通常只是对葡萄酒的一部分进行。这个部分会两次经过蒸馏塔。

蒸馏塔在真空环境下工作,这样可以在相对低的温度下对挥发物进行收集,大约是25—28℃。挥发物一旦被收集,同一部分(减去挥发物)会再次进入蒸馏塔进行酒精的收集,留下没有酒精的部分,这次的温度会较高,大约是40—50℃。

所收集的挥发物、去除酒精的部分，再加上没有经过任何处理的最初的部分重新进行混合，从而得到低酒精度的葡萄酒。

葡萄酒在旋转锥中一般只停留 10—20 秒的时间。

有可能会损失一部分香气和风味，但这个过程也要求大量的资金投入以及熟练的技术操作。

第32章 澄 清

新发酵的葡萄酒一般都是浑浊的，带有一些悬浮物质——死酵母细胞，葡萄、葡萄梗和葡萄籽的碎片，细菌，沉淀的单宁，蛋白质和酒石酸等等。事实上，这些都是酒泥的组成部分，在某一段时间之内是有用的（见第30章），但在装瓶和运送至市场消费前这些物质就不受欢迎了（见第37、38章）。

不同的澄清技术目的就是为了使葡萄酒清澈而明亮。在澄清过程中，凡是影响到葡萄酒清澈明亮的颗粒都需要被移除。移除的方式有重力、过滤、下胶、离心力和浮选。第18.2节阐述了在发酵前进行澄清的一些技术。

随着时间的推移，葡萄酒中的某些物质因为重力自然沉淀的原因，也会慢慢变得明亮。但这个过程过于耗费时日，比如在经典的凉爽产区如勃艮第和波尔多，传统上葡萄酒在小橡木桶中一般需要两个冬季的时间。

通过这样一种仅仅沉淀的方式，以"未澄清、未过滤"的方式装瓶，尤其是那些极干型并使用非常紧密酒塞的葡萄酒，理论上是可行的。任何遗留的微生物在长期缺氧、无营养的瓶中环境下都会慢慢死去。

另外一些不断被革新的技术使这个过程变得快速。

葡萄酒自从包装以后，需要在保质期内保持清澈的状态。但是温度、空气和光照都会对此产生威胁。一旦威胁产生，葡萄酒的清澈度随着时间的推移就不再稳定。因此，在澄清的过程基础上还需加入一些稳定的操作（见第33章），以确保葡萄酒能保持稳定的状态。

葡萄酒含有胶体物质，会影响到清澈度和稳定性。胶体是一类不容易沉淀的亚颗粒化合物，它们会继续悬浮在葡萄酒中，且不能被完全溶解。过滤是一种能使葡萄酒达到澄清度的主要方法之一，但胶体却因为颗粒太小，而不能被过滤。所谓胶体，其包含了多糖、多酚（颜色和单宁）化合物和蛋白质。

胶体自带电离子。许多葡萄酒的胶体物质都带有负电子,比如单宁、颜色、酵母和细菌。

一些胶体蛋白质在温度和时间的波动下会很不稳定。一瓶葡萄酒可以看起来很清澈,但可能只是暂时的状态。假以时日,蛋白质会发生改变,失去负电子。失去电子后,胶体会发生絮凝。在这种情况下,不稳定的胶体会逐渐在日后形成可见的凝胶状物质。所以为了防止发生这种情况,这些胶体就需要在装瓶之前进行去除。

可以通过向葡萄酒中加入其他的带有相反电子的胶体物质去除不稳定的胶体。这两种带有相反电荷的胶体互相吸引并形成沉淀。这就是一种下胶(见第32.4节)。这种沉淀随后可以用倒灌和过滤的方式去除。

有一类胶体会相对稳定,也就是大家所熟知的保护性胶体,如阿拉伯树胶(见第32.4.10节)。这些胶体可以阻止其他不稳定胶体的絮凝,通过覆盖那些不稳定的胶体,来阻止它们聚合。通过这种胶体覆盖的方式,葡萄酒的澄清就可以得到稳定。

下胶和过滤操作经常会作用于相同的葡萄酒。过滤是一种去除悬浮颗粒的物理方法,下胶可以除去胶体,而过滤无法去除那些太小的颗粒。因为使用下胶会导致沉淀,所以需要在过滤之前进行。

对于那些高质量的、极干型葡萄酒,通常是有长久陈年潜力的红葡萄酒,未经过滤或澄清,只是利用重力进行自然的沉淀便进行装瓶是有可能的。时间可以允许缓慢充足的澄清,而沉淀物在酒瓶内的发展也被认为是葡萄酒陈年变化的正常组成部分。葡萄酒中不留任何可发酵的残糖,也防止了因微生物而产生的不稳定(但并非无菌,见第32.3.1节)。

而眼下有尽早装瓶让葡萄酒加快进入消费市场的趋势,这就意味着需要从酿酒过程中节省出来一部分时间。过滤和离心力等物理方式就是这种可以加速澄清的技术。

32.1 沉淀(重力和倒灌)

随着时间推移,颗粒会逐渐从悬浮物中脱离出来,并在熟化的容器中形成酒泥。倒灌就是一种将比较清澈的葡萄酒从沉淀的酒泥上抽离的酿酒操作方式。

如果没有与酒泥接触的熟化要求,葡萄酒在发酵完成之后就会尽快地从粗酒泥上进行抽离。等更轻的颗粒逐渐沉淀之后,会进行进一步的倒灌抽离。

对于刚刚发酵结束的葡萄酒来说，初次澄清采用简单的沉淀和倒灌法很是常见。从粗酒泥上倒灌抽离通常紧随着酒精与苹果酸乳酸发酵之后发生，除非与酒泥接触是一项特定的酿酒目标。倒灌可以从新酿的葡萄酒中将含有单宁的葡萄籽去除，同时也会去除可以释放氮的酵母酒泥，以免滋养那些不希望出现的微生物。

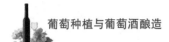

图 32.1　将葡萄酒从小桶抽入大容器来分离酒泥

将葡萄酒与粗酒泥分离提高了其他过滤和使用下胶技术的效率，因为过滤器不会被堵塞得那么快，下胶材料需要更换的频率也不会那么高。倒灌还可以使葡萄酒品质均匀化，例如，在将酒装回干净的酒桶之前，葡萄酒会被倒灌到一个大容器中进行充分的融合。

倒灌可以在有空气的状态下进行操作，也可以在真空环境下操作。有空气的情况下对红葡萄酒有益，可以帮助稳定葡萄酒颜色。而某些白葡萄酒则需要在二氧化碳的覆盖下进行操作，以免氧化情况发生。

同一种葡萄酒在熟化的过程中可以进行好几次沉淀、倒灌抽离酒泥进入新容器的操作。在首次倒灌之后，随后的倒灌会去除更小的颗粒，通常是微生物、沉淀的单宁、花青素和酒石酸。而其他的倒灌则是去除经过下胶处理过后的葡萄酒沉淀物。

虽然不同容器的尺寸、颗粒的尺寸以及自然属性，甚至温度都会影响沉淀速度，但沉淀依然是一个缓慢的过程。小型的容器例如橡木桶是一种相对比较有效率的沉淀器皿，大型容器中的对流会阻碍沉淀过程。但是大型容器也会要求高频率的倒灌来阻止厚层酒泥的形成，以免由此形成异味。

沉淀和倒灌要求极少的设备，一根软管和一个水泵足矣。

酒泥在倒灌之后可以进行过滤操作，以获取里面剩余的酒液，并减少因为倒灌技术而造成的产量损失。

32.2　离心力

离心力装置比较昂贵，但可以大大缩减沉淀所耗费的时间。它可以去除包括微生物在内的物质，将沉淀所需的几个月时间缩短为几分钟，将葡萄酒悬浮物中的颗粒在高速旋转所带来的压力下“甩”出去。离心力装置同时会将葡萄酒从这些沉淀物上倒灌抽离出去。

这在比较厚重浑浊的葡萄酒上运用更为有效，因为所含颗粒物更多，更容易诱发由此带来的异味。同时也适用于那些大批量生产的葡萄酒，因为需要快速澄清。

由于应用在葡萄酒而非葡萄醪上，所以氧化是一个潜在的风险。用惰性气体来冲刷可以将该风险降至最低。

32.3 过滤

长时间的沉淀过程可以澄清葡萄酒，但一些微小颗粒仍然不能去除，通常为酵母菌、细菌、色素物质、蛋白质以及酒石酸结晶。而过滤的目标则是通过过滤介质，物理地将这些颗粒移除。但有一个风险是，这种过滤会同时去除一些有用的物质。

要使浑浊的葡萄酒变得清澈、明亮，并且稳定，过滤是一个极为重要的步骤。例如，它可以简单到在一款有着良好陈年潜力的高品质极干型红葡萄酒中移除所有可见颗粒，也可以将一款高产量的且在瓶中有高风险重新发酵的半干型葡萄酒通过完全无菌过滤(随后迅速进行无菌灌装)(见第40.6.5节)。

32.3.1 原则与实践

对于酿酒师来说，有两种关键的过滤方式可供选择：深度过滤与绝对过滤。颗粒要么在一个深度厚层的孔状材料处被拦截(深度过滤)，要么在一个有着特定的(彻底的)缝隙尺寸的薄膜处被拦截(绝对过滤)。

过滤器，包括深度的和彻底的，要根据过滤器的精细程度来进行分类。因此一个板框式过滤器(见第32.3.2.2节)是提供粗糙的还是精细的过滤，要视其使用的衬板的精细程度而定。

通常深度过滤器可以移除小至大约1微米直径的颗粒，而薄膜过滤器(绝对过滤)通常情况下根据缝隙尺寸来进行分类，比如1.2微米、0.8微米、0.65微米和0.45微米。

过滤器最终会被颗粒堵塞。流速(单位时间内被过滤的葡萄酒的体积)会随着过滤介质中颗粒的积累而变慢。

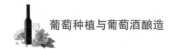

在使用深度过滤器时，如果流速太快，或者因为滤材(泥土或者衬板)长时间没有更换，过滤器就会失效，会让一些不需要的颗粒通过过滤器而留在葡萄酒中。

因此关注流速和压力对于维持过滤器的正常运转来说至关重要。如果过滤器疏于管理或者操作失当，会引起微生物的污染，不论是细菌或(和)酵母，比较常见的是酿酒酵母和酒香酵母会通过过滤器。由于没有将可能引起浑浊的颗粒过滤掉，也会导致葡萄酒不够清澈。另外，氧化也是一种风险。

通常葡萄酒在上灌装线之前会通过一系列的过滤器，粗糙的过滤器会用来先过滤掉尺寸较大的颗粒，因为这些颗粒会很容易让一个精细的过滤器发生堵塞，所以过滤通常是一个逐步精细化的顺序过程。

无菌过滤仅指 0.45 微米尺寸的绝对过滤。因为这足以将细菌(约 0.5 微米)或者酵母(约 1 微米)过滤掉，无菌过滤之后必须快速地进行无菌灌装(见第 34 章)以确保葡萄酒处在没有细菌和酵母的环境中。

32.3.2 深度过滤法

深度过滤有一层深厚的过滤介质，比如硅藻土，或者纤维素纤维，会在葡萄酒流过时拦截那些不需要的颗粒。这种过滤介质狭窄而弯曲的通道意味着那些没有在表面被拦截的颗粒会很有可能被拦在这种介质中。

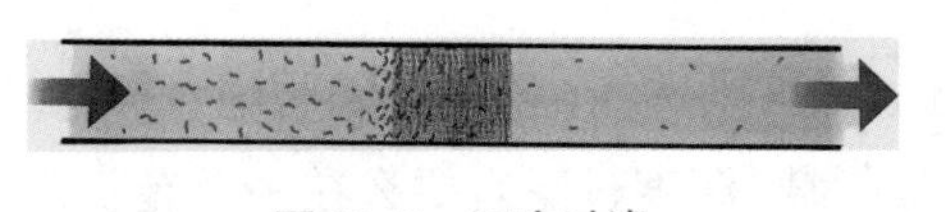

图 32.2 深度过滤

深度过滤的工作原理是吸附作用，即颗粒会被粘(吸)在过滤介质内毛细管一样的管道中。

这一类过滤器比较适合过滤那些有大量大颗粒、固体颗粒的果汁和新发酵的葡萄酒。

理论上是可以对深度过滤的精细级别进行定义和明确的，但它只是一个象征性的评级(其主要还是看过滤介质的平均名义上的严密程度)。有些超过标准尺寸的颗粒还是会通过这种过滤器，基于这样的原因，深度过滤器无法用来做无菌过滤，因为无菌过滤必须除去所有的微生物。

因此定期更换深度过滤器就显得比较重要，以确保其工作的完整性和功能性不打折扣。

深度过滤器可以由滤床(泥土过滤)或者滤板(板框式)构成。这些比较容易操作,所使用的也是比较大量而廉价的过滤介质。

32.3.2.1 泥土过滤法(硅藻土,Diatomaceous/ Kieselguhr)

泥土过滤器会使用硅藻土。这种土包含了无数微小硅藻的骨架材料,可以被磨成粉末,而且有不同等级的硅藻土可供选择。

经典的泥土过滤器是一种名叫旋转滚筒式真空过滤机(rotary drum vacuum filter, RDVF)的装置。它包含了一个空心的一般由不锈钢制成的滚筒,这滚筒的内壁提前用硅藻土抹上10厘米的涂层,鼓的底部有一个注有葡萄酒的槽,槽中的葡萄酒本身也混有硅藻土。待过滤的新酒会自动注入待过滤的酒槽。

混有硅藻土的葡萄酒会被真空泵所吸收,穿过涂有硅藻土的鼓壁进入滚筒内部,最后以经过过滤的形式进入中间的管道。

图 32.3 泥土过滤器

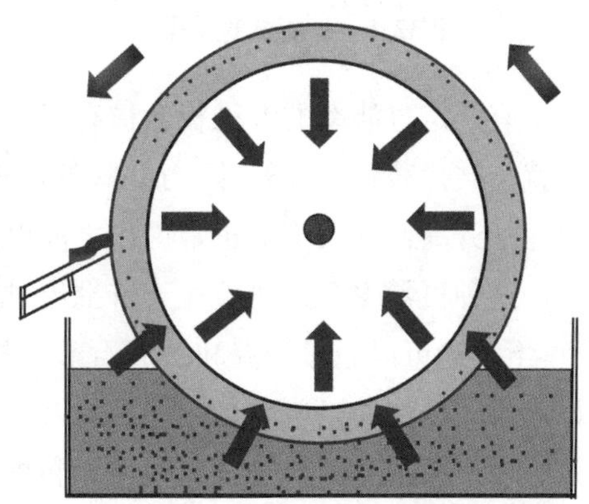

图 32.4 过滤滚筒截面图

在每一次旋转循环结束时,在滚筒外部会有切割器将一层粘满颗粒的硅藻土刮下来。这样就确保了当滚筒继续旋转回酒槽时,其表面是焕然如初的。这样的操作可以有比较高的流速和较大的过滤量,因为需花上一段时间才会出现堵塞的情况。

氧化是其主要存在的风险,因为滚筒的大部分面积暴露在空气中。有一种改良过的旋转滚筒式真空过滤机是完全封闭的,而且在使用之前可以用惰性气体进行冲刷。

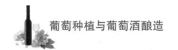

这种类型的过滤机对黏有固体酒泥的葡萄酒尤其有效。

32.3.2.2　框/板式过滤法(板框式)

这种深度过滤器采用的是使用不同植物作为原料的纤维板。这种板材通常由纤维素纤维制成,由大小不同的孔组成,以进行粗糙或者细腻(名义上的过滤率)的过滤。更加紧致也就是更为精细的过滤装置,通常会在接近程序的尾声时使用,如果有无菌过滤的话,可能会安排在其之前进行。

图 32.5　框板式过滤器

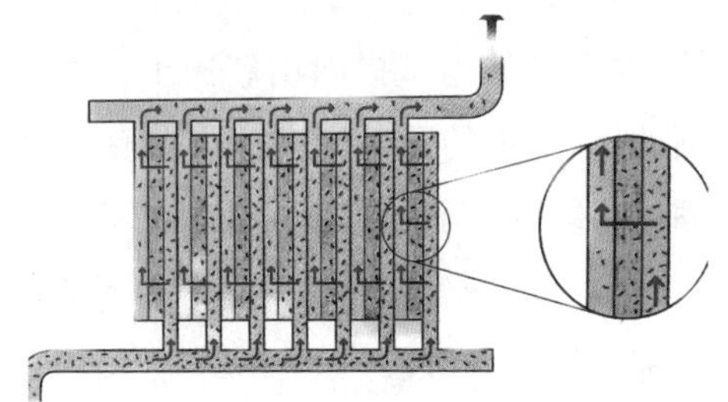

图 32.6　框板式过滤器示意图

有既定过滤率的纤维板会被有序地堆放在收纳框架内,当葡萄酒流过时,颗粒就会被拦截,这会增加阻力并降低流速。所以要对此进行密切的监视并在压力逐渐升高而导致不能正常工作之前更换纤维板。

这种机器主要的风险在于首批流过的葡萄酒可能会萃取到类似于纸板的味道,不过这可以通过用温和的酒石酸和柠檬酸溶液在首次使用之前对纤维板进行短暂的浸泡加以避免。

板框式过滤器对于含有大量颗粒的葡萄酒比较有用,通常在泥土过滤器去除粗酒泥之后使用。

对纤维板进行清洁和杀菌是一种非常重要的操作手段,可以阻止微生物进入过滤器,从而防止污染下一批进入的葡萄酒。更安全的选项是更换过滤纤维板。

32.3.3　绝对过滤法(薄膜)

之所以被称为绝对过滤器,是因为它们会测量膜孔的绝对直径。超过这个直径尺寸的颗粒完全无法通过薄膜,比如,1.2 微米的薄膜只能通过小于 1.2 微米的颗粒。

因为绝对过滤器，也就是薄膜过滤器会在其表面拦截这些颗粒，所以如果葡萄酒不是很清澈的话，会很快发生阻塞。这种薄膜过滤器不能操作于有着大量颗粒的大产量葡萄酒，因为膜孔实在很小。它们最好在深度过滤已经去除大部分颗粒物质之后使用。

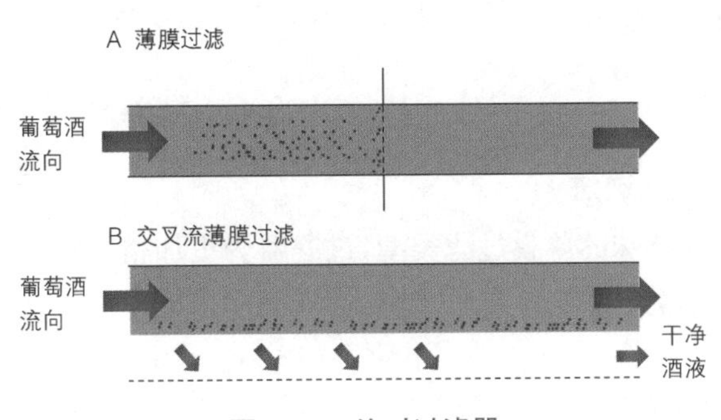

图 32.7　绝对过滤器

深度过滤不能用作无菌过滤，但薄膜过滤可以。不过，不是所有的薄膜过滤器都是无菌过滤，只有使用 0.45 微米膜孔孔径的薄膜过滤才被认为是无菌过滤。

薄膜过滤比较容易发生阻塞，因为过滤发生在薄膜的表面。就像是一个非常精细的筛子(但没有深度)，可以通过改变葡萄酒的流向来缓解这种阻塞情况。

32.3.3.1　薄膜过滤器(墨盒过滤器)

薄膜是一种经典的绝对过滤，薄膜墨盒通常由合成材料制成，一般嵌放于圆柱形的不锈钢桶内部。在生产时就可均匀地制定膜孔的大小，所以使它们成为绝对过滤器。

通常葡萄酒会垂直地流向薄膜，这就意味着比膜孔大的颗粒会很快阻止更小颗粒的通过。所以逐渐累积的颗粒会降低葡萄酒的流速(见图 32.7A)。

这种阻塞的时间可以通过使用交

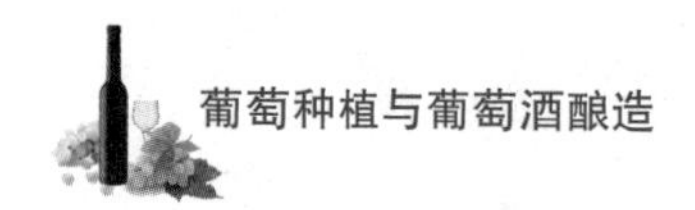

叉流或者叫横切向过滤来延缓，在这种情况下，酒液的流向与薄膜就成平行线，这可以让小颗粒与清澈的葡萄酒一起穿过薄膜，而大颗粒就会被葡萄酒液从膜孔上冲走，而非堵塞在上面。因此交叉流过滤可以处理比接近过滤头时更脏的葡萄酒(也称为终端过滤)，但它非常昂贵(见图 32.7B)。

一旦过滤完成，薄膜过滤器可以通过水洗来进行清洁，通过反向的冲洗去掉残留在系统内的颗粒物。

32.3.3.2 反渗透法

反渗透是一种特殊的薄膜过滤类型，过滤器为更加精细的材料。它的工作原理是基于分子质量来拦截颗粒而非颗粒的直径大小(见第 18.3 和 31.3.2 节)。

32.4 下胶法

下胶法需要向葡萄酒中加入一种介质，为了提升葡萄酒的几个方面：

• 清澈度。移除悬浮物中的固体。

• 稳定性。下胶法是一种避免将来出现混浊的预防措施。也就是说，它可以帮助葡萄酒实现清澈和稳定，还能随着时间的推移继续保持这种清澈和稳定。通过移除酒液中不稳定的固体物质来实现。

• 感官特性。一些特殊的下胶剂可以去除不必要的颜色、异味。下胶也可以移除与花青素和苦味相关的酚类物质。

下胶可以加速澄清，也可以帮助稳定。加入下胶剂可以促使潜在凝胶物质形成沉淀。它们随后会一起沉淀出来，然后对葡萄酒进行倒灌或者过滤来去除这些沉淀物。

在酿酒中最为常见的下胶剂是土壤，比如斑脱土，还有蛋白质，比如明胶、酪蛋白、鱼胶还有鸡蛋清。土壤通常用来胶合蛋白质。蛋白质通常用来胶合单宁。合成胶质一般是聚乙烯聚吡咯烷酮(PVPP)以及植物材料入碳，也会被采用。

下胶的原理是利用胶质和需要被胶合出葡萄酒的物质之间的不同电荷差异。任何一个下胶质和所要胶合的目标会有一个相反的电荷，这会导致它们彼此吸引发生反应。

通常，某种特定的下胶剂会用来下胶某种特定的葡萄酒成分，它们会互相反应并且在发生聚合后沉淀。这种沉淀物包含了下胶剂和被下胶的目标成分。一般情况下，所有的下胶剂都会与沉淀一起被去除，不应该遗留在葡萄酒中。

有些时候下胶剂会进行组合使用来去除葡萄酒中的某一种成分，而也有时候一种下胶剂可以用来处理好几种成分。

过度下胶（使用了太多的下胶剂）可能会影响风味和质地，而且也有可能会带来不好的异味。此外，用蛋白质过度下胶，尤其是明胶，如果有任何蛋白质下胶剂以溶液的形式保留在葡萄酒中，可能会引发其本身的不稳定性。如果发生温度的变化或者与其他葡萄酒进行混合时，就有可能变得浑浊。

因此加入多少蛋白质进行下胶，随后就从葡萄酒中去除多少蛋白质总量就变得十分重要。这需要引起重视，因为下胶并不是一项精准的科技手段。很难预测一种下胶剂如何精确地影响葡萄酒。下胶剂对葡萄酒的影响基于以下几个方面，如何准备下胶剂、不同的葡萄酒参数比如 pH 值和温度。比如在较低的温度条件下，会更适合用蛋白质来下胶而非斑脱土。

因此要对下胶剂进行试验并决定所添加的量，要通过对下胶剂和葡萄酒样品的测试来决定哪种物质被下胶去除，用哪种下胶剂下胶，并且需要加入多少量。要使用尽可能少的下胶剂量，在使目标物质应除尽除的前提下，又要避免使用过量。

32.4.1 酪蛋白

- 蛋白质（源于牛奶）。
- 带正电荷。
- 一般应用于白葡萄酒。
- 去除（带负电荷）单宁，改善质地与胶体的稳定性。减少因使用橡木桶的白葡萄酒中含有的酚类物质带来的苦味，减少因氧化而带来的棕色色调。也会减少一些异味。

32.4.2 明胶

- 蛋白质（源于动物的骨头和皮肤）。
- 带正电荷。
- 可以同时用于白葡萄酒和红葡萄酒。
- 去除过量的（带负电荷）单宁，可改善质地和胶体的稳定性。明胶特别擅长于降低有收敛性单宁的量。也会减少苦味，柔化红葡萄酒的单宁。在白葡萄酒中，可以减少苦味。

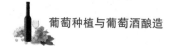

• 过度下胶的风险在于破坏风味，尤其是在白葡萄酒中。但如果与单宁(负电荷)(见第 32.4.8 节)或者硅胶(负电荷)(见第 32.4.7 节)一起使用，可以降低这种风险。如果在红葡萄酒中过度下胶的话还会影响其色泽。

32.4.3 白蛋白

• 蛋白质(源于鸡蛋清)。

• 带正电荷。

• 仅用于红葡萄酒。

• 去除(带负电荷)偏涩的单宁。尤其对于高品质红葡萄酒来说，是一种有广泛好评的，温和的，且能柔化单宁的下胶剂。

32.4.4 鱼胶

• 蛋白质(源于鱼漂)。

• 带正电荷。

• 一般用于白葡萄酒。

• 去除(带负电荷)单宁，增加葡萄酒的清澈明亮度，但沉淀较慢。

• 通常明胶会更受欢迎，因为鱼胶有过度下胶的风险，并且需要混合使用。

32.4.5 聚乙烯聚吡咯烷酮(PVPP)

• 人工合成高分子聚合物。

• 带正电荷。

• 通常用于白葡萄酒和桃红酒。

• 去除(负电荷)酚类物质，减少苦味。也能去除一些颜色。

32.4.6 斑脱土

• 属于一种黏土土壤。

• 带负电荷。

• 一般用于白葡萄酒。

• 去除白葡萄酒中的蛋白质(通常是正电荷)，稳定葡萄酒中的蛋白质，可以阻止蛋白质凝胶形成(见第 33.1.4 节)。

对于白葡萄酒的澄清和稳定来说，斑脱土是一种重要的下胶剂。它是一种蒙脱黏土，因产于法国蒙脱而得名。它会因吸水而膨胀，故能提供一个异常巨大的表面积，进而与葡萄酒发生反应。

正常情况下，不同的带有正电荷的蛋白质会用作下胶剂来处理葡萄酒中那些带有负电荷的物质。斑脱土却反其道而行之，其自身是带有负电荷的黏土，被用来去除葡萄酒中带有正电荷、具有热不稳定性、在今后可能会引起凝胶的蛋白质。

使用斑脱土可能存在一些过度下胶的风险，且太多的斑脱土会影响风味、色泽和香气。使用斑脱土还会形成大量酒泥，并由此会造成多至10%的产量损失。用离心法处理这些酒泥可以挽回一些损耗，但质量的破坏不可避免。

斑脱土还可以在发酵前被用来澄清葡萄汁，尤其是富含蛋白质的白葡萄汁（见第18.5.4节）。这对机械采摘的葡萄来说十分有用，因为在葡萄醪中，机械采摘的葡萄往往会比手工采摘的葡萄串含有更多的蛋白质。

32.4.7　硅胶/硅溶胶（即水溶性二氧化硅）

- 属于一种土壤（二氧化硅）。
- 带有负电荷。
- 一般用于白葡萄酒。
- 去除（正电荷）蛋白质。经常与明胶一起混合使用，并且在这方面的效果会优于单宁（酿酒单宁，见下文）。单宁与明胶的结合会给葡萄酒增加涩味，但硅胶在这方面却很中性。而硅胶与明胶的结合对于比较容易形成凝胶的贵腐甜葡萄酒来说也非常有用。

32.4.8　酿酒单宁

- 源于橡木，栗子和葡萄。
- 带负电荷。
- 一般用于白葡萄酒。
- 去除（正电荷）蛋白质。会与明胶混合使用，用来下胶那些富含可引起阴霾状的胶质物体的白葡萄酒和桃红葡萄酒。这种单宁还可以用来阻止铁混浊。

32.4.9　木炭

- 活性炭（源于植物）。

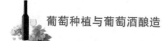

- 用于白葡萄酒。
- 去除氧化风味，也可以去除一些颜色使葡萄酒更加明亮。可以去除轻微的霉味。
- 这种下胶剂是最后的选择，因为木炭没有选择性。在去除一些异味和颜色的同时也会去除一些有用的香气和风味，而且还会有一些氧化的风险。

32.4.10 阿拉伯树胶

阿拉伯树胶是一种多糖化合物，是一种保护性胶质，意味着可以中和带有电荷的不稳定胶质，故而可以阻止胶混浊的形成。这提升了葡萄酒的稳定性。可以加入那些大产量、适合新鲜饮用的葡萄酒中，防止变色。

第 33 章
稳　定

稳定的各项操作是为了确保葡萄酒在随着时间推移的过程中，在面临环境变化的情况下维持稳定状态，也就是说不会出现任何异味、胶混浊、沉淀和气泡（见第 40 章）。这并不意味着葡萄酒是在一个静态的时刻捕捉到的，它依旧一直在发展着。

稳定性实际上体现在葡萄酒当下和未来的澄清度。仅仅是现在的澄清度还不够，这种澄清度要能随着时间（在葡萄酒的整个产品生命中）、距离（运送到目标市场）、储存和包装环境（温度、空气、光照、震动）的变化而保持稳定。

稳定性操作的目的在于防止今后葡萄酒可能出现的凝胶（胶混浊和沉淀），或者是变质（微生物污染、氧化和还原）。不过令人欣慰的是，上述可能出现的任何情况对人体健康无害。

过滤通常是一种澄清操作，而下胶既属于澄清（见第 32.4 节），也属于稳定操作。

通过测试可以来确定哪些葡萄酒需要何种稳定操作。稳定操作开始以后，还需要进行进一步测试，来确定这种稳定操作是成功的。

只有当葡萄酒还处在散装状态时，才能解决其不稳定的问题。如果完成包装以后还出现不稳定的情况，那就极有可能会收到消费者的投诉，这可能需要付出极大的代价来解决问题。防止可能出现的不稳定性是一种前置的质量控制操作，以确保消费者的安全性（见第 37.1 节）。需要解决不同类型的不稳定情况。

33.1　化学不稳定

33.1.1　酒石酸不稳定

酒石酸是葡萄和葡萄酒中一种主要的酸，会溶解在葡萄酒中。

酒石酸中的一种盐——酒石酸氢钾(酒石)——在酿造和加工过程中往往会形成细小而如水晶状的沉淀。这些结晶对人体健康无害,但它们会让消费者误以为是玻璃碎片而感到不安。因此将酒石酸进行稳定而防止在瓶中形成沉淀是一项非常重要的操作。

新酿葡萄酒中的酒石酸氢钾通常是饱和的,所以当发酵过程中酒精含量不断提高时,就已开始出现沉淀(酒石酸氢钾随着酒精度提高而溶解度降低)。发酵结束后,随着温度的降低,会持续形成酒石酸氢钾结晶并自然沉淀(随着温度的降低酒石酸氢钾的溶解度也会降低)。因此,酒石酸结晶也是酒泥的常见组成成分(见第 30 章)。

去除酒石酸结晶会降低葡萄酒中酒石酸的含量,酸度也因此而降低,在很多情况下,葡萄酒的 pH 值也会随之降低。

有一些方法来实现酒石酸的稳定。

33.1.1.1 低温稳定

随着温度的下降而出现酒石酸结晶是一种自然现象。在传统的凉爽气候产区,高品质葡萄酒一般会用两个冬季的时间储存在凉爽的酒窖中,以散装的方式来进行熟化。这在没有任何其他额外操作的情况下,对酒石酸的稳定来说就足够了。但这样一个自然的沉淀并不适合温暖产区。

冷稳定其实是加速了这种自然现象的过程,数天内达到的制冷效果类同于自然条件下的数年时间。经典的做法是将葡萄酒冰冻至−4℃到−8℃,为时不超过 8 天,所要求的温度是仅仅高于葡萄酒的冰点——不同酒精度的葡萄酒有不同的冰点,酒精度越高,冰点越低。当葡萄酒还处在冰镇状态时,就进行过滤去除沉淀。这个过程要求昂贵的制冷罐,所需的耗能也巨大。

保护性胶质(见第 32 章)会阻碍结晶的过程。这就意味着葡萄酒需要进行彻底的下胶,来最大限度地降低所含有的保护性胶质。否则,在随后的过程中这类保护性胶体就会逐渐发生变性,进而使酒石酸发生结晶并沉淀。而这种情况在包装好的葡萄酒中不允许发生。

氧化是一种风险,氧气在低温葡萄酒中的溶解度高于高温状态,因此在低温状态下葡萄酒尽量不要暴露在空气中(在任何酒窖的操作过程中)。葡萄酒应该在惰性气体的保护下进行抽离酒石酸沉淀物的倒灌操作。

当葡萄酒处在低温环境中时,没有形成酒石酸结晶,那就说明葡萄酒实现了低温稳定。

33.1.1.2 接触过程

为了结晶，酒石酸氢钾需要有一个晶体核，这是一个极其微小的颗粒，但晶体可以在上面生长。在接触的过程中，酒石酸氢钾的微晶体在0℃的情况下会被投入葡萄酒中。这种微晶体就扮演了晶体核的角色，以便进一步地结晶和沉淀。通过搅拌可以使这些晶体/晶体核蔓延至整个葡萄酒的容器，从而达到加速结晶过程的目的。

这种操作比静态的低温稳定更为经济而且迅速。

与静态的低温稳定一样，葡萄酒需要在冷冻的情况下进行过滤。在一种封闭的循环下，一部分酒石酸氢钾可以被恢复、碾碎和重复利用。

33.1.1.3 偏酒石酸

在所谓的接触过程中，通过提供已有的晶体核来促进和加速结晶的过程，而加入偏酒石酸却是反其道而行之，以阻止结晶为目的。它通过覆盖葡萄酒中已经存在的晶体核的方式来阻止结晶的形成，可以进一步阻止它们生长。但这种影响是暂时的，是在一个相当短的时间内，因为偏酒石酸会慢慢被转换为酒石酸，从而失去阻止能力。

这种操作通常在包装前进行，而且是盒装的那种葡萄酒，适合尽快饮用的葡萄酒(见第34.1.2节)。如果是低温情况，这种阻止结晶的过程可以持续很久，但生产商不会对全国的储存条件加以控制。通常，当温度处于12—18℃时，这种结晶保护可以持续1年左右的时间，但如果达到25℃，这种保护只能维持6个月。

这是一个比较经济的过程，但仅仅只能针对那些包装简单且需在数月之内要尽快被消费的葡萄酒。

33.1.1.4 羧甲基纤维素

与偏酒石酸一样，羧甲基纤维素的作用也是阻止结晶，也就是说，这种操作就是设计来防止酒石酸沉淀的。只有当葡萄酒发酵完成，经过调整、下胶和过滤之后才能使用。但要在葡萄酒包装之前使用，因为羧甲基纤维素有可能会和蛋白质结合形成凝胶(见第33.1.4节)。羧甲基纤维素会需要几天的时间才能溶解到葡萄酒里，如果没有被彻底溶解，就会存在在包装前被过滤掉的风险，这会使葡萄酒重新处在酒石酸结晶的可能情况中。

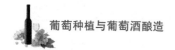

羧甲基纤维素通常比偏酒石酸使用广泛，因为便捷，也没有低温稳定那么高昂的代价（见第 33.1.1.1 节）。但很少用于红葡萄酒，因为有可能造成颜色沉淀也就是褪色。一般要求用酿酒级别的羧甲基纤维素。

33.1.1.5 离子交换

离子交换也能防止酒石酸结晶。葡萄酒从一种含有钠离子的离子交换树脂中流过，葡萄酒中的钾离子和钙离子会和树脂中的钠离子发生交换，从而形成酒石酸氢盐钠。酒石酸氢盐钠比酒石酸氢钾溶解度高得多，所以酒石酸会保持溶解的状态而非生成结晶。

但此操作的缺点是提高了葡萄酒中钠的含量，而高盐度（氯化钠）对人的健康是不利的。

33.1.1.6 电渗析

电渗析是一种昂贵的薄膜技术，利用带电的薄膜去除钾离子，从而减少酒石酸结晶。不过，这种薄膜并非是有针对性地选择，这意味着二氧化硫和一些其他物质也有可能被去除。此外，pH 值也会降低。

33.1.1.7 酒石酸钙

酒石酸钙的不稳定性要小于酒石酸氢钾。也很难诱导稳定，因为低温并不会引起沉淀。另外，形成沉淀的时间要长得多。

由于在去酸过程中（见第 18.4.2 节）加入了过量的碳酸钙，这会使酒石酸钾的不稳定性大大地增加，但是水泥容器也有可能造成不稳定。

离子交换可以去除碳酸钙。

33.1.2 氧化凝胶

被灰腐菌感染过的果实很有可能引起氧化凝胶，因为这些葡萄携带了从真菌上来的漆酶。在有空气的情况下，漆酶与酚类物质发生氧化反应，会影响葡萄酒颜色。白葡萄酒颜色会加深，且葡萄酒可能会出现混浊，红葡萄酒则会出现褪色，因为损失了花青素。

这种氧化凝胶通常在葡萄酒熟化的早期出现，而且一般会在熟化过程中沉淀，使葡萄酒实现稳定状态。

一些特殊的下胶剂，比如酪蛋白和聚乙烯聚吡咯烷酮可以从这种氧化污染中改善一些褪色和苦味问题。酿酒单宁也能沉淀一些漆酶。但对付这种氧化性凝胶最好的办法是选用没有被真菌感染过的葡萄。

氧化凝胶在后续的阶段比如瓶中陈年时极少发生。

33.1.3　还原

还原问题并不是一个肉眼可见的凝胶，而是由硫发展出来的一种异味。在酿造时使用过于惰性的手段会使葡萄酒在熟化时处于还原环境的风险之中，可能会形成硫化氢。

加入硫酸铜可以防止出现或者除去硫化氢。硫酸铜会与硫化氢发生反应形成硫化铜，而硫化铜可以用过滤的方式去掉。这种操作也被称为铜下胶。

还原污染会在第40.2节中详细讨论。

33.1.4　蛋白质凝胶

假以时日，源于葡萄中的蛋白质会发生变异。如果没有被稳定，蛋白质会从悬浮物中解析出来进而形成凝胶。高温会促使这种蛋白质凝胶慢慢聚集，从而形成肉眼可见的凝胶。可以通过下胶的方式去除。白葡萄酒和桃红葡萄酒比较容易形成这种蛋白质凝胶，因为它们含有大量的不稳定蛋白质。

斑脱土（见第32.4.6节）是一种可以用来精确防止蛋白质凝胶的下胶物质。它在白葡萄酒澄清和稳定中起到了核心作用。蛋白质凝胶在红葡萄酒中很罕见。因为蛋白质很容易和单宁发生反应，在酿酒过程中就发生沉淀了。

对一种葡萄酒样品加热至80℃维持30分钟，然后再进行冷却，这样一个过程足以测试该葡萄酒是否有蛋白质不稳定的情况，即是否会发生蛋白质凝胶的情况。一旦确定有不稳定性，就要对处理方案进行测试，比如添加斑脱土的数量。

33.1.5　酚类物质凝胶

对于那些高品质的红葡萄酒来说，在瓶中出现酚类聚合物的沉淀很正常。但对大部分的红葡萄酒，尤其是那些适合尽早饮用的酒来说，还是要尽量避免。

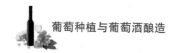

葡萄酒需要通过稳定的方式来操作。可以用明胶、白蛋白、酪蛋白作用下胶剂，以去除过量的单宁，随后以过滤的方式去除(见第 32.4 节)。

在去除掉这些有可能以后出现在玻璃瓶或者其他包装内沉淀的同时，也能起到减少收敛涩味的作用，可以使质地更加柔和。

这种酚类凝胶在白葡萄酒中比较罕见，但聚乙烯聚吡咯烷酮(见第 32.4.5 节)也可去除一些单宁。

33.1.6 金属凝胶

金属凝胶也较少出现。在过去的一代甚至更久的时间内，酿酒厂内铜、青铜、铁或者黄铜制品的使用逐渐减少使这种金属凝胶出现的频率大大降低，现在更多使用的是不锈钢制成的惰性容器。

但铜和铁的凝胶还是值得注意的，它们在处理上有相似的地方。铜和铁在葡萄酒中还是少量存在的，不过如果是超过正常含量的话还是会导致一些凝胶出现。

一般这种过量的情况会出现在发酵之后，因为大量源于葡萄园的铜和铁会沉淀在酵母酒泥中。一些铜、青铜、铁或者黄铜制成的设备或配件可能会带来这些元素，避免使用这些设备就可以减少这种凝胶风险。还有一种可能是在处理硫化氢时所添加的硫酸铜(见第 20.7.5 和 33.1.3 节)。

铜凝胶和铁凝胶比较容易处理，采用的是所谓蓝色下胶剂，即亚铁氰化钾溶液。亚铁氰化钾可以与铜和铁元素发生反应，形成蓝色的沉淀，随后被过滤。

蓝色下胶剂需要特殊的技术并且在严格控制的条件下进行操作。首先是铜元素与这种蓝色下胶剂发生反应，随后是亚铁氰化钾与过量的铁元素进行反应。

当发酵结束时，正常的铁含量应该是 1—2 毫克/升，这很关键。确保葡萄酒中有这样的铁含量很重要，因为要与亚铁氰化钾进行反应，否则如果还有剩余的亚铁氰化钾，会转化为有毒的氰化物。

蓝色下胶剂在某些产区并不合法。

铜凝胶一般出现在白葡萄酒中，有时候也会出现在桃红葡萄酒里。铜元素会与酒中的蛋白质发生反应并形成凝胶。但只有当酒里面的铜元素含量过高时才会出现凝胶，通常以超过 0.5 毫克/升作为标准，也只有在还原的环境中才会出现(无论是散装还是包装状态)。

由于酚类物质的保护，红葡萄酒中不会出现铜凝胶现象。

在某些地区铜含量有一个法律允许的最高标准，比如在欧盟，为1毫克/升。

铁凝胶一般是白葡萄酒特有的情况，偶尔也会在红葡萄酒中出现。铜凝胶会出现在还原的环境中，而铁凝胶则会出现在葡萄酒暴露于空气之后。

如果不能使用蓝色下胶剂，则可以用柠檬酸来代替。柠檬酸会与铁离子反应，形成一种可溶解的物质。这就防止了铁离子因不可溶解并形成凝胶或者沉淀的可能。但这样的操作并没有移除过量的铁离子，只是将其保持在一个溶解的状态。添加阿拉伯树胶（见第32.4.10节）也是与柠檬酸有着类似的功能，通过与铁离子的结合来防止凝胶与沉淀的出现。

柠檬酸的含量在某些地区也是有法律限制的，比如欧盟为1克/升。

33.2　微生物污染

酵母和细菌是酿酒过程中重要的微生物，对葡萄酒的酿造成型至关重要，但同时也是微生物污染的重要媒介。

防止微生物污染的最好方式是预防。一方面，葡萄酒本身就具备这种能力，因为其固有的一些特性能阻止微生物的生长，比如高酸和高酒精。还有一种长效的抗菌机制，一定量的自由态二氧化硫可以起到很好的保护作用。此外，葡萄酒熟化时温和的温度控制，也可以阻止微生物的生长。还有，葡萄酒熟化时通常没有或仅有一点点微量的氧气，这会阻止需氧的醋酸菌生长。

还有一种争议的说法是最好的保护措施是一丝不苟的酒厂卫生环境。用超过80℃的热水进行杀菌和清洁，高压系统可以使用少量的水。尤其要注意橡木桶的卫生情况（见第29.5节），橡木桶表面上那些有微量营养存在的角落和缝隙很有可能成为滋生微生物的乐土。如果没有彻底的卫生治理手段，酿酒车间里各种操作比如葡萄酒的传输、添桶（补液）、混合等很有可能引起微生物的交叉感染。

在一些特定的条件下，某些微生物会引起葡萄酒中的异味。通常是那些在酿酒的过程中会使用到的微生物，因为它们能忍受葡萄酒中高酸、高酒精和低温的环境。

还含有营养的葡萄酒比较容易遭受微生物的污染。所谓的营养包括未发酵的残糖，或者是含氮的化合物比如氨基酸或维生素。所有这些都可能成为引起微生物污染的诱因，在葡萄酒中留有一丝残糖的酿酒趋势增加了这种污染的风险性。

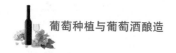

微生物污染会影响葡萄酒的香气和口感。这很有可能会引起经济上的巨大损失,但幸运的是,这种污染不会对消费者的健康造成影响。

无菌过滤之后迅速进行无菌灌装,是能够确保移除葡萄酒中的所有酵母和细菌的唯一方法(见第 32.3 节和第 34 章)。

不过应该注意的是,无菌状态并不代表微生物稳定。一款经过了苹果酸乳酸发酵的干型葡萄酒,已经用倒灌或者过滤的方式去除了沉淀,也有正常含量的酸度和酒精度,并且以二氧化硫来进行保护,可在温和的温度下进行储存,这才可以称为达到了微生物的稳定状态。

33.2.1 酵母

33.2.1.1 酿酒酵母

酿酒酵母是酒精发酵的根本所在,如果在包装好的酒里还留有一些该酵母和未发酵的残糖,那么二次发酵的风险就会很大(见第 40.6.5 节)。

发酵的过程中会出现混浊和产生二氧化碳,如果二氧化碳够多,则会导致包装破裂。一旦这种情况发生在零售店里,这会是很严重的消费者安全隐患问题。引发包装尤其是玻璃瓶的破裂是非常危险的事情(见第 40.6.5 节)。

防止这种情况发生的唯一办法就是进行无菌过滤和无菌灌装。如果无法实现无菌过滤或无菌灌装,那么在灌装时添加山梨酸也是一种方案。因为山梨酸可以抑制微生物的生长,也可以阻止酵母的存活,无论是酿酒酵母还是酒香酵母。通常是以山梨酸钾的形式添加,一般是用在半甜型和甜型葡萄酒上,来防止二次发酵的可能。

33.2.1.2 酒香酵母

酒香酵母在第 40.6.6 节中有详细的阐述。

33.2.1.3 成膜酵母

成膜酵母如果不是故意形成(见第 27.4.2 节),那么它们的出现就是一种意外,意味着葡萄酒被过度氧化了。这很有可能是储酒容器中没有以惰性气体作覆盖保护而造成的,或者是葡萄酒中自由态二氧化硫的含量过少。

酒精(乙醇)、甘油和酸会被这些酵母所氧化,导致形成高含量的乙醛和挥发酸(乙酸)。

33.2.2 细菌

33.2.2.1 乳酸菌

乳酸菌,比如酒酒球菌(O. oeni),是苹果酸乳酸发酵的必备条件,对某些风格的葡萄酒来说是极其需要的。但对那些只是部分进行或完全不进行苹果酸乳酸发酵的葡萄酒来说,这种细菌的存在就会使葡萄酒变得很脆弱(见第 21 章)。良好的酒厂卫生环境和有效的二氧化硫使用机制可以使其得到有效保护(见第 21.3 节)。

所有在已灌装葡萄酒中出现的苹果酸乳酸发酵都是不正常的,会造成凝胶或者酸奶一样的异味(见第 40.6.2 节)。

33.2.2.2 醋酸菌

醋酸菌在氧气的帮助下,会把葡萄酒转变成醋:乙醇+氧气→醋酸+水。醋酸菌污染还有一个副产品是乙酸乙酯,会出现那种挥发性的味道,尤其是丙酮、指甲油之类的(见第 40.4 节)。

关键点在于发酵过后的氧气控制。良好的卫生条件和有效的二氧化硫使用机制可以起到很好的帮助作用。此外,山梨酸也可以抑制醋酸菌。

第 34 章
初级包装

初级包装是指和葡萄酒直接接触的包装，比如容器和塞子。初级包装的基本条件是适合安全的储藏、运输以及陈年熟化葡萄酒。

一旦进行灌装，酿酒师就再也不能对葡萄酒进行影响或者调整。接下来葡萄酒就要依靠其初级包装来应对不同的条件，并进行自我保护。

葡萄酒可能在灌装前达到了一种稳定状态，但这并不意味着它从此一成不变了。葡萄酒自包装以后还会继续发生变化。初级包装的选择会在很大程度上影响葡萄酒的发展变化，尤其是其保质期的长短。

任何包装的葡萄酒的生命都是有限的。它们会发展、成熟、萎缩、死亡。它们的保质期有可能是几个月，比如那种盒中袋装的每日赤霞珠，相比于其直接的品种风味，它们的原产地是具有很大程度偶然性的。保质期也有可能是几十年，比如波尔多那些列级庄的红葡萄酒，其原产地、经典性和陈年潜力都备受推崇，而唯一适合这种长期贮藏的初级包装容器就是玻璃瓶。

初级包装的重要标准是惰性，因此不会给葡萄酒增加什么风味，并且不透气，所以葡萄酒所有的变化都源于自身，并非由外界物质（如空气）引起。也许，除了密封的安瓿瓶（一种密封的玻璃容器），这样的包装并不容易实现。

因此初级包装往往是根据不同的葡萄酒风格和保质期（预期寿命）而做成的一种妥协或者是最佳方案。

此外还有日益重要的环境可持续性问题，涉及碳排放量、水足迹和生命周期评估（LCA）等问题。重度包装质量对环境的可持续发展来说是很不利的。由于初级包装特别是玻璃的重量正在减少，因此正在寻找和使用重型玻璃瓶的替代品。考虑到相同的基于重量的原因（加上额外的成本效益），近年来目的地市场灌装的趋势越来越明显（见第 38 章）。

从葡萄酒技术的角度来看，最佳的方案不一定是最适合的包装解决方案。初级包装的选择还会受到文化因素的影响。某些市场对于玻璃瓶有偏好，而另一些市场可能比较喜欢盒中袋的包装形式。

斯堪的那维亚（即北欧日耳曼语系地区）市场对这种轻便的盒中袋包装有强烈的偏好。而“桶装葡萄酒”（cask wine，当地这么称呼盒中袋）长期以来是澳大利亚葡萄酒工业基石一样的存在。

从技术角度来说，两个关键的保质期影响因素是：

• 包装尺寸：容器的尺寸大小直接影响葡萄酒的发展速度，容器越小，发展速度越快。表面体积比随着容器尺寸增大而增大。

在某些产区，比如欧盟，葡萄酒的容器有一系列精确的规定，比如对静止葡萄酒来说：100 毫升、187 毫升、250 毫升、375 毫升、500 毫升、750 毫升、1 000 毫升和 1 500 毫升。

• 包装的透氧性：所有被使用的初级包装一般来说或多或少都具备透氧性，从几乎没有到相当可观的量。如果一个包装允许较多的氧气进入，则会让葡萄酒发展得更为快速，而且如果包装尺寸小的话，则更会加速发展。透氧量 一般会用根据特定材料的氧气透过率（oxygen transmission rate，OTR）来表示。

34.1　容器

从兽皮、陶器、瓦罐开始，葡萄酒的容器已经逐渐演变为玻璃制品。但玻璃制品比较重，易碎，而且需要较多的能源来制作。

相比较于玻璃制品，传统的替代包装——盒中袋（bag-in-box）——加上最新的替代包装形式，它们在市场通常更为有效地推销其更低的碳排放量。但与玻璃相比，其最大的缺点是保质期更短，因为透氧率更高。不过，对于那些进行有效库存管理的大量消耗性产品来说，这并不是一个障碍。所以仍然有可能探索用聚氯乙烯（PVC）材料来制作包装容器，尽管其透氧率很高。

玻璃制品几乎比市场上所有的替代品都易碎。

34.1.1　玻璃瓶

玻璃普遍被认为是最好的葡萄酒包装容器。首先它是惰性的，而且不透气，生产工艺也不复杂，可以制作成各种形状、大小和颜色，而且很容易进行再循环利用。

图 34.1 玻璃酒瓶、聚乙烯酒瓶和聚氯乙烯酒瓶

但是，玻璃很重而且突然敲打时比较易碎。在制作玻璃瓶时也需要较大的能源消耗，也较难进行二次使用，尤其是考虑到不同的形状大小。

玻璃的颜色是一项很重要的定性功能。玻璃中的颜色色素可以不同程度地防止紫外线，对葡萄酒加以保护。保护程度最高的是那种颜色最深的，比如传统波特酒的瓶子。

不过，卓越的技术性能并不是玻璃颜色选择的唯一标准。清澈的玻璃可以突出葡萄酒的颜色，比如这对桃红葡萄酒来说就很有用，因为这个产品主要就是靠颜色来作为整体的吸引力。但清澈的玻璃瓶使葡萄酒很容易遭受光照的损害(见第 40.10 节)。

瓶子的形状据说是因功能性而研发得来。比如波尔多瓶的宽肩形状，是为了在倒出醒酒时有地方可以堆积沉淀而设计，而少单宁的勃艮第酒就不需要这样的酒瓶设计。

而在现代世界里，这种差异性正逐渐被忽略。最主要的是，瓶子的形状对于快速的库存周转来说已经不重要，首要考虑的是市场需求。大部分的葡萄酒是满足日常饮用所需——它们根本没必要设计成堆积沉淀的形状或者要避免长时间零售店铺内可能的光照。

有些品牌在使用特殊形状的瓶子和颜色组合后，获得了一定的辨识度，比如可长时间存放的葡萄牙蜜桃红桃红葡萄酒(Mateusrosé)和德国黑塔(Black Tower)。

对于有陈年潜力(见第 39 章)的葡萄酒来说，玻璃瓶是无可争议的最佳容器。

34.1.2 盒中袋

盒中袋包装包含了一个纸板盒，内有一个独立有弹性的袋子。当葡萄酒从盒口倒出时，袋子会同时缩小，所以空气不会通过盒口进入。通常这种袋子由不透气的材料制成，比如锡箔纸，或者涂铝的聚酯板，夹在高密度聚乙烯(HDPE)中间。

盒中袋包装重量比较轻，对于消费者来说只倒一两杯也很方便。有许多不同的规格可供选择，通常有 2 升、3 升、5 升、10 升以及 20 升装。大尺寸的比较适合酒店行业，比如奥特莱斯的杯卖酒。

装袋子纸板箱的强度限制了仓库里储存这些盒中袋装葡萄酒的高度。

34.1.3　复合型纸盒

用来装葡萄酒的复合型纸盒通常有一层坚固的纸板，里外还各有一层聚乙烯（PE）材料，两层聚乙烯里面还夹杂着一层铝箔，与盒中袋一样，这层铝箔的作用就是阻隔氧气进入。

这种类型的纸盒通俗地用被大众所熟知的品牌制造商的名字来命名：利乐包装。其他制造商还包括 SIG 康美盒（Combibloc）、艾罗派克（Elopak）。

复合型纸盒是一种经济实用的包装方式，还比较轻便并且可回收，但需要用特殊材料来分离层压板中的一些物质。可选用不同的规格，一般是 500 毫升、1 升和 2 升装。

34.1.4　袋装

袋装实际上就是盒中袋去掉外面的盒子，而多层、镀有金属膜的塑料袋比盒中袋要坚硬许多，而且在底部会有一个三角片，以支撑纸袋直立。一般包装规格为 1 升和 1.5 升。

核心的市场驱动力是其相对于玻璃低得多的碳排放。数据显示可以降低 80%。

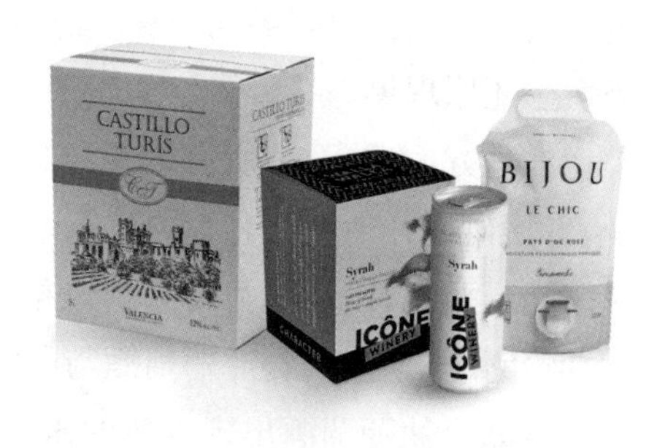

图 34.2　其他形式的葡萄酒包装

34.1.5　金属罐

铝材金属罐的坚硬度来自气压（无论是自带的还是添加的）。铝充当了空气隔膜的作用。其技术与盒中袋和复合纸盒一样，比如需要一层环氧树脂内里涂层，以防止金属铝受到酒中酸度影响发生退化而污染葡萄酒，也能防止渗漏。

金属罐可以提供足够的硬度来安全地罐装半气泡的葡萄酒，一般保质期为 12 个月，轻而坚硬，很容易就可实现回收，但缺点是很容易被刺破。这种铝罐通常是小尺寸，比如 200 毫升和 250 毫升，当然也可以制成 1 升容量的。

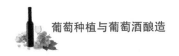

34.1.6 聚乙烯对苯二酸酯(PET)

聚乙烯对苯二酸酯是一种塑料树脂，一般在航空公司被用作单杯包装，非常轻盈而结实。最新的多层聚乙烯对苯二酸酯配方解决了透氧率过高的问题。

聚乙烯对苯二酸酯可回收，回收后还可以制成新的瓶子，或者做成纤维，比如用在羊毛外套中。这种轻便和可回收的特点使其非常适合那些快速消费(短保质期)的葡萄酒。

34.2 瓶盖

瓶塞的作用不仅仅是阻止瓶中的葡萄酒发生渗漏，虽然这是最基本的功能。瓶盖要防止葡萄酒香气和风味的退化，这就意味着需要做到密封不透气，包裹二氧化碳和氧气，同时还要保持干燥，还需要阻止其他气味进入发生串味，或者泄漏风味。虽然需要阻隔大量氧气进入，但是微量的氧气却有利于避免瓶中葡萄酒发生还原现象。

在这方面，并不是所有的瓶塞能表现一致。事实上，已经出现这样一个产业，专门研究并生产拥有不同透氧率的瓶塞，这样可以使酿酒师根据不同的透氧率来选择瓶塞，以求与葡萄酒的风格和保质期最契合。根据实验，比如在20世纪90年代末期澳大利亚葡萄酒与研究学院(AWRI)所研究的结果，具有高透氧率的瓶塞会使葡萄酒出现煮熟的水果和氧化特征，而那些低透氧率的瓶塞则会让葡萄酒展现出还原特性。

这些瓶塞有不同的渗透性特征，但几乎没有瓶塞是完全惰性的，这意味着它们有可能从葡萄酒中释放掉某些挥发性化合物，抑或给葡萄酒增加一些风味。

直到大约一代人之前，软木塞在瓶塞市场上几乎处于独一无二的垄断地位。在20世纪80年代早期，2-三氯苯甲醚、4-三氯苯甲醚、6-三氯苯甲醚(Trichloroanisole, TCA)被确认为是引发葡萄酒霉味、霉变的污染物(见第40.5.1节)。自那时起，当传统的瓶塞产业在致力于解决TCA污染的同时，合成材料塞和螺旋盖成为该行业的重大突破。另外一些替代品也随之出现，只是更为小众。总的来说，软木塞占到了全球所有瓶塞瓶盖市场总量的 70%。

软木塞有许多特性可以让其成为出色的瓶塞。模拟其中的一些特性成为其替代品的目标，都获得了或多或少的成功。因而，市场上出现了一系列的瓶塞，但没有任何一种瓶塞能解决所有的问题，每一种都有利有弊。

34.2.1　单个成型软木塞

软木早在 17 世纪就被用作瓶塞。

它们在可再生、可持续和可生物降解方面都代表了最高水平。这是用一种名为栓皮栎的橡木树的树皮制成的，是西欧地区葡萄牙与西班牙的一种原生树种。剥掉这种树皮不会对树造成伤害，不过树龄要达到 50 岁之后，其树皮具备足够的均匀性和质量，才能用作软木塞的生产与制作。

图 34.3　采收栓皮栎的树皮

之所以适合用在瓶子上作为葡萄酒的瓶塞，是因为软木塞具备下列特性：

- 软木塞具有可压缩性。比如，它们可以进行挤压进瓶颈，而并不改变其内部固有结构。软木细胞内部的空气（主要是氮气和氧气，占其总体积的 85%）可以被挤出。
- 软木塞具有伸缩性和弹性。挤压过后，它们就会迅速反弹至原先的形状，因为其内部的压力会被释放。也就是这种恢复原状的能力能让它们起到密封作用。
- 软木塞可黏附在瓶颈处。软木塞被外力阻止无法恢复到完全的初始形状和尺寸，但软木细胞内部的压力试图努力恢复，因而使木塞卡在瓶颈处。
- 软木塞具有不透水性，即葡萄酒无法渗漏。
- 软木塞具有缓慢的透气性。大部分的氧气吸收都发生在装瓶后的头几个月，并且量也非常有限。

尽管有诸多优点，但单片软木塞也很难在同一批次中具备一致性。通过在

图 34.4 用树皮制作软木塞

橡木树皮上打孔得到的这些软木塞，差异性自然很难避免。并且软木塞很有可能出现渗漏，尤其是当酒瓶的瓶颈处并不完好，或者在装瓶时打塞的机器并没有准确地对齐。此外，也非常重要的是，软木塞可能会引发霉味和霉变（见第 40.5 节）。

根据可见的质量，软木塞被分为一系列的级别，从顶级、中级、商业到经济。而新一代的技术手段主要集中在商业和经济这两个级别中。

34.2.2 技术型软木塞

技术型软木塞是指那些经过一些额外工艺处理的塞子。最简单的比如填充塞，也是一种单片软木塞，但质量比较差。这种塞子一般在表面上有一些天然的小洞或者小孔，然后会用乳胶或者木屑填满以保持木塞的完整性，这种塞子比单片软木塞要便宜。

那些所谓的聚合塞也属于这一类。最便宜的是那种用大软木的颗粒直接粘成的塞子，只适合尽快饮用的葡萄酒，质量也较差。

比较有意思的是，在技术型软木塞质量的另一端则是几个专有品牌制作的高复杂、深加工的木塞，通常用精细的软木颗粒、合成材料和胶水整合在一起。因为是通过工艺生产制造出来的，因此能够保证质量在批次之间的一致性（根据所设计的质量分类）。最复杂的技术型软木塞有着非常高的质量和可靠的性能，所以可以让软木塞厂家来设计特定的透氧率。

这些高水准的技术型软木塞还可以不同程度地防止木塞污染（又称 TCA 污染）（见第 40.5.1 节）。比如由奥埃诺（Oeneo）公司生产的迪埃姆（Diam）品牌软木塞，生产过程中使用至为关键的二氧化碳清洁程序（与生产脱咖啡因咖啡一致）来清洁软木塞颗粒以防 TCA 污染，然后这些颗粒会与小型球状的塑料物质混合在一起，再用食品级的胶黏剂粘连起来。迪埃姆还有几个子品牌，每个子品牌都有不同的透氧率标准。

相比较而言，由世界上最大的软木塞公司阿莫林（Amorim）生产的中性塞品牌技术型软木塞，会使用一种完全不同但是专属的清洁程序来防止 TCA 污染。但这种软木塞照样是包含了软木塞颗粒和食品级的胶黏剂。

其他一些技术型软木塞会在聚合塞两头加上两片单个成型的软木塞片，这是为了防止混合颗粒和胶水接触葡萄酒。

技术型软木塞一般不适用于长期瓶中陈年的葡萄酒。

34.2.3 合成塞

合成塞包含了膨化食品级塑料聚合物。它们可以在相同的软木塞打塞机上使用，所以不需要额外再花费资金来更换零件，而且也可以应用在与那些使用软木塞有相同瓶颈形状的瓶子上。

合成塞通常没有软木塞的那种压缩性和弹性。在技术革新上最主要的障碍就是找到一个方法可以提供达到不透水、不透气的足够密封性，而且提取起来相对容易。此外，合成塞的再插入一直是一个棘手的问题。

从葡萄酒中提取风味也一直是个问题，因为风味物质会从葡萄酒转移到塑料中。而且合成塞也容易形成气味污染，比如外包装纸盒或者木架的气味进入葡萄酒。严格的品控措施(见第37.1节)可以有效地避免这种风险。

氧气对于合成塞来说也是一种风险，会导致葡萄酒的缓慢氧化。基于这个原因，合成塞一般不适合长时间陈年的葡萄酒，不过对于那些快速消费，或者是保质期仅为短短数年的葡萄酒来说，这并不是一个严重的问题。新一代的合成塞已经在致力于解决这个陈年的问题，技术的革新非常迅速。

在生产制造的过程中，合成塞允许氧气以一种标准恒定的方式进入。跟技术型软木塞一样，那些著名生产商不同子品牌的合成塞有着不同的透氧率，以使用不同风格的葡萄酒。

有很多种制造方式，模型铸造、单一挤压、复合挤压等等。模型铸造出现在20世纪90年代早期，当时还是进行分批次生产，这就意味着每一个批次之间会有一些细微的差异性。挤压模式变得越来越有弹性，因此比较容易打开瓶塞。合成塞的领导厂商诺马克(Nomacorc)使用了复合挤压的专利程序，在塞子的泡沫芯外面涂有更具弹性的外表层以提

图34.5 合成塞

高密封性。

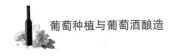

合成塞可以做到外表看起来完全像软木塞一样，而且可以做成满足市场或者品牌目的的不同颜色。理论上也可实现可回收。

34.2.4 螺旋盖(防盗窃，防篡改)

螺旋盖包括了一个铝制的外壳和一个内衬。软木塞和合成塞的密封是通过施加压力来顶住瓶颈处达到的，而螺旋盖的密封性则是通过瓶头的边缘部分来实现的。

螺旋盖所使用的瓶子不同于软木塞和合成塞。这种瓶子需要在瓶头有旋纹来契合螺旋盖。另外，在装瓶生产线上所用的机器也不一样，要用专门的机器来进行封盖。瓶头的旋纹需要平滑，而且边缘的误差要极小。

螺旋盖是靠内衬来实现密封的，而非铝制外壳。有一系列不同的内衬，通常使用的有两种，分别被称为莎轮(Saranex)和锡箔(Sarantin)密封垫片。莎轮垫片是由多层聚乙烯和聚偏二氯乙烯(PVDC)合成，比锡箔有更高的透氧率，因为锡箔里含有一层不透气的锡。主要的螺旋盖生产商比如安姆科(Amcor)，所生产的斯蒂文(Stelvin)品牌，以及其竞争对手刮拉(Guala)，已经成功推出了具有不同透氧率的一系列内衬材料。含有锡箔材料的高质量螺旋盖具有世界上所有瓶盖中最低的透氧率。

与合成塞一样，螺旋盖的生产制造有很好的一致性。不同的生产线有不同的质量标准。

但螺旋盖的使用过程中屡次出现还原现象的情况(见第40.2节)，尤其是使用那些低透氧率内衬的螺旋盖的葡萄酒。从其他无害的前体物质中可能会形成硫化物的气味(见第40.3节)。

氧化也是一个问题，尤其是那些使用高透氧率内衬的螺旋盖的葡萄酒，或者在装瓶和消费期间间隔时间太久的葡萄酒。如果螺旋盖被物理性损坏并伤及内衬，那么氧化也有可能发生。

螺旋盖的便捷性令人羡慕。非常容易开瓶并重新拧上，并且不需要借助任何设备。

34.2.5 皇冠型瓶盖

皇冠型瓶盖是一个带有内衬的有褶皱的金属盖子。与螺旋盖一样，密封性主要依赖于内衬和瓶头的平滑性。通常用于啤酒和一些碳酸饮料，葡萄酒的使用上并不常见，那些用传统法酿造的起泡酒在进行酒泥接触熟化时也会使用。

但如果出现碰撞和损坏，跟螺旋盖一样，也比较容易发生渗漏。

34.2.6　玻璃塞

玻璃塞是指那些用玻璃或者塑料制成的塞子，一部分在瓶口内而另一个部分则盖在瓶口外部。密封性主要依靠塞子外面在顶部下方的一圈塑料，可以运用在一系列不同形状的瓶子上面，也可以做成多种满足市场的颜色。

其透氧率比较低。

不需要借助设备来开瓶，也很容易重新盖上。

34.2.7　佐克塞(Zork)

这是一种塑料瓶塞品牌，静止酒和起泡酒有不同的式样。用于起泡酒的佐克瓶塞有个优点，它可以被打开并重新密封，但需要贴上一个贴条防止打开。这种塞子不需要借助设备来开瓶，也很容易重新盖上。

这种瓶塞一般只适用于那些大量快速消费的葡萄酒，而非长期陈年。

图 34.6　佐克塞

第 35 章
二级包装

二级包装指的是酒标签和初级包装外面的一些保护性包装。标签上包括初级包装所包含产品的法律和市场信息。二级包装也可指纸箱。

35.1 酒标

酒标包含了所有法律要求的产品鉴定以及给消费者提供的信息。需要在运输环节发生磨损的情况下保存完好,而且在消费时也是如此,比如白葡萄酒、桃红葡萄酒和起泡酒还会浸在冰桶中,需要保持酒标的完整性。白葡萄酒酒标的设计还需要满足相对高湿度的酒窖环境。

35.1.1 法律要求

不同的行政管理区域会要求不同的产品信息。下述例子是指在欧盟地区。

在欧盟,所需要的产品信息要根据原产地产品的性质,比如是法定产区酒(PDO)还是地区级酒(PGI)。强制要求的信息也会根据葡萄酒风格而有所不同,比如是静止酒、起泡酒还是加强酒(见第 13.2 节)。

对于欧盟的起泡酒来说,第 25.1.3 节描述了欧盟区域内传统法起泡酒的法律规定,而第 25.1.4 节则列举了可能出现在酒标上的含糖量术语。

在欧盟和其他区域,例如怀孕妇女的图标和有节制饮酒的健康警告信息以及酒精含量等都会出现在酒标上。

法律还会要求葡萄酒带有装运标志。这个会添加在酒标上,如果是玻璃瓶装的话会直接刻在玻璃上。一般形式是使用罗马公历,四个数字中的第一个代表了生产年份,而另外三个则指的是罐瓶日期,因此 L4032 指的是 2014 年 2 月

1 日。

这个装运标志也是一个产品追踪协议，比如在产品召回时可以迅速确定葡萄酒的生产批次。

35.1.2　成分和过敏原列表

葡萄酒酿造在传统上添加的东西有所不同，有的在消费时还会留在酒里面（成分），还有一些加工剂会在装瓶前通过一些操作去除。比如，下胶剂在完成使命即除去葡萄酒中的一些杂质后通常会被移除，而添加的二氧化硫则会留在酒中。

但欧盟为了标签的目的，并没有做出这样的区分。2012 年 7 月，欧盟法律要求一些潜在过敏原需要标注在酒标上，包括鸡蛋和牛奶中的物质，可使用一些象形图。不过，若残留量低于 0.25 毫克/升，则不必标注。

35.1.3　市场信息

在欧盟，单个酒标上需要出现一些法律信息。不过有时候并不止一张酒标。这就给其他需要增加的重要市场信息提供了空间，酒庄可以自愿提供一些针对目标客户的有用信息，通过这种品牌机制创造了购买提示。

许多消费者在做购买决定时很少花时间，而酒标是他们与产品接触的第一渠道。在很短的时间之内，产品需要展示品牌价值，并且从其他竞争产品中脱颖而出，需要提供其包装内和在接下来运输过程中的产品承诺。

35.2　外包装

外包装通常是纸箱，有时候一些高品质葡萄酒也会出现木箱，比如香槟、波尔多的列级庄或者顶级的托斯卡纳葡萄酒。木箱包装也用来展示葡萄酒的一种奢侈品概念。外包装一般是 6 瓶装，或者 12 瓶装 750 毫升。单个的木盒子可以用来包装高价值的 750 毫升或者 1.5 升葡萄酒。

玻璃瓶比较易碎，因此需要比较坚固的外包装，通常会使用隔挡，以降低在供应链上有可能出现的震动破损。在防止玻璃瓶之间碰撞的同时，也可保护标签不受磨损，这种磨损会破坏葡萄酒在货架上的形象。

第36章
技术说明

技术说明是指一款葡萄酒的分析数据，通常会包含一些主要的化学参数。

这样的分析，如果是正式的话，一般会包含在葡萄酒的采购合同中，以确保葡萄酒在采购跨度长达一年的情况下，从最初购买到运输之后，仍能保持其各种参数一致。这种情况下，一般会有一些参数上的公差（以某个基准值为基础，可允许误差的最大值与最小值之差称为“公差”）。

葡萄酒中许多物质，包括二氧化硫、挥发酸、酒精和不同的金属在不同的行政区域会有一些法律的限制。一些特定的市场也会要求葡萄酒有专门的技术分析来符合进口标准。因此技术说明在提供这些要求的细节方面很重要，包括在装瓶时的一些微生物、酒石酸和蛋白质稳定（见第33.2、33.1.1和33.1.4节）。

在法律规范和商业纠纷上，技术说明都会是重要的质量管控文件。葡萄酒的技术细节可以通过重新分析来证实。

欧洲一些特定的葡萄酒产区会要求一些特殊的分析，以符合原产地控制标准。技术说明并不是质量鉴定，因此，在逻辑上，以数字来表达的技术说明可以适合一款大众化的波尔多红葡萄酒和一款一级庄的高品质葡萄酒，并不能从质量上进行对比。

技术说明的分析会在临近装瓶、所有的调整都结束之后进行。如果酒庄足够大，有专门的实验室可供分析，这项工作可以在酒庄内进行，也可以在酒庄外利用外部资源进行分析。在整个质量管控体系中，分析是很重要的一部分（见第37.1节）。

下列任意一项参数都可以用技术说明来进行衡量。酿酒师也会因为品控记录而需要这些数据，或者也会成为商业合同的一部分。

36.1　酒精

酒精通常用占体积的百分比，或者酒精占体积的百分比（alcohole by volume，abv）来表示。

测量酒精非常重要，有好几个原因。在几个欧洲的传统市场，比如法国和意大利，散装或者地区酒级别的葡萄酒会根据酒精度来出售。11%—12%酒精度的葡萄酒通常会比高于12%酒精度的葡萄酒便宜。这对了解葡萄酒价格和确定所指定的葡萄酒正是交付的葡萄酒来说，非常重要。

特定的一些产区会规定最低或者最高酒精度来符合原产地控制的要求。比如，法国的教皇新堡要求的最低酒精度为12.5%，意大利的基安蒂要求的最低酒精度为11.5%，而基安蒂珍藏（Chianti riserva）则要求12%。

有一些行政地区则会根据酒精度的不同来制定不同的税率。高于标注酒精度的需要缴纳额外的税费。在英国根据不同的酒精度有不同的税率，而在美国，酒精度高于14%，则需要增加1/3的税费。

为了让葡萄酒进入低一级别的税率范围，可能会对葡萄酒进行降酒精处理，比如跟低酒精度的酒液进行混合（见第31.1节），或者采用一些技术手段（见第31.3节）。

对于一款精确到12%酒精度的葡萄酒来说，在技术说明上误差上下0.5%是可接受的。

36.2　滴定酸度（总酸度）

滴定酸度一般用克/升来表示，与酒石酸一样。称为滴定酸度是比较正确的，因为这是通过滴定的技术手段来进行计算的，虽然这个参数也被称为总酸度。这是葡萄酒中所有酸度的总和，包括挥发酸。

与酒精度一样，欧洲的一些产区会对酸度的水平进行规范来满足原产地控制的要求。

绝大部分葡萄酒中的滴定酸度总和一般在5.5—8克/升的范围，依据许多因素，包括风格、颜色和原产地。如果酸度太低，葡萄酒尝起来会比较单调、寡淡且毫无生气。但如果酸度太高，则尝起来会过酸或有尖锐感。滴定酸度如果在

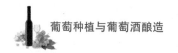

6.5 克/升，那么在技术说明上所允许的误差范围为 6—7 克/升。

36.3 挥发酸(乙酸)

挥发酸也用克/升来表示，它是总酸度的一部分。不过，这部分酸度是易挥发的，也就是说，可以区别于别的不能挥发的酸度。

主要的挥发酸是乙酸，闻起来有醋的味道。这是因为酒精被氧化造成的，通常是乙酸菌的作用。

表 36.1 不同葡萄酒的挥发酸含量

葡萄酒类型	挥发酸含量
白葡萄酒和桃红葡萄酒	1.08 克/升
红葡萄酒	1.2 克/升

某些特殊生产工艺会降低这种含量。

挥发酸含量很高的话，闻起来会有丙酮和指甲油的味道，这是由于产生了一种副产品乙酸乙酯。但是过多的挥发酸会被认为是一种缺陷(见第 40.4 节)，世界上一些备受尊敬的葡萄酒会提高它们的挥发酸并以此作为它们的标志之一，比如著名的澳大利亚奔富格兰许(Penfold's Grange)，黎巴嫩穆萨古堡(Château Musar)。

在正常的发酵条件下，一般挥发酸的水平为 0.3—0.5 克/升。

36.4 pH 值

另外一个衡量酸度的维度是 pH 值。与总酸度不同但又与之相关，比如，酸度升高 pH 值会降低，却不是一种线性关系。

pH 值的范围为 0—14，7 为中性，1 是极酸而 14 是极碱。这是一种对数刻度(Logarithmic scale，是一个非线性的测量尺度，用在数量有较大范围的差异时。像里氏地震震级、声学中的音量、光学中的光强度及溶液的 pH 值等。)，因此 0.1 的数值变动会带来巨大的变化。葡萄酒是一种酸性中等的物质，pH 值范围通常为 2.8—4。而白葡萄酒的 pH 值范围通常为 3.1—3.4，红葡萄酒为

3.3—3.6。冷凉产区的果实pH值往往会低一些，而暖热产区的果实pH值会高一些。

低pH值在酿酒时比较有利于抑制微生物，提高自由态二氧化硫的积极作用(见第16.1.2节)。

36.5　自由态二氧化硫

二氧化硫，无论是自由态还是总含量，通常用毫克/升来表示。

二氧化硫在酿酒过程的不同阶段都会被添加。自由态二氧化硫因为要保护葡萄酒，会与溶解在酒中的氧气发生反应，因此不断被消耗。

在临近罐装时，会最后一次调整二氧化硫水平，以应对在进行罐装时可能进入的氧气，以防止葡萄酒过早氧化。

罐装时干型葡萄酒中自由态二氧化硫的正常水平一般在15—40毫克/升，低pH值(3)葡萄酒中含量会少些，而高pH值(3.6)葡萄酒中的含量会稍多些。

甜型葡萄酒因为有重新发酵的高风险存在，所以要求自由态二氧化硫的含量要达到40—60毫克/升，以阻止酵母的重新生长，尤其是没有经过彻底过滤的葡萄酒。

自由态二氧化硫如果35毫克/升，那么在技术说明上所允许的误差范围为30—40毫克/升。

36.6　二氧化硫总量

在欧盟内部，根据葡萄酒的风格(见表36.2)，会对二氧化硫的总量有限制要求。这意味着在整个酿酒过程中要持续注意管理二氧化硫的水平，以确保在酿酒和熟化不同阶段积累的量不能超过法定的标准。

表36.2　欧盟对于葡萄酒中二氧化硫总含量的法律限制

葡萄酒类型	非有机酒	有机酒
静止干红	150毫克/升	100毫克/升
静止干白(桃红)	200毫克/升	150毫克/升

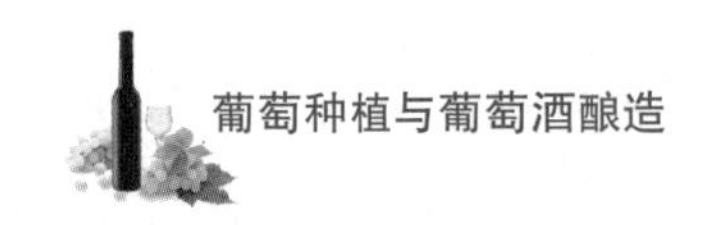

续 表

葡萄酒类型	非有机酒	有机酒
静止甜酒	根据不同的类型、原产地标准、葡萄酒甜度，含量在300—400毫克/升不等，比如晚收@300毫克/升，精选@350毫克/升，逐粒精选和更甜@400毫克/升	根据法规要求(606/2009)，每一种对应的酒要降低30毫克/升

[来源：Commission Regulation(EC) No. 606/2009 和 Commission Implementing Regulation No. 203/2012]

甜型葡萄酒会被允许有更高二氧化硫含量的法定标准，因为酒中残留有更多的糖分。红葡萄酒中二氧化硫的法定含量通常更低，因为其酚类物质可以起到保护作用，而白葡萄酒没有。

欧盟内生产的自然酒中二氧化硫的标准也要低于非自然酒。

一款葡萄酒可能含有太多的自由态或者绑定状态的二氧化硫，就算其二氧化硫的总含量在法定标准之下(见第40.3节)。

在欧盟内部，根据葡萄酒风格，技术说明仅仅指二氧化硫的最高含量。

36.7 还原糖

还原糖是迄今为止描述残留糖分的正确术语。它描述的是同一件事情，也就是葡萄酒从干型到甜型的状态，用克/升来表示。

葡萄酒中的糖分有两种，果糖和葡萄糖，都属于还原糖。葡萄酒中所有能检测到的甜度都是由于还原糖的存在。

还原糖用克/升来表示，在欧盟内部，残留糖分的水平都有法律限定，反映了国际葡萄与葡萄酒组织所给予的标准。欧洲的一些产区要求特定的标准才能符合原产地控制标准。比如教皇新堡(Châteauneuf-du-Pape)要求酒精度不超过14%时残糖不能超过3克/升，而酒精度如果等于或超过14%，残糖要少于4克/升。

另外，为了在酒标上使用特定的表示甜度的术语，要有特定的限制。第25.1.4节详细描述了欧盟关于起泡酒残糖的指定名称。表36.3则显示了欧盟关于静止葡萄酒残糖的制定术语。

表 36.3　欧盟关于静止葡萄酒残糖量的标准

酒标术语	残糖含量
干型(dry/sec/secco/trocken)	<4 克/升或<9 克/升(当残糖量不超过总酸度 2 克/升的情况下,比如总酸度 TA 为 6 克/升,那么,残糖量可为<8 克/升)
半干(medium dry/demi-sec/abboccato/halbtrocken)	<12 克/升或<18 克/升(当残糖量不超过总酸度 10 克/升的情况下,比如总酸度 TA 为 6 克/升,那么,残糖量可为<16 克/升)
半甜(medium sweet/moelleux/amabile/lieblich)	18—45 克/升
甜型(sweet/doux/dolce/suss)	>45 克/升

[来源:Commission Regulation(EC) No. 607/2009, Annex XIV, B部分]

通常白葡萄酒中的残糖更常见。在白葡萄酒和起泡酒中,残糖平衡性跟总酸度有关。

在葡萄酒的平均酸度环境下,如果残糖含量不超过 4 克/升,那么在保持干爽的同时能使口感比较平滑。这可以使那些日常饮用的高产量葡萄酒提高吸引力,缺点是微生物的不稳定性。就微生物的稳定性而言,葡萄酒的可发酵糖分低于 1 克/升的话,就是干型的。低于这个标准,葡萄酒就不会有重新发酵的危险。

对于含有 10 克/升残糖量的半干型白葡萄酒来说,技术说明允许的误差范围为 8—12 克/升。对于干型的红葡萄酒来说,技术说明会标明<1 克/升的可发酵糖分。

 36.8　溶解氧

溶解氧通常用毫克/升来表示。氧气很容易溶解在葡萄酒中。当葡萄酒准备罐装时,需要避免各种暴露空气的情况,否则会氧化葡萄酒。

二氧化硫会在罐装时添加,以应对在这个过程中(见第 37 章)被吸收进葡萄酒的氧气。罐装的过程中有可能会溶解 1—2 毫克/升的氧气,而 1 毫克/升的氧气大约需要消耗 4 毫克/升的二氧化硫来进行化学反应。因此在罐装这个过程中,平均大概需要 4—8 毫克/升的二氧化硫才可以平衡掉所吸收进的氧气量。

在低温环境中,氧气更容易溶解进葡萄酒,这表示葡萄酒在低温环境中更容易被氧化。理想的话,溶解氧的程度应该尽可能地低。技术说明可能只是简单地指出最高溶解氧水平,比如<1 毫克/升。

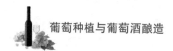

包装总氧量(total package oxygen, TPO)逐渐替代了溶解氧的概念。TPO 包含了所有的溶解氧,而且还包括包装物顶部存在的一些氧气。

36.9 溶解的二氧化碳

溶解的二氧化碳通常用毫克/升来表示。葡萄酒中的二氧化碳一般为 300—800 毫克/升。

二氧化碳是发酵的副产品,也是许多葡萄酒不可或缺的部分。新装瓶的年轻葡萄酒往往会有一部分溶解在里面的二氧化碳。

一定含量的二氧化碳会让葡萄酒尝起来比较有新鲜感,尤其是年轻的白葡萄酒或者桃红酒,甚至是轻酒体的红葡萄酒。不过,如果含量太高的话,口感上就会出现明显的起泡感。相反,如果葡萄酒中二氧化碳的含量太低,酒尝起来会有一些平淡和没有活力感。

葡萄酒中的二氧化碳水平可以在罐装前通过喷射二氧化碳和氮气的混合气体(见第 28.3.2 节)来进行调整。如果喷射的气体中二氧化碳比例高,则葡萄酒中的二氧化碳含量会提高,反之亦然。

如果二氧化碳过量的话,其产生的压力很有可能发生顶塞(将部分瓶塞顶出瓶子)的情况。

一些行政区域根据二氧化碳的含量会有不同的税率,这通常用来界定起泡酒与静止酒范围。比如表 36.4 就标明了欧盟对于静止酒、微起泡酒和起泡酒之间的差异,用二氧化碳引起的气压来进行区分。这些分类会有不同的税率。

表 36.4 不同葡萄酒类型的二氧化碳压力

葡萄酒类型	二氧化碳产生的压力
静止酒	<1 标准大气压
半起泡(微起泡)酒	1—2.5 标准大气压

续　表

葡萄酒类型	二氧化碳产生的压力
起泡酒	>3 标准大气压
高质量起泡酒	>3.5 标准大气压

对于一款带有花香的干白葡萄酒，其溶解二氧化碳量如果为 750 毫克/升，那么技术说明的误差可以允许在 600—900 毫克/升范围。

36.10　其他

一些其他的参数也可能进行测量，在技术说明中会有包括，有可能包括不同的酸：抗坏血酸、山梨酸、柠檬酸和偏酒石酸等。比如在欧盟，这些酸会有一个总酸度的限制，所以测量这些酸度也是有用的。

比如抗坏血酸是一种抗氧化剂。它会作为惰性酿酒过程的一部分，通常在白葡萄酒中添加，来巩固二氧化硫的作用。但它的使用要十分小心，因为一旦被氧化，它会给葡萄酒带来深棕色。所以只有在有足够二氧化硫的情况下才能使用抗坏血酸，这会防止深棕色化。

第 37 章
罐　装

罐装是将大量的清澈而稳定的葡萄酒灌入更小尺寸的包装以适合消费者和日常消费。包装包括盒中袋、玻璃瓶、易拉罐、复合型纸盒和袋子。

玻璃瓶仍然占到了其中的大多数，但其他选择也日渐受到青睐。其中部分原因是对可持续发展的关注，还有一部分原因是对销售和库存的更有效循环管理和理解，快速消费品并不需要像那些有长保质期的葡萄酒一样需要长期的抗氧化保护。

罐装代表着酿酒师对葡萄酒进行调整的最后机会，之后葡萄酒只能自生自灭了。它需要在变幻莫测的全球运输、不同的供应链储存条件（必要的话）、消费节点中保护自己。

37.1　品保（QA）和品控（QC）

设计品控程序是为了保护和保持葡萄酒既定的质量水准。可能包括一系列的分析，比如技术说明提及的那些方面（见第 36 章），以确保葡萄酒如其酒标上所描述的那样，既要保持清澈稳定，没有任何缺陷，还要符合生产标准（原产地保护）和消费法律（国内市场和出口市场）。

品保程序在整个生产过程中对质量进行管理，包括葡萄的生长和过程，确保达到既定的质量目标。因此质量管控（以产品为导向）形成了更广义上的质量保障（以过程和管理为导向）。比如，品保体系如风险分析和关键节点控制（HACCP）和国际标准认证 ISO 体系（见第 37.1.2 和 37.1.3 节），会尽量减少生产和罐装过程中的失误，并且有在发生失误情况下的应急和补救措施。

有充分的理由对产品进行精确的预防和过程管理。一旦产品离开酒厂以很小的单位进入不同的销售链,会面临越来越多的挑战,纠正错误的代价非常昂贵,比如出现二次发酵,或者在包装中出现酒石酸结晶等情况。出现这样的缺陷会要求实施高成本的产品召回程序。因此产品质量保障体系有其重要的积极主动和预防的一面。

典型有记录的品控包括关键的包装前分析(见第36章)。

新酿好的酒会要求特殊的措施来进行批量的储存,或者运到客户处或厂区外的罐装点,这么做的目的就是为了减少可能的损坏或者污染。

对初级包装设计的管控是为了减少葡萄酒使用不适合的包装。初级包装的任何一个因素会有自己的质量说明,以满足生产者和产品的需求。

包装操作本身对于葡萄酒的健康来说就是一种风险,氧气的进入是主要的威胁,确保微生物稳定则是另一个问题。严格的质量控制和协议可以使污染和损坏的可能性降到最低。

好的品控协议包括包装后的产品分析,以确保包装内的葡萄酒和罐装线上的葡萄酒是保持一致的。另外,葡萄酒离开酒厂以后一旦发生问题,好的品控协议需要有案可查提供可追溯的记录,通常是通过包装上的生产批号。

为了保证葡萄酒能安全地到达包装这个节点,品保协议需要从葡萄种植过程开始。卫生协议在任何一个品保计划中都是极其重要的一部分,尤其是考虑到葡萄酒天生的微生物易感性。微生物会带来很负面的作用,比如许多不受欢迎的气味和浑浊物(见第33章和第40章),其中比较突出的是酵母和细菌。微生物无处不在,而且很容易在正常的酿酒过程之间传来传去,比如取样、补液、批量转移和混合等。

清洁是进行微生物控制的核心工作,因此酒厂一般会消耗大量的水,虽然也可以利用高压清洁系统来降低水资源的使用。

品保协议可以统一格式形成标准化,以便适用于全球范围。ISO协议(见第37.1.3节)就是这样的一个体系。其他的比如风险分析和关键节点控制(HACCP,见第37.1.2节)是某些国家和地区的法律要求,包括欧盟。这种品控系统的目标是保证葡萄酒的安全,符合一定的标准和质量,对消费者不会带来任何伤害。

37.1.1 散装葡萄酒的储藏

葡萄酒熟化结束后不一定会马上装瓶,很有可能需要以散装的形式储存一段时间。葡萄酒以散装批量的方式储存,进行氧气的控制,目的是追求比单独瓶装或其他包装有更好的新鲜感和果味。因为葡萄酒在越小的容器中发展得越快,因为容器体积越小,表面积与体积比就越大。

保持新鲜感和果味对于产量和日常饮用的葡萄酒来说尤其重要,因为这类酒罐装后的保质期都很有限。以散装的形式保持新鲜感,可以在一年中多次装瓶,比如可以随着客户的订单来安排,以延缓保质期开始的时间节点,因为保质期是从罐装时开始算起的。

良好的品控体系会建立散装储存的各种要求,考虑到不会再有进一步的熟化和发展要求,储存一般会在有温控设备的惰性容器中进行,通常是不锈钢罐(见第 28.1.1 节)。

首要准则是去氧化。低温会限制化学反应的速度,因此储藏温度低一些比较合适,比如 10—15℃。不过,氧气在低温环境中比较容易溶解,所以严格的去氧要求包括保持容器的完全满载。如果实际操作很难实现的话,需要用惰性气体充满所有的空隙(见第 28.2 节)。日常的一些操作,比如加入一些如二氧化硫一样的抗氧化剂,可以确保一些游离状态的氧气能被清除。有规律地品鉴是另一种保障感官一致性的控制手段。

37.1.2 风险分析和关键节点控制

HACCP 是一种管理食品和葡萄酒安全的质量控制模型。该系统用来识别可能引起食品安全威胁的风险——关键控制节点。

对这些风险完成识别后,某些地方就可以采用手段来防止、终止或者控制到可接受的水平。食品安全对于葡萄酒来说,是生物层面的意思,比如微生物污染、化学性的,诸如不达标的铜、铁离子含量,或者是物理性的,比如掉进瓶子中的昆虫等。

在欧盟内部,具备 HACCP 体系是食品和葡萄酒的一项法律要求(根据欧盟法律,葡萄酒属于食品)。

HACCP 体系遵循下列 7 项原则:

- 实施风险分析。
- 决定关键控制节点(CCP)。
- 建立关键限值。
- 建立 CCP 管控系统。

- 建立某个 CCP 失控时的正确应对措施。
- 建立程序来验证确认 HACCP 工作有效。
- 针对这些原则和相关应用,建立关注所有程序的文档和记录。

HACCP 的日常运用可以使严重的健康和安全问题出现的概率降到最低,比如在装满葡萄酒的瓶子中,玻璃碎片被忽视并出现在消费者面前的情况。

HACCP 也提供了一个应急的纠正程序,例如在罐装线上某处出了问题时,像薄膜过滤器失效等情况。一旦常规的管控体系判定某参数超过安全警戒值时,记录在案的纠正应急操作就可随时启动。这也可能包括罐装时酒液的水位高于或低于既定值。

一个酒厂中的 CCP 可能有 10—20 个,包括葡萄的生长和葡萄酒的发酵过程。发酵过后的 CCP 可能会更多,包括葡萄酒的调整比如添加和低温稳定等。罐装操作尤其“有风险”,包括薄膜过滤的完整性、罐装线的清洁、进入氧气的控制,以及操作玻璃时的各种风险(如果使用玻璃瓶罐装)和罐装后的放行检查等。

HACCP 可以与其他质量管理系统如 ISO9000 一起结合使用。

37.1.3 国际标准组织(ISO)

事实上有超过 17 000 个被国际上广泛接受的 ISO 标准(不仅仅是葡萄酒方面的)。ISO 葡萄酒品酒杯只是其中的一个例子,其他的都跟葡萄酒行业有关。

ISO9000 标准目录是一个质量管理系统,致力于用一种系统化的方式对产品的质量水平进行更好地管理。它要求一个公司记载其所有的生产程序,来保持管理系统控制的严格的水平标准,并且使系统的有效性获得第三方的独立认证和认可。通过独立的第三方来认证一家公司的标准化应用,可以向国际上的业务伙伴保证该公司有能力达到一定的质量标准。

ISO9000 的一个关键组成部分是对标准应用的持续提升和改进程序。

9000 目录中一个关键的系统是 ISO9001:2008(撰写本文时,其最新修订版的年份),是一个质量管理系统。在该标准所提供的框架结构内,公司自行发展其针对特定目标的质量管理体系。

ISO9001 聚焦于既定质量参数和消费者关系,总共有 8 个质量管理原则:

- 消费者关注:通过调研和测试,理解和满足消费者需求。
- 领导力:通过愿景、目标和指标,提供方向、积极性、革新。
- 全员参与:在产业所有层面上人员的积极性和参与性。

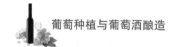

• 过程研究：定义和衡量实现特定结果或目标所需的活动和职责，例如具有规定质量水平和风格的葡萄酒，包括资源要求和风险评估。

• 系统管理方法：各种目标如何相互关联，以改进流程的集成，从而提高业务效率。

• 持续改进：对每一个水平的结果进行衡量来明确改进的方法。

• 以事实为依据的决策方法：采用数据和情报来进行更有效的决策。

• 互惠互利的供应商关系：与供应商一起提升和增加价值，比如一起分享专业知识和资源。

虽然这在很大程度上是一种常识，但事实上拥有一个系统化并形成文档化的系统，可以确保更全面地考虑该业务所涉及的所有元素，并确定提升和提高效率的机会。这样会让更少的东西出现遗漏。

葡萄酒生产者的关联性包括葡萄酒生产和生产后商业流程的文件管理。

其他的一些 ISO 标准也跟葡萄酒产业相关。ISO4000 标准就是使业务有更好的管理并减少对环境的影响，比如通过环境审计、生命周期评估和温室气体检测。

ISO22000 标准则是提供了一个食品安全管理系统的认证。

其他的这些标准通常被认为与 ISO9001 互补。

37.2 罐装前的准备

完全熟化和完成所有工序的葡萄酒已经经过了储藏，如有必要的话还会进行转运，直至进行罐装。

罐装前的分析，比如那些技术说明(见第 36 章)在罐装这个节点上提供了葡萄酒的各项记录，并确保符合出口或进口市场的相关法律法规，如所允许的添加物的含量细节。

如果要对葡萄酒进行加糖(见第 26.3.2 节)，那么这个操作要尽可能地接近罐装的时间点。因为有残糖(营养)的葡萄酒面对微生物的攻击会非常脆弱，比如酵母很可能会引起二次发酵。带有残糖的葡萄酒会要求进行无菌过滤(见第 32.3 节)和无菌罐装(见第 34 章)。

罐装会有很大的氧化风险。罐装的每一个步骤都很容易使氧气溶解进葡萄酒，因此控制氧气进入成为罐装时的一个关键功能。事实上罐装是最后可以对二氧化硫进行调整的机会，将其调整到一个可以防止氧化和阻止微生物生长的水平。最后二氧化硫的添加需要考虑在罐装过程中可能溶进氧气的因素。比如在瓶子的顶部空间就含有空气，有可能会有1毫克的氧气。如果这一部分没有用惰性气体进行冲刷，或者没有使用真空瓶子进行罐装，大概需要添加4毫克的二氧化硫才能抵消这1毫克的氧气。

这被认为是总包装含氧量，是在罐装时对可用含氧总量的一种更加现实的测量方法。这种测量方法包括了溶解在葡萄酒中的氧气，以及在瓶子顶部空间的氧气，还有在瓶塞中的氧气，也就是软木塞或者合成塞中的。因为它包含了所有在包装时的氧气，更加精确地预测了葡萄酒的保质期。

温度是另一个需要控制的重要参数，包括罐装前散装的和罐装后的葡萄酒。葡萄酒在高温情况下熟化得更快速，通常葡萄酒会在20℃时进行罐装。

37.3 罐装系统

罐装是酿酒过程中一个关键的操作工序，会受到各种挑战和风险，其中主要是氧气的吸收、微生物污染和外来物体的污染，比如玻璃碎片、灰尘或者昆虫(或无脊椎动物)。

玻璃瓶可能不再是唯一的包装选择(见第34.1节)，但无论什么包装容器，所面临的问题都是大同小异的。

针对罐装和罐装线，严格的卫生措施是最基础的要求。品保措施很有可能会包括罐装前卫生测试、渗漏测试、氧气进入测试、瓶塞应用测试以及罐装后测试等。如果在无菌罐装前采用了无菌过滤程序，那么对过滤器进行的整体性检查就很重要。

无论什么罐装系统，罐装后的风险反映了罐装前的一些风险，比如氧化、还原、微生物腐蚀和其他污染(见第40章)。目前市场上出现一种趋势，就是在葡萄酒中带一些残糖，而这样的趋势会要求在包装时针对微生物稳定要特别强调卫生和安全程序，比如在高温下的无菌过滤，并结合无菌罐装一起进行。

37.3.1 瓶装

新的玻璃瓶会从工厂直接购买，在高温时就会直接用收缩薄膜困在托盘上，基本被认为是无菌状态。但尽管如此，在罐装前还是要用热水冲刷或者蒸汽进行再清洗。

图 37.1　罐装线

罐装线上的设备可能包括一个可以自动地将玻璃瓶从托盘上转移出来的去托盘机、玻璃瓶清洁(冲刷)机、灌装机、瓶塞(瓶盖)机和贴酒标机。所有这些设备的部件都是潜在的微生物污染源,要求严格的卫生措施(下文)。那些特别敏感的葡萄酒会要求在最后临近罐装时用 0.45 微米(见第 32.3 节)的薄膜做无菌过滤。

贴酒标可能会延后进行,因为有时候瓶装好后会储存一段时间直至出厂,比如香槟、陈年里奥哈以及基安蒂。延后贴标直至出厂可以避免在酒厂既定的瓶陈期间内可能的酒标破损。

罐装设备比较昂贵。如果酒厂规模较小不适宜罐装,那么葡萄酒就有可能要以散装的形式运送到当地的代罐装工厂进行罐装,比如更大规模的酒厂,或者是提前预约移动罐装车,进行上门罐装。还有一种情况是将葡萄酒以散装的形式运送到目的地市场附近进行罐装(见第 38 章)。

罐装线的清洁要达到最佳效果,需要用热水或者蒸汽冲刷所有的系统设备至少 20 分钟,而且在罐装线最末端也就是罐装管的温度要超过 82℃。这样的温度和时间才能杀灭微生物。

避免氧气也是一个关键问题。临近罐装前,瓶子需要用惰性气体进行冲刷。或者,使用真空灌装机也可以在打塞之前将空气排出。瓶子的顶部空间是另一个重要的吸收氧气的地方,大约能占到总包装含氧量的三分之二。顶部空间在罐装后打塞前可以用惰性气体进行冲刷。需要注意的是,使用螺旋盖会比使用瓶塞(软木塞/合成塞)有更大的顶部空间。

如果使用的是软木塞,从打入瓶颈之后大概需要 5 分钟时间来反弹并达到密封状态,在这个过程中瓶子需要垂直放置。

经过一段时间的澄清,干型葡萄酒在传统的(外部环境)条件下罐装,依然是高端葡萄酒的一个正常安全的选择。

37.3.1.1　冷罐装(低温无菌罐装)

所谓冷罐装是在葡萄酒“冷凉”(即温度为 18—20℃)状态下进行,不加热。

最终的0.45微米无菌过滤可以移除细菌和酵母。为了确保瓶子内的微生物稳定，所有的后续操作都需要在无菌状态下进行。罐装线首先必须是无菌状态，还有罐装的周边环境，也就是单独的罐装车间，必须也要尽可能地达到无菌状态。

一个独立的罐装车间通常包括瓶子清洗机、灌装机、打塞(盖)机，再加上一条在各个环节间转移瓶子的传送带。房间内的空气应该是经过过滤可抗微生物，并且是正气压。瓶子在这个车间的进出都通过一个有覆盖气幕的小窗口，以减少微生物进入的可能。在使用前罐装线需要进行无菌处理。

这技术提供了一个良好的微生物安全的测量方式。

37.3.1.2 热罐装

虽然升高的温度会加速熟化反应并减少香气，但在罐装时进行加热操作可以使葡萄酒免予微生物的侵扰。这对那些还保留有残糖的葡萄酒来说尤其重要，因为它们会面临巨大的微生物腐蚀风险。

根据温度和相关时间的不同，有三种热罐装系统：

- 闪电式巴氏灭菌(温度高，时间最短)。将葡萄酒加热至80—90℃并持续数秒钟，这种方式会杀灭微生物。葡萄酒随后会快速地使用热交换器进行降温冷却。短时间的高温处理可以限制加速熟化的风险，为了避免微生物二次感染，所有随之而来的罐装程序都必须是无菌的。
- 隧道式巴氏灭菌(温度高，时间中等)。在罐装时是正常温度，然后慢慢加热葡萄酒，在封闭的瓶子内加热至82℃，并持续15分钟，这种方式是将葡萄酒传送进一个用热水喷淋加热的隧道，然后在隧道的末端用冷水进行喷淋降温。

因为葡萄酒和初级包装都已经无菌处理过，也就是微生物在封闭的包装内已经被杀死，所以意味着无菌包装已经没有必要了。

这是一种比较昂贵的罐装方式。

- 热罐装(温度最低，时间最长)。将葡萄酒加热至45℃，然后葡萄酒在该温度下进行罐装，随后进行放置并自然冷却。过程中会要求做一些避免氧化的手段，比如加入自由态的二氧化硫或者使用惰性气体等。

长时间的升温过程足以杀死微生物，由于葡萄酒在45℃时罐装，葡萄酒和玻璃瓶都属于无菌状态。这就意味着后续的无菌罐装就没必要了。这种温和的温度据说可以提升年轻的日常饮用型红葡萄酒的成熟度，柔化其质地。

37.3.2 盒中袋

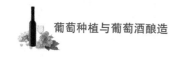

为了便利于消费者，盒中袋有了自身的技术革新。氧气依然是个值得注意的风险，这取决于层压板和盒盖质量以及隔断性能。

质量管控预防包括自由态二氧化硫的含量取在极高值，以增加其抗氧化的能力。将总摄氧量值降至最低，二氧化硫需要反应的氧气量也就最低。在罐装前袋子通常会被置于真空环境中，顶部空间在罐装后马上会被充入惰性气体。

就近目标市场进行罐装延缓氧气进入的时间点，也就是保质期开始的时间点。此外，根据订单来进行罐装，也减少了库存，同样也能延缓保质期开始的节点。

对于抗氧性较弱的盒中袋包装来说，在整个供应链和零售点之间库存的轮换是一项极其重要的品控措施。

考虑到盒中袋包装有弹性的成分特点，比如其袋子的膨胀性，以及在极端条件下会发生爆炸的可能性，在某些特定的条件下会是一个严重的问题，包括二次发酵(见第 40.6.5 节)或者如果储藏温度过高的话，会有过量的二氧化碳溶液排放出来的情况。

微生物的稳定对于盒中袋来说至关重要。在这方面只有一个明智的选择：无菌过滤(0.45 微米孔径)，以及无菌罐装。

袋子需要有弹性，因为当葡萄酒倒出之后能够很容易地自然收缩以防止氧气的进入，这最大限度地减低了氧气在袋子薄膜中间的流动性，充当了氧气阻隔墙的作用。通常情况下，盒子的内壁上一层薄薄的铝层也起到了隔氧的作用。不过，铝并没有塑料袋的弹性，因此时间长了就会出现一些裂纹，这种裂纹就会出现漏氧的情况。

还有一个非常有可能出现漏氧的地方就是盒盖。酒石酸结晶会影响盒盖的密封性，导致渗漏和氧化，所以对于盒中袋来说酒石酸稳定尤其重要。偏酒石酸(见第 33.1.1.3 节)传统上会被用于盒中袋，但逐渐地开始被羧甲基纤维素(见第 33.1.1.4 节)取代，但羧甲基纤维素也仍有些问题。

在罐装时稍许增加些二氧化硫可以用来预防、抵御一些可能进入的氧气。

盒中袋的保质期一般标注为 9—12 个月，考虑到这个因素，最适合的就是适合尽早饮用的葡萄酒。同样的原因，盒中袋这种包装形式最好就近目的地市场进行罐装。

37.3.3　其他

由于碳排放和可持续发展在商业行为中渐受重视，其他包装形式的支持者甚少。另外，这些包装还会为了满足个别原因而尺寸较小，在禁止玻璃杯的特定娱乐和体育场馆中会比较有用。

罐装所面临的问题大同小异，主要是避免微生物污染和氧气摄入。考虑到相比于玻璃瓶来说普遍较短的保质期，最大限度地限氧尤其重要。

37.3.3.1　复合纸盒

复合纸盒需要有定制的罐装设备。在单次的操作中，设备一次性形成纸盒并进行罐装。复合纸板会以大卷的形式运抵罐装点，然后直接罐装设备相连，随后会被制成管状，底部进行密封，随后注入葡萄酒后再在顶部进行密封。纸管会被切开，边边角角进行弯曲压铸，最后制成所设计好的形状。参见第34.1.3节。

这种复合纸盒的罐装会在无菌的条件下进行，前提是使用无菌过滤的葡萄酒。在开始罐装前，纸板材料在罐装设备内要进行无菌处理，而且设备要进行闭合，因此其内部的空气也会是无菌状态。

37.3.3.2　袋装

袋装其实就是盒中袋去掉外部坚硬的二级包装盒，会与盒中袋要求一样的罐装措施。参见第34.1.4节。

37.3.3.3　聚对苯二甲酸乙二醇酯(PET)包装

PET包装一般是瓶子一样的形状以及尺寸，会要求与玻璃瓶一样的罐装设备与措施(但减少了玻璃碎片的情况)。单层的PET阻氧能力有限，不过最新一代的多层PET将一种氧气清除材料融合进了塑料，可以降低氧化风险。这使得饮用时间相对较短的葡萄酒在选用传统规格的酒瓶外，还可以选用750毫升规格的酒瓶。参见第34.1.6节。

37.3.3.4　易拉罐装

易拉罐形式也需要定制的罐装设备。对提前印刷好的易拉罐进行罐装，随后进行封口。罐体内部的铝层表面需要涂上一层保护内衬，以防葡萄酒中的酸对其发生降解作用。参见第34.1.5节。

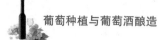

37.4 晕瓶(bottle shock)

罐装刚刚结束，葡萄酒会出现所谓的晕瓶现象。这是一种短暂并且是可逆的丢失一类水果香气的情况，是一种微型的氧化。

晕瓶现象的出现主要是在罐装时溶解了氧气所致。在罐装之后的3—4周内，仅在少量氧气的作用下开始熟化之前，这部分氧气会很快被消耗掉。在刚刚结束罐装，葡萄酒自身的风味还没真正展现之前，葡萄酒尝起来会有些平淡，因为瓶中的氧气会与自由态的二氧化硫反应。

可以通过加入足够的自由态二氧化硫，或者在真空条件下进行罐装，还可以在瓶子顶部充入惰性气体来减少晕瓶现象。

第 38 章

运输和物流

葡萄酒需要从酒庄运往目的地市场，有可能是散装的也有可能是包装好的。关于运输中技术和质量的一些问题，包括温度、氧化、物理损坏、重新发酵和震动，对于两者来说都是一样的。不过，两者关于这些问题的控制方法有所区别。如果处理正确的话，无论是哪种方式，都很少会出现质量问题。

无论是为了装船或包装而运往几公里以外的罐装工厂，还是直接运往几百公里外的目标市场进行销售前罐装（见第 37.1.1 节），对于散装葡萄酒来说，其面临的技术和质量问题都是一样的。将散装葡萄酒直接运至销售市场有一个好处，可以有一次最后调整的机会，比如罐装前的二氧化硫含量。而预包装的葡萄酒就没有这样的机会，所以这种机会对于可能出现质量问题的散装酒来说很有用，尤其是长时间远洋运输的情况。

另外，散装运输还有环境和经济上的一些好处，其运输成本和碳排量都会比预包装的葡萄酒低，无论从节省燃料还是从减轻重量的角度来说。

一个标准 20 尺货柜大约能装 1.3 万瓶酒，但如果是 20 尺货柜能装进的标准集装箱液袋，大概能装相当于 3.2 万瓶的葡萄酒。所以相同的空间，使用集装箱液袋可以比瓶装多出一倍多的酒。而集装箱液袋的替代品 ISO 标准不锈钢罐，大概能装 3.5 万瓶，也非常经济划算。

散装葡萄酒的化学分析（见第 36 章）以及在葡萄酒厂内保留预先准备的样品是一种标准程序。在到达接收酒厂时对相同的散装葡萄酒进行分析也是标准程序。在测量误差范围内，这两种分析应该相互关联对应。在储存过程中保持高质量散装葡萄酒的储存条件（见第 37.1.1 节）可以尽量减少质量上的损耗。

预包装葡萄酒的储存条件也一样重要。与理想的运输条件不同，如果有一阵出现高温，就会加快葡萄酒的熟化进程。

温度是运输过程中一个主要问题，无论是散装还是预包装。温度越高会使那些化学反应，包括那些与氧气发生的反应发生得越快，从而导致更快速地氧化和更短的保质期。每升高 10℃化学反应的速度就会加快一倍。温度一旦超过 30℃，会使绝大部分葡萄酒熟化加速，如果超过 40℃的话，则会让葡萄酒恶化，出现马德拉化味道。葡萄酒无论在运输或者非运输过程中，都不应该在超过 30℃的环境中暴露。

高温还会因为葡萄酒的膨胀而提升压力，会使软木塞或者人工合成塞发生移动(顶塞)，从而出现渗漏的风险。

而在温度的另一个极端，葡萄酒如果出现冰冻的情况一样会膨胀而导致渗漏、玻璃瓶破裂或者螺旋盖变形。

除了冰点温度可能带来的致命性灾难，温度不断地重复上下波动会更加危害葡萄酒的质量，无论是运输什么样的体积。在海上时，面对温度的波动，甲板上的货柜肯定比甲板下的更加脆弱。不过，陆路运输遭遇的温度波动要大于海运。在某些情况下，瓶装酒的日夜温差可能会达到 10—20℃。

散装葡萄酒有一个优势，因为体量大，所以比瓶装葡萄酒有更好的温度惯性。这会有效抑制温度的波动。

品保协议可能会精确到温度参数，但从实际操作的层面来看，在运输时控制温度会有难度，比如在等待装船时，无论是散装的还是预包装的酒都会滞留在码头一段时间，而且在船上的具体存放位置很难得到保证。

空调货柜可以防止与温度相关的一些问题的出现，但运用还不广泛，也比一般的货柜要贵，而且它们要依赖于随时和持续可用的电源。

在无空调的货柜内使用保热毯可以在很大程度上减少日夜温差，尤其在码头暂存和陆路运输时。此外，避免在夏季运输是一条很明确的预防措施，虽然并不一定很实用。

氧化风险也跟温度有关，无论是散装还是预包装。货柜内存在温差并不会将所有预包装的葡萄酒氧化到相同的程度，而散装葡萄酒如果发生氧化却是一个规模化的问题，比如通过某一个漏气的密封口。

坚固的 ISO 不锈钢罐是唯一长期可靠的散装酒容器。严格的清洁协议会降低前一趟车载污染的风险，现在更加常见的是使用葡萄酒与烈酒的专用货柜。一次性集装箱液袋的发明使用彻底解决了重复使用的卫生问题，但这种集装箱液袋的原始材料并不能很好地隔绝氧气，而采用改良过的氧气隔绝层大大提高了集装箱液袋的使用。

图 38.1　正在灌装的集装箱液袋

图 38.2　正在抽空的集装箱液袋

物理碰撞很容易损坏螺旋盖。用螺旋盖敲击比较坚硬的物体表面就很容易破坏其密封性，导致渗漏或者氧化。如果垂直的瓶子堆放得太高，同样的影响也会破坏其密封的完整性。

对于有弹性的包装比如盒中袋来说，震动可能会是一个问题，因为可能会造成氧气隔绝内衬的开裂(见第 34.1.2 节)。

如果适合早饮的大产量葡萄酒带有一些残糖的话，那么无论是散装还是预包装，都有重新发酵的风险。与氧化的情况一样，对于散装葡萄酒来说规模化(重新发酵)是一个问题。考虑到运输过程中很难进行温度控制，那么运输前就很有必要进行无菌过滤。不过，这不能确保到目的地后能实现微生物稳定，因为葡萄酒过滤之后还有可能被污染。加入二氧化硫则可以帮助阻止酵母的再次感染。

预包装产品的保质期从罐装开始算起，因此运输这些预包装产品会消耗其保质期的时间，这对那些保质期很短的葡萄酒来说是个很大的问题，比如盒中袋的葡萄酒，或者其他类似的包装，尤其是目的地市场在地球的另一端。

在目的地市场进行罐装则会延长产品的保质期。这对大产量并且抗氧化能力弱的葡萄酒来说非常重要。这也消除了在长途运输中初级包装可能会损害的隐患，比如酒标的磨损或者螺旋盖碰撞损坏的问题。

除了那些技术性问题，在目的地市场罐装还可以实现零售品牌更多的一致性。在不同原产地的罐装会限制瓶子(或者其他包装形式)和瓶塞，从而影响零售品牌的包装统一性。将不同产地的葡萄酒在一个地方进行罐装就可以解决这个问题，无论是初级包装还是二级包装。

第39章 瓶中陈年

所有的葡萄酒都有保质期，无论是6个月还是60年。如果没有在保质期内被饮用，葡萄酒会发生变质并死亡。

实际上大部分的葡萄酒不会从瓶中陈年的过程中获得任何益处，基本都需要"趁年轻饮用"，比如一年之内，因此玻璃瓶并不是唯一的包装形式。如果一种非玻璃瓶的包装在葡萄酒的保质期内能提供足够的物理坚固性和抗氧化保护，它就体现了初级包装的关键功能(见第34章)。

陈年，或者说熟化，只是针对世界上极少数的葡萄酒来说的。因为玻璃瓶的惰性属性和密封性，是目前唯一能让葡萄酒进行陈年熟化的包装容器。

瓶中陈年包括了香气和风味在瓶子中的进化改变，这种情况要过几年甚至几十年才会发生。有一些特殊风格的葡萄酒，无论是红还是白，酿造伊始就有这种瓶中陈年的潜力，来发展出一种不一样的香气、风味和触觉特点。葡萄酒不仅仅需要充沛的果味，还需要足够的酸度、单宁或者糖分才能应对这种瓶中陈年的过程。顶级质量的维欧尼酸度一般，是个例外。酸度、酒精和单宁(糖分)都是不可缺少的。水果浓缩度也必不可少，因为要平衡上述这些葡萄酒中的结构感元素。

除了刚刚罐装后的短短几周(见第37.4节)，瓶中陈年大体上发生在无氧环境中，也就是还原环境中。还原反应驱动着陈年的发展。

39.1 对葡萄酒的影响

年轻葡萄酒中浓厚水果香气和葡萄品种风味的成熟需要时间，新橡木桶味(如果使用的话)和发酵带来的其他二类香气的融合和成熟也需要时间。三类香气(酒香)和瓶中陈年的风味也需要耗费时间才能出现。

那些酿来趁新鲜饮用的酒的一类水果风味也会(随着时间)消退,但通常没有其他风味可以替代。而酿来为了瓶中陈年的酒,一类水果风味的消退会伴随着与葡萄酒中原始化合物丰富度和浓缩度相关的风味、质地和复杂度的出现。

最终所有的葡萄酒都会变为棕色。随着陈年,白葡萄酒会从黄色变为金色再到棕色,而红葡萄酒会从鲜艳的红色到宝石红再到棕色。

瓶中陈年的过程中只会出现极其少量的氧气。在罐装时,会有极少量的氧气溶解在葡萄酒中,以及罐装后留在顶部瓶颈处的氧气也会增加一些量,还有一部分微量的氧气会透过瓶塞进入,当然这取决于不同的瓶塞产品属性。只需要极少量氧气就可避免因瓶中陈年的还原性条件而引发的还原污染(见第40.2节)。

在瓶中陈年的过程中,葡萄酒中色素会发生聚合——结合成更大的分子——持续一个在发酵时和发酵后就开始的过程。这些不断聚集的大分子会逐渐从葡萄酒中解析出来,并形成沉淀,从而形成酒石酸结晶,出现在高品质红葡萄酒的瓶内表面。

这个过程不需要氧气的存在,随着这些单宁-花青素化合物和单宁-单宁化合物发生沉淀,高品质红酒会出现褪色并减少收敛性,出现沉淀物,口感变得柔软、协调,香气风味也会变得更复杂。

长时间保存的红葡萄酒一般都富含单宁,比如巴罗洛、波尔多列级庄、布鲁内罗蒙塔齐诺(Brunello di Montalcino)、经典基安蒂、马迪朗(Madiran)、杜罗河岸以及澳洲顶级的西拉。低单宁的葡萄品种比如黑皮诺,瓶中陈年的时间就会相对短一些。

白葡萄酒含有相对极少的酚类物质。在氧气的作用下,酒通常会变为逐渐加深的金色,一般会发展出蜂蜜、核果的风味,就算没有使用过新橡木桶,有时候也会发展出一股烘烤味,比如一些雷司令和赛美容。

甜酒一般是白葡萄酒中能陈年时间最长的类型,尤其是那些含有酸度和糖分保鲜能力的,如德国雷司令,卢瓦尔河谷的白诗南,以及托卡伊。干型的白葡萄酒,既没有糖分的保鲜力,也没有红葡萄酒的酚类物质,通常陈年的时间为中等,比如勃艮第的霞多丽。

随着葡萄酒在瓶中陈年,数十年之后酸度也会缓慢下降。

39.2　环境与条件

当葡萄酒在瓶中时,储存条件会明显地影响其进化速度。葡萄酒比较适合于稳定的环境中，理想的条件是昏暗、凉爽、中等湿度。理想的瓶中熟化温度介于10—13℃之间，而且一年四季要尽可能稳定。明显的季节变化都不利于葡萄酒平静的、可控的和稳定的熟化。

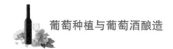

温度的升高会加快化学反应的速度，温度越高，花青素-单宁的聚合速度越快，而颜色的棕化也会更快，在20℃时的反应速度会是10℃时的3倍，35℃时的速度会是10℃时的10倍。

保持温度在一个理想的低温环境有助于更久地保持新鲜度和果味，同时还可以让其他的熟化反应继续。这对白葡萄酒来说更加重要，因为有更多的水果类特征，而且是由酸度来保持新鲜感。红葡萄酒熟化的温度可以更高一些，对那些酒体饱满充满单宁感的葡萄酒甚至可以到17—20℃。

温度的恒定性一样重要。相对快速的、持续的温度变化可能会将瓶塞往外顶，影响塞子的密封性，从而造成漏气的情况。这种情况会造成葡萄酒的不稳定，包括出现铜和铁凝胶（见第33.1.6节），虽然装瓶前一些谨慎细致的工作可以避免这种风险。

瓶陈时的光照也需要避免。尤其是紫外线光照，会引起加快陈年的光化学反应（见第40.10节）。在有光的情况下，不同的硫化物会发展出来，包括硫化氢、硫醇、二甲基二硫醚（见第40.2节）等。用暗色的玻璃瓶罐装可以轻松地避免这种问题。

震动也要避免，因为会打断自然沉淀的过程。

酒窖的理想传统条件是要有湿度，虽然高于60%会有腐蚀酒标的风险。湿度很有必要，因为其可以保证瓶塞湿润，充满弹性并且能顶住瓶颈而不发生渗漏。因此传统上对于有瓶塞的瓶子来说需要水平放置，以防止瓶塞干燥而渗进空气。

螺旋盖的瓶子可以垂直放置，只要避免碰擦破坏密封性而发生可能的氧化反应。

玻璃瓶的大小也会影响陈年的速度。1.5升瓶子与750毫升瓶子的瓶颈处大小基本一样，因此在750毫升瓶子中的氧气就相对较多，所以熟化速度就会比1.5升的大瓶子要快一些。1.5升瓶子相对较慢的陈年速度可以发生更多的化学反应，可以提高其复杂度。相同的原因，750毫升的标准瓶子会比更小的375毫升瓶型熟化更慢。

虽然不同的葡萄酒之间会有差异，但如果时间足够，所有的陈年过程会一直持续到葡萄酒衰老直至死亡。

第 40 章
葡萄酒缺陷

葡萄酒的生产需要用到微生物，包括酒精发酵的酵母和经常出现的乳酸菌。这些微生物能够在葡萄酒中有其他抑制因素的环境中存活下来。基于这个原因，如果葡萄酒中的微生物没有很好地控制的话，葡萄酒会比较容易出现一些微生物的缺陷。葡萄酒也比较容易出现一些化学性的缺陷。

缺陷会体现在葡萄酒的外观、嗅觉和口感上。不过，尽管这些缺陷会使葡萄酒不雅观，令人不愉悦，但很少对人体的健康构成威胁。瓶中的玻璃碎片可能是个例外，但这个是属于玻璃瓶引起的，而非葡萄酒。

幸运的是绝大部分葡萄酒可以在散装状态时进行预防干预(见第 33 章)，以避免在罐装之后出现各种缺陷。

一些感知的问题，比如挥发酸(见第 40.4 节)，存在于一个持续的范围之内(需校对)，如果量少的话会给葡萄酒增加细微差异性和复杂度，但太多就成了问题，就会成为一个缺陷。而这个持续的范围值究竟哪一个点会属于缺陷是一个比较复杂的问题，因为每个人有不同的阈值范围，也就是对某个人来说是一种复杂度的时候，对另一个人来说(这种量值)可能已经成为缺陷了。此外，这个连续范围值的一端可能会有一个法律的限定。

其他比如腐烂、霉变(见第 40.5 节)的问题就相对简单——任何腐烂、霉变都是缺陷，除了有争议的少量愈创木酚(见第 40.5.4 和 40.7 节)。

还有如酒香酵母(见第 40.6.6 节)会引起讨论和争论，一些人会认为任何酒香酵母都是一种缺陷，但另一些人则认为少量的酒香酵母会增加细微的差异性和复杂度。这个特殊的例子比较复杂，通常支持正面的一方会认为，因为酿酒时如新橡木桶的使用也会带来一些酒香酵母能提供的化学物质，主要是愈创木酚(见第 40.7 节)。

40.1 氧化

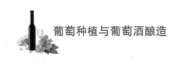

氧化情况的发生是因为有太多的氧气进入葡萄酒导致，而且同时酒中的抗氧化剂较少，通常是指二氧化硫。温度、葡萄酒 pH 值以及其他抗氧化剂也会影响氧化，颜色、香气和水果风味会首先被氧化。

在罐装前后，葡萄酒都有可能被氧化。在散装的状态下，如果有良好的、持续的抗氧化机制(见第 37.1.1 节)，葡萄酒会相对比较安全。

氧化情况包括氧气与葡萄酒中的一些物质发生反应，包括酚类物质、乙醇(酒精)、氨基酸和二氧化硫等。酚类物质会在其他物质之前被氧化，所以这就是红葡萄酒比白葡萄酒更能忍受氧气的原因。

被氧化的葡萄酒会变成棕色，会丢失一些一类香气和水果风味，白葡萄酒则会彻底变成棕色。桃红葡萄酒会变成桔棕色。正常红葡萄酒的熟化和陈年过程中，颜色会从红色变为红棕色，因为红色花青素会跟单宁进行结合，但氧化会加速这个结合的过程，导致更加快速地颜色棕化，并丧失其明亮度。

酒精(乙醇)会被氧化成乙醛，葡萄酒也会发展出坚果类风味和焦糖味，最终会发生马德拉化(见第 27.4.3.3 节，马德拉葡萄酒故意追求的氧化型风味)。葡萄酒通常会被描述为单调、寡淡、无趣、不新鲜。

氧气进入葡萄酒不是一个非黑即白的事。在散装葡萄酒熟化的过程中，许多红葡萄酒会因为有氧气的存在而得益，可以稳定颜色并促进聚合反应(见第 24 章)。橡木桶的使用也使散装葡萄酒有一定程度的氧化(见第 29 章)。

一些葡萄酒风格，比如马德拉酒，会得益于某些氧化特点。法国人会使用 rancio 这个词来描述自然甜酒的风格(见第 27.4.3.4 节)。

一旦罐装结束，氧气的进入就被视为是负面的，也没有进一步调整二氧化硫含量的机会。葡萄酒在罐装时必须加入足量的二氧化硫，以保证其既定的生命周期。不同的包装介质会提供不同的隔氧水平，因此有不同的保质期(见第 34 章)。紧致密封的玻璃瓶透氧的程度最低，因而成为最有抗氧能力的包装形式(失效的玻璃瓶和瓶塞情况除外)。

40.2　还原气味

还原性气味出现在还原的环境中。还原环境是指缺乏氧气——葡萄酒所使用的氧气(微量)多于进入的氧气,比如瓶装葡萄酒瓶塞中进入的。因此瓶塞如果过于紧密,会加剧还原情况的出现。如果用还原方式(厌氧方式)酿造的葡萄酒也经常会出现还原气味,无论什么颜色。

还原气味是由硫化物(易挥发)在还原的环境中导致的。生成这些还原性物质有一个化学反应,而该反应过程中所需要的硫物质可能源于洒在葡萄果实上的硫,或是酿酒过程中添加的二氧化硫。酵母也会制造一些不同的挥发性硫物质,可能会在发酵的过程中形成,但也可能会在熟化过程中或者罐装结束后形成。

这些挥发性的硫物质通常在很少的阈值上就能散发出气味,有时候万亿分之一,与TCA污染(见第40.5.1节)的情形类似。一般来说,挥发性硫化物所带来的气味在最好的情况下是令人不悦的,而最糟糕的情况会令人生厌,因此是一种非常明显的缺陷。

还原性气味包括硫化物(主要是硫化氢)、硫醇和二硫化物(二甲基二硫)。

在最温和的情况下,还原味会暂时掩盖一类水果风味。

硫化氢是还原反应带来的一种有着强烈气味的硫化物。闻起来一般会有臭鸡蛋、大蒜、橡胶和臭气弹的味道。

通过简单的空气流通就有可能去除硫化氢,但代价是一定的氧化度。如果葡萄酒还是散装形式,可以充入氮气来除掉硫化氢,但代价是会丢失一些香气。还可以用硫化铜来处理硫化氢(见第33.1.3节)。所以,除去硫化氢可能会造成这样那样的问题,况且也只是一种暂时的现象,所以预防是最好的方式。

酵母在发酵过程中会产生硫化氢,野生酵母所产生的硫化氢多于商业酵母。绝大部分硫化氢会随着二氧化碳一起消失,但是如果没有足够的氮营养存在的情况下就会出现过多的硫化氢。所以这种风险可以在发酵过后加入相关的酵母营养物质来降低,包括磷酸氢二铵(DAP,见第20.7.1节)。

如果硫化氢没有处理,随着还原环境的继续,硫醇就会出现。硫醇一般会在发酵之后的熟化期间出现(见第30章)。硫醇的去除要比硫化氢困难许多,一般会使用铜离子下胶剂。基于副作用会影响葡萄酒质量,碳是最后的处理手法(见第 32.4.9 节)。

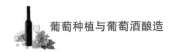

乙硫醇有着极低的感觉阈值,乙硫醇在较低含量的情况下闻起来就会有洋葱和烧焦的橡胶味,含量高的话会出现臭鼬、腐烂和污水的味道。甲硫醇闻起来则是一股腐烂的卷心菜味道。

硫醇的异味可以进行氧化变成二硫化物,比如对含有硫醇的葡萄酒进行通风或者微氧化操作。二硫化物的主要成分二甲基二硫,闻起来像洋葱和煮熟的卷心菜。

二硫化物的阈值范围就比硫醇要高许多,10 倍到 30 倍不等。通风可以去除硫醇的异味,但是闻不到二硫化物并不会解决还原问题。相对不那么明显的二硫化物味道还是有可能会恢复(还原)为能被闻到的硫醇,比如在紧闭玻璃瓶的还原环境中。

大部分硫醇都能被明显地闻到。不过,事实并没有这么简单,因为有些硫醇代表了一些特定葡萄品种的品种特点,主要是长相思,不同的硫醇会有柑橘、猫尿、柚子以及烟熏黄杨木的气味,这些是希望出现的硫醇(闻起来令人愉悦的情况)。

40.3 二氧化硫

在整个酿酒、熟化、罐装的过程中,使二氧化硫有一个正确的含量水平是一项重要且需要定期监控的工作。加入过低或者过多的二氧化硫都有可能对葡萄酒产生负面作用,对于不同的葡萄酒来说,这种含量有不同的标准。

我们鼻子能闻到的是自由态二氧化硫部分。干型葡萄酒在装瓶时自由态二氧化硫的含量会从 15 毫克/升到 40 毫克/升不等,闻起来像火柴杆(火柴头的主要成分就是硫),而且也会有一股灼烧感。不过,就算是二氧化硫达到能被鼻子闻到的含量之前,其也足以抑制水果味。二氧化硫还能漂白颜色。过量结合态二氧化硫带来的影响会在口感上被感知到,在喉咙的后部带来刺痛感,也会使葡萄酒尝起来有一些苦味和金属感,以及尖锐和灼烧感的余味。

而另一个极端,太少量的二氧化硫则会导致氧化(见第 40.1 节)。

不仅仅是硫化物本身,那些与硫结合的不同物质会散发出明显的气味。这种挥发性的硫物质通常在还原的环境中生成(见第40.2节)。

40.4　挥发酸(乙酸)

挥发酸是由酵母(野生酵母更多)在酒精发酵的过程中少量产生的。另外，在苹果酸乳酸发酵的过程中，苹果酸也会带来一些。橡木桶陈年的过程中通过自然的氧化，也会产生一些挥发酸。不过最危险的是由有机物醋酸菌带来的，它可以通过氧化反应的方式快速地将葡萄酒变成醋。幸运的是，去氧化可以阻止乙酸菌的这种腐蚀作用，因此一个良好的酒厂环境非常必要。

挥发酸的特殊气味并不是乙酸菌自身带来的，作为乙酸菌腐蚀的副产品，会产生乙酸乙酯，这个闻起来像指甲油或者丙酮。这是一种挥发性的物质，是挥发酸的标志性气味。

少量的挥发酸在发酵的过程中会自然产生。事实上，少量的挥发酸会给葡萄酒增加一些细腻香气、提升其复杂度。不过太多的挥发酸会抑制葡萄酒的果味，而且会带来刺鼻、发苦的醋味。

如果葡萄酒只是有一点挥发酸，可以采用与低挥发酸含量的葡萄酒进行混合来处理，或者采用反渗透的方式来去除挥发酸(见第31.3.2节)。然而，当挥发酸达到缺陷水平时，就没有什么补救措施了。

酒厂里糟糕的卫生条件和酿酒操作、不恰当的二氧化硫含量的调整，以及太过于温热的温度，都会促使乙酸菌的生长。

良好的酒厂卫生可以最大限度地限制乙酸菌的数量，无氧熟化也可以限制乙酸菌的生长条件。这些手段足以防止乙酸菌的腐蚀，但在通风的过程中仍然需要十分注意，比如倒灌回混操作(见第24.4.2.3节)，以免休眠状态的乙酸菌被重新激活。考虑到这种操作一般都用于红葡萄酒的酿造，因此相比之下高含量的挥发酸一般常见于红葡萄酒，而非白葡萄酒。

另外，考虑到乙酸菌需要氧气才能存活，挥发酸含量高很有可能会同时遇到氧化的情况。

在一些特定的调整操作中(见第36.3节)，挥发酸是葡萄酒的一个法定限量参数。

参见第40.6节关于其他微生物污染的说明。

40.5 腐烂和霉变

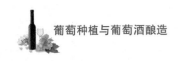

20世纪80年代早期以前，所有的腐烂、霉变和泥土污染几乎都归咎于软木塞，因为在那个时代几乎所有的葡萄酒都使用软木塞。不过，也就是从那个时候开始，一些不同的腐烂、霉变开始被辨识，并非所有的污染都由软木塞引起。

腐烂、霉变中引起异味的主要成分是苯甲醚，而其中的TCA和TBA对葡萄酒来说又是最重要的。苯甲醚类化合物由微生物形成，包括真菌。葡萄酒中重要的苯甲醚通常与氯或溴结合而形成了有强烈气味和口感的化合物。

40.5.1 TCA(2,4,6-三氯苯甲醚)

TCA是一种腐烂、霉变和泥土污染，同时也可归类于微生物污染范畴(见第40.6节)。

TCA污染是主要的与软木塞相关的腐烂、霉变污染，罐装之后，刺激的化合物会从软木塞释放进葡萄酒。它们有着每万亿分之一的极低阈值。

TCA是在20世纪80年代早期最早被辨识出的软木塞污染，由微生物(通常是真菌)利用氯酚形成。氯酚曾在软木塞的生产中被广泛使用，不过现在已经摒弃不用了。

自从TCA被认定为是与软木塞相关的主要污染源，软木塞生产时就采用了许多相关的预防措施，包括不再使用离地面最近的树皮(栎树)、快速从森林中将收割的树皮运出、对用于煮沸树皮的水源进行严格控制、在生产过程中避免使用与氯相关的产品等。

另外，酒厂也不再使用与氯相关的清洁剂，而使用如过氧乙酸和臭氧等消毒剂来代替。

除了TCA是最常见的苯甲醚，还有其他类的氯酚类化合物存在，包括二氯苯甲醚、四氯苯甲醚和五氯苯甲醚。

40.5.2 TBA(2,4,6-三溴苯酚)

TBA是一种腐烂、霉变和泥土污染，同时也可归类于微生物污染范畴(见第40.6节)。

TBA污染主要是源于包装材料。在20世纪80年代末期，带有三溴苯酚的杀真菌剂、木材防腐剂、阻燃剂取代了其他被禁止使用的制剂，微生物尤其是霉菌，从三溴苯酚中形成了 TBA。

20 世纪 90 年代末期和 21 世纪早期的研究表明，葡萄酒中许多腐烂、霉变的元凶更多是 TBA，而非 TCA。而与此有牵连的是外包装和木材：TBA 与聚乙烯材料的包装有极其密切的关联。TBA 的污染源在诸如合成塞、皇冠盖、螺旋盖内里、软木塞、橡木桶硅胶塞、塑料包装、木质托盘以及纸箱外包装等处都被发现过。一旦被外包装吸收，TBA 就非常容易感染葡萄酒。

与 TCA 一样，它的阈值范围极低，也是万亿分之一。

TBA 是仅次于 TCA 的最常见的苯甲醚，还有其他类型的溴苯甲醚，比如二溴苯甲醚、四溴苯甲醚、五溴苯甲醚等。

40.5.3　土臭素

土臭素是一种腐烂、霉变和泥土污染，同时也可归类于微生物污染范畴(见第 40.6 节)。土臭素污染由真菌引起，这种泥土般的异味是该真菌新陈代谢的副产品。

这种污染可从软木塞和橡木桶转移至葡萄酒，但主要的污染源是腐烂的葡萄。这种污染通过发酵也不能改变，试验性的处理方式包括使用 PVPP 和斑脱土作为下胶剂。

40.5.4　愈创木酚

愈创木酚污染有不同的来源，包括细菌感染，会在第 40.7 节进行总结。

40.6　微生物污染

在酿酒过程中想要消除微生物几乎是不可能的。葡萄果实、设备以及人类都有可能带来细菌、霉菌和酵母。

葡萄酒并不是微生物生存最理想的媒介——因为它含有酒精，通常是低 pH 值，而且有一定合理含量的二氧化硫。尽管如此，不同的微生物，其中主要是乙酸菌、乳酸菌以及酵母会在酿酒的过程中存活下来，极有可能腐蚀葡萄酒，导致浑浊、冒气泡，影响颜色和风味。第 33 章详细阐述了上述情况，包括相应的补救调整措施，而清洁卫生则是最主要的预防手段。

这种污染在葡萄酒散装和罐装以后都有可能出现。

一款含有小于 1 克/升残糖量(见第 36.7 节),并且经历过完整的苹果酸乳酸发酵的极干型葡萄酒,会很好地防止二次发酵和乳酸菌的污染。只要保持远离氧气,就可以阻止乙酸菌腐蚀和成膜酵母。仍有可能发生的微生物腐蚀是通过瓶塞感染的 TCA 或是外包装感染的 TBA。

40.6.1 乙酸菌

详见第 40.4 节。

40.6.2 非故意苹果酸乳酸发酵(乳酸菌)

酒瓶中发生的非故意苹果酸乳酸发酵是一种缺陷。

乳酸菌(通常是酒酒球菌和乳酸杆菌)负责苹果酸乳酸发酵的过程(见第 21 章)。如果只是进行了部分苹果酸乳酸发酵,或者完全没有经历过,那么葡萄酒对于乳酸菌会比较脆弱,除非这些乳酸菌已经被移除,比如通过无菌过滤和无菌罐装。

一旦酒瓶中发生苹果酸乳酸发酵,葡萄酒会变得浑浊,也会丢失果味和酸度,还会出现一些二氧化碳,以及一些乳酸和黄油的气味。

40.6.3 鼠臭(乳酸菌)

鼠臭是一种很罕见的微生物缺陷,由酒酒球菌引起。添加二氧化硫很容易进行控制,这种情况出现主要是因为酒厂的卫生环境不够好。已经被感染的葡萄酒很难进行处理。鼠臭通常从回味处可以判断出来,往往会延迟数秒钟。这种味道令人生厌,是老鼠的粪便或尿液带来的感觉。

这种缺陷也有可能由酒香酵母带来(见第 40.6.6 节)。

40.6.4 天竺葵污染(乳酸菌)

天竺葵污染会让人联想到碾碎的天竺葵叶子。

葡萄酒中有可能会加入氨基酸来防止酵母引起二次发酵,特别是葡萄酒中留有残糖的情况下。面临这种情形,任何乳酸菌的存在都有可能新陈代谢氨基酸,通过一种中介体序列反应而生成一种天竺葵叶子味的挥发性化合物。

不使用氨基酸就可以避免这种缺陷。如果已经使用了氨基酸的话,也可以加入二氧化硫来阻止乳酸菌的生长。

一旦葡萄酒发生了天竺葵污染,没有任何补救措施,只能进行销毁。

40.6.5　二次发酵

酵母可以在任何酒厂的表面存活。一款葡萄酒就算带有极少量的微发酵的糖分，或者是加入的糖分，都非常容易发生二次发酵，除非进行过无菌过滤和无菌罐装。这种风险可以通过完全发酵至极干来避免。但是，这不是现代大批量生产葡萄酒的酒厂所面临的形势。

罐装之后，二次发酵带来的副产品二氧化碳很有可能在极端情况下炸破玻璃瓶，或者导致盒中袋膨胀而破裂。就算没有这么极端的后果，葡萄酒也可能出现混浊。

出现这种情况可能的合理解释包括糟糕的酒厂卫生环境，或者从技术角度上说，未加注意过滤器的整体性失效。

唯一但非常昂贵的解决办法是清空所有的包装倒回容器，将葡萄酒进行彻底的无菌过滤来去除所有残留的酵母菌，并且重新罐装，前提是葡萄酒的风味还在可接受的状态。

40.6.6　酒香酵母

酒香酵母和德克酵母被认为是引起酒香酵母污染的菌种。布鲁塞尔酒香酵母是其中的罪魁祸首。

酒香酵母污染会被描述为动物、谷仓、烧焦的塑料、泥土、织物胶布、皮革、药水、蘑菇、烟熏、香料、出汗的马、烟草以及湿身的狗等气味。并不是上述所有的味道都是令人生厌的，而事实上有些还是被刻意追求的。也有一些人认为，凡是酒香酵母带来的香气，都是一种污染。

酒香酵母会形成乙基苯酚，根据不同的葡萄品种、温度、可用氧量和葡萄酒的构成而有不同。经典的指标化合物有：

- 4-乙基苯酚(4EP)，闻起来像织物胶布、塑料和农场。
- 4-乙基愈创木酚(4EG)，闻起来像药水、香料、烟熏以及丁香和培根。

由于增加了新的风味，一类风味和水果香气的强度会被减少。

这种情况比较复杂，因为酒香酵母污染之外的因素也有可能带来上述的某些特性。

酒香酵母带来的影响大小取决于暴露于酵母的时间长度和酵母的生长程度。有些人会认为少量的乙基苯酚会增加葡萄酒的复杂度。不过随着乙基苯酚含量的增加，它们会在葡萄酒的风味中占据主导，而且还会在余味之后增加一种金属感。

而酒香酵母会在瓶中继续生长这一事实会让情况变得更为复杂，这些酵母并不需要氧气而存活。这表明在罐装时酒香酵母的量并非是以后瓶中生长的酒香酵母的预测量。

红葡萄酒比较容易感染酒香酵母，因为相对于白葡萄酒，红葡萄酒更喜在高温中熟化和储藏，pH 值也相对较高，而且也可能被储存在感染过酒香酵母的桶中。酒香酵母的生长也受到了现在酿酒工业一些趋势的影响，比如保留更多残糖、更广泛地使用橡木桶、不使用过滤、减少并延缓二氧化硫的添加等。酒香酵母比较能耐受二氧化硫，这增加了控制的难度。

酒香酵母感染的典型途径是通过感染的葡萄酒、橡木桶和其他容器。对散装葡萄酒的一些操作是主要的传播源。一部分买进的葡萄酒可以感染整个酒厂，购买使用过的橡木桶也是相当不明智的，尤其是红葡萄酒酒桶，因为更容易感染酒香酵母。购买大批量散装的红葡萄酒也不明智，除非在进场前进行过无菌过滤。另外，微氧化也要慎重，因为酒香酵母在有氧的情况下生长更为迅速。

酵母在木头上很容易找到避难所，而木头比起不锈钢更难清洁，虽然不锈钢表面也存有一些酒香酵母。严谨的清洁卫生还是有效的预防措施之一，虽然像二氧化硫、臭氧和过氧乙酸等试剂能减少酒香酵母的数量，但不能完全杀灭。

一旦酒厂发生感染，主要任务就是对酒香酵母进行约束，而非杀灭。有用的措施包括对所有散装葡萄酒进行隔离和无菌过滤，将氧气接触减到最低，并且尽可能地降低熟化温度，并进行严格的清洁工作。无菌过滤之后紧接着进行无菌罐装是一项非常有效的补救措施。

还有一种方法是先用反渗透法进行操作，随后再用渗透法进一步处理(见第31.3.2节)。欧盟最近对脱乙酰壳多糖的使用进行了授权，这是一种从真菌黑麴菌中分离出来的抗微生物介质，专门用于控制酒香酵母。其他还有一些对酒香酵母感染进行控制和补救的技术还处在研究阶段。

某一些酒香酵母属可能会引起鼠臭感染(见第40.6.3节)。

40.6.7 成膜酵母

如果成膜酵母并非刻意追求，那它们就成为一种腐蚀性的有机物。这一类酵母来源于假丝酵母、毕赤酵母、汉逊酵母和酒香酵母属。在有氧的情况下，这些酵母会侵蚀葡萄酒，将酒精氧化成乙醛。但如果没有氧气，它们很难存活。

葡萄酒的一些自然参数(高酒精、低 pH 值、二氧化硫)可以抑制这些酵母。

40.7　愈创木酚

愈创木酚与葡萄酒的关联性可以从几个角度来看。它可以提供一种酚醛类、药水般风味，也会被描述成烧焦和烟熏味。根据其含量水平和来源，关于它是否被描述为一种污染，而非给葡萄酒增加复杂度，还是有争议的。

葡萄酒中的愈创木酚有四个来源：

- 软木塞。一些在软木塞上生长的细菌可以制造愈创木酚。
- 在烘烤过的橡木桶上也会发现愈创木酚，橡木桶中的木质素因为受到烘烤而被分解。
- 愈创木酚是烟熏污染的一个标志性化合物(见第40.8节)。
- 酒香酵母会形成4-乙基愈创木酚。

40.8　烟熏污染

来自烟熏的污染会与某些易发野生火灾的地区有关，如澳大利亚、加利福尼亚和南非等地。

虽然烟熏可以给一些食物增加一些特性(如三文鱼、鳟鱼、芝士)，但葡萄酒的烟熏污染展现的是烟熏、烧焦、冷灰、烟灰缸、药水、熏肉等味道，并伴随着干燥的回口感。这些都源于在烟雾中被吸收在树叶和保留在果皮上的化合物。葡萄树在转色期之后的一周对于烟雾最为脆弱，这种影响是可以累积的。

主要的化合物为4-乙基愈创木酚，虽然还有其他成分。不过，这些化合物也会在烘烤的橡木桶陈年时出现。另外，其他一些相关的化合物会由酒香酵母带来。

化合物	描述
愈创木酚	烟熏、酚醛树脂、化学品
4-甲基愈创木酚	烘烤、灰尘
4-乙基愈创木酚	烟熏、辣、烘烤、面包
4-乙基苯酚	马、马厩、酚醛树脂

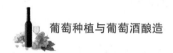

受烟熏影响的葡萄酒通常会含有比预期更高的化合物。红葡萄酒因为有浸皮的过程，因此更容易受到这种烟熏的污染。

减少果皮接触是一种方式，反渗透结合进一步的渗透法也是一种处理方式（见第 31.3.2 节）。

40.9 酒石酸

尽管酒石酸结晶不会给葡萄酒的风味带来任何影响，但通常还是被认为是一种葡萄酒的缺陷。不过，在包装中形成这种酒石酸结晶对葡萄酒行业来说依然是个问题，加上还没有万无一失的测试来确认酒石酸的稳定性。因为没有这种万无一失的测试手段，所以它们在包装中的形成过程没有绝对的预防手段（见第 33.1.1 节）。当酒石酸结晶出现时，解决办法就是将葡萄酒倒回容器，进行低温稳定，然后重新罐装。对于低成本的葡萄酒来说，这么操作很不经济，很有可能会进行销毁以减轻关税负担。

40.10 光照污染

光照会促进葡萄酒中的化学反应，尤其是起泡酒、白葡萄酒和桃红葡萄酒。红葡萄酒中的单宁会起到一定的保护作用。

光照污染包括硫化氢和硫醇的形成，主要是 MBT（3-甲基-2-丁烯-1-硫醇），闻起来像韭菜、洋葱、煮过的卷心菜和湿羊毛的味道。它跟 TCA 一样有着极低的阈值——亿万分之一。

光照污染可以通过使用深色的玻璃瓶（最好是琥珀色），或者深色的外包装来过滤掉有害的波长从而进行预防。

如果葡萄酒为了展示诱人的白色或桃红色以增加吸引力而包装在透明或者浅色的玻璃瓶中，也会增加光照污染的风险。

将葡萄酒暴露在光照下数小时，就可能产生损害。

参考文献

Accordini, D. (2013) Amarone. In: Mencarelli, F. and Tonutti, P. (eds.) *Sweet, reinforced and fortified wines: grape biochemistry, technology and vinification*. Chichester: John Wiley & Sons.

Adams, A. (2013a) Building barrels for fermentation. *Wines and Vines*, July, 42 - 45.

Adams, A. (2013b) From an alternative to a priority. *Wines and Vines*, April, 40 - 45.

Adams, A. (2013c) Barrels to suit your wine style. *Wines and Vines*, February, 38 - 42.

Agustí-Brisach, C. and Armengol, J. (2013) Black-foot disease of grapevine: an update on taxonomy, epidemiology and management strategies. *Phytopathologia Mediterranea*, 52 (2), 245 - 261. [Online] Available at: http://www.fupress.net/index.php/pm/article/viewFile/12662/12525.

Anderson, K. and Aryal, N. R. (2013) *Which winegrape varieties are grown where? A global empirical picture*. Adelaide: University of Adelaide Press. [Online] Available at: http://www.adelaide.edu.au/press/titles/winegrapes/winegrapes-ebook.pdf.

Australian Wine and Research Institute (AWRI) (2010) *Pests and Diseases. Nematodes in Australian vineyard soils*. Adelaide: AWRI. [Online] Available at: http://www.awri.com.au/wpcontent/uploads/nematodes_in_aust_soil.pdf.

Avellan, E. and Stevenson, T. (2013) *Christie's World Encyclopaedia of Champagne and sparkling wine*. Bath: Absolute Press.

Baldwin, G. (2011) The latest in crossflow filtration. *Wine and Viticulture Journal*, 26 (2), 26 - 28.

Baldwin, G. (2013) Making low alcohol wine with inherent attractiveness intact. *Wine and Viticulture Journal*, 28 (2), 19 - 24.

Barisashvili, G. (2011) *Making wine in qvevri - a unique Georgian tradition*. Tbilisi: Biological Farming Association Elkana. [Online] Available at: http://www.gwa.ge/upload/file/qvevri_eng_Q.pdf.

Barry, R. G. and Chorley, R. J. (1998) 7th edition. *Atmosphere, Weather and Climate*. London and New York: Routledge.

Bartowsky, E., Costello, P., Francis, L., Travis, B., Krieger-Weber, S., Markides, A. (2012) Effects of MLF on red wine aroma and chemical properties, *Practical Winery and Vineyard Journal*, Spring, 57-59.

Bekkers, T. (2012) A measured approach to sustainable farming. *Wine and Viticulture Journal*, 27 (1), 44-47.

Bird, D. (2010) 3rd edition. *Understanding wine technology: the science of wine explained*. Newark: DBQA Publishing.

Black, C., Francis, L., Henschke, P., Capone, D., Anderson, S., Day, M., Holt, H., Pearson, W., Herderich, M., Johnson, D. (2012) Aged riesling and the development of TDN. *Wine and Viticulture Journal*, 27 (5), 20-26.

Boehm, E. W. and Coombe, B. G. (1988) 2nd edition. Vineyard Establishment. In: Coombe, B. G. and Dry, P. R. (eds.) *Viticulture, Volume 1 - resources*. Adelaide: Winetitles.

Boehm, E. W. and Coombe, B. G. (1988) Vineyard Establishment. In: Coombe, B. G. and Dry, P. R. (eds.) *Viticulture, Volume 2 - practices*. Adelaide: Winetitles.

Boller, E. F. (2005) *50th Anniversary of IOBC: a historical review*. IOBC WPRS Commission. [Online] Available at: http://www.iobcwprs.org/pub/iobc_history_boller_050106.pdf.

Boller, E. F., Avilla, J., Jörg, E., Malavolta, C., Wijnands, F., Esbjerg, P. (eds.) (2004) 3rd edition. *Integrated Production: Principles and Technical Guidelines*. [Online] Available at: www.iobc-wprs.org/ip_ipm/01_IOBC_Principles_and_Tech_Guidelines_2004.pdf.

Bowen, A. J. (2010) Managing the quality of icewines. In: Reynolds, A. G. (ed.) *Managing wine quality, Volume 2: oenology and wine quality*. Cambridge: Woodhead Publishing.

Bowers J., Boursiquot, J. M., This, P., Chu, K., Johansson, H., Meredith, C. (1999) Historical Genetics: the parentage of chardonnay, gamay, and other wine grapes of northeastern France. *Science*, 285, 1562-1565.

Bramley, R. (2010) Precision Viticulture: managing vineyard variability for improved quality outcomes. In: Reynolds, A. G. (ed.) *Managing Wine Quality. Volume 1: viticulture and wine quality*. Cambridge: Woodhead Publishing.

Brook, S. (2012) *The Complete Bordeaux*. London: Octopus Publishing.

Bruce-Gardyne, T. (2013) Match points. *Drinks Business*, 133, 36-39.

Buchanan, G. A. and Amos, T. G. (1988) Grape pests. In: Coombe, B. G. and Dry, P. R. (eds.) *Viticulture, Volume 2 – practices*. Adelaide: Winetitles.

Buttrose, M. S. (1970) Fruitfulness in grape varieties: the response of different cultivars to light, temperature and daylength. *Vitis*, 9, 121 – 125.

Buttrose, M. S. (1969) Vegetative growth of grapevine varieties under controlled temperature and light intensity. *Vitis*, 8, 280 – 285.

Butzke, C. (2010a) I am a great fan of Burgundian bâtonnage. How often should I stir my lees to release the most mannoproteins? In: Butzke, C. E. (ed.) *Winemaking problems solved*. Cambridge: Woodhead Publishing.

Butzke, C. (2010b) What temperatures can my wine be exposed to during national and global shipments and storage once it leaves the sheltered winery? In: Butzke, C. E. (ed.) *Winemaking problems solved*. Cambridge: Woodhead Publishing.

Buxaderas, S. and López-Tamames, E. (2010) Managing the quality of sparkling wines. In: Reynolds, A. G. (ed.) *Managing wine quality, Volume 2: oenology and wine quality*. Cambridge: Woodhead Publishing.

Campbell, C. (2004) *Phylloxera: how wine was saved for the world*. London: Harper Perennial.

Cass, A. and Nicholas, P. R. (2004) Deep tillage. In: Nicholas, P. (ed.) *Grape Production Series number 2. Soil, Irrigation and Nutrition*. Adelaide: South Australian Research and Development Institute.

Charpentier, C. (2010) Ageing on lees (*sur lies*) and the use of speciality inactive yeasts during wine fermentation. In: Reynolds, A. G. (ed.) *Managing wine quality, Volume 2: oenology and wine quality*. Cambridge: Woodhead Publishing.

Cheynier, V. and Sarni-Manchado, P. (2010) Wine taste and mouthfeel. In: Reynolds, A. G. (ed.) *Managing wine quality, Volume 1: viticulture and wine quality*. Cambridge: Woodhead Publishing.

Christmann, M. and Freund, M. (2010) Advances in grape processing equipment. In: Reynolds, A. G. (ed.) *Managing wine quality, Volume 1: viticulture and wine quality*. Cambridge: Woodhead Publishing.

Codex Alimentarius (2003) 4th edition. *General principles of food hygiene*. FAO: Rome.

Constable, F. and Rodoni, B. (2011) *Australian Grapevine Yellows fact sheet*. GWRDC. [Online] Available at: http://www.gwrdc.com.au/wp-content/uploads/2012/09/2011-07-FS-Australian-Grapevine-Yellows.pdf.

Conterno, L. and Henick-Kling, T. (2010) *Brettanomyces/Dekkera* off-flavours and other wine faults associated with microbial spoilage. In: Reynolds, A. G. (ed.) *Managing wine quality, Volume 2: oenology and wine quality*. Cambridge: Woodhead Publishing.

Coombe, B. G. and Iland, P. G. (2004) 2nd edition. Grape berry development and winegrape quality. In: Coombe, B. G. and Dry, P. R. (eds.) *Viticulture, Volume 1 - resources*. Adelaide: Winetitles.

Costley, D. (2012) Basket presses offering intuitive technology. *Australian and New Zealand Grapegrower and Winemaker*, 577, 48 - 49.

Costley, D. (2011) Be informed and prepared for maximum spray results. *Australian and New Zealand Grapegrower and Winemaker*, 572, 76 - 77.

Coulter, A. (2012) Laccase and rot: is it there or is it not? *Australian and New Zealand Grapegrower and Winemaker*, 579, 69 - 72.

Cox, C. (2009) *Module 14: Rootstocks as a management strategy for adverse vineyard conditions*. Adelaide: GWRDC. [Online] Available at: www. gwrdc. com. au/wp-content/uploads/2012/09/FS-Rootstocks-Adverse-Conditions. pdf.

Daintith, J. (ed.) (2008) *Oxford Dictionary of Chemistry*. Oxford: Oxford University Press.

Davies, B., Finney, B., Eagle, D. (2001) *Resource Management: Soil*. Tonbridge: Farming Press.

Davis, J. G., Waskom, R. M., Bauder, T. A. (2012) *Managing Sodic Soils -fact sheet No. 0. 504*. Colorado State University Extension. [Online] Available at: http://www. ext. colostate. edu/pubs/crops/00504. html.

Dawson, E. R. (1932) The selective fermentation of glucose and fructose by yeast *Biochem. J*. 26 (2), 531 - 535. [Online] Available at: http://www. ncbi. nlm. nih. gov/pmc/articles/PMC1260934/pdf/biochemj01115-0275. pdf.

Dettweiler, E., Jung, A., Zyprian, E., Töpfer, R. (2000) Grapevine cultivar Müller-Thurgau and its true to type descent *Vitis*, 39 (2), 63 - 65.

Dharmadhikari, M. R. (2010) What is wine oxidation and can I limit it during wine transfer? In: Butzke, C. E. (ed.) *Winemaking problems solved*. Cambridge: Woodhead Publishing.

Domecq, B. (2013) *Sherry Uncovered: tasting and enjoyment* Cadiz: Ediciones Presea. (Translated by Christine Jackson).

Dry, P. (2013) Can the production of low alcohol wines start in the vineyard? *Wine and Viticulture Journal*, 28 (2), 40 - 43.

Dry, P. R. (2004) 2nd edition. Grapevine varieties. In: Coombe, B. G. and Dry, P. R. (eds.) *Viticulture, Volume 1 - resources*. Adelaide: Winetitles.

Dry, P. R., Maschmedt, D. J., Anderson, C. J., Riley, E., Bell, S-J., Goodchild, W. S. (2004) 2nd edition. The Grapegrowing regions of Australia. In: Coombe, B. G. and

Dry, P. R. (eds.) *Viticulture, Volume 1 - resources*. Adelaide: Winetitles.

Du Toit, W. J. (2010) Micro-oxygenation, oak alternatives and added tannins and wine quality. In: Reynolds, A. G. (ed.) *Managing wine quality, Volume 2: oenology and wine quality*. Cambridge: Woodhead Publishing.

Easton, S. (2011a) Measure for measure. *The Drinks Business*, February, 29 - 32.

Easton, S. (2011b) Concrete evidence. *The Drinks Business*, May, 84 - 87. [Also online] Available at: http://www.thedrinksbusiness.com/2011/05/egg-vats-concrete-evidence/.

Easton, S. (2009) Wooden performers. *The Drinks Business*, December, 50 - 52.

Easton, S. (1999) The perfect guide to wine faults. *Harpers Wine and Spirit Weekly*.

Elliott, T. (2010) *The wines of Madeira*. Gosport: Trevor Elliott Publishing.

Emmett, R. W., Harris, A. R., Taylor, R. H., McGechan, J. K. (1988) Grape diseases and vineyard protection. In: Coombe, B. G. and Dry, P. R. (eds.) *Viticulture, Volume 2 - practices*. Adelaide: Winetitles.

European Commission (2012) *New EU rules for 'organic wine' agreed*. [Online] Available at: http://europa.eu/rapid/press-release_IP-12-113_en.htm.

European Commission (2010) *An analysis of the EU organic sector*. [Online] Available at: http://ec.europa.eu/agriculture/organic/files/eu-policy/data-statistics/facts_en.pdf.

European Commission (2010) *EU Action on pesticides*. [Online] Available at: http://ec.europa.eu/food/plant/plant_protection_products/eu_policy/docs/factsheet_pesticides_en.pdf.

European Commission (2005) *Guidance document: Implementation of procedures based on the HACCP principles, and facilitation of the implementation of the HACCP principles in certain food businesses*. [Online] Available at: http://ec.europa.eu/food/food/biosafety/ hygienelegislation/guidance_doc_haccp_en.pdf.

European Union (2012) *Commission Implementing Regulation (EU) No. 203/2012, amending Regulation (EC) No. 889/2008 laying down detailed rules for the implementation of Council Regulation (EC) No. 834/2007, as regards detailed rules on organic wine*. [Online] Available at: http://eur-lex.europa.eu/LexUriServ/LexUriServ.do? uri=OJ:L:2012:071:0042:0047:EN:PDF.

European Union (2009) *Commission Regulation (EC) No. 606/2009, laying down certain detailed rules for implementing Council Regulation (EC) No. 479/2008 as regards the categories of grapevine products, oenological practices and the applicable restrictions*. [Online] Available at: http://eur-lex.europa.eu/LexUriServ/LexUriServ.do? uri=OJ:L:2009:193:0001:0059:EN:PDF.

European Union (2009) *Commission Regulation (EC) No. 607/2009, laying down certain detailed rules for the implementation of Council Regulation (EC) No. 479/2008 as regards protected designations of origin and geographical indications, traditional terms, labelling and presentation of certain wine sector products.* [Online] Available at: http://eur-lex. europa. eu/LexUriServ/LexUriServ. do? uri = OJ: L: 2009: 193: 0060:0139:EN:PDF.

European Union (2008) *Commission Regulation (EC) No. 889/2008, laying down detailed rules for the implementation of Council Regulation (EC) No. 834/2007 on organic production and labelling of organic products with regard to organic production, labelling and control.* [Online] Available at: http://eur-lex. europa. eu/LexUriServ/LexUriServ. do? uri=OJ:L:2008:250:0001:0084:EN:PDF.

European Union (2006) *Commission Regulation (EC) No. 1507/2006 amending Regulations (EC) No. 1622/2000, (EC) No. 884/2001 and (EC) No. 753/2002 concerning certain detailed rules implementing Regulation (EC) No. 1493/1999 on the common organisation of the market in wine, as regards the use of pieces of oak wood in winemaking and the designation and presentation of wine so treated.* [Online] Available at: http://new. eur-lex. europa. eu/legal-content/EN/TXT/PDF/? uri = CELEX:32006R1507&qid= 1387898697450&from=EN.

European Union (2008) *Council Regulation 479 - 2008, on the common organisation of the market in wine, amending Regulations (EC) No. 1493/1999, (EC) No. 1782/2003, (EC) No. 1290/2005, (EC) No. 3/2008 and repealing Regulations (EEC) No. 2392/86 and (EC) No. 1493/1999.* [Online] Available at: http://eur-lex. europa. eu/LexUriServ/LexUriServ. do? uri=OJ:L:2008:148:0001:0061:en:PDF.

European Union (2007) *Council Regulation (EC) No. 834/2007, on organic production and labelling of organic products and repealing Regulation (EEC) No. 2092/91.* [Online] Available at: http://eur-lex. europa. eu/LexUriServ/LexUriServ. do? uri=OJ:L:2007:189:0001:0023:EN:PDF.

European Union (2007) *Council Regulation (EC) No. 1234/2007, establishing a common organisation of agricultural markets and on specific provisions for certain agricultural products (Single CMO Regulation)* [Online] Available at: http://eur-lex. europa. eu/LexUriServ/LexUriServ. do? uri=OJ:L:2007:299:0001:0149:EN:PDF.

European Union (2007) *Directive 2007/45/EC of the European Parliament and of the Council laying down rules on nominal quantities for prepacked products, repealing Council Directives 75/106/EEC and 80/232/EEC, and amending Council Directive 76/211/EC.* [Online] Available at: http://new. eur-lex. europa. eu/legal-content/EN/TXT/PDF/? uri=CELEX:32007L0045&rid=3.

Freeman, B. M., Tassie, E., Rebbechi, M. D. (1988) Training and trellising. In: Coombe, B. G. and Dry, P. R. (eds.) *Viticulture, Volume 2 - practices.* Adelaide: Winetitles.

Fudge, A. L., Ristic, R., Wollan, D., Wilkinson, K. L. (2011) Amelioration of smoke taint in wine by reverse osmosis and solid phase adsorption. *Australian Journal of*

Grape and Wine Research, 17, S41-S48.

Fugelsang, K. C. (2010a) What are my options in terms of filtration? In: Butzke, C. E. (ed.) *Winemaking problems solved*. Cambridge: Woodhead Publishing.

Fugelsang, K. C. (2010b) Winery microbiology and sanitation. In: Butzke, C. E. (ed.) *Winemaking problems solved*. Cambridge: Woodhead Publishing.

Galet, P. (1979) *A Practical Ampelography - grapevine identification*. Ithaca and London: Cornell University Press. (Translated and adapted by Lucie T. Morton).

García-Mauricio, J. C. and García-Martinez, T. (2013) Role of yeasts in sweet wines. In: Mencarelli, F. and Tonutti, P. (eds.) *Sweet, reinforced and fortified wines: grape biochemistry, technology and vinification*. Chichester: John Wiley & Sons.

George, R. (2007) *The wines of Chablis and the grand Auxerrois*. Kingston: Segrave Foulkes.

Gibson, R. (2010a) Can synthetic closures take the place of corks? In: Butzke, C. E. (ed.) *Winemaking problems solved*. Cambridge: Woodhead Publishing.

Gibson, R. (2010b) What effects do post-bottling storage conditions have on package performance? In: Butzke, C. E. (ed.) *Winemaking problems solved*. Cambridge: Woodhead Publishing.

Gibson, R. (2010c) What precautions do I need to take when using 'bag in box' packaging? In: Butzke, C. E. (ed.) *Winemaking problems solved*. Cambridge: Woodhead Publishing.

Gladstones, J. S. (2011) *Wine, Terroir and Climate Change*. Adelaide: Wakefield Press.

Gladstones, J. S. (2004) 2nd edition. Climate and Australian Viticulture. In: Coombe, B. G. and Dry, P. R. (eds.) *Viticulture, Volume 1 - resources*. Adelaide: Winetitles.

Gladstones, J. S. (1992) *Viticulture and Environment*. Adelaide: Winetitles.

Godden, P. and Johnson, D. (2012) Ten years of transformation. *Wine and Viticulture Journal*, 27 (2), 22-26.

Goode, J. (2010) Alternatives to cork in wine bottle closures. In: Reynolds, A. G. (ed.) *Managing wine quality, Volume 2: oenology and wine quality*. Cambridge: Woodhead Publishing.

Goode, J. (2005) *Wine science - the application of science in winemaking*. London: Mitchell Beazley.

Goode, J. and Harrop, S. (2011) *Authentic Wine*. Berkeley and Los Angeles: University of California Press.

Grainger, K. (2009) *Wine Quality: tasting and selection*. Chichester: Wiley-Blackwell.

Halliday, J. (2006) *Wine atlas of Australia*. London: Mitchell Beazley.

Hamilton, R. P. and Coombe, B. G. (1988) Harvesting of winegrapes. In: Coombe, B. G. and Dry, P. R. (eds.) *Viticulture, Volume 2 - practices*. Adelaide: Winetitles.

Hanel, B. (2012) What's new in barrel racking and washing. *Australian and New Zealand Grapegrower and Winemaker*, 578, 66 - 67.

Henschke, P. A., Varela, C., Schmidt, S., Torrea, D., Vilanova, M., Siebert, T., Kalouchova, R., Ugliano, M., Ancin-Azpilicueta, C., Curtin, C. D., Francis, L. (2012) Modulating wine style with DAP: case studies with albariño and chardonnay. *Australian and New Zealand Grapegrower and Winemaker*, 581, 57 - 63.

Hickey, B. (2012) Italian inspiration for novel nero d'avola making. *Wine and Viticulture Journal*, 27(6), 67 - 69.

Hoare, T. (2011a) Mid-row crop management options to improve vineyard performance and profitability. *Wine and Viticulture Journal*, 26 (3), 44 - 48.

Hoare, T. (2011b) The clone wars - where does your loyalty lie? *Wine and Viticulture Journal*, 26 (4), 65 - 66.

Hogg, T. (2013) Port. In: Mencarelli, F. and Tonutti, P. (eds.) *Sweet, reinforced and fortified wines: grape biochemistry, technology and vinification*. Chichester: John Wiley & Sons.

Holmes, D. L. (1969) *Elements of Physical Geology*. Sunbury-on-Thames: Thomas Nelson and Sons.

Howard, C. (2013a) If there are 'natural' wines, then are conventionally-made wines 'unnatural'? *Wine and Viticulture Journal*, 28 (6), 18 - 22.

Howard, C. (2013b) Revisiting extended maturation of white wines 'sur lies'. *Wine and Viticulture Journal*, 28 (4), 20 - 24.

Howe, P. (2013a) Cold stability of wine, part one. *Practical Winery and Vineyard Journal*, Winter, 34 - 42.

Howe, P. (2013b) Cold stability of wine, part two. *Wines and Vines*, April, 55 - 63.

Howell, G. (2012) Filtration and the problems it can cause in wines. *Australian and New Zealand Grapegrower and Winemaker*, 578, 64 - 65.

Howell, G. (2011a) *Botrytis cinerea:* Australian vintage 2011. *Australian and New Zealand Grapegrower and Winemaker*, 570, 67 - 68.

Howell, G. (2011b) Why use enzymes in winemaking? *Australian and New Zealand Grapegrower and Winemaker*, 575, 67 - 68.

Howell, K. (2013) Using ecological diversity of yeasts to modify wine fermentations. *Wines and Vines*, 94 (7), 56 - 59.

Hoxey, L. , Stockley, C. , Wilkes, E. , Johnson, D. (2013) What's in a label? *Wine and Viticulture Journal*, 28 (4), 38 - 41.

Hudelson, J. (2011) *Wine faults: causes, effects, cures*. San Francisco: Wine Appreciation Guild.

Hughes, B. W. , Nicholas, P. R. , Williams, C. M, Goldspink, B. H. (2004) Soil treatments and amendments: lime. In: Nicholas, P. (ed.) *Grape Production Series number 2. Soil, Irrigation and Nutrition*. Adelaide: South Australian Research and Development Institute.

Husnik, J. I. , Delaquis, P. J. , Cliff, M. A. , van Vurren, H. J. J. (2007) Functional analyses of the malolactic wine yeast ML01. *Am. J. Enol, Vitic*. 58 (1), 42 - 52.

Iland, P. , Gago, P. , Caillard, A. , Dry, P. (2009)*A taste of the world of wine*. Adelaide: Patrick Iland Wine Promotions.

Iland, P. , Dry, P. , Proffitt, T. , Tyerman, S. (2011) *The Grapevine - from the science to the practice of growing vines for wine*. Adelaide: Patrick Iland Wine Promotions.

Institut des Sciences de la Vigne et du Vin (ISVV) (2013) *Symposium on alcohol level reduction in wine*. Bordeaux: Oenoviti International. [Online] Available at: http://www. oenoviti. univ-bordeauxsegalen. fr/images/oenoviti2013-2. pdf.

ISO (2012) *Quality management principles*. Geneva: ISO. [Online] Available at: http://www. iso. org/iso/qmp_2012. pdf.

Jackson, D. (2001) *Monographs in Cool Climate Viticulture - 2, Climate*. Wellington: Gypsum Press.

Jackson, D. and Schuster, D. (2007) *The production of grapes and wine in cool climates*. Wellington: Dunmore Publishing.

Jackson, R. S. (2008) 3rd edition. *Wine Science: principles and applications*. London, San Diego and Burlington: Academic Press.

Jiranek, V. (2011) Smoke taint compounds in wine: nature, origin, measurement and amelioration of affected wines. *Australian Journal of Grape and Wine Research*, 17, S2 - S4.

Johnson, H. and Robinson, J. (2013) 7th edition. *The world atlas of wine*. London: Mitchell Beazley.

Jones, G. V. (2006) Climate and Terroir: Impacts of Climate Variability and Change on Wine. In: Macqueen, R. W. and Meinert, L. D. (eds.) *Fine Wine and Terroir - The Geoscience Perspective*. Geoscience Canada Reprint Series Number 9, Geological Association of Canada, St. John's, Newfoundland.

Jones, G. V., White, M. A., Cooper, O. R., Storchmann, K. (2005) Climate change and global wine quality. *Climatic Change*, 73(3), 319 - 343.

Jones, G. V. and Webb, L. B. (2010) Climate Change, Viticulture, and Wine: Challenges and Opportunities. *Journal of Wine Research*, 21 (2), 103 - 106.

Jones, G. V., Reid, R., Vilks, A. (2012) Climate, Grapes, and Wine: Structure and Suitability in a Variable and Changing Climate, pp 109 - 133. In: Dougherty, P. (ed.) *The Geography of Wine: Regions, Terroir, and Techniques*. London: Springer Press.

Jung, R. and Schaefer, V. (2010) Reducing cork taint in wine. In: Reynolds, A. G. (ed.) *Managing wine quality, Volume 2: oenology and wine quality*. Cambridge: Woodhead Publishing.

Keller, M. (2010) *The Science of grapevines: anatomy and physiology*. London, San Diego and Burlington: Academic Press.

Kemp, B. and Rice, E. (2012) *The Winegrowers' Handbook - a practical guide to setting up a vineyard and winery in the UK*. Norfolk: Posthouse Publishing.

Kennison, K. R., Wilkinson, K. L., Pollnitz, A. P., Williams, H. G., Gibberd, M. R. (2009) Effect of timing and duration of grapevine exposure to smoke on the composition and sensory properties of wine. *Australian Journal of Grape and Wine Research*, 15, 228 - 237.

Kerényi, Z. (2013) Tokaj. In: Mencarelli, F. and Tonutti, P. (eds.) *Sweet, reinforced and fortified wines: grape biochemistry, technology and vinification*. Chichester: John Wiley & Sons.

Kilmartin, P. A. (2010) Understanding and controlling non-enzymatic wine oxidation. In: Reynolds, A. G. (ed.) *Managing wine quality, Volume 2: oenology and wine quality*. Cambridge: Woodhead Publishing.

Kottek, M., Grieser, J., Beck, C., Rudolf, B., Rubel, F. (2006) World Map of the Köppen-Geiger climate classification updated. *Meteorologische Zeitschrift*, 15 (3), 259 - 263.

Kriedemann, P. E. (1968) Photosynthesis in vine leaves as a function of light intensity, temperature and leaf age. *Vitis*, 7, 213 - 220.

Krieger, S., Déléris-Bou, M., Dumont, A., Heras, J-M. (2012) Sculpting wine's aromatic profile through diacetyl management *Practical Winery and Vineyard Journal*, Summer, 23 - 27.

Kuntzmann, P., Villaume, S., Larignon, P., Bertsch, C. (2010) Esca, BDA and Eutypiosis: foliar symptoms, trunk lesions and fungi observed in diseased vinestocks in two vineyards in Alsace. *Vitis*, 49 (20), 71 - 76.

Labra, M., Winfield, M., Ghiani, A., Grassi, F., Sala, F., Scienza, A., Failla, O.

(2001) Genetic studies on trebbiano and morphologically related varieties by SSR and AFLP markers. *Vitis*, 40 (4), 187 - 190.

Lapidus, D. F. (1990) *Collins Dictionary of Geology*. London and Glasgow: HarperCollins.

Liddell, A. (1998) *Madeira*. London: Faber and Faber.

Liem, P. and Barquin, J. (2012) *Sherry, Manzanilla, Montilla*. New York: Mantius.

Liger-Belair, G (2013) *Uncorked: the science of champagne*. Princeton and Oxford: Princeton University Press.

Linsenmeier, A. W., Rauhut, D., Sponholz, W. R. (2010) Ageing and flavour deterioration in wine. In: Reynolds, A. G. (ed.) *Managing wine quality, Volume 2: oenology and wine quality*. Cambridge: Woodhead Publishing.

Livingstone-Learmonth, J. (2005) *The wines of the northern Rhône*. Berkeley and Los Angeles: University of California Press.

Lopes, P., Roseira, I., Cabral, M., Saucier, C., Darriet, P., Teissedre, P-L., Dubourdieu, D. (2012) Impact of different closures on intrinsic sensory wine quality and consumer preferences. *Wine and Viticulture Journal*, 27 (2), 34 - 41.

Malavolta, C. and Boller, E. F. (eds.) (2007) 3rd edition. Guidelines for integrated production of grapes. *IOBC WPRS Bulletin*, Vol. 46, 2009. [Online] Available at: http://www.iobc-wprs.org/ip_ipm/IOBC_Guideline_Grapes_2007_ENGLISH.pdf.

Marchal, A., Pons, A., Lavigne, V., Dubourdieu, D. (2013) Contribution of oak wood ageing to the sweet perception of dry wines. *Australian Journal of Grape and Wine Research*, 19, 11 - 19.

Marchal, R. (2010) New directions in stabilisation, clarification and fining of white wines. In: Reynolds, A. G. (ed.) *Managing wine quality, Volume 2: oenology and wine quality*. Cambridge: Woodhead Publishing.

Margalit, Y. (2012) 3rd edition. *Concepts in wine technology: small winery operations*. San Francisco: Wine Appreciation Guild.

Margalit, Y. (2004) *Concepts in wine chemistry*. San Francisco: Wine Appreciation Guild.

Marriott, M. (2011) Making sense of soil mapping. *Australian and New Zealand Grapegrower and Winemaker*, 572, 80 - 82.

Maschmedt, D. J. (2004) 2nd edition. Soils and Australian Viticulture. In: Coombe, B. G. and Dry, P. R. (eds.) *Viticulture, Volume 1 - resources*. Adelaide: Winetitles.

Maschmedt, D. J., Nicholas, P. R., Cass, A., Myburgh, P. A. (2004) Knowing your soil: soil physical properties. In: Nicholas, P. (ed.) *Grape Production Series number 2. Soil, Irrigation and Nutrition*. Adelaide: South Australian Research and Development Institute.

Mayson, R. (2013) *Port and the Douro*. Oxford: Infinite Ideas.

McCarthy, M. G., Dry, P. R., Hayes, P. F., Davidson, D. M. (1988) Soil Management and Frost Control. In: Coombe, B. G. and Dry, P. R. (eds.) *Viticulture, Volume 2 - practices*. Adelaide: Winetitles.

McCarthy, M. G., Jones, L. D., Due, G. (1988) Irrigation - principles and practice. In: Coombe, B. G. and Dry, P. R. (eds.) *Viticulture, Volume 2 - practices*. Adelaide: Winetitles.

Mullins, M. G., Bouquet, A., Williams, L. E. (1992) *Biology of the grapevine*. Cambridge: Cambridge University Press.

Mundy, D. C. and Manning, M. A. (2010) Ecology and management of grapevine trunk diseases in New Zealand: a review. *New Zealand Plant Protection*, 63, 160 - 166. [Online] Available at: http://www.nzpps.org/journal/63/nzpp_631600.pdf.

Munroe, A. (ed.) (2005) *Grapevine management guide, 2005 - 06*. New South Wales, department of primary industries.

Musabelliu, N. (2013) Ice Wine. In: Mencarelli, F. and Tonutti, P. (eds.) *Sweet, reinforced and fortified wines: grape biochemistry, technology and vinification*. Chichester: John Wiley & Sons.

Nicholas, P. R. (2004) 2nd edition. Grapevine planting material. In: Coombe, B. G. and Dry, P. R. (eds.) *Viticulture, Volume 1 - resources*. Adelaide: Winetities.

Nicholas, P. (ed.) (2004) *Grape Production Series number 2. Soil, Irrigation and Nutrition*. Adelaide: South Australian Research and Development Institute.

Nicholas, P. R. and Buckerfield, J. C. (2004) Knowing your soil: soil biological properties. In: Nicholas, P. (ed.) *Grape Production Series number 2. Soil, Irrigation and Nutrition*. Adelaide: South Australian Research and Development Institute.

Nicholas, P. R., Chapman, A. P., Cirami, R. M. (1988) Grapevine propagation. In: Coombe, B. G. and Dry, P. R. (eds.) *Viticulture, Volume 2 - practices*. Adelaide: Winetitles.

Nicholas, P. R., Maschmedt, D. J., Cass, A., Goldspink, B. H. (2004) Knowing your soil: soil chemical properties. In: Nicholas, P. (ed.) *Grape Production Series number 2. Soil, Irrigation and Nutrition*. Adelaide: South Australian Research and Development Institute.

Northcote, D. H. and Horne, R. W. (1952) The chemical composition and structure of the yeast cell wall. *Biochemistry Journal*, 51 (2), 232 - 238.

O'Brien, V., Francis, L., Osidacz, P. (2009) Packaging choices affect consumer enjoyment of wine. *Wine Industry Journal*, 24 (5), 48 - 54.

OIV (2014) (Revised) *International code of oenological practices*. Paris: International Organisation of Vine and Wine. [Online] Available at: http://www.oiv.int/oiv/info/enplubicationoiv#code.

OIV (2008) *Guidelines for sustainable vitiviniculture*. [Online] Available at: www.oiv.int/oiv/cms/index? rubricld=462821c8-5d6e-4783-bde2-4df894e123d6#guide.

OIV-VITI resolution 333 - 2010 (2010) *Definition of vitivinicultural terroir*. [Online] Available at: http://www.oiv.int/oiv/info/enresolution.

OIV-VITI resolution 423 - 2012 (2012) *OIV guidelines for vitiviniculture zoning methodologies on a soil and climate level*. [Online] Available at: http://www.oiv.int/oiv/info/enresolution.

Pachauri, R. K. and Reisinger, A. (eds.) (2007) *Intergovernmental Panel on Climate Change Fourth Assessment Report: Climate Change*. Geneva: IPCC.

Payette, T. J. (2010a) How do I manage my barrels? In: Butzke, C. E. (ed.) *Winemaking problems solved*, Cambridge: Woodhead Publishing.

Payette, T. J. (2010b) What are typical types of filters? In: Butzke, C. E. (ed.) *Winemaking problems solved*. Cambridge: Woodhead Publishing.

Pearce, I. and Coombe, B. G. (2004) 2nd edition. Grapevine phenology. In: Coombe, B. G. and Dry, P. R. (eds.) *Viticulture, Volume 1 - resources*. Adelaide: Winetitles.

Peel, M. C., Finlayson, B. L., McMahon, T. A. (2007) Updated world map of the Köppen-Geiger climate classification. *Hydrol. Earth Syst Sci.*, 11, 1633 - 1644. [Online]. Available at: http://www.hydrol-earth-syst-sci.net/11/1633/2007/hess-11-1633-2007.html.

Peynaud, E. (1981) *Knowing and making wine*. New York: John Wiley & Sons. (Translated from French by Alan Spencer).

Phillips, C. (2012) Managing oxygen in a small winery. *Wine and Viticulture Journal*, 27 (5), 34 - 37.

Pinney, T. (2012) *The Makers of American Wine: a record of two hundred years*. Berkeley, Los Angeles and London: University of California Press.

Pirie, A. J. G. (2012) Defining cool climate viticulture and winemaking. *Proceedings of 8th International Cool Climate Symposium*, Hobart, Tasmania.

Pitiot, S. and Servant, J-C. (2005) 13th edition. *The wines of Burgundy*. Collection Pierre Poupon. (Translated by Roger Jones).

Pitt, W., Savacchia, S., Wunderlich, N. (2012) *Botryosphaeria dieback identification and management*. NSW: National Wine and Grape Industry Centre. [Online] Available at: http://www.csu.edu.au/_data/assets/pdf_file/0006/393 459/NWGIC-fs4-botdieback.

pdf.

Prida, A. (2011) Is it possible to predict the sensory characteristics of barrel-aged wines by performing a chemical analysis of the wood? *Wine and Viticulture Journal*, 6 (4), 35 - 41.

Prida, A. and Verdier, B. (2013) Oak insert staves: measuring dose rates for wood pieces. *Practical Winery and Vineyard Journal*, Winter, 26 - 32.

Proffit, T., Bramley, R., Lamb, D., Winter, E. (2006) *Precision Viticulture - a new era in vineyard management and wine production*. Adelaide: Winetitles.

Pudney, S., Nicholas, P. R., Skewes, M. (2004) Irrigation management - scheduling. In: Nicholas, P. (ed.) *Grape Production Series number 2. Soil, Irrigation and Nutrition*. Adelaide: South Australian Research and Development Institute.

Rahman, L., Whitelaw-Weckert, M. A., Dunn, G. (2012) Floor management practices to reduce pest-nematodes in vineyards. *Grapegrower and Winemaker*, 577, 20 - 23.

Rankine, B. (2004) 2nd edition. *Making good wine*. Sydney: Pan Macmillan.

Razungles, A. (2010) Extraction technologies and wine quality. In: Reynolds, A. G. (ed.) *Managing wine quality, Volume 2: oenology and wine quality*. Cambridge: Woodhead Publishing.

Reinhardt, S. (2012) *The finest wines of Germany*. Berkeley and Los Angeles: University of California Press; London: Aurum Press.

Ribéreau-Gayon, P., Dubourdieu, D., Donèche, B., Lonvaud, A. (2006a) 2nd edition. *Handbook of Enology, Volume 1. The Microbiology of Wine and Vinifications*, Chichester: John Wiley & Sons.

Ribéreau-Gayon, P., Glories, Y., Maujean, A., Dubourdieu, D. (2006b) 2nd edition. *Handbook of Enology, Volume 2. The Chemistry of Wine: Stabilization and Treatments*. Chichester: John Wiley & Sons.

Robinson, J. (1986) *Vines, Grapes and Wines*. London: Mitchell Beazley.

Robinson, J. (ed.) (2006) 3rd edition. *The Oxford Companion to Wine*. Oxford and New York: Oxford University Press.

Robinson, J., Harding, J., Vouillamoz, J. (2012) *Wine Grapes, a complete guide to 1, 368 vine varieties, including their origins and flavours*. London: Allen Lane.

Robinson, J. B. (1988) Grapevine nutrition. In: Coombe, B. G. and Dry, P. R. (eds.) *Viticulture, Volume 2 - practices*. Adelaide: Winetitles.

Santiago, I. and Johnston, L. (2011) Comparing the costs of biodynamic and conventional viticulture in Australia: a recent study. *Wine Industry Journal*, 26 (1), 61 - 64.

Santiago，I.，Bruwer，J.，Collins，C.（2012）Sustainability in viticulture：assessment and adoption. *Wine Industry Journal*，27（1），44-47.

Santiago，I.，Bruwer，J.，Collins，C.（2013）Context and content in grapegrowing sustainability systems：a process. *Wine Industry Journal*，*28*（1），54-55.

Schultz，H. R.（1993）Photosynthesis of sun and shade leaves of field grown grapevine（*Vitis vinifera L.*）in relation to leaf age. Suitability of the plastochronn concept for expression of physiological age. *Vitis*，32，197-205.

Scienza，A.（2013）Italian passito wines. In：Mencarelli，F. and Tonutti，P.（eds.）*Sweet，reinforced and fortified wines: grape biochemistry，technology and vinification.* Chichester：John Wiley & Sons.

Silva，M. A.，Jourdes，M.，Darriet，P.，Teissedre，P-L.（2013）The scalping of light volatile sulfur compounds by wine closures. *Wine and Viticulture Journal*，28（2），30-33.

Simmons，I.（1982）*Biogeographical Processes*. London：George Allen & Unwin.

Simpson，J.（ed.）（2012）*Oxford English Dictionary*. Oxford：Oxford University Press. [Online] Available at：http://www.oed.com/.

Skelton MW，S.（2007）*Viticulture，an introduction to commercial grope growing for wine production*. Raleigh，N. C. [Online] Available at：www.lulu.com.

Smart，R. E.（2013）Trunk diseases ... a larger threat than phylloxera? *Wine and Viticulture Journal*，28（4），16-18.

Smart，R. E.（2010）In defence of conventional viticulture. *Wine Industry Journal*，5（25），10-12.

Smart，R. E.（2004）Psychological，not physiological，ripening? *Wine Industry Journal*，19（5），86-88.

Smart，R. E.（1988）Canopy management. In：Coombe，B. G. and Dry，P. R.（eds.）*Viticulture*，*Volume 2 - practices*. Adelaide：Winetitles.

Smart，R. E. and Dry，P. R.（2004）2nd edition. Vineyard site selection. In：Coombe，B. G. and Dry，P. R.（eds.）*Viticulture*，*Volume 1 - resources*. Adelaide：Winetitles.

Smart，R. E. and Dry，P. R.（1980）A climatic classification of Australian viticultural regions. *Australian Grapegrower and Winemaker*，196，8-16.

Smart，R. E. and Robinson，M.（1991）*Sunlight into wine - a handbook for winegrope canopy management* Adelaide：Winetitles.

Smith，B.，Waite，H.，Dry，N.，Nitschke，D.（2012a）Grapevine propagation best practices - part 1. *Wine and Viticulture Journal*，27（3），48-50.

Smith, B., Waite, H., Dry, N., Nitschke, D. (2012b) Grapevine propagation best practices - part 2. *Wine and Viticulture Journal*, 27 (4), 49 - 51.

Smith, C. (2013) *Postmodern winemaking*. Berkeley and Los Angeles: University of California Press.

Smith, M. (2011) Little micro packs a big punch. *Australian and New Zealand Grapegrower and Winemaker*, 566, 64 - 65.

Somers, T. and Quirk, L. (2005) *Grapevine Management Guide 2005 - 06*. NSW Department of Primary Industries.

Sosnowski, M. (2012) *8th International Workshop for Grapevine Trunk Diseases, Spain*. GWRDC. [Online] Available at: http://www.gwrdc.com.au/wp-content/uploads/2012/09/GWT-1113.pdf.

Staudt, G. (1982) Pollen germination and pollen tube growth *in vivo* with *Vitis* and the dependence on temperature. *Vitis*, 21, 205 - 216.

Steiner, T. E. (2010a) How can I control oxygen uptake at bottling? In: Butzke, C. E. (ed.) *Winemaking problems solved*. Cambridge: Woodhead Publishing.

Steiner, T. E. (2010b) What are the optimum environmental parameters for bottle storage and what effect do these parameters have on wine quality? In: Butzke, C. E. (ed.) *Winemaking problems solved*. Cambridge: Woodhead Publishing.

Steiner, T. E. (2010c) What chemical additives can I utilise as an additional source of security in helping prevent the threat of re-fermentation or microbiological instability in the bottle? In: Butzke, C. E. (ed.) *Winemaking problems solved*. Cambridge: Woodhead Publishing.

Steiner, T. E. (2010d) What does sterile bottling involve? In: Butzke, C. E. (ed.) *Winemaking problems solved*. Cambridge: Woodhead Publishing.

Steiner, T. E. (2010e) What is the best sterilisation option for the bottling line? In: Butzke, C. E. (ed.) *Winemaking problems solved*, Cambridge: Woodhead Publishing.

Stevenson, T. (2011) 5th edition. *The Sotheby's Wine Encyclopedia*. London: Dorling Kindersley.

Taransaud Tonnellerie (2012) *Oak and wine - the road to complexity. Seminar on the use and influence of oak in the making and ageing of wine*. London: Taransaud Tonnellerie.

Tassie, E. and Freeman, B. M. (1988) 2nd edition. Pruning. In: Coombe, B. G. and Dry, P. R. (eds.) *Viticulture, Volume 1 - resources*. Adelaide: Winetitles.

Teissedre, P. L. and Donèche, B. (2013a) Botrytised wines: Sauternes, German wines. In: Mencarelli, F. and Tonutti, P. (eds.) *Sweet, reinforced and fortified wines: grape biochemistry, technology and vinification*. Chichester: John Wiley & Sons.

Teissedre, P. L. and Donèche, B. (2013b) Vinification and aroma characteristic of botrytised grape. In: Mencarelli, F. and Tonutti, P. (eds.) *Sweet, reinforced and fortified wines: grape biochemistry, technology and vinification*. Chichester: John Wiley & Sons.

Teissedre, P. L., Donèche, B., Chira, K. (2013) Vin de paille. In: Mencarelli, F. and Tonutti, P. (eds.) *Sweet, reinforced and fortified wines: grape biochemistry, technology and vinification*. Chichester: John Wiley & Sons.

Thomas, M. R. and van Heeswijck, R. (2004) 2nd edition. Classification of grapevines and their interrelationships. In: Coombe, B. G. and Dry, P. R. (eds.) *Viticulture, Volume 1 - resources*. Adelaide: Winetitles.

Treeby, M. T., Goldspink, B. H., Nicholas, P. R. (2004a) Nutrition management In: Nicholas, P. (ed.) *Grape Production Series number 2. Soil, Irrigation and Nutrition*. Adelaide: South Australian Research and Development institute.

Treeby, M. T., Goldspink, B. H., Nicholas, P. R. (2004b) Vine nutrition. In: Nicholas, P. (ed.) *Grape Production Series number 2. Soil, Irrigation and Nutrition*. Adelaide: South Australian Research and Development Institute.

Ugliano, M., Diéval, J-B., Begrand, S., Vidal, S. (2013) Volatile sulfur compounds and 'reduction' odours attributes in wine. *Wine and Viticulture Journal*, 28 (1), 34 - 38.

Ugliano, M., Diéval, J-B., Vidal, S. (2012) Oxygen management during wine bottle ageing by means of closure selection. *Wine and Viticulture Journal*, 27 (5), 38 - 43.

United Nations (1987) *Report of the World Commission on Environment and Development: Our Common Future*. (The Brundtland Report) [Online] Available at: www.un-documents.net/our-common-future.pdf.

Van de Water, L. (2010a) How does *Brettanomyces* grow? In: Butzke, C. E. (ed.) *Winemaking problems solved*. Cambridge: Woodhead Publishing.

Van de Water, L. (2010b) What do *Brettanomyces* do to wines? In: Butzke, C. E. (ed) *Winemaking problems solved*. Cambridge: Woodhead Publishing.

Van de Water, L. (2010c) What is the history of *Brettanomyces* and where does it come from? In: Butzke, C. E. (ed.) *Winemaking problems solved*. Cambridge: Woodhead Publishing.

Van Leeuwen, C. (2010) Terroir: the effect of the physical environment on vine growth, grape ripening and wine sensory attributes. In: Reynolds, A. G. (ed.) *Managing Wine Quality. Volume 1: viticulture and wine quality*. Cambridge: Woodhead Publishing.

Vannini, A. and Chilosi, G. (2013) Botrytis infection: grey mould and noble rot. In: Mencarelli, F. and Tonutti, P. (eds.) *Sweet, reinforced and fortified wines: grape biochemistry, technology and vinification*. Chichester: John Wiley & Sons.

Versari, A., du Toit, W., Parpinello, G. P. (2013) Oenological tannins: a review. *Australian Journal of Grape and Wine Research*, 19, 1 - 10.

Vivier, M. A. and Pretorius, I. S. (2000) Genetic improvement of grapevine: tailoring grape varieties for the third millennium - a review. *S. Afr. J. Enol. Vitic.*, 20 (S), 5 - 26.

Wagner, P. (2012) Does your label help you stand out from the crowd? *Practical Winery and Vineyard Journal*, XXXIII (3), 40 - 41.

Waite, H. (2013) Understanding trunk diseases: how and why they threaten the wine industry. *Wine and Viticulture Journal*, 28 (6), 50 - 54.

Waldin, M. (2010) *Monty Waldin's Biodynamic Wine Guide 2011*. [Online] Available at: www.lulu.com.

Waste and Resources Action Programme (2008) *Bulk shipping of wine and its implications for product quality*. London: WRAP.

Webb, L., Barbosa, O., Granillo, I., Green, J., Kotze. I., Nicholas, K. A., Spence, L., Viers, J., Williams, J (2011) Green aims given global perspective. *Grapegrower and Winemaker*, 572, 32 - 38.

Webber, R. T. J. and Jones, L. D. (1988) Drainage and soil salinity. In: Coombe, B. G. and Dry, P. R. (eds.) (1988) *Viticulture, Volume 2 - practices*. Adelaide: Winetitles.

White, R. E. (2009) *Understanding Vineyard Soils*. Oxford: Oxford University Press.

White, R. E. (1997) 3rd edition. *Principles and practice of soil science*. London: Blackwell Science.

Whiting, P. (2004) 2nd edition. Grapevine Rootstocks. In: Coombe, B. G. and Dry, P. R. (eds.) *Viticulture, Volume 1 - resources*. Adelaide: Winetitles.

Wilson, J. E. (1998) *Terroir: the role of geology, climate ond culture in the making of French wines*. London: Mitchell Beazley.

Wollan, D. (2010) Membrane and other techniques for the management of wine composition. In: Reynolds, A. G. (ed.) *Managing wine quality, Volume 2: oenology and wine quality*. Cambridge: Woodhead Publishing.

Wine and Spirit Trade Association (WSTA) (2013) *WSTA Checklists: comprehensive guide to UK and EU regulations for wines and spirits*. London: WSTA.

Wunderlich, N., Ash, G. J., Steel, C. C., Raman, H., Savocchia, S. (2011) Association of Botryosphaeriaceae grapevine trunk disease fungi with the reproductive structures of *Vitis Vinifera*. *Vitis*, 50 (2), 89 - 96.

Zoecklein, B. (2013) Nature of wine lees. *Practical Winery and Vineyard*, August,

74 - 79.

Personal Communications

Campbell, Colin (2013)Proprietor, Campbell's of Rutherglen.

del Mar, Maria (2015) Director, Cava Institute.